■ 편저자 소개

1972년 보병 소위 임관
1973년 주태 육군 지원대
1974년 주한 제 ×
1975년 주한
1976년 보병
1977년 제 ×
1978년 티임 스
1979년 티임 스삐 … 장교
1980년 티임 스삐 … 전속 부관
1981년 티임 스삐릴 … 사령관 특별 보좌관
1982년 티임 스삐릴 … 보병 사령관 고문관
1986년 한미연합사 부사령관 미측 전속부관
1991년 캘리포니아 대학교(데이비스) 군사학 교수 역임
1993~1999년 현재 미국무성 문화부 자문위원

저 서(BY THE SAME AUTHOR)

· IS WAR COMING AGAIN IN THE KOREAN PENINSULA? (한반도에 전쟁은 또 오는가?)
. JCS EXERCISE TEAM SPIRIT 1979(연합 참모부령 티임 스삐릴 작전 1979)
. CASE-BY-CASE ENGLISH(케이스-바이-케이스 영어)
. EVERYTHING YOU ALWAYS WANTED TO ASK ABOUT TEAM SPIRIT(티임 스삐릴 작전 백과)

논 문(THESIS)

. 〈General MacArthur(July 1950~April 1951/매카더 장군)〉

역 서(TRANSLATED BOOKS)

. PLAIN STORIES BY A GRANDPA (어느 할아버지의 평범한 이야기)-영역
. TOWARD NEO-POLITICS (신정치론)-영역
. STORY OF CIVILIZATION (문명 이야기)-영역

DEDICATED TO
MY FATHER,
WHO STOOD IN THE FALLEN CAPITAL IN 1950.
AS THE SECRETARIAT TO THE MINISTER(VACANT),
HE WAS THE HIGHEST AND LAST GOVERNMENT OFFICER
TO DENOUNCE THE INVADING ARMY.

LIM BYOUNG UGH
(1893~ ?)

이 책을 아버님 영전에 바칩니다.
6·25 동란 당시 공석 국무총리 비서실장으로서
끝까지 서울에 남아 계시다가
아무도 모르게 허망한 최후를 맞으셨겠으나,
아버님의 용기와 책임감은 저희들 마음속에
영원한 불길처럼 계속 타오를 것입니다.

林 炳 億
(1983년~ ?)

General Bruce C. Clarke

"The Army Has Had Two Great Trainers - Von Steuben and Bruce Clarke."

- Dwight D. Eisenhower

"미 육군을 훈련시킨 2대 거장이 있으니 바로 본 스또이번 장군과 부루스 클라악 장군이다."

– 아이젠하우어

FOREWORD

In 1953~4, I commanded the I U.S. Corps in the Korean War. In it were troops of several nations, including the First ROK Division and other ROK units. Common understanding was essential to our Success in battle. Achieving this was difficult because we had no manuals to assist both sides.

I found this to be true when I later was charged with creating and training the First ROK Army. Military terms are a special language in them-selves. Lack of understanding in battle creates unnecessary casualties.

CPT Young C. Lim has already performed a great service in the field by publishing two other books. This third one will be a great help to our ROK/US military effort in South Korea. I strongly recom-mend it.

Bruce C Clarke

BRUCE C. CLARKE
General, United States Army

추 천 사

1953~4년 휴전 직후 본관은 대한민국 육군 제1사단을 위시하여 여러 한국군 부대 및 참전 UN 수개국을 포함한 미육군 제1군단을 지휘한 바 있습니다. 그 당시에는 우리 연합군이 공용할 수 있는 교범이 없었기 때문에 성공적 전투 수행의 관건인 상호 이해를 이룩하기가 힘들었습니다.

그 후 본관이 대한민국 제1야전군 창설 및 훈련 책임을 수행할 때에도 한·미군간의 상호 이해는 계속 난제로 남아 있었습니다. 우선 군사영어는 그 자체가 어려운 특수 언어로서, 전투 중의 그 이해 부족 내지 오해는 부당한 사상자 초래와 직결되고 맙니다.

임영창 대위는 이토록 어렵고 중요한 문제 분야를 두고 이미 군사서적 2권을 출판함으로써 크게 기여한 데 이어 본 제3권은 대한민국 내 한·미연합작전 능력 증진 향상을 위한 노력의 결정이므로 본관은 강력히 권하는 바입니다.

Bruce C Clarke

미 육군 대장 부루스 C. 클라악

머 리 말

단순한 소규모전을 수행하기 위해서라도 그 단위 부대는 사격을 가하고, 이동하고, 자체 내 **교신**을 유지해야만 됩니다. 하물며 급속전, 과학전, 입체전인 현대전에서의 승패는, 작게는 보병-기갑-포병, 크게는 육군-공군-해군, 현지군-투입군, 한·미 연합군 사이에서의 **협조**가 얼마나 완벽했는가에 따라 판가름난다해도 과언이 아니겠습니다. 즉 군사 행동의 성공은 두 사람이든, 2개 부대이든, 2개 국군이든 간에 누가 무엇을 언제 어떻게 하기로 되어 있는가를 미리 알고 그에 의거 행동할 때만 가능합니다. 이러한 **티임웍**을 위해서는 평시의 의사 **소통**에 만전을 기하고 또 수시로 확실 간명한 **의사 전달**이 있어야만 되겠습니다.

저자는 1978년부터 통역 장교로서, 한·미 수호 방어의 의지를 전 세계에 천명 확인함과 동시에 한·미 연합군의 막강한 실력을 과시하는 **티임 스삐릩** 대작전에 계속 참가해 왔습니다. 그러나 입대 전에 미국무성 통역관 훈련을 받은 바 있음에도 불구하고, 한·미 연합 작전 중 통역이 얼마나 어려운 것인가를 통감한 바 있습니다. 첫째로 **군사용어**는 **특수, 전문 언어**인 까닭에 당시 거론되고 있는 특정 군사 행동의 내용과 개념을 통역관 자신이 이해할 수 있는 실력이 없는 한 통역이란 불가능합니다. 설상가상으로 군사영어도 어려운데, 우리측 군사용어는 거의 백 퍼센트 한문인 까닭에 한문 실력도 있어야 했습니다. 이렇게 상관인 미군 장성과

조국의 대선배이신 한국군 장성 사이에 서서 5년간 비지땀을 쏟으며 확실히 몰랐던 말, 새로 배운 말, 가장 많이 쓰이는 말을 기록해 두었던 것을 정리하여 이 사전을 만든 것입니다.

이 사전을 매스터하면 흡사 특정 군사 행동 자체를 이해 못한다 해도, 또 문법에 전혀 신경을 쓰지 않고라도, 거론되는 군사용어를 빼내어 그 순서대로 열거, 번역만하면 상호 이해가 자동화되는 통역의 환희와 보람을 느낄 수 있습니다. 이제 이 사전이 **한·미 양국군** 간의 의사소통 및 협조에 윤활유 같은 역할을 하게 되고, 더 나아가 양국군의 **단일 티임 협동 정신** 구축에 초석이 되었으면 합니다.

본문에서 한글, 한문, 영어가 한눈에 들어옴에 반하여, 발음 란은 한글 표기법을 전혀 무시하였기 때문에 낯설고 눈에 거슬릴지도 모르겠습니다. 그러나 미군이 알아들을 수 있도록 하려는 일념으로 발음되는 소리 그대로를 녹음한 듯 쓴 것이므로, 액쎈트를 주어 가며 여러 차례 따라 읽어 익혀둔다면, 실제 회화에서 현저한 발전이 있을 것을 확신하는 바입니다.

이 사전을 적극 추천해 주신 B.C. 클라악 장군님께 감사 말씀을 대신합니다.

한국군 전 장병에 경례를 올립니다.

1982년 8월 15일

서울에서 임 영 창

KOREAN—ENGLISH

(韓 — 英)

ㄱ

가교(架橋)	bridging(부뤼징)
가능 방책(可能方策)	probable course of action (푸라버블 코오스 오브 액숸)
가능 전개선(可能展開線)	probable line of deployment (푸라버블 라인 오브 디플로이먼트)
가능(可能)**한 한**(限) **빨리**	as soon as possible〈ASAP〉 (애즈 수운 애즈 파씨블〈애이쌥〉)
가동(可動)	mobile(모우빌)
가변 음식(可變飮食)	perishables(페뤼셔블즈)
가병(假病)	malingering(멀링거뤙)
가사(歌詞)	lyric(리뤽)
가상 적(假想敵)	hypothetical enemy(하이포테티컬 에너미) aggressor forces(어구레써어 호어씨즈)
가시 거리(可視距離)	visibility range(비지빌러티 레인지)
가시도(可視度)	visibility(비지빌러티)
가야금(伽倻琴)	kayakum(카야굼) Korean harp(코뤼언 하압)
가연물(可燃物)	flammable(훌래머블)
가열기(加熱器)	burner(버어너어)
가용 병력(可用兵力)	troops available(츄루웊쓰 어베일러블)
가용 시간(可用時間)	time available(타임 어베일러블)
가용 정보(可用情報)	information available (인호어메이슌 어베일러블)
가정(假定)	assumption(어썸슌)
가축(家畜)	livestock(라이브스딱)
각(角)	angle(앵글)
각개 격파(各個擊破)	defeat in detail(디휘잍 인 디테일)
각개 전투(各個戰鬪)	individual combat(인디비쥬얼 캄뱉)
각개 전투 기술 (各個戰鬪技術)	individual combat skills and techniques (인디비쥬얼 캄뱉 스끼일즈 앤 테끄닠쓰)
각개 훈련(各個訓練)	individual training(인디비쥬얼 츄레이닝)
각본(脚本)	scenario(씨네뤼오)
각서(覺書)	memorandum(메모렌덤)
각오(覺悟)	determination(디터어미네이슌)
간격(間隔)	interval(인터어벌)
간략 부호(簡略符號)	brevity code(부레비티 코욷)
간명(簡明)	simplicity(씸플리씨티)
간접 사격(間接射擊)	indirect fire(인디렉 화이어)

ㄱ

간첩 (間諜) spy (스빠이)
간첩 행위 (間諜行爲) espionage (에스삐어나아지)
갈매기 〔鷗〕 sea gull (씨이 걸)
감기 (感氣) cold (코울드)
감기약 (感氣藥) cold medicine (코울드 메디씨인)
감도 (感度) sensitivity (쎈씨티비티)
감독 (監督) supervision (쑤우퍼어비쥰)
감사 (瞰射) plunging fire (플런징 화이어)
감사장 (感謝狀) letter of appreciation (레러 오브 어푸뤼씨에이슌)
감손율 (減損率) attrition rate (어츄뤼슌 레잍)
감시 (監視) surveillance (써어베일런스)
감시병 (監視兵) lookout (루까웉)
감시 수단 (監視手段) surveillance measures (써어베일런스 메져어즈)
감시 정찰 (監視偵察) surveillance patrol (써어베일런스 퍼츄롤)
감시초 (監視哨) lookout (루까웉)
감제 고지 (瞰制高地) commanding ground (커맨딩 구라운드)
감찰감 (監察監) inspector general〈IG〉(인스펰터 제너뤌〈아이지이〉)
감찰 검열 (監察檢閱) IG inspection (아이지이 인스펰쓘)
감청 (監聽) monitor (마니터)
감축 (減縮) reduction (뤼덬쓘)
강 (江) river (뤼버)
강등 (降等) reduction in grade (뤼덬쓘 인 구레읻)
강습 (强襲) assault (어쏘올트)
storm (스또옴)
강습 단정 (强襲短艇) assault boat (어쏘올트 보웉)
storm boat (스또옴 보웉)
강습 제대 (强襲梯隊) assault echelon (어쏘올트 에쉴란)
강우량 (降雨量) rainfall (레인호얼)
precipitation (뿌뤼씨뻬테이슌)
강인성 (强靭性) tenacity (테너씨티)
perseverance (퍼어씨비어뤈스)
강제 착륙 (强制着陸) forced landing (호어스드 랜딩)
강조 (强調) emphasis (엠훠씨스)
강조 선 (强調線) line of criticality (라인 오브 쿠뤼티캘러티)
강평 (講評) critique (쿠뤼티잌)
강행군 (强行軍) forced march (호어스드 마아치)
강화 결속 (强化結束) solidarity (쏠리대뤄티)
강화 (强化) 하다 strengthen (스츄렝쓴)

ㄱ

개념 (概念)	concept (칸쎕트)
개략 계획 (概略計劃)	outline plan (아울라인 플랜)
개량 (改良)	improvement(임푸루우브먼트)
“개머 고울” (1 ¼-ton 중형 츄뤅)	gamma goat (개머고울)
개선 (改善)	improvement(임푸루우브먼트)
“개쏘리인” 〔가솔린〕 (揮發油)	gasoline(개쏘리인)
“개쓰”〔가스〕(瓦斯)	gas (개쓰)
개요 (概要)	outline(아울라인)
	summary (써머뤼)
	synopsis (씨납씨스)
개인 방호 (個人防護)	individual protection(인디비쥬얼 푸로텍쓘)
개인 병사 기능 (個人兵士技能)	individual soldier skills (인디비쥬얼 쏘울져어 스끼일즈)
개인 소지품 (個人所持品)	personal effects (퍼어스널 이펙쯔)
개인용 참호 (個人用塹壕)	foxhole(확쓰호울)
개인 위생 (個人衛生)	personal hygiene (퍼어스널 하이지인)
개인 장비 (個人裝備)	individual equipment (인디비쥬얼 이큅먼트)
	individual gear (인디비쥬얼 기어)
개인 진지 (個人陣地)	individual position (인디비쥬얼 퍼칠쓘)
개인 참모 (個人參謀)	personal staff (퍼어스널 스때후)
개인 피복 기록표 (個人被服記録表)	individual clothing record (인디비쥬얼 클로오딩 레컫)
개정 (改訂)	revision(뤼비준)
개조 (改造)	modification (마디휘케이숸)
개편 (改編)	reorganization(뤼오거니제이숸)
개회사 (開會辭)	opening remarks(오프닝 뤼마알쓰)
“거릴라”〔게릴라〕 (遊擊隊員)	guerrilla(거릴라)
거리 (距離)	distance (디스턴스)
거부 작전 (拒否作戰)	denial operation (디나이얼 아퍼레이숸)
거북선 (一船)	tortoise ship (토어터스 쉽)
거수 경례 (擧手敬禮)	hand salute (핸드 썰루울)
거점 (據點)	strong point(스츄롱 포인트)
거점 공간 (據點空間)	strong point gap (스츄롱 포인트 갶)
거점 방어 (據點防禦)	strong point defense (스츄롱 포인트 디이휀스)
거점 편성 (據點編成)	strong point organization (스츄롱 포인트 오오거니제이숸)
거치 (据置)	mount (마운트)
건강 (健康)	good health (구운 헬스)
건널목	railroad crossing (레일로운 쿠라씽)

건물 지역(建物地域)	built-up area (빌트엎 애어뤼아)
건빵(乾一)	hardtack (하안택)
건의(建議)	recommendation (레커멘데이숸)
건의 사항(建議事項)	recommendations (레커멘데이숸스)
건투(健鬪)**를 빈다**	I wish you the best and good luck! (아이.윗쉬 유 더 베스트 앤 구욷 럭!)
검문소(檢問所)	check point(췤 포인트)
검역 격리소(檢疫隔離所)	quarantine(쿠오뤈티인)
검열(檢閱)	censorship(쎈써어쉽)
	inspection (인스펙숀)
검열 보고(檢閱報告)	inspection report(인스펙숀 뤼포옽)
검토(檢討)	review(뤼뷰우)
게시판(揭示板)	bulletin board(불러틴 보옫)
격려사(激勵辭)	words of encouragement (우오즈 오브 인커뤼지먼트)
격리(隔離)**시키다**	isolate(아이쏠레잍)
	segregate(쎄구뤼게잍)
격멸(擊滅)	annihilation(어나이어레이숸)
격식(格式)	formalities (호어맬러티이즈)
격실(隔室)	compartment (컴파앝먼트)
격자식 좌표(格子式座標)	grid coordinates(구륃 코오디넡쯔)
격전(激戰)	fierce battle(휘어스 배틀)
격전지(激戰地)	hard-fought battlefield (하안 호옽 배틀휘일드)
	pitched battle(핕치드 배틀)
격추(擊墜)	shot down(샽 따운)
격퇴(擊退)	repulse(뤼펄스)
격파(擊破)**하다**	destroy(디스추로이)
견인차(牽引車)	prime mover (푸라임 무우버)
견인포(牽引砲)	towed artillery (토욷 아아틸러뤼)
견장(肩章)	shoulder board(쇼울더 보옫)
견제(牽制)	containment(컨테인먼트)
견제 공격(牽制攻擊)	holding attack(호울딩 어택)
	containing attack(컨테이닝 어택)
견제 부대(牽制部隊)	holding force(호울딩 호오스)
견제 작전(牽制作戰)	diversion(다이버어줜)
견제 전술(牽制戰術)	diversionary tactics (다이버어쥬너뤼 택틱쓰)
견제(牽制)**하다**	divert and hold(다이버얼 앤 호울드)
견제 행위(牽制行爲)	diversionary activities (다이버어쥬너뤼 액티비티이즈)
견책(譴責)	reprimand(레뿌뤼맨드)
결론(結論)	conclusion(컹클루줜)
결산 보고서(決算報告書)	after action report (애후터 액숀 뤼포옽)

결심(決心)	decision(디씨쥰)
결전(決戰)	decisive battle(디싸이씨브 배틀)
결정(決定)	decision(디씨쥰)
결정적 목표(決定的目標)	decisive objective(디싸이씨브 옵첵티브)
결정적 승리(決定的勝利)	decisive victory(디싸이씨브 빅토뤼)
결함(缺陷)	defect(디이휔트)
	deficiency(디휘션씨)
결합체(結合體)	assembly(어쎔블리)
경간(徑間)	span(스빤)
경계(警戒)	security(씨큐뤼티)
경계 경보(警戒警報)	alert(얼러얼)
경계 대책(警戒對策)	security measures(씨큐뤼티 메져어즈)
경계 배치(警戒配置)	security provision(씨큐뤼티 푸뤄비준)
경계병(警戒兵)	security guard(씨큐뤼티 가안)
경계 병력(警戒兵力)	security forces(씨큐뤼티 호어씨즈)
경계 부대(警戒部隊)	security echelon(씨큐뤼티 에쉴란)
경계 분견대(警戒分遣隊)	security detachment(씨큐뤼티 디태치먼트)
경계선(境界線)	boundary line(바운데뤼 라인)
경계 요소(警戒要素)	security requirement(씨큐뤼티 뤼콰이어먼트)
경계 임무(警戒任務)	security mission(씨큐뤼티 미쑨)
경계 정찰대(警戒偵察隊)	security patrol(씨큐뤼티 퍼츄롤)
경계 태세(警戒態勢)	security posture(씨큐뤼티 파스츄어)
경고(警告)	warning(우오닝)
경고 명령(警告命令)	warning order(우오닝 오오더어)
경고판(警告板)	warning sign(우오닝 싸인)
경대전차 무기(輕對戰車武器)	light anti-tank weapon〈LAW〉(라잍 앤타이-탱크 웨펀〈로오〉)
경도(經度)	longitude(란지튜운)
경력(經歷)	career(커뤼어)
경력 관리(經歷管理)	career management(커뤼어 매니지먼트)
경례(敬禮)	salute(썰루울)
경례 구호(敬禮口號)	salutation motto (썰루테이숀 마토우)
경미 사건(輕微事件)	minor incident(마이너 인씨던트)
경미 사고(輕微事故)	minor accident(마이너 액씨던트)
경미 피해(輕微被害)	light damage(라잍 대미지)
경보(警報)	alarm(얼라암)
① **황색〈경계〉 경보**(黃色警戒警報)	①yellow alert(옐로우 얼러얼)
② **적색〈공습〉 경보**(赤色空襲警報)	② red alert (렏 얼러얼)
③ **백색〈해제〉 경보**(白色解除警報)	③white alert (와잍 얼러얼)
경보병(輕步兵)	light infantry(라잍 인훤추뤼)

경보병 사단(輕步兵師團)	light infantry division (라일 인훤추뤼 디비죤)
경비(經費)	expenses(잌쓰펜씨스)
경상비(經常費)	operating costs(아퍼레이딩 코우스쯔)
경수리(輕修理)	minor repair(마이너 뤼패어)
경〈전술〉문교(輕戰術門橋)	light 〈tactical〉 raft(라잍 〈탴티컬〉 래후트)
경제(經濟)	economy(이카나미)
경찰(警察)	Korean National Police 〈KNP〉 (코뤼언 내슈널 폴리스〈케이 엔 피이〉)
경험(經驗)	experience(잌쓰피어뤼언스)
경호원(警護員)	body guard(바디 가알)
계곡(溪谷)	valley(밸리이)
계급(階級)	rank(랭크)
계급장(階級章)	rank insignia(랭크 인씩니아)
계기(計器)	gauge(게이지) instrument(인스추루먼트)
계기판(計器板)	instrument panel(인스추루먼트 패늘)
계략(計略)	ruse(루우즈)
계산(計算)	calculation(캘큐레이숀) computation(컴퓨테이숀) estimation(에스떠메이숀)
계산기(計算器)	calculator(캘큐레이러) computer(컴퓨터)
계속 공격(繼續攻擊)하라	continue to attack(컨티뉴 투 어탴)
계속(繼續)하다	continue(컨티뉴)
계획(計劃)	plan(플랜) program(푸로우구램) scheme(스끼임)
계획 검토 분석(計劃檢討分析)	program review and analysis (푸로우구램 뤼뷰우 앤 어낼러씨스)
계획 과제(計劃課題)	project(푸라젝트)
계획 사격(計劃射擊)	scheduled fire(스께쥴드 화이어)
계획 수립 각서(計劃樹立覺書)	planning memoranda(플랜닝 메모렌다)
계획 수립 단계(計劃樹立段階)	planning phase(플랜닝 쀄이즈)
계획 수립 지시(計劃樹立指示)	planning directive(플랜닝 디렉티브)
계획 요인(計劃要因)	planning factors(플랜닝 홱토어즈)
계획(計劃)을 발전(發展)시키다	develop plans(디벨럽 플랜즈)
계획 지침(計劃 指針)	planning guidance(플랜닝 가이던스)

고각(高角)	elevation(엘리베이슌)
고각 사격(高角射擊)	high-angle fire(하이 앵글 화이어)
고과표(考課表)	efficiency report(이휘썬씨 뤼포올)
고관(高官)	dignitaries(딕너터뤼즈)
고도(高度)	altitude(앨티튜웃)
고등 군사반(高等軍事班)	Officers Advanced Course〈OAC〉 (오휘써스 언밴스 코오스〈오우 에이 씨이〉)
고려(考慮)**된 위험도**(危險度)	calculated risk(캘큐레이팉 뤼스크)
고려 사항(考慮事項)	considerations(컨씨더레이숀스)
고립(孤立)**시키다**	isolate(아이쏠레잍)
고사포〈**병**〉(高射砲〈兵〉)	antiaircraft artillery〈AAA〉 (앤타이애어쿠래후트 아아틸러뤼 〈에이 에이 에이〉)
고속 도로(高速道路)	high speed road(하이 스삐읻 로욷) express highway(잌쓰푸레쓰 하이웨이)
고속 도로 통제 명령(高速道路統制命令)	highway regulation order (하이웨이 레귤레이숀 오오더어)
고속 비행기(高速飛行機)	fast mover(홰스트 무우버)
고속 접근로(高速接近路)	high-speed avenue of approach (하이 스삐읻 애비뉴 오브 어푸로우치)
고수 방어(固守防禦)	defense in place(디이휀스 인 플레이스)
고수 방어(固守防禦)**하라**	defend in place(디이휀드 인 플레이스)
고시(告示)	notice(노티스)
고압선(高壓線)	high-tension wire(하이텐숀 와이어)
고열(高熱)	high temperature(하이 템퍼뤄쳐) fever(휘이버)
고장(故障)	stoppage(스따삐지)
고정교(固定橋)	fixed bridge(휙쓰드 부뤼지)
고정 사진기(固定寫眞機)	still camera(스띨 캐머라)
고정(固定)**시키다**	immobilize(임모우빌라이즈)
고정 표적(固定標的)	fixed target(휙쓰드 타아깉) stationary target(스떼이슈너뤼 타아깉)
고지(高地)	hill(히일)
고착 견제(固着牽制)**하다**	fix and contain(휙쓰 앤 컨테인)
고체 연료(固體燃料)	heat tablet(히잍 태블릿) solid fuel(썰릳 휴얼)
고폭탄(高爆彈)	high explosive〈HE〉 (하이 잌쓰플로씨브〈에이치 이이〉)
곡사포(曲射砲)	howitzer(하윝쩌)
곰〔熊〕	bear(베어)
공간〈**통신문내**〉(空間通信文内)	break(부레잌)

공간 협조 지역 (空間協調地域)	airspace coordination area (애어스빼이스 코오디네이숀 애어뤼아)
공격 (攻擊)	attack (어탭)
공격 개시 (攻擊開始)	commencement of attack (컴멘스먼트 오브 어탭)
공격 개시선 (攻擊開始線)	line of departure〈LD〉 (라인 오브 디파아쳐〈엘 디이〉)
공격 개시선 겸 접적선 (攻擊開始線兼接敵線)	line of departure/line of contact〈LD/LC〉 (라인 오브 디파아쳐어 이즈 라인 오브 칸택트〈엘 디이/엘 씨이〉)
공격 계획 (攻擊計劃)	attack plan (어탭 플랜)
공격 기세 (攻擊氣勢)	momentum of an attack (모우멘텀 오브 앤 어탭)
공격 단계 (攻擊段階)	attack phase (어탭 훼이즈)
공격 단계 활동 (攻擊段階活動)	offensive phase activities (오휀씨브 훼이즈 액티비티이즈)
공격 대기 기점 (攻擊待機地點)	attack position (어탭 퍼칠숀)
공격 대형 (攻擊隊形)	attack formation (어탭 호어메이숀)
공격 명령 (攻擊命令)	attack order (어탭 오오더어)
공격 목표 (攻擊目標)	objective〈OBJ〉(옵젝티브〈오우 비이 제이〉)
공격 시간 (攻擊時間)	time of attack (타임 오브 어탭)
공격 작전 개시 시간 (攻擊作戰開始時間)	H-Hour (에이치 아워)
공격 작전 개시일 (攻擊作戰開始日)	D-Day (디이 데이)
공격 제대 (攻擊梯隊)	attack echelon (어탭 에쉴란)
공격 준비 방해 사격 (攻擊準備妨害射擊)	counter preparation fire (카운터 푸뤼퍼레이숀 화이어)
공격 준비 사격 (攻擊準備射擊)	preparation fire〈PREP〉 (푸뤼퍼레이숀 화이어〈푸렢〉)
공격 준비 (攻擊準備) 대기 (待機) 하라	be prepared to attack (비이 푸리패얻 투 어탭)
공격 축 (攻擊軸)	axis of attack (액씨스 오브 어탭)
공격파 (攻擊波)	attack waves (어탭 웨이브스)
공공 기관 (公共機關)	government offices (가번먼트 오휘씨스)
공구 (工具)	tools (투울즈)
공군 기지 (空軍基地)	air force base〈AFB〉(애어 호오스 베이스〈에이 에후 비이〉)
공군 연락 장교 (空軍連絡將校)	air liaison officer〈ALO〉 (애어 리이애이쟈안 오휘써〈에이 엘 오우〉)
공급 (供給) 하다	provide (푸롸바이드)
공대공 유도탄	air-to air missile (애어투애어 미쓸)

(空對空誘導彈)
공대지 유도탄 (空對地誘導彈) — air-to-surface missile (애어투써어훠쓰 미쓸)
공두보 (空頭堡) — airhead (애어헫)
공로 (功勞) — meritorious service (메뤼토뤼어스 써어비스)
공로 이동 (空路移動) — air movement (애어 무우브먼트)
공무상 (公務上) — line of duty (라인 오브 듀우리)
공문 (公文) — official correspondence (오휘셜 커레스판던스)
공문서 (公文書) — official document (오휘셜 다큐먼트)
공문서철 (公文書綴) — file (화일)
공문서 통제 (公文書統制) — official document control (오휘셜 다큐먼트 컨츄롤)
공문서 통제 장교 (公文書統制將校) — official document control officer 〈DCO〉 (오휘셜 다큐먼트 컨츄롤 오휘써 〈디이 씨이 오우〉)
공병 (工兵) — engineer (엔지니어)
공병 백선 (工兵白線) **끈** — engineer tape (엔지니어 테잎)
공병 지원 (工兵支援) — engineer support (엔지니어 써포올)
공보 (公報) — public information (퍼블릭 인호어메이슌)
공보실 (公報室) — public information office (퍼블릭 인호어메이슌 오휘쓰)
공보 장교 (公報將校) — public information officer 〈PIO〉 (퍼블릭 인호어메이슌 오휘써 〈피이 아이 오우〉)
public affairs officer 〈PAO〉 (퍼블릭 어훼어즈 오휘써 〈피이 에이 오우〉)
공비 (共匪) — communist guerrilla (카뮤니스트 거릴라)
공산 위협 (共産威脅) — communist threat (카뮤니스트 스렡)
공산주의 (共産主義) — communism (카뮤니즘)
공산주의자 (共産主義者) — communist (카뮤니스트)
공세 (攻勢) — offensive (오휀씨브)
공세 이전 (攻勢移轉) — counter-offensive (카운터 오휀씨브)
공세적 방어 (攻勢的防禦) — offensive defense (오휀씨브 디이휀스)
공수 (空輸) — airlift (애어리후트)
공수 작전 (空輸作戰) — airlift operation (애어리후트 아퍼레이슌)
공수 통제반 (空輸統制班) — airlift control element 〈ALCE〉 (애어리후트 컨츄롤 엘리먼트 〈앨씨이〉)
공습 (空襲) — air raid (애어 레읻)
공습 경계 (空襲警戒) — air alert (애어 얼러얼)
공습 경보 (空襲警報) — air raid warning (애어 레읻 우오닝)
공습 경보 계통 (空襲警報系統) — air raid warning system (애어 레읻 우오닝 씨스텀)

공식 방문(公式訪問)	official visit(오휘셜 비짙)
공용(共用)	crew-served(쿠루우 써어브드)
공용 도구(共用道具)	common tools(카먼 투울즈)
공용 화기(共用火器)	crew-served weapon(쿠루우 써어브드 웨펀)
공작원(工作員)	agent (에이젼트)
공장(工場)	factory(홱터뤼)
공적(功績)	meritorious achievement (메뤼토뤼어스 어취이브먼트)
공정(空挺)	airborne(애어보온)
공정대(空挺隊)	airborne raiding force (애어보온 레이딩 호오스)
공정 부대(空挺部隊)	airborne troops(애어보온 츄루웊쓰)
공정 작전(空挺作戰)	airborne operation(애어보온 아퍼레이슌)
공제선(空際線)	skyline (스까이라인)
공중(空中)	air(애어)
공중 공간(空中空間)	air space(애어 스뻬이스)
공중 공간 운영 통제 (空中空間運營統制)	air space management and control (애어 스뻬이스 매니지먼트 앤 컨츄롤)
공중 관측자(空中觀測者)	air observer(애어 옵써어버)
공중 급유(空中給油)	air refueling(애어 뤼휴얼링)
공중 급유기(空中給油機)	inflight tanker(인훌라잍 탱커)
공중 기동 작전 (空中機動作戰)	airmobile operation(애어모우빌 아퍼레이슌)
공중 대기(空中待機)	air alert(애어 얼러엍)
공중 대항(空中對抗)	air opposition(애어 아퍼지쓘)
공중 목표(空中目標)	air target(애어 타아깉)
공중 보급(空中補給)	aerial supply(애뤼얼 써플라이)
공중 세력 균형 (空中勢力均衡)	air parity(애어 패뤄티)
공중 수색(空中搜索)	air search(애어 써어치)
공중 수송(空中輸送)	airlift(애어리후트)
공중 엄호(空中掩護)	air cover(애어 카버)
공중 요격(空中邀擊)	air interception(애어 인터쎞쓘)
공중 우세(空中優勢)	air superiority(애어 쑤우피뤼아뤄티)
공중 의무 후송 (空中醫務後送)	aerial medical evacuation (애뤼얼 메디컬 이배큐에이슌) "Dust Off" (더스트 오후) "Medivac" (메디백)
공중 임무(空中任務)	air mission(애어 미쓘)
공중전(空中戰)	air battle(애어 배틀)
공중 정찰(空中偵察)	aerial reconnaissance(애뤼얼 뤼카너쎈스) visual reconnaissance(비쥬얼 뤼카너쎈스)
공중 조기 경보 통제기	airborne warning and control system

ㄱ

(空中早期警報統制機)	〈AWACS〉(애어보온 우오닝 앤 컨츄롤 씨스텀 〈애이웩쓰〉)
공중 진지 변환 (空中陣地變換)	aerial displacement (애뤼얼 디스플레이스먼트)
공중 척후 (空中斥候)	air scout (애어 스까울)
공중 투하 (空中投下)	airdrop (애어 쥬랖)
	aerial delivery (애뤼얼 딜리버뤼)
공중 파열 (空中破裂)	air burst (애어 버어스트)
공중 회랑 (空中回廊)	air corridor (애어 카뤼도어)
공중 후송 (空中後送)	air evacuation (애어 이배큐에이숀)
공지 부호판 (空地符號板)	air-ground code panel (애어 구라운드 코욷 패늘)
공지 작전 (空地作戰)	airland operation (애어랜드 아퍼레이숀)
공지전 (空地戰)	airland battle (애어랜드 배를)
공지 통신 (空地通信)	air-ground communications (애어구라운드 커뮤니케이숀스)
공지 협동 작전 (空地協同作戰)	air-ground joint operation (애어구라운드 조인트 아퍼레이숀)
공포탄 (空砲彈)	blank ammunitions (블랭크 애뮤니숀스)
공항 관제탑 (空港管制塔)	control tower (컨츄롤 타우어)
공휴일 (公休日)	legal holiday (리이걸 할러데이)
	public holiday (퍼블릭 할러데이)
과 (課)	section (쎅숀)
과 (過)	over (오우버)
과대 적재 (過大積載)	overloading (오우버로우딩)
	excessive load (잌쎄씨브 로욷)
과목 계획표 (課目計劃表)	subject schedule (썹짘트 스께쥴)
과부족 (過不足)	over/short (오우버 쇼옽)
과실 (過失)	mistake (미쓰테잌)
	error (에뤄어)
	oversight (오우버싸잍)
과업 (課業)	task (태스크)
과잉 (過剩)	excess (잌쎄쓰)
	surplus (써어플러쓰)
과학 (科學)	science (싸이언스)
과학적 (科學的)	scientific (싸이언티휔)
관건 (關鍵)	key to success (키이 투 썩쎄쓰)
관구 지역 공병 부장 (管區地域工兵部長)	district engineer (디스츄릭트 엔지니어)
관급 (官給)	government issue 〈GI〉 (가번먼트 이쓔 〈지이 아이〉)
관대 (寬大)	generosity (제너라씨티)
관대 (寬大)**한**	generous (제너뤄스)

관람 (觀覽) — observation (압써베이숀)
inspection (인스펙쑌)

관람대〈대통령〉 (觀覽臺〈大統領〉) — royal box (로우열 박쓰)

관례 (慣例) — common practice (카먼 푸랙티스)
customary practice (커스터메뤼 푸랙티스)

관리 책임 (管理責任) — supervisory responsibility (쑤우퍼바이저뤼 뤼스판써빌러티)

관〈측병〉목〈표〉선 (觀測兵目標線) — observer-target line (압써버-타아깉 라인) 〈O-T line〉 (〈오우 티이 라인〉)

관수욕 (灌水浴) — shower (샤우어)

관수욕장 (灌水浴場) — shower point (샤우어 포인트)

관습 (慣習) — custom (커스틈)

관심 (關心) — interest (인터레스트)

관심 지역 (關心地域) — area of interest (애어뤼아 오브 인터레스트)

관용 (慣用) — conventional (컨벤츄널)

관제등 (管制燈) — blackout light (블랙아울 라잍)

관제탑 (管制塔) — control tower (컨츄롤 타우어)

관중 (觀衆) — spectators (스펙테이터즈)

관측 (觀測) — observation (압써베이숀)

관측기 (觀測機) — observation plane (압써베이숀 플레인)

관측반 (觀測班) — obervation team (압써베이숀 티임)

관측병 (觀測兵) — observer (압써어버)

관측 사격 (觀測射擊) — observed fire (압써어브드 화이어)

관측선 (觀測線) — line of observation (라인 오브 압써베이숀)

관측소 (觀測所) — observation post 〈OP〉 (압써베이숀 포우스트〈오우 피이〉)

관측 즉시 보고 (觀測即時報告) — observation report (압써베이숀 뤼포옽)
spot report (스팥 뤼포옽)

관측 탐지기 (觀測探知機) — surveillance radar (써어베일런스 레이다아)

관통 (貫通) — perforation (퍼어호어레이숀)

광명 제원 (光明諸元) — light data (라잍 대터)

광음 (光音) — flash-bang (훌래쉬뱅)

광음 차이 순간 (光音差異瞬間) — flash to bang time (훌래쉬 투 뱅 타임)

교관 (敎官) — instructor (인스추뤅터)

교대 (交代) — relief (륄리이후)

교대 작전 (交代作戰) — relief operation (륄리이후 아퍼레이숀)

교두보 (橋頭堡) — bridgehead (부뤼지핻)

교란 (攪亂) — harassment (허래쓰먼트)

교란 공격 (攪亂攻擊) — harassing attack (허래씽 어탴)

교란 사격(攪亂射擊)	harassing fire(허래씽 화이어)
교란(攪亂)**하다**	harass(허래쓰)
교량(橋梁)	bridge(부뤼지)
교련(教練)	drill(쥬릴)
교〈련 하사〉관 (教練下士官)	drill sergeant(쥬릴 싸아전트) drill instructor〈DI〉(쥬릴 인스추뤅터 〈디이 아이〉)
교리(教理)	doctrine(닥츄뤼인)
교범(教範)	manual(매뉴얼)
교서(教書)	Presidential message (푸레지덴셜 메씨지)
교안(教案)	lesson plan(레쓴 플랜)
교육 각서(教育覺書)	training memorandum(츄레이닝 메모렌덤)
교〈육 보조〉재〈료〉 (教育補助材料)	training aid(츄레이닝 에읻)
교육 훈련(教育訓練)	training (츄레이닝)
교의(教義)	doctrine(닥츄뤼인)
교전(交戰)	engagement(인게이지먼트)
교정(矯正)**하다**	correct(커렉트) rectify(렉티화이) remedy(레머디)
교주(橋舟)	pontoon(판투운)
교차로(交叉路)	〈road〉 intersection (〈로운〉 인터쎅쓘)
교착 상태(膠着狀態)	stabilized situation (스때빌라이즈드 씨츄에이숸)
교통 능력(交通能力)	trafficability(츄래휘꺼빌러티)
교통량(交通量)	traffic volume(츄래휙 발륨)
교통망(交通網)	traffic network(츄래휙 넽웍)
교통 밀도(交通密度)	traffic density(츄래휙 덴써티)
교통 사고(交通事故)	traffic accident(츄래휙 액씨던트)
교통 순환 계획 (交通循環計劃)	traffic circulation plan (츄래휙 써어큐레이숸 플랜)
교통 애로(交通隘路)	traffic bottleneck(츄래휙 바들넥)
교통 장애(交通障碍)	traffic jam(츄래휙 잼) traffic congestion(츄래휙 컨제스춘)
교통 정리(交通整理)	traffic control(츄래휙 컨츄롤)
교통 차단(交通遮斷)	traffic blockade(츄래휙 블라케읻)
교통 통제(交通統制)	traffic control(츄래휙 컨츄롤)
교통 통제소(交通統制所)	traffic control post (츄래휙 컨츄롤 포우스트)
교통 표지(交通標識)	traffic sign(츄래휙 싸인)
교환(交換)	exchange(잌쓰체인지)
교환대(交換臺)	switchboard(스윁치보옫)

교환병 (交換兵)	switchboard operator (스윌치보온 아퍼레이러)
교훈 사항 (敎訓事項)	lessons learned (레쓴스 러언드)
교회법 (交會法)	intersection (인터쐑쓘)
구간 이동 (區間移動)	bound (바운드)
구간 전진 (區間前進)	advance by bounds (얻밴스 바이 바운즈)
구경 (口徑)	caliber (캘리버어) cal. (캘)
구급낭 (救急囊)	firstaid pouch (훠어스트에읻 파우치)
구급대 (救急袋)	firstaid packet (훠어스트에읻 패킽)
구급법 (救急法)	first aid (훠어스트 에읻)
구급차 (救急車)	ambulance (앰뷸런스)
구급함 (救急函)	firstaid kit (훠어스트에읻 킽)
구난 (救難)	search and rescue (써어치 앤 레스뀨우)
구난차 (救難車)	recovery vehicle (뤼카버뤼 비이끌)
구내 통화기 (構內通話器)	intercom (인터컴) interphone (인터호운)
구두	〈a pair of〉 boots (〈어 패어 오브〉 부울쯔)
구두끈	boot laces (부울 레이씨즈)
구두 명령 (口頭命令)	oral order (오우럴 오오더어)
구둣솔	shoe brush (슈우 부뤄쉬)
구두약	shoe polish (슈우 팔리쉬)
구량 (口糧)	ration (레숸)
구량 대용품 (口糧代用品)	ration supplements (레숸 써쁠먼쯔)
구량 병력 (口糧兵力)	ration strength (레숸 스츄렝스)
구량일 (口糧日)	ration cycle (레숸 싸이끌)
구량차 (口糧車)	ration truck (레숸 츄뤜)
구량 한정품 (口糧限定品)	rationed item (레숀드 아이텀)
구량 합리 통제 (口糧合理統制)	ration control (레숸 컨츄롤)
구령 (口令)	command (커맨드)
구매 (購買)	purchase (퍼쳐스)
구매처 (購買處)	purchasing office (퍼쳐씽 오휘쓰)
구명 동의 (救命胴衣)	life jacket (라이후 재킬)
구명 장비 (救命裝備)	survival equipment (써바이벌 이퀖먼트)
구명정 (救命艇)	life boat (라이후 보울)
구명 조끼 (救命—)	life vest (라이후 베스트)
구배 (勾配)	grade (그레읻)
구보 (驅步)	run (뤈) double time (더블 타임)
구보화 (驅步靴)	running shoes (뤄닝 슈우즈)
구분 전진 (區分前進)	leapfrog (리잎후로옥)

구성 (構成)	composition (컴퍼칠쓴) organization (오오거니제이쓴)
구성 부대 (構成部隊)	element (엘리먼트)
구성품 (構成品)	component (컴포우넌트)
구역 (區域)	sector (섹터)
구조 (救助)	rescue (레스뀨우)
구조차 (救助車)	wrecker (레꺼)
구주 지역 (歐洲地域)	European theater (유우로삐안 씨어러)
구체화 요망 계획 (具體化要望計劃)	plans desired to be developed (플랜즈 디자이언 투 비이 디벨럽트)
구축 (構築)	construction (컨스추뤅숀)
구호미 (救護米)	relief ration of rice (뤼리이후 레숀 오브 라이스)
구호병 (救護兵)	medic (메딕)
구호소 (救護所)	aid station (에잍 스떼이숀)
국가 (國歌)	national anthem (내슈널 앤섬)
국가 안전 (國家安全)	national security (내슈널 씨큐뤼티)
국군 (國軍) **의 날 〈10월 1일〉**	Armed Forces Day 〈1 Oct〉 (아암드 호어씨즈 데이〈원 옥토우버어〉)
국기 (國旗)	national flag (내슈널 홀랙)
국내 (國內) **의**	incountry (인칸츄뤼) domestic (도우메스틱)
국도 (國道)	national road (내슈널 로운)
국립 묘지 (國立墓地)	national cemetery (내슈널 쎄미추뤼)
국무성 (國務省)	Department of State (디파앝먼트 오브 스떼잍) State Department (스떼잍 디파앝먼트)
국무 장관 (國務長官)	Secretary of State (쎄크뤼테뤼 오브 스떼잍)
국방 (國防)	national defense (내슈널 디이휀스)
국방 대학원 (國防大學院)	〈National〉 War College (〈내슈널〉 우오 칼리지)
국방부 (國防部)	Ministry of National Defense 〈MND〉 (미니스츄뤼 오브 내슈널 디이휀스 〈엠 엔 디이〉)
국방색 (國防色)	olive-drab green (알리브 쥬랩 그뤼인) OD green (오우 디이 그뤼인)
국방성 (國防省)	Department of Defense 〈DoD〉 (디파앝먼트 오브 디이휀스 〈디이 오우 디이〉)
국방 장관 (國防長官)	Honorable Minister, Ministry of National Defense (아너어뤄블 미니스터, 미니스츄뤼 오브 내슈널 디이휀스)
국방 장관 〈미〉	Secretary of Defense

(國防長官〈美〉)	(쎄크뤼테뤼 오브 디이휀스)
국적 (國籍)	nationality (내슈낼러티)
국제 연합군 사령부 (國際聯合軍司令部)	United Nations Command〈UNC〉 (유나이틷 네이숀스 커맨드〈유우 엔 씨이〉)
국지 경계 (局地警戒)	local security (로우컬 씨큐뤼티)
국지 방호 (局地防護)	local protection (로우컬 푸로텍숀)
군 (軍)	army (아아미)
군가 (軍歌)	army song (아아미 쏘옹)
군기 (軍旗)	colors (칼러어즈)
군기 (軍紀)	military discipline (밀리테뤼 디씨플린)
군기 문제 (軍紀問題)	disciplinary problem (디씨플리네뤼 푸라블럼)
군기병 (軍旗兵)	color guard (칼러어 가알)
군단 (軍團)	corps (코어)
군단 목표 (軍團目標)	corps objective (코어 옵젝티브)
군단 예비 (軍團豫備)	corps reserve (코어 뤼저어브)
군단 예비 임무 (軍團豫備任務)	corps reserve mission (코어 뤼저어브 미숀)
군단장 (軍團長)	corps commander (코어 커맨더)
군단장 승인 (軍團長承認)	corps commander's approval (코어 커맨더즈 어푸루우벌)
군단 지원사 (軍團支援司)	corps support command〈COSCOM〉 (코어 써포옽 커맨드〈카스캄〉)
군단 직할대 (軍團直轄隊)	corps troops (코어 츄루웊쓰)
군단 포병 (軍團砲兵)	corps artillery〈CORATY〉 (코어 아아틸러뤼〈코라디〉)
군례 (軍禮)	military courtesy (밀리테뤼 커어티씨)
군목 (軍牧)	chaplain (채플린)
군민 작전 (軍民作戰)	civil-military operation (씨빌-밀리테뤼 아퍼레이숀)
군번 (軍番)	service number (써어비스 넘버) social security〈account〉number〈SSAN〉 (쏘우셜 씨큐뤼티〈어카운트〉넘버)〈에쓰 에쓰 에이 엔〉)
군법 (軍法)	military justice (밀리테뤼 저스티스)
군 법무 장교 (軍法務將校)	judge advocate general corps〈JAG〉officer (저지 앧버킽 코어〈재액〉오휘써)
군법 예규 (軍法例規)	uniform code of military justice〈UCMJ〉 (유니호옴 코욷 오브 밀리테뤼 저스티스〈유우 씨이 엠 제이〉)
군법 회의 (軍法會議)	court-martial (코옽 마아셜)
군 보급창 (軍補給廠)	army depot (아아미 디포우)
군복 (軍服)	〈military〉uniform (〈밀리테뤼〉 유니호옴)

군 복무 (軍服務)	〈military〉service (〈밀리테뤼〉 써어비스)
군 부호 (軍符號)	military symbol (밀리테뤼 씸벌)
군사 (軍事)	military affairs (밀리테뤼 어훼어즈)
군사 고문단 (軍事顧問團)	military advisory group〈MAG〉 (밀리테뤼 앧바이저뤼 구루웊〈매액〉)
군사 교육 (軍事敎育)	military education (밀리테뤼 에쥬케이슌)
군사 교의 (軍事敎義)	military doctrine (밀리테뤼 닼츄뤼인)
군사 기밀 (軍事機密)	classified military information (클래씨화읻 밀리테뤼 인호어메이슌)
군사 기지 (軍事基地)	military base (밀리테뤼 베이스)
군사〈령〉관 (軍司令官)	army commander (아아미 커맨더)
군사령부 (軍司令部)	army headquarters (아아미 헫쿠오뤄즈)
군사 분계선 (軍事分界線)	military demarkation line〈MDL〉 (밀리테뤼 디마아케이슌 라인〈엠 디이 엘〉)
군사상 필요 (軍事上必要)	military necessity (밀리테뤼 니쎄써티)
군사 수요 (軍事需要)	military requirement (밀리테뤼 뤼콰이어먼트)
군사 용어 (軍事用語)	military terms (밀리테뤼 터엄즈)
군사 우편 (軍事郵便)	army postal service (아아미 포우스털 써어비스)
군사 우체국 (軍事郵遞局)	army post office〈APO〉 (아아미 포우스트 오휘쓰〈에이 피이 오우〉)
군사적 (軍事的)	military (밀리테뤼)
군사적 산정 (軍事的山頂)	military crest (밀리테뤼 쿠레스트)
군사 전략 (軍事戰略)	military strategy (밀리테뤼 스추라터지)
군사 정보 (軍事情報)	military intelligence (밀리테뤼 인텔리젼스)
군사 특기 (軍事特技)	military occupational specialty〈MOS〉 (밀리테뤼 아큐페이슈널 스빼셜티 〈엠 오우 에쓰〉)
군사학 (軍事學)	military science (밀리테뤼 싸이언스)
군사 행동 (軍事行動)	military action (밀리테뤼 액쓘)
군사 훈련 (軍事訓練)	military training (밀리테뤼 츄레이닝)
군성 신호탄 (群星信號彈)	star cluster (스따아 클러스터)
군수 (郡守)	county chief / commissioner (카운티 치이후/커미쓔너)
군수 (軍需)	logistics (로우지스틱쓰)
군수 계획 (軍需計劃)	logistics plans (로우지스틱쓰 플랜즈)
군수과 (軍需課)	S-4 (에쓰 훠어)
군수 물자 (軍需物資)	war material (우오 머티어뤼얼)
군수상 (軍需上)	logistic (로우지스틱) logistical (로우지스티컬)
군수 사령부 (軍需司令部)	logistics command (로우지스틱쓰 커맨드)
군수 업무 (軍需業務)	logistical activities (로우지스티컬 액티비티이즈)

군수 작전(軍需作戰)	logistics operation (로우치스틱쓰 아퍼레이숀)
군수 지원(軍需支援)	logistical support (로우치스티컬 써포올)
군수 지원단(軍需支援團)	logistics support group (로우치스틱쓰 써포올 구루웊)
군수 지원 대대 (軍需支援大隊)	logistics support battalion (로우치스틱쓰 써포올 배탤리언)
군수 참모(軍需參謀)	Assistant Chief of Staff, G-4 (어씨스턴트 치이후 오브 스때후, 〈지이 훠어〉)
군수 판단(軍需判斷)	logistics estimate (로우치스틱쓰 에스띠밑)
군수품(軍需品)	materiel (머티어뤼엘)
군악대(軍樂隊)	military band (밀리테뤼 밴드)
군용기(軍用機)	military aircraft (밀리테뤼 애어쿠래후트)
군용 열차(軍用列車)	troop train (츄루웊 츄레인)
군용 전화기(軍用電話機)	field phone (휘일드 호운) landline〈LL〉(랜드라인〈리마리마〉)
군용 침대(軍用寢臺)	cot (캍)
군의관(軍醫官)	surgeon (써어젼)
군인(軍人)의 길	code of military conduct (코운 오브 밀리테뤼 칸덕)
군중 심리(群衆心理)	mob psychology (맙 싸이칼러지)
군 포병(軍砲兵)	army artillery (아아미 아아틸러뤼)
군화(軍靴)	boots (부울쯔)
굴(窟)	tunnel (터늘)
굴곡 도로(屈曲道路)	winding road (와인딩 로운)
굴곡부(屈曲部)	bend (벤드)
권총(拳銃)	pistol (피스틀) .45 (훠어디 화이브)
권총대(拳銃帶)	pistol belt (피스틀 벨트)
권한(權限)	authority (오쏘뤼티)
궤도(軌道)	track (츄랰)
귀대 이동(歸隊移動)	redeployment (뤼디플로이먼트)
귀마개	earplugs (이어플럭스)
귀빈(貴賓)	honored guest (아너얻 게스트)
귀빈석(貴賓席)	seats for the honored guests (씨잍쯔 호어 더 아너얻 게스쯔)
규모(規模)	size (싸이즈)
규정(規定)	regulation (레규레이숀)
규정 적재량(規定積載量)	prescribed load (푸뤼스끄라입드 로운)
그 외 정보 요구 사항 (其外情報要求事項)	other intelligence requirement〈OIR〉(어더어 인텔리젼스 뤼콰이어먼트 〈오우 아이 아아〉)
극복(克服)하다	overcome (오우버컴)

ㄱ

극좌표(極座標)	polar coordinates(포울러 코오디닡츠)
근거리(近距離)	short distance(쇼올 디스턴스)
근거리 목표(近距離目標)	short range target(쇼올 레인지 타아길)
근거리 사격(近距離射擊)	short range fire(쇼올 레인지 화이어)
근거리 수색(近距離搜索)	short range reconnaissance (쇼올 레인지 뤼카너썬스)
근거리 왕복 수송 (近距離往復輸送)	shuttle(셔를)
근무 교대조(勤務交代組)	shift(쉬후트) work shift(우옼 쉬후트)
근무 명부(勤務名簿)	duty roster(듀우리 라스터)
근무병(勤務兵)	orderly(오오더어리)
근무 병과(勤務兵科)	service branches(써어비스 부랜치즈)
근무 부대(勤務部隊)	service element(써어비스 엘리먼트)
근무복(勤務服)	duty uniform(듀우리 유니호옴)
근무 시간(勤務時間)	duty hours(듀우리 아우어즈)
근무 제대(勤務梯隊)	service echelon(써어비스 에쉴란)
근무지(勤務地)	place of duty(플레이스 오브 듀우리)
근무 지원(勤務支援)	service support(써어비스 써포올)
근무처(勤務處)	duty station(듀우리 스떼이슌)
근무 평정표(勤務評定表)	efficiency report(이휘션씨 뤼포올)
근사(近似)하게	approximately(어푸랔씨밑리)
근사(近似)한	approximate(어푸랔씨밑)
근안(近岸)	near bank(니어 뱅크)
근접(近接)	proximity(푸랔씨미티)
근접 방어 사격 (近接防禦射擊)	close defensive fire (클로우즈 디휀씨브 화이어)
근접 전투(近接戰鬪)	close combat(클로우즈 캄뱉)
근접 지원(近接支援)	close support(클로우즈 써포올)
근접 지원 사격 (近接支援射擊)	close support fire(클로우즈 써포올 화이어)
근접(近接)한	close(클로우즈) near(니어) adjacent to(언제이썬트 투) vicinity of(비씨너티 오브)
근접 항공 지원 (近接航空支援)	close air support〈CAS〉 (클로우즈 애어 써포올〈캐쓰〉)
근처(近處)	vicinity(비씨너티)
"근탄"(近彈)	"short"(쇼올)
금제품(禁制品)	contraband(칸추라밴드)
금족(禁足)	restriction(뤼스추뤽숀)
금지(禁止)	restriction(뤼스추뤽숀)
급보(急報)	flash message(홀래쉬 메씨지)

급사(急射)	quick fire(크윅 화이어)
급선무(急先務)	top priority task(탑 푸라이아뤄티 태스크)
급속 도하(急速渡河)	hasty crossing(헤이스티 크라씽)
급속 출동(急速出動)	rapid deployment(래삗 디플로이먼트)
급송(急送)하다	expedite(엑쓰퍼다잍)
급수 부수차(給水附隨車)	water trailer/buffalo (워러 츄레일러/바훨로우)
급수장(給水場)	water point(워러 포인트)
급수차(給水車)	water tank truck(워러 탱크 츄뤅)
급양(給養)	subsistence(썹씨스턴스)
급양 근무(給養勤務)	food service(후욷 써어비스)
급조 야전 축성 (急造野戰築城)	hasty field fortification (헤이스티 휘일드 호어티휘케이슌)
급조 지뢰 지대 (急造地雷地帶)	hasty mine field(헤이스티 마인 휘일드)
급조 참호(急造塹壕)	hasty trench(헤이스티 추렌치)
급편 도강(急編渡江)	hasty rivercrossing(헤이스티 뤼버크라씽)
급편 방어(急編防禦)	hasty defense(헤이스티 디이휀스)
긍정적(肯定的)	positive(파지티브) affirmative(어훠머티브)
기(旗)	flag(훌랙) ensign(엔쓴) standard(스땐더얻) banner(배너어) pennant(페넌트) colors(칼러어즈) guidon(가이단)
기간(期間)	period(피어뤼얻)
기간 사병(基幹士兵)	enlisted cadre(인리스틷 캐쥬뤼)
기간 요원(基幹要員)	key personnel(키이 퍼어쓰넬) cadre(캐쥬뤼)
기간 조원(基幹組員)	skeleton crew(스껠러튼 쿠루우)
기간 품목(基幹品目)	key item(키이 아이틈)
기간 하사관(基幹下士官)	noncommissioned officer〈NCO〉cadre (넌커미쓘드 오휘써〈엔 씨이 오우〉캐쥬뤼)
기갑(機甲)	armor(아아머어)
기갑 대대(機甲大隊)	squadron(스콰쥬뤈)
기갑 부대(機甲部隊)	armored unit(아아머얻 유우닡)
기갑 소탕(機甲掃蕩)	armored sweep(아아머얻 스위잎)
기갑 수색 부대 (機甲搜索部隊)	armored cavalry(아아머얻 캐벌뤼)
기갑 중대(機甲中隊)	troop(츄루욒)
기갑 차량(機甲車輛)	armored vehicle(아아머얻 비이끌)

기개 (氣槪)	spirit (스삐륕) moral courage (모우뢸 커뤼지)
기계 (奇計)	ruse (루우즈) stratagem (스츄래티점)
기계화 보병 (機械化步兵)	mechanized infantry (메꺼나이즈드 인훤추뤼)
기계화 보병 사단 (機械化步兵師團)	mechanized infantry division (메꺼나이즈드 인훤츄뤼 디비젼)
기계화 부대 (機械化部隊)	mechanized unit (메꺼나이즈드 유우닡)
기계화 차량 (機械化車輛)	mechanized vehicle (메꺼나이즈드 비이끌)
기계획 목표 (既計劃目標)	preplanned target (푸뤼플랜드 타아길)
기계획 사격 (既計劃射擊)	preplanned fire (푸뤼플랜드 화이어)
기계획 임무 (既計劃任務)	preplanned mission (푸뤼플랜드 미쓘)
기관 단총 (機關短銃)	submachine gun (썹머쉬인 건)
기관장 (機關長)	government agency chief (가번먼트 에이젼씨 치이후)
기관 지병 (氣管支病)	bronchial disease (부랑키얼 디치이즈) respiratory disease (레스퍼토뤼 디치이즈)
기관총 (機關銃)	machinegun〈MG〉(머쉬인 건〈엠 지이〉)
기관총 가치 (機關銃架置)	machinegun mount (머쉬인건 마운트)
기관총 위치 (機關銃位置)	machinegun position (머쉬인건 퍼칠쓘)
기관포 (機關砲)	cannon (캐넌)
기념 (紀念)	commemoration (커메머레이순)
기념관 (紀念館)	memorial (미모오뤼얼)
기념비 (紀念碑)	monument (마뉴먼트)
기념사 (紀念辭)	commemorative remarks (커메머레이티브 뤼마앜쓰)
기념식 (紀念式)	commemoration ceremony (커메머레이순 쎄뤼머니)
기념일 (紀念日)	commemoration day (커메머레이순 데이)
기념탑 (紀念塔)	memorial (미모오뤼얼)
기념패 (紀念牌)	commemorative plaque (커메머레이티브 프랰)
기념품 (紀念品)	memento (미멘토우) keepsake (키잎쎄잌) souvenir (쑤우버니어) gift (기후트)
기념품 증정 (紀念品贈呈)	presentation of mementoes/gifts (푸뤼젠테이순 오브 미멘토우스/기훝츠)
기념 (紀念) **하다**	commemorate (커메머레잍)
기능 (機能)	function (훵쓘)
기능 상실 (機能喪失)	malfunction (맬훵쓘)
기도 비닉 (企圖秘匿)	covert activities (카버얼 앸티비티이즈) stealth (스텔스)
기동 (機動)	maneuver (머누우버)

기동 계획(機動計劃) scheme of maneuver (스끼임 오브 머누우버)
기동 공간(機動空間) maneuver space(머누우버 스빼이스)
기동력(機動力) maneuverability(머누우버뤄빌러티)
기동 방어(機動 防禦) mobile defense(모우빌 디이휀스)
기동 부대(機動部隊) maneuvering force(머누우버륑 호오스)
기동성(機動性) mobility(모우빌러티)
기동 예비(機動豫備) mobile reserve(모우빌 뤼저어브)
기동의 자유(機動―自由) freedom of maneuver (후뤼이듬 오브 머누우버)
기동전(機動戰) mobile warfare(모우빌 우오왜어)
기동 타격대(機動打擊隊) task force(태스크 호오스)
기동 편성(機動編成) task organization(태스크 오오거니제이순)
기동 형태(機動形態) forms of maneuver(호엄즈 오브 머누우버)
기동 훈련(機動訓練) maneuver exercise(머누우버 엑써싸이스)
기록 사격(記錄射擊) record firing(레컫 화이어륑)
기록 영화(記錄映畫) documentary(다큐멘터뤼)
기류(氣流) air current(애어 커뤈트)
기름 petroleum, oils, lubricants〈POL〉(퍼츄롤리엄 오일즈 루우부뤼컨트쯔〈피이 오우 엘〉)
기만(欺瞞) deception(디셉쓘)
기만 술책(欺瞞術策) deception measures(디셉쓘 메져어즈)
기만 작전(欺瞞作戰) demonstration(데먼스츄레이션)
기만 지뢰 지대(欺瞞地雷地帶) dummy minefield(더미 마인휘일드)
기만 통신문(欺瞞通信文) dummy message(더미 메씨지)
기만 투하(欺瞞投下) dummy drop(더미 쥬랍)
기밀 문서(機密文書) classified document (클래씨화이드 다큐먼트)
기밀 문서 관제(機密文書管制) classified document control (클래씨화이드 다큐먼트 컨츄롤)
기밀실(機密室) war room(우오 루움)
기복(起伏) relief(뤼리이후)
기복 지도(起伏地圖) relief map(뤼리이후 맵)
기본 계획표(基本計劃表) master schedule(매스터 스께줄)
기본 식단표(基本食單表) master menu(매스터 메뉴우)
기본 전술 단위 부대(基本戰術單位部隊) basic tactical unit(베이씩 택티껄 유우닐)
기본 화기(基本火器) primary weapon(푸라이매뤼 웨펀)
기본 휴대량(基本携帶量) basic load(베이씩 로운)
기상(氣象) weather(웨더어)
기상 개요(氣象槪要) weather summary(웨더어 써머뤼)
기상 개황(氣象槪況) weather situation(웨더어 씨츄에이순)

기상 경보 (氣象警報)	weather warning (웨더어 우오닝)
기상반 (氣象班)	weather section (웨더어 쎅쓘)
기상 분견대 (氣象分遣隊)	weather detachment (웨더어 디태치먼트)
기상 예보 (氣象豫報)	weather forecast (웨더어 호어캐스트)
기상 제원 (氣象諸元)	meteorological data (미이티어뤄라지칼 대터)
기상 통보 (氣象通報)	weather report (웨더어 뤼포올)
기선 (機先)	initiative (이니셔티브)
기선 제압 (機先制壓) 하다	seize initiative and maintain momentum (씨이즈 이니셔티브 앤드 메인테인 모우멘텀)
기수 (旗手)	color-bearer (칼러어 베어뤄) guidon bearer (가이단 베어뤄)
기술 (技術)	technique (텍니익)
기술 검사 (技術檢査)	technical inspection (텍니껄 인스펙쓘)
기술 교범 (技術敎範)	technical manual〈TM〉(텍니껄 매뉴얼 〈티이 엠〉)
기술 점검 (技術點檢)	technical inspection〈TI〉(텍니껄 인스펙숸 〈티이 아이〉)
기술 회보 (技術會報)	technical bulletin (텍니껄 불러틴)
기습 (奇襲)	surprise (써푸라이즈) coup de main (쿠우 더 매앵)
기억 (記憶)	memory (메머뤼)
기억 (記憶) **하다**	remember (뤼멤버)
기여 (寄與)	contribution (컨츄뤼뷰우숸)
기자 (記者)	reporter (뤼포오터어) journalist (저어널리스트) correspondent (코오뤄스판던트)
기정 통신 부호 (既定通信符號)	prearranged message code (푸뤼어레인지드 메씨지 코운)
기준 위치 (基準位置)	reference position (레훠뤈스 퍼칠숸)
기준점 (基準點)	reference point (레훠뤈스 포인트)
기지 (基地)	base (베이스)
기지 거리 (既知距離)	known distance (노운 디스턴스)
기지 적 위치 (既知敵位置)	known enemy location (노운 에너미 로우케이숸)
기지 적 진지 (既知敵陣地)	known enemy position (노운 에너미 퍼칠숸)
기초 (基礎)	basics (베이씩쓰)
기타 (其他)	miscellaneous (미써레이니어스)
기호 (記號)	symbol (썸벌)
기회 (機會)	opportunity (아퍼츄우니티)
기획 (企劃)	planning (플랜닝)
기후 (氣候)	climate (클라이밑)
기후 변화 (氣候變化)	change in climate (체인지 인 클라이밑)
기후 적응 (氣候適應)	acclimatization (어클라이머타이제이숸)

긴급(緊急)한	urgent(어어젼트)
긴급 휴가(緊急休暇)	emergency leave(이머어젼씨 리이브)
긴밀 협조(緊密協助)	close coordination(클로우즈 코오디네이슌)
깊이	depth(뎊쓰)
깔판	pallet(팰릳)
깡통 복숭아〔桶桃〕	canned peaches(캔드 피이치즈)
깡통 음식	C-ration(씨이 레이슌)
꼬리표	tag(택)
꼬질대	cleaning rod(클리이닝 랃)
꼭 알아야만하는 사람 기준(基準)	need-to-know basis(니읻 투 노우 베이씨스)

ㄴ

나란히	abreast(업레스트)
나무	tree(추뤼이)
나뭇가지	tree limbs and branches (추뤼이 림즈 앤 부랜치즈)
나뭇잎	leaves(리이브즈)
나침반(羅針盤)	compass(캄퍼쓰)
나침반 연습장 (羅針盤練習場)	compass course(캄퍼쓰 코오스)
나팔(喇叭)	bugle(뷰우글)
나팔수(喇叭手)	bugler(뷰우글러)
"나포리언"(나폴레옹)	Napoleon Bonaparte(1769-1821) (너포울리언 보우너파알
낙오자(落伍者)	straggler(스쭈래글러)
낙오자 수집소 (落伍者收集所)	straggler collecting point (스쭈래글러 컬렉팅 포인트)
낙오자 초소(落伍者哨所)	straggler post(스쭈래글러 포우스트)
낙오자 통제(落伍者統制)	straggler control(스쭈래글러 컨츄롤)
낙오(落伍)하다	straggle(스쭈래글)
낙진(落塵)	fallout(호올아웉)
낙진 예측(落塵豫測)	fallout prediction(호올아웉 푸뤼딕슌)
낙진 지역(落塵地域)	fallout area(호올아웉 애어뤼아)
낙탄 보고(落彈報告)	shelling report(쉘링 뤼포올)
낙하산(落下傘)	parachute(패뤄슈울)
낙하산병(落下傘兵)	paratrooper(패뤄추루우뻐)
낙하산 부대(落下傘部隊)	paratroops(패뤄추루웊쓰)
낙하산 조명탄 (落下傘照明彈)	parachute flare(패뤄슈울 홀레어)

낙하산 투하(落下傘投下)	airdrop(애어쥬랖)
낙하산 투하 지대(落下傘投下地帶)	parachute drop zone(패뤄슈울 쥬랖 죠운)
난로(煖爐)	stove(스또우브) space heater(스빼이스 히이러)
난로 연료선(煖爐燃料線)	stove fuel line(스또우브 휴얼 라인)
난류(亂流)	turbulence(터어뷰런스)
난민(難民)	refugee(레휴치이)
난외 주기(欄外註記)	marginal data(마아지널 대터)
낯선	unfamiliar(언훠밀리어) strange(스츄레인지) foreign(호어륀)
낯익은	familiar(훠밀리어)
내규(內規)	standing operating procedures〈SOP〉(스땐딩 아퍼레이딩 푸뤄씨쥬어즈〈에쓰 오우 피이〉)
내부 보안(內部保安)	internal security(인터어늘 씨큐뤼티)
내부 통제(內部統制)	internal control(인터어늘 컨츄롤)
냉장고(冷藏庫)	freezer storage(후뤼이저어 스또오뤼지)
넓이	width(윋쓰)
노래	song(쏘옹)
노래하다	sing a song(씽 어 쏘옹)
노력(努力)	effort(에호엍) endeavor(인데버어)
노련(老鍊)한	experienced(잌쓰피어뤼언스드) veteran(베터뢴)
노무단(勞務團)	labor service corps(레이버 써어비스 코어)
노상 거리(路上距離)	road distance(로운 디스턴스)
노상 검사(路上檢査)	roadside inspection(로운싸이드 인스펙슌)
노상 검사 정비반(路上檢査整備班)	roadside spotcheck maintenance team(로운싸이드 스팥췤 메인테넌스 티임)
노상 장경(路上長徑)	road space(로운 스빼이스)
노상 정비(路上整備)	roadside maintenance(로운싸이드 메인테넌스)
노선 결정(路線決定)	routing(라우팅)
노영(露營)	bivouac(비브액)
노영지(露營地)	bivouac site(비브액 싸잍)
노출(露出)된	exposed(잌쓰뽀우즈드)
노출량(露出量)	dosage(도우씨지)
노출 목표(露出目標)	exposed target(잌쓰뽀우즈드 타아깉)
노출 진지(露出陣地)	exposed position(잌쓰뽀우즈드 퍼짙슌)
노출 측면(露出側面)	exposed flank(잌쓰뽀우즈드 훌랭크)
녹색(綠色)	green(그뤼인)

녹색 등 (綠色燈)	green light (그뤼인 라잍)
녹음 (録音)	tape recording (테잎 뤼코오딩)
녹채 (鹿砦)	abatis (애버티스)
논	rice paddy (라이스 패디)
논두렁	rice paddy ditch (라이스 패디 딭치)
논둑	rice paddy bank (라이스 패디 뱅크)
	berm (버엄)
농민 (農民)	farmer (화아머어)
농촌 (農村)	farming village (화아밍 빌리지)
농화 연탄 (濃化燃彈)	napalm (네이파암)
뇌우 (雷雨)	thunder storm (썬더어 스또옴)
누설 (漏洩) 하다	disclose (디스클로우즈)
	compromise (캄푸뤄마이즈)
누출 (漏出) 하다	leak (리잌)
눈 〔雪〕	snow (스노우)
늑대	wolf (울후)
능력 (能力)	capabilities (케이퍼빌러티이즈)
능률 (能率)	efficiency (이휘션씨)
능률적 (能率的)	efficient (이휘션트)
능선 (稜線)	ridgeline (뤼지라인)
능형 대형 (菱形隊形)	diamond-shaped formation (다이어먼드 쉐잎뜨 호어메이숀)
늦어도-까지	no later than～〈NLT〉 (노우 레이러 댄〈엔 엘 티이〉)

ㄷ

다단계 (多段階)	multi-phase (멀티 훼이즈)
다람쥐 표	squirrel points (스퀴뤌 포인츠)
	pre-numbered black dots (푸뤼넘버얻 블랙 닽츠)
다목적 (多目的)	multipurpose (멀티퍼어퍼스)
다회로 (多回路)	multi-channel (멀티 채늘)
단 (團)	group (구루웊)
단거리 (短距離)	short-range (쇼올 레인지)
단계 (段階)	phase (훼이즈)
단계선 (段階線)	phase line〈PL〉(훼이즈 라인〈피이 엘〉)
단계 수립 (段階樹立)	phasing (훼이징)
단계적 (段階的) 으로	step-by-step (스뗖-바이-스뗖)
단계적 작전 개념	phased concept of operations

(段階的作戰槪念)	(훼이즈드 칸쎕트 오브 아퍼레이슌스)
단기 기획 (短期企劃)	short range planning (쇼올 레인지 플랜닝)
단기 숙소 (短期宿所)	transient billets (츄랜지언트 빌릿츠)
단대호 (單隊號)	unit identification (유우닡 아이덴티휘케이슌)
단면도 (斷面圖)	profile (푸로우화일)
단위 부대 (單位部隊)	unit (유우닡)
단장의 능선〔양구－인제〕 (斷腸一稜線) 〔楊口—麟蹄〕	Heartbreak Ridge〈Yangkoo-Inje, (하앝부레잌 뤼지〈양구－인제〉)
단점 (短點)	weakness (위잌니쓰)
	shortcoming (쇼올카밍)
단정 (端艇)	boat (보웉)
	barge (바아지)
단정조 (短艇組)	boat team (보웉 티임)
단정 집결 지역 (短艇集結地域)	boat rendezvous area (보웉 라안더뷰우 애어뤼아)
단편 명령 (斷片命令)	fragmentary order〈FRAGO〉 (후랙멘테뤼 오오더어〈후래고〉)
담가 (擔架)	litter (리러)
담가병 (擔架兵)	litter bearer (리러 베어뤄)
담가 환자 (擔架患者)	litter patient (리러 페이션트)
담배	cigarette (씨거렡)
담배 꽁초	cigarette butts (씨거렡 벝쯔)
담요 (毯)	blanket (블랭킽)
답로교 (踏路橋)	treadway bridge (츄렏웨이 부뤼지)
답사〔인사 연설〕 (答辭〔人事演說〕)	speech in response〈greetings〉 (스삐이취 인 뤼스빤스〈구뤼이팅스〉)
답어 (答語)	reply (뤼플라이)
	password (패쓰우온)
답판 (踏板)	platform (플랱호엄)
당백 (當百)	One hundred myself! (원 헌주뢷 마이쎌후!)
당번 (當番)	orderly (오오더어리)
당장 (當場) **에**	right away (라잍 어웨이)
	at once (앹 원스)
당직 (當直)	watch (워엍치)
당직 사관 (當直士官)	duty officer (듀우리 오휘써)
대 (對)	anti- (앤타이)
대가 (臺架)	mount (마운트)
대각선 (對角線) **으로**	diagonally (다이애거널리)
대간첩 (對間諜)	counterespionage (카운터에스삐어나아지)
대공 (對空)	anti-air (앤타이 애어)
대공 감시 (對空監視)	air surveillance (애어 써어베일런스)

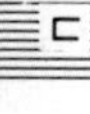

대공 감시병(對空監視兵) air guard(애어 가안)
대공 감시소(對空監視所) air observatory(애어 압써버토뤼)
대공 감시초(對空監視哨) anti-air lookout(앤타이 애어 루까울)
대공 경계(對空警戒) air warning(애어 우오닝)
대공 방어(對空防禦) air defense(애어 디이휀스)
대공방 훈련(對空防訓練) anti-air drill(앤타이 애어 쥬뤌)
대공 부서(對空部署) anti-air action station (앤타이애어 액슌 스뻬이슌)
대공 사격(對空射擊) anti-aircraft fire (앤타이 애어쿠래후트 화이어)
대공 사격 구분(對空射擊區分) anti-aircraft action status (앤타이 애어쿠래후트 액슌 스때터스)
대공 사격 규칙(對空對擊規則) rules for engagement (루울즈 호어 인게이지먼트)
대공정(對空挺) anti-airborne(앤타이 애어보온)
대공정 작전(對空挺作戰) anti-airborne operation (앤타이 애어보온 아퍼레이슌)
대공 초소(對空哨所) air guard post(애어 가안 포우스트)
대공 통신(對空通信) ground-air communication (구라운드 애어 컴뮤니케이슌)
대공 포병(對空砲兵) air defense artillery (애어 디이휀스 아아틸러뤼)
대공 포판(對空布板) air-ground signal panel (애어구라운드 씩널 패늘)
대규모(大規模) large scale(라아지 스께일)
대기(待機) stand-by(스땐바이)
대기 숙소(待機宿所) transient billets(추랜지언트 빌릳츠)
대기 지역(待機地域) ready area(레디 애어뤼아)
stand-by area(스땐바이 애어뤼아)
대기 진지(待機陣地) ready position(레디 퍼칠슌)
stand-by position (스땐바이 퍼칠쓴)
대대(大隊) battalion (배탤리언)
대대 구호소(大隊救護所) battalion aid station (배탤리언 에읻 스떼이슌)
대대 치중대(大隊輜重隊) battalion train (배탤리언 츄레인)
대 대포병 사격(對對砲兵射擊) anti-counter battery fire (앤타이 카운터 배러뤼 화이어)
대량(大量) bulk(벌크)
대량 보급품(大量補給品) bulk supply(벌크 써플라이)
대량 살상(大量殺傷) mass casualties(매쓰 캐쥬얼티이즈)
대량 유류(大量油類) bulk petroleum(벌크 퍼츄롤리엄)
대량 적재(大量積載) bulk loading(벌크 로우딩)

대리 (代理)	representative(레뿌뤼젠터티브) Rep(렙)
대민 관계 (對民關係)	civil affairs(씨빌 어홰어즈)
대박격포 사격 (對迫擊砲射擊)	counter-mortar fire (카운터 모러어 화이어)
대부 근무 (隊付勤務)	troop duty (츄루읖 듀우리)
대부대 훈련〈여단 이상〉 (大部隊訓練〈旅團以上〉)	large unit training〈brigade and above〉 (라아지 유우닡 츄레이닝 〈부뤼게읻 앤 어바브〉)
대비정규전 (對非正規戰)	counter-unconventional warfare (카운터 언컨벤츄널 우오훼어)
대사 (大使).	ambassador(앰배써더어)
대사건 (大事件)	major incident(메이져어 인씨던트) serious incident(씨어뤼어스 인씨던트)
대사고 (大事故)	major accident(메이져어 액씨던트) serious accident(씨어뤼어스 액씨던트)
대사관 (大使館)	embassy(엠버씨)
대사관부 무관 (大使館附武官)	military attache(밀리테뤼 애더쉐이)
대사관부 육군 무관 (大使館附陸軍武官)	army attache(아아미 애더쉐이)
대상 지도 (帶狀地圖)	strip map (스츄륖 맾)
대안 (對岸)	far bank(화아 뱅크)
대안 고지 (對岸高地)	hill on the far bank(히일 온 더 화아 뱅크)
대열 (隊列)	file(화일)
대오 (隊伍)	rank and file(랭크 앤 화일)
대용 물품 (代用物品)	substitute(쎂쓰티튜읃)
대유격전 (對遊擊戰)	counter-guerrilla operation (카운터 거릴라 아퍼레이슌)
대응 사격 (對應射擊)	counter-fire(카운터 화이어)
대응책 (對應策)	counter-measures(카운터 메져어즈)
대응 (對應) **하다**	react (뤼액트) respond(뤼스빤드)
대인 (對人)	anti-personnel(앤타이 퍼어쓰넬)
대인 지뢰 (對人地雷)	anti-personnel mine(앤타이 퍼어쓰넬 마인)
대전차 (對戰車)	antitank(앤타이탱크)
대전차 대형 미사일 (對戰車大型ー)	TOW (토우)
대전차 소형 미사일 (對戰車小型ー)	LAW (로오)
대전차 장애물 (對戰車障碍物)	antitank obstacles(앤타이탱크 압쓰터클즈)
대전차 중형 미사일	Dragon(쥬래건)

(對戰車中型—)

대전차 지뢰 (對戰車地雷) antitank mine (앤타이탱크 마인)

대전차 진지 (對戰車陣地) antitank position (앤타이탱크 퍼칠숀)

대전차 함정 (對戰車陷穽) antitank trap (앤타이탱크 츄랩)

대전차 호 (對戰車壕) antitank ditch (앤타이탱크 딭치)

대전차 화기 (對戰車火器) antitank weapon (앤타이탱크 웨펀)

ㄷ

대접 (待接) treat (츄뤼잍)
hospitality (하스삐탤러티)

대차단 공격 계획 (對遮斷攻擊計劃) counter-interdiction plans (카운터-인터어딬숀 플랜즈)

대축척 지도 (大縮尺地圖) large scale map (라아지 스께잍 맾)

대칭 (對稱) symmetry (씨메츄뤼)

대칭적 (對稱的) **으로** symmetrically (씨메츄뤼컬리)

대통령 (大統領) President (푸레지던트)

"대통령 각하 (大統領閣下)**"** Mr. President (미스터 푸레지던트)

대통령 경호 실장 (大統領警護室長) Chief, Presidential security (치이후, 푸레지덴셜 씨큐뤼티)

대통령 경호원 (大統領警護員) secret service agent (씨크륕 써어비스 에이젼트)

대통령령 (大統領令) Presidential order (푸레지덴셜 오오더어)

대통령 부대 표창 (大統領部隊表彰) Presidential unit citation (푸레지덴셜 유우닡 싸이테이숀)

대통령 비서 실장 (大統領秘書室長) Chief of Staff, The Blue House (치이후 오브 스때후, 더 불루우 하우스)

대통령 정무 수석 비서관 (大統領政務首席秘書官) Secretary to the President, Political Affairs (쎄크뤼테뤼 투 더 푸레지던트, 폴리티컬 어홰어즈)

대포 (大砲) gun (건)
cannon (캐넌)

대포병 사격 (對砲兵射擊) counter-battery fire (카운터 배러뤼 화이어)

대피호 (待避壕) bomb shelter (밤 쉘터어)

대한 민국 (大韓民國) Republic of Korea (뤼퍼블릭 오브 코뤼아)
ROK (랔)
Korea (코뤼아)
Land of High Mountains and Sparkling Waters (랜드 오브 하이 마운튼즈 앤 스빠클링 워러즈)
Land of Morning Calm (랜드 오브 모오닝 카암)
South Korea (싸우스 코뤼아)

대항공기 (對航空機) anti-aircraft (앤타이 애어쿠래후트)

대항공기 미사일 (對航空機—) Redeye (렏아이)

	Stinger (스팅어)
대항군 (對抗軍)	aggressor forces (어구레써어 호어씨즈)
대형 (隊形)	formation (호어메이슌)
대호 숫자 (隊號數字)	unit identification numbers (유우닡 아이덴티휘케이슌 넘버즈)
더위	hot weather (핱 웨더어)
	heat (히잍)
덤프 추뤜	dump truck (덤프 츄뤜)
덧신	overshoes (오우버 슈우즈)
도강 작전 (渡江作戰)	rivercrossing operation (뤼버쿠라씽 아퍼레이슌)
도강 지점 (渡江地點)	crossing site (쿠라씽 싸잍)
도난 방지 (盜難防止)	prevention of thefts (푸뤼벤츈 오브 쎄훝츠)
도난 사고 (盜難事故)	burglary incident (버어글러뤼 인씨던트)
도난품 (盜難品)	stolen articles (스또울른 아아티끌즈)
도둑	thief (씨이후)
	slicky boy (슬리끼 보이)
도랑	ditch (딭치)
도로 (道路)	road (로운)
도로 교통량 (道路交通量)	road capacity (로운 커패씨티)
도로 군기 (道路軍紀)	road discipline (로운 디씨플린)
도로 대화구 (道路大火口)	route destruction (라웉 디스츄뤜슌)
도로망 (道路網)	road network (로운 넽웕)
도로 시간 (道路時間)	road time (로운 타임)
도로 장경 (道路長徑)	road space (로운 스뻬이스)
도로 장애물 (道路障碍物)	road block (로운 블랔)
도로 정비 (道路整備)	road maintenance (로운 메인테넌스)
도로 정찰 (道路偵察)	route reconnaissance (라웉 뤼카너썬스)
도로 탄흔 (道路彈痕)	road crater (로운 쿠레이러)
도로 통과 거리 (道路通過距離)	road clearance distance (로운 클리어뤈스 디스턴스)
도로 표지 (道路標識)	road sign (로운 싸인)
도망 (逃亡)	desertion (디저어슌)
도망병 (逃亡兵)	deserter (디저어러어)
도발 (挑發)	provocation (푸롸보케이슌)
도보교 (徒步橋)	foot bridge (훝 부뤼지)
	walkway bridge (워궤이 부뤼지)
도보 행군 (徒步行軍)	foot march (훝 마아치)
	road march (로운 마아치)
도북 (圖北)	grid north (구륃 노오스)
도북 방위각 (圖北方位角)	grid azimuth (구륃 애지머스)
도상 연습 (圖上練習)	map exercise (맾 엑써싸이스)
도상 정찰 (圖上偵察)	map reconnaissance (맾 뤼카너썬스)

ㄷ

도상 표정하다 (圖上標定一)	plot on the map (플랕 온 더 맾)
도선장 (渡船場)	ferry (훼뤼)
도섭장 (渡涉場)	ford (호오드)
	fording site (호오딩 싸잍)
도섭 지역 (渡涉地域)	fording area (호오딩 애어뤼아)
도열 (堵列)	line-up (라인엎)
도우저어 〈도자〉	dozer (도우저어)
	bulldozer (불도우저어)
도자북 차각 (圖磁北差角)	GM angle (지이 엠 앵글)
도주 (逃走)	escape (이스께잎)
도착 (到着)	arrival (어라이벌)
도착 시간 (到着時間)	time of arrival (타임 오브 어라이벌)
도착 예정 시간 (到着豫定時間)	estimated time of arrival 〈ETA〉 (에스띠메이틷 타임 오브 어라이벌 〈이이 티이 에이〉)
도착(到着)하다	arrive (어라이브)
도청 (盜聽)	wiretapping (와이어태삥)
도표 (圖表)	chart (차알)
	schematic diagram (스끼매틱 다이어구램)
도피 (逃避)	evasion (이베이준)
도하 (渡河)	rivercrossing (뤼버쿠라씽)
도하벌선 (渡河筏船)	pontoon raft ferry (판투운 래후트 훼뤼)
도하선 (渡河船)	pontoon ferry (판투운 훼뤼)
도하 작전 (渡河作戰)	rivercrossing operation (뤼버쿠라씽 아퍼레이숀)
도하 정면 (渡河正面)	crossing front (쿠라씽 후론트)
도하 지역 지휘관 (渡河地域指揮官)	crossing area commander (쿠라씽 애어뤼아 커맨더)
도하 지점 (渡河地點)	crossing site (쿠라씽 싸잍)
독도법 (讀圖法)	map reading (맾 리이딩)
독수리 (禿一)	eagle (이이글)
독립 대대 (獨立大隊)	separate battalion (쎄퍼맅 배탤리언)
독립 부대 (獨立部隊)	separate unit (쎄퍼맅 유우닡)
독립 연대 (獨立聯隊)	separate regiment (쎄퍼맅 레지먼트)
독립 중대 (獨立中隊)	separate company (쎄퍼맅 캄퍼니)
독립 지대 (獨立支隊)	detachment (디태치먼트)
독특(獨特)한	unique (유니잌)
돈독(敦篤)한	true and generous (츄루우 앤 제너뤄스)
돌격 (突擊)	assault (어쏘올트)
돌격 단계 (突擊段階)	assault phase (어쏘올트 훼이즈)
돌격 부대 (突擊部隊)	assault forces (어쏘올트 호어씨즈)
돌격 제대 (突擊梯隊)	assault echelon (어쏘올트 에쉴란)

돌격 진지 (突擊陣地) assault position (어쏘올트 퍼짙숀)
돌격포 (突擊砲) assault gun (어쏘올트 건)
돌격 훈련장 (突擊訓練場) assault course (어쏘올트 코오스)
돌연 표적 (突然標的) pop-up target (팦엎 타아깉)
돌입부〈요부〉 (突入部〈凹部〉) reentrant (뤼이엔추뤈트)
돌진 (突進) rush (뤄쉬)
돌출부〈철부〉 (突出部〈凸部〉) salient (쎄일련트)
돌파 (突破) penetration (페니추레이숀)
돌파 통과 (突破通過) break through (부레잌 스루우)
돌현 목표 (突現目標) target of opportunity (타아깉 오브 아퍼츄우니티)
동계 훈련 (冬季訓練) cold weather training (코울드 웨더어 츄레이닝)
동기생 (同期生) classmate (클래쓰메잍)
동남 아세아 (東南亞細亞) South-East Asia (싸우스 이이스트 에이시아)
동두 독사 (銅頭毒蛇) copperhead (카퍼어핻)
동령 (動令) command of execution (커맨드 오브 엑씨큐숀)
동류 전용 (同類轉用) cannibalization (캐니벌라이제이숀)
동맹 (同盟) alliance (얼라이언스) partnership (파아트너슆)
동맹국 (同盟國) ally (앨라이)
동봉 별지 (同封別紙) inclosure (인클로우져어)
동부 전선 (東部戰線) Eastern front (이스떠언 후론트)
동상 (凍傷) frostbite (후로스트바잍)
동시 (同時) **에** concurrently (컹커어뤈뜰리) simultaneously (싸이멀테이니어슬리) at the same time (앹 더 쎄임 타임)
동시 조정 (同時調整) syncronize time (씽크롸나이즈 타임)
동시 탄착 사격 (同時彈着射擊) time on target〈TOT〉 (타임 온 타아깉〈티이 오우 티이〉)
동시 호출 전화 (同時呼出電話) conference call (칸훠뤈스 코올)
동시 훈련 (同時訓練) concurrent training (컹커어뤈트 츄레이닝)
동일 환치 부속품 (同一換置附屬品) interchangeable parts (인터어체인지어블 파알츠)
동창 (同窓) schoolmate (스쿠울메잍)
동창회 (同窓會) alumni (얼람나이)
동축 기관총 (同軸機關銃) coaxial machinegun (코우액썰 머쉬인건)
두격 조정 (頭隔調整) head space adjustment (헫 스빼이스 얻쳐스트먼트)
두서 (頭書) heading (헤딩)

두상 엄폐물(頭上掩蔽物)	overhead cover(오우버헫 카버)
두통(頭痛)	headache(헤데잌)
두통 감기(頭痛感氣)	cold with headache(코울드 윋 헤데잌)
등고선(等高線)	contour line(칸투어 라인)
등고선 간격(等高線間隔)	contour interval(칸투어 인터어벌)
등고선법 지도 (等高線法地圖)	contour map(칸투어 맾)
등급(等級)	grade(구레읻)
등화 관제(燈火管制)	blackout(블랰아웉)
등화 관제등(燈火管制燈)	blackout light(블랰아웉 라잍)
등화 관제 운행 (燈火管制運行)	blackout drive(블랰아웉 주라이브)
등화 관제 군기 (燈火管制軍紀)	light discipline(라잍 디씨플린)
“디이절”(디젤)	diesel(디이절)
“디이절”연료(一燃料)	diesel fuel(디이절 휴얼)
“디저얼”(후식)(後食)	dessert(디저얼)
떡	rice cake(라이스 케잌)
떡국	ricecake soup(라이스케잌 쑤웊)

ㄹ

라면	ramyon(라아면)
“라킽”(로케트)	rocket(라킽)
“라킽”발사기(一發射機)	rocket launcher(라킽 로온쳐)
“랜스 미쓸”(미사일)	Lance missile(랜스 미쓸)
“레이다아”(레이다)	radio direction-finding and ranging〈RADAR〉 (레이디오 디렉슌 화인딩 앤 레인징 〈레이다아〉)
“레이디오”불침번(라디오) (一不寢番)	radio watch(레이디오 워얼치)
“레이디오 텔리타잎”기 (一機)	radio teletype〈RATT〉 (레이디오 텔리타잎〈랱〉
“레이디오 텔리타잎”실 (一室)	radio teletype rig〈RATT RIG〉 (레이디오 텔리타잎 륔〈랱 륔〉)
“레틀 스네잌”	rattlesnake(레틀스네잌)
“렌즈”식 나침반 (一式 羅針盤)	lensatic compass(렌저팈 캄퍼쓰)
“렏 아이 미쓸”	Red Eye missile(렏 아이 미쓸)
“로우터뤼”클럽(로타리)	Rotary International (로우러뤼 인터어내슈널)

"뤽쌕"(루크사크)	rucksack(뤽쌕)
"뤼쎕숀"	reception(뤼쎕쓘)
리(哩)	mile(마일)
"리스터어 백"	Lister bag(리스터어 백)

ㅁ

마감(磨勘)	suspense(써스펜스)
마감일자(磨勘日字)	suspense date(써스펜스 데잍)
마당(앞/뒷)	〈front/back〉 yard(〈후론트/백〉야앋)
마손(磨損)	attrition(어츄뤼숀)
"마이쿠로호운"("마잌")	microphone〈mike〉(마이쿠로호운〈마잌〉)
마을	town(타운)
	village(빌리지)
막영(幕營)	camp(캠프)
만년필(萬年筆)	fountain pen(화운틴 펜)
만월(滿月)	full moon(훌 무운)
만주(滿洲)	Manchuria(만츄뤼아)
말똥가리	buzzard(바저얻)
말야 해상 박명(末夜海上薄明)	end of evening nautical twilight〈EENT〉(엔드 오브 이브닝 노오티컬 트와일라잍〈이이 이이 엔 티이〉)
망(網)	net(넽)
망실(亡失)	loss(로쓰)
망원경(望遠鏡)	binoculars(비나큘라아즈)
	telescope(텔리스꼬웊)
망원 조준기(望遠照準器)	telescopic sight(텔리스꼬우핔 싸잍)
맡다	assume(어쓔움)
매	hawk(호옥)
"매머스"(맘모스)	mammoth(매머스)
매복(埋伏)	ambush(앰부쉬)
매복 정찰(埋伏偵察)	ambush patrol(앰부쉬 퍼츄롤)
매장(埋葬)	burial(베어뤼얼)
매장(埋葬)하다	bury(베뤼)
매점(賣店)	post exchange〈PX〉(포우스트 잌쓰췌인지〈피이 엑쓰〉)
"매카더"장군(맥아더)(一將軍)	MacArthur, Douglas(1880－1964)(매카더, 더글라스)
맹공(猛攻)	heavy pressure(헤비 푸레셔)
맹호 사단(猛虎師團)	Tiger Division(타이거 디비준)
먼지	dust(더스트)

"메가호운"	megaphone (메가호운)
멜빵	sling (슬링)
면담 (面談)	courtesy call〈CC〉 (커어티씨 코올〈씨이 씨이〉)
면역 (免疫)	immunization (임뮤니제이숸)
면제 (免制)	waiver (웨이버어)
면포 (綿布)	cotton (카튼)
면허증 (免許證)	license (라이쎈스)
멸공 (滅共)	complete destruction of communism (컴프리잍 디스츄뤅숸 오브 커뮤니즘)
명령 (命令)	order (오오더어)
	command (커맨드)
명령 계통 (命令系統)	command channel (커맨드 채늘)
명령 취소 (命令取消) 하다	countermand (카운터맨드)
명령 하달 (命令下達) 하다	issue an order (이쓔 언 오오더어)
명부 (名簿)	roster (라스터)
명세서 (明細書)	specifications (스퍼씨휘케이숸스)
명시 과업 (明示課業)	specified task (스퍼씨화읻 태스크)
명시 (明示) 된	specified (스퍼씨화읻)
명시 임무 (明示任務)	specified mission (스퍼씨화읻 미쓘)
명예 훈장 (名譽勳章)	Medal of Honor (메들 오브 아너어)
명중 (命中)	hit (힡)
	direct hit (디렠트 힡)
명중 확률 (命中確率)	hit probability (힡 푸로바빌러티)
명칭 (名稱)	nomenclature (노우멘클러쳐어)
명패 (名牌)	name plate (네임 플레잍)
명패 (名牌) 를 새기다	have names engraved (해브 네임즈 인구레이브드)
명확 (明確) 한	specific (스퍼씨휙)
모기장〔蚊帳〕	mosquito net (머스키이토우 넽)
모범적 의무 수행 (模範的義務遂行)	exemplary performance (잌젬플러뤼 퍼어호어먼스)
"모우러 푸울" (모터풀)	motor pool (모우러 푸울)
모의 (模擬)	simulation (씨뮤레이숸)
	dummy (더미)
모의물 (模擬物)	decoy (디코이)
모의 실습 (模擬實習)	dry run (주라이 뤈)
모의 장치기 (模擬裝置機)	simulator (씨뮤레이러)
모의전 (模擬戰)	war game (우오 게임)
모의책 (模擬策)	decoy (디코이)
모의탄 (模擬彈)	dummy ammunition (더미 애뮤니숸)
모의화 (模擬化) 하다	simulate (씨뮤레잍)
모체 부대 (母體部隊)	parent unit (패어뢴트 유우닡)

모택동(毛澤東) Mao Tse-tung (1893 – 1976) (마오쩌뚱)
모포(毛布)**말이** blanket roll (블랭킽 로울)
모형(模型) model (마들)
mock-up (마껖)
목격물(目擊物) sighting (싸이팅)
목도리 scarf (스까아후)
muffler (머훌러)
목록(目錄) list (리스트)
목록 작성(目錄作成) making a list (메이킹 어 리스트)
목욕 시설(沐浴施設) bath facilities (배스 훠씰리티이즈)
목욕장(沐浴場) shower point (샤우어 포인트)
목채(木寨) abatis (애버티스)
목표(目標) objective (옵젝티브)
target (타아길)
goal (고울)
목표 분석(目標分析) target analysis (타아길 어낼러씨스)
목표 사격장(目標射擊場) target range (타아길 레인지)
목표일(目標日) target date (타아길 데잍)
목표 확인(目標確認) target identification (타아길 아이덴티휘케이슌)
몰수(沒收) confiscation (컨휘스케이슌)
무궁(無窮)**한** eternal (이터어널)
everlasting (에버어래스팅)
무궁화(無窮花) Mugunghwa (무궁화)
Korean national flower (코뤼언 내슈널 훌라우어)
Rose of Sharon (로우즈 오브 세뤈)
무기(武器) weapon (웨펀)
arms (아암즈)
무기 계통(武器系統) weapons system (웨펀즈 씨스텀)
무단 이탈(無斷離脫) absent without leave 〈AWOL〉 (앱쓴트 윋아웉 리이브 〈에이월〉)
무력화 사격(無力化射擊) neutralization fire (뉴우츄뤌라이제이슌 화이어)
무릎 쏴 자세〔膝射姿勢〕 kneeling position (니일링 퍼질순)
무방비 측방(無防備側方) open flank (오픈 훌랭크)
무선(無線) radio (레이디오)
wireless (와이어리스)
무선 거리(無線距離) radio range (레이디오 레인지)
무선 군기(無線軍紀) radio discipline (레이디오 디씨플린)
무선 기만(無線欺瞞) radio deception (레이디오 디셉슌)
무선 도청(無線盜聽) radio interception (레이디오 인터셉슌)
radio bugging (레이디오 버깅)

	radio monitoring(레이디오 마니터링)
무선망(無線網)	radio net(레이디오 넽)
무선망 조정소 (無線網調整所)	radio net control station (레이디오 넽 컨츄롤 스떼이숸)
무선 방해(無線妨害)	radio jamming(레이디오 재밍)
무선 운용 규정 (無線運用規定)	radio procedures(레이디오 푸뤄씨쥬어즈)
무선일(無線日)	radio day(레이디오 데이)
무선 장비(無線裝備)	radio equipment(레이디오 이큎먼트)
무선 전신 타자기 (無線電信打字機)	radio teletype〈RATT〉 (레이디오 텔리타잎〈랱〉)
무선 전신 타자실 (無線電信打字室)	radio teletype rig〈RATT RIG〉 (레이디오 텔리타잎 뤽〈랱 뤽〉)
무선 전화기(無線電話機)	radio-telephone(레이디오 텔리호운)
무선 전화병(無線電話兵)	radiotelephone operator〈Ratelo〉〈RTO〉 (레이디오텔리호운 아퍼레이러〈라텔로〉〈아아티이 오우〉)
무선 주파수(無線周波數)	radio frequency(레이디오 후뤼퀀씨)
무선 중계(無線中繼)	radio relay(레이디오 륄레이)
무선 중계병(無線中繼兵)	radio-relay operator (레이디오 륄레이 아퍼레이러)
무선 중계소(無線中繼所)	radio-relay station (레이디오 륄레이 스떼이숸)
무선 침묵(無線沈默)	radio silence(레이디오 싸일런스)
무선 통신(無線通信)	radio communication(레이디오 커뮤니케이숸)
무선 호출 부호 (無線呼出符號)	radio call sign(레이디오 코올 싸인)
무시 위험(無視危險)	negligible risk(니글리지블 뤼스끄)
무익조(無翼鳥)	kiwi(키이위이)
무인 지상 청음기 (無人地上聽音機)	unattended ground sensor〈UGS〉 (언어텐딛 구라운드 센써〈욱스〉)
무장(武裝) 헬리컾터	gunship(건슆)
무전기(無電機)	radio set(레이디오 셑)
무전기 당직(無電機當直)	radio watch(레이디오 워얼치)
무조명(無照明)	non-illuminated(넌 일루미네이팉) blackout(블랰아웉)
무조명 무지원 야간 공격 (無照明無支援夜間攻擊)	non-illuminated, non-supported nignt attack (넌 일루미네이팉, 넌 써포오팉 나잍 어탴)
무조명 야간 공격 (無照明夜間攻擊)	non-illuminated night attack (넌 일루미네이팉 나잍 어탴)
무지원(無支援)	non-supported(넌 써포오팉)
무지원 야간 공격 (無支援夜間攻擊)	non-supported night attack (넌 써포오팉 나잍 어탴)

무포장 개량 도로 (無鋪裝改良道路)	unpaved, improved dirt road (언페이브드, 임푸루우브드 더얼 로운)
문 (門)	piece (피이스)
문공 (文公)	culture and information (컬쳐어 앤 인호어메이슌)
문교 (文敎)	education (에쥬케이슌)
문교 (門橋)	raft (래후트)
문교 구축 작업 (門橋構築作業)	rafting activities (래후팅 액티비티이즈)
문서 (文書)	document (다큐먼트)
문서 발송부 (文書發送簿)	distribution list (디스츄뤼뷰우슌 리스트)
문서 분배소 (文書分配所)	distribution center (디스츄뤼뷰우슌 쎄너)
문서 우선 순위 (文書優先順位)	message precedence (메씨지 푸레씨던스)
문서 통제 장교 (文書統制將校)	document control officer〈DCO〉 (다큐먼트 컨츄롤 오휘써〈디이 씨이 오우〉)
문서 취급소 (文書取扱所)	message center (메씨지 쎄너)
문의 (問議)	inquiry (인콰이어뤼)
문제 (問題)	problem (푸라블럼)
문제점 (問題點)	problem area (푸라블럼 애어뤼아)
문화 유산 (文化遺產)	cultural artifacts (컬츄뤌 아아티홱쯔)
물자 (物資)	material (머티어뤼얼) materiel (머티어뤼엘) supply (써플라이)
미군 사병 (美軍士兵)	GI〈government issue〉 쥐이 아이〈가번먼트 이쓔〉
미군 한국 방송 (美軍韓國放送)	American Forces Korea Network〈AFKN〉 (어메뤼칸 호어씨즈 코뤼아 넽웤〈에이 에후 케이 엔〉)
미담 (美談)	story of altruistic support (스토오뤼 오브 앨츄루이스띡 써포올)
"미러" (미터)	meter (*m*) (미러어) "Mike" "마잌"
미리	in advance (인 얻밴스) prior to (푸라이어 투)
미 본토 (美本土)	Continental United States (칸티넨털 유나이틷 스떼잍쓰) US proper (유우에쓰 푸라퍼어) Mainland (메인랜드)
미상 (未詳)	unknown (언노운)
"미쓸" (미사일)	missile (미쓸)
"미익"기 (미그) (一機)	Mig (미익) Mi〈koyan〉 and G〈urevich〉·

(미〈코얀〉 앤 구〈레비치〉)

"미지"보고 (一報告) MIJI report (미이치이 뤼포올)
미확인 (未確認) unconfirmed (언컨훠엄드)
미확인 포대 (未確認砲隊) suspected battery (써스펙팉 배러뤼)
민가 (民家) civilian houses (씨빌리언 하우지스)
민간 업소 (民間業所) civilian establishments (씨빌리언 이스태블리쉬먼쯔)
민간인 (民間人) civilian (씨빌리언)
민간인 〈사유〉재산 (民間人私有財產) civilian 〈private〉 property (씨빌리언 〈푸라이빝〉 푸라퍼어티)
민간인 차량 (民間人車輛) civilian vehicles (씨빌리언 비이끌즈)
민간인 통제 (民間人統制) civilian control (씨빌리언 컨츄롤)
민-군 정부 (民-軍政府) civil-military government (씨빌 밀리테뤼 가번먼트)
민방위 (民防衛) civil defense (씨빌 디이휀스)
민병대 (民兵隊) militia (밀리셔)
민사 (民事) civil affairs (씨빌 어홰어즈)
민주주의 (民主主義) democracy (디마크뤄씨이)
밀위 (密位) mil (밀)
밀위공식 (密位公式) mil formula (밀 훠뮬러)
밀도 (密度) density (덴써티)
"밐끼마우스"보온화 (一保温靴) Mickey Mouse boots (밐끼마우스 부울쯔)

ㅂ

ㅂ

바다 건너 overseas (오우버씨이즈)
transoceanic (츄랜스오우쉬애닠)
바람 〔風〕 wind (윈드)
박격포 (迫擊砲) mortar (모러어)
박명 (薄明) twilight (트와일라잍)
박명초 (薄明初) first light (훠어스트 라잍)
박모 (薄暮) dusk (더스크)
박물관 (博物館) museum (뮤지엄)
반 (班) section (쎅숀)
반격 (反擊) counter-offensive (카운터 오휀씨브)
반경 (半徑) radius (레이디어스)
반납 (返納) turn-in (터언인)
반납증 (返納證) turn-in slip (터언인 슬맆)
반 반월 (半半月) quarter moon (쿠오터어 무운)
반사면 (反斜面) reverse slope (뤼버어스 슬로웊)

반사면 방어 (反斜面防禦)	reverse slope defense (뤼버어스 슬로웊 디이휀스)
반사 색조 (反射色調) **조끼**	reflective vest (뤼훌렉티브 베스트)
반월 (半月)	half moon (해후 무운)
반응 (反應)	reaction (뤼액쓘)
반응 시간 (反應時間)	reaction time (뤼액쓘 타임)
반자동 (半自動)	semi-automatic (쌔마이 오오토매틱)
반자동식 사격 (半自動式射擊)	semiautomatic fire (쌔마이오오토매틱 화이어)
반장 (班長)	section leader (쎅쓘 리이더)
반절 천막 (半切天幕)	shelter half (쉘터어 해후)
받침판 (一板)	base plate (베이스 플레잍)
발간물 (發刊物)	publication (퍼블리케이숸)
발간 예정 (發刊豫定)	(to be published⟨TBP⟩ (투 비이 퍼블리쉬드⟨티이 비이 피이⟩)
발견 (發見)	detection (디텍쓘)
발동 스윌치 (發動—)	ignition switch (익니숸 스윌치)
발맞추어 걷다	walk in steps (웕 인 스뗖쓰)
발병 (一病)	footsore (훝쏘어)
발사기 (發射器)	launcher (로온쳐)
발사 속도 (發射速度)	rate of fire (레잍 오브 화이어)
발사 장치 (發射裝置)	firing mechanism (화이어륑 메꺼니즘)
발사 지연탄 (發射遲延彈)	hangfire (행화이어)
발사 (發射) **하다**	launch (로온치)
발송 (發送)	dispatch (디스팰치)
발송 전문 (發送電文)	transmission (츄랜스미숸)
발신자 (發信者)	originator (오뤼지네이러)
발연기 (發煙器)	smoke generator (스모웈 제너레이러)
발연탄 (發煙彈)	smoke shell (스모웈 셀)
발연통 (發煙桶)	smoke pot (스모웈 팥)
발전 (發展)	progress (푸라구레쓰)
발전 (發展) **시키다**	develop (디벨렆)
발판	foothold (훝호울드) footing (훝팅)
발표 예정 (發表豫定)	to be announced⟨TBA⟩ (투 비이 어나운스드⟨티이 비이 에이⟩)
밤참	midnight snack (믿나잍 스낵쓰)
밥찌꺼기	leftovers (레후트오우버어즈)
밧줄	rope (로웊)
방공 (防空)	air defense (애어 디이휀스)
방공 경보 (防空警報)	air defense warning (애어 디이휀스 우오닝)
방공 조기 경보 (防空早期警報)	air defense early warning (애어 디이휀스 어얼리 우오닝)

ㅂ

방공 준비 상태 (防空準備狀態)	air defense readiness condition (애어 디이휀스 레디네쓰 컨디슌)
방공 포병 (防空砲兵)	air defense artillery (애어 디이휀스 아아틸러뤼)
방독면 (防毒面)	protective mask (푸라텍티브 매스크) gas mask (개쓰 매스크)
방문 (訪問)	visit (비질)
방법 (方法)	method (메썯)
방벽 (防壁)	barrier (배뤼어어)
방벽 자제 (防壁資材)	barrier material (배뤼어어 머티어뤼얼)
방부 (防腐)	rust prevention (뤄스트 푸리벤츈) rustproof (뤄스트푸루흐)
방사능 (放射能)	radioactivity (레이디오액티비티)
방사능 계기 (放射能計器)	dosimeter (다씨이미이러)
방사능전 (放射能戰)	radiological warfare (레이디오라지컬 우오홰어)
방사능제 (放射能劑)	radiological agent (레이디오라지컬 에이젼트)
방사능 조사 (放射能調査)	radiological survey (레이디오라지컬 써어베이)
방사선 (放射線)	radiation (레이디에이슌)
방사선율 (放射線率)	radiation dose rate (레이디에이슌 도우즈 레잍)
방사선 〈흡수〉량 (放射線吸收量)	radiation dosage (레이디에이슌 다씨지)
방사성 오염 (放射性汚染)	radioactive contamination (레이디오액티브 컨테미네이슌)
방사진 (放射塵)	radioactive fallout (레이디오액티브 호올아웉)
방송 (放送)	broadcasting (부로운캐스팅)
방수 (防銹)	rust prevention (뤄스트 푸리벤츈)
방수낭 (防水囊)	waterproof bag (워러푸루흐 백)
방어 (防禦)	defense (디이휀스)
방어 계획 (防禦計劃)	defense plans (디이휀스 플랜즈)
방어 단계 (防禦段階)	defense phase (디이휀스 훼이즈)
방어 단계 활동 (防禦段階活動)	defense phase activities (디이휀스 훼이즈 액티비티이즈)
방어 명령 (防禦命令)	defense order (디이휀스 오오더어)
방어선 (防禦線)	line of defense (라인 오브 디이휀스)
방어 작업 순위 (防禦作業順位)	priority of work for defense (푸라이아뤄티 오브 우옼 호어 디이휀스)
방어 준비 (防禦準備)	preparations for defense (푸뤼퍼어레이순스 호어 디이휀스)
방어 지역 (防禦地域)	area of defense (애어뤼아 오브 디이휀스)

방어지 점령(防禦地點領)	occupation of defensive position (아큐페이숀 오브 디휀씨브 퍼칠숀)
방어진지(防禦陣地)	defensive position(디휀씨브 퍼칠숀)
〈비상 준비〉 방어 태세 (非常準備 防禦態勢)	defense condition〈DEFCON〉 (디이휀스 컨디숀〈데후칸〉)
방어 형태(防禦形態)	forms of defense(호엄즈 오브 디이휀스)
방어 훈련 연습 (防禦訓練練習)	defensive training exercise (디휀씨브 츄레이닝 엑써싸이스)
방울뱀	rattlesnake(래들스네잌)
방위각(方位角)	azimuth(애지머스)
방위 산업(防衛產業)	defense industry(디이휀스 인더스츄뤼)
방책(方策)	course of action〈C/A〉 (코오스 오브 액숀〈씨이 앤 에이〉)
방책(防柵)	barrier (배뤼어어)
방첩(防諜)	counter-intelligence(카운터-인텔리젼스)
방침(方針)	policy(팔러씨)
방침철(方針綴)	policy file(팔러씨 화일)
방탄(防彈) 조끼	flak vest(후랰 베스트)
방풍 안경(防風眼鏡)	goggles(가글즈)
방풍 유리창(防風琉璃窓)	windshield(윈드쉬일드)
방한 피복(防寒被服) 및 장비(裝備)	cold weather clothing and equipment (코울드 웨더어 클로오딩 앤 이큅먼트) cold weather gear(코울드 웨더어 기어)
방향(方向)	direction (디렉숀)
방향 표정(方向標定)	orient(오오뤼엔트)
방호 사격(防護射擊)	protective fire(푸라텍티브 화이어)
방호 철조망(防護鐵條網)	protective wire(푸라텍티브 와이어)
방화 계획(防火計劃)	fire plan(화이어 플랜)
방화 불침번(防火不寢番)	fire watch(화이어 워엍치)
배낭(背囊)	rucksack(뤜쌕)
배낭식 무전기 (背囊式無電機)	pack radio set(팩 레이디오 셑)
배달(配達)	delivery (딜리버뤼)
배당표(配當表)	table of distribution (테이블 오브 디스츄뤼뷰우숀)
배면 포복(背面匍匐)	inverted crawl(인버어틷 쿠로올)
배속(配屬)	attachment(어태치먼트)
배속(配屬)되다	attached(어태치드)
배속 부대(配屬部隊)	attached unit(어태치드 유우닡)
배수선(排水線)	drainage(쥬레이니지)
배차계(配車係)	dispatcher(디스패쳐어)
배차(配車)하다	dispatch a vehicle(디스패치 어 비이끌)
배치(配置)	disposition(디스퍼칠숀)

배치도 (配置圖) layout sketch (레이아웃 스케치)
배치 전환 (配置轉換) displacement (디스플레이스먼트)
relocation (릴로우케이숀)
배포 (配布) distribution (디스츄뤼뷰우숀)
백린탄 (白燐彈) white phosphorus〈WP〉
(와일 화스훠뤄스〈윌리 피이〉)
백마 고지〈철원 서북방〉 (白馬高地〈鐵原西北方〉) White Horse Hill (와일 호오스 힐) 〈NE of Chorwon〉〈노오스이스트 오브 처뤈〉
백마 사단 (白馬師團) White Horse Division (와일 호오스 디비젼)
백만불 고지〈금화 서방〉 (百萬弗高地〈金華西方〉) Million Dollar Hill (밀리언 달러 힐)
Old Baldy (오울드 보울디)
백병전 (白兵戰) hand-to-hand combat (핸투핸 캄뱉)
백색 위장 (白色僞裝) snow camouflage (스노우 카머훌라아지)
백색 장갑 (白色掌匣) white gloves (와일 글라브즈)
105mm 곡사포 (一〇五一曲射砲) 105mm howitzer (원오우화이브 하윝쩌)
155마일 전선 (一五五〔哩〕戰線) 155mile front
(원헌주렌훠후티화이브 마일 후론트)
155mm 곡사포 (一五五一曲射砲) 155mm howitzer (원화이브화이브 하윝쩌)
백인계 (白人系) Caucasian (코케이지언)
White (와일)
Haole (하울리)
100% 병력 (百分兵力) 100% strength
(원헌주렌 퍼센트 스츄렝스)
번개 lightning (라일닝)
번역 (飜譯) translation (츄랜스레이숀)
번역관 (飜譯官) translator (츄랜스레이러)
번역 (飜譯)하다 translate (츄랜스레일)
번영 (繁榮) prosperity (푸라스페뤄티)
범죄율 (犯罪率) crime rate (크라임 레일)
"범퍼어"〈밤바〉 bumper (범퍼어)
"범퍼어"번호 (一番號) bumper number (범퍼어 넘버)
법률 상담소 (法律相談所) legal assistance (리이걸 어씨스턴스)
법무감 (法務監) Judge Advocate General〈JAG〉
(저지 앤버킽 제너뤌〈재액〉)
법무 장교 (法務將校) JAG officer (재액 오휘써)
법무 참모 (法務參謀) Staff Judge Advocate〈SJA〉
(스때후 저지 앤버킽〈에쓰 제이 에이〉)
법외 처벌 (法外處罰) non-judicial punishment
(넌 쥬디셜 퍼니쉬먼트)
Article 15 (아아티끌 휘후티인)
법적 근거 (法的根據) legal basis (리이걸 베이씨스)

법적 문제 (法的問題)	legal problem (리이걸 푸라블럼)
법질서 (法秩序)	law and order (로오 앤 오오더어)
베개	pillow (필로우)
베갯잇	pillow case (필로우 케이스)
"베일리"교 (一橋)	Bailey bridge (베일리 부뤼지)
변경 (變更)	changes (체인지스)
변상 (辨償)	compensation (캄펜쎄이숀)
변상 명령서 (辨償命令書)	statement of charges (스떼잇먼트 오브 차아지스)
변상 청구 (辨償請求)	claim for damage (클레임 호어 대미지)
변소 (便所)	latrine (러츄뤼인)
변소막 (便所幕)	latrine screen (러츄뤼인 스끄뤼인)
변장 (變裝)	disguise (디스가이즈)
별지 (別紙)	inclosure (인클로우져어)
별첨 (別添)	appendix (어뺀딕쓰)
병가 (病暇)	sick leave (씩 리이브)
병과 (兵科)	branch of service (부랜치 오브 써어비스)
병과 부대 (兵科部隊)	line unit (라인 유우닡)
병과 장교 (兵科將校)	line officer (라인 오휘써)
병기 (兵器)	ordnance (오온넌스)
병기고 (兵器庫)	armory (아아머뤼)
병기병 (兵器兵)	armorer (아아머뤄)
병기붕 (兵器棚)	arms rack (아암즈 랙)
병력 (兵力)	personnel strength (퍼어쓰넬 스츄렝스)
병력 보고 (兵力報告)	strength report (스츄렝스 뤼포옽)
병력 보충 (兵力補充)	replacement (뤼플레이스먼트)
병력 사용 (兵力使用)	commitment (커밑먼트)
병력 손실 (兵力損失)	personnel loss (퍼어쓰넬 로쓰)
병력 수송기 (兵力輸送機)	troop carrier (츄루웊 캐뤼어) troop transport plane (츄루웊 츄랜스포옽 플레인)
병력 수송 장갑차 (兵力輸送裝甲車)	armored personnel carrier 〈APC〉 (아아머얻 퍼어쓰넬 캐뤼어 〈에이 피이 씨이〉)
병력 수송차 (兵力輸送車)	personnel carrier (퍼어쓰넬 캐뤼어)
병력 이동 (兵力移動)	troop movement (츄루웊 무우브먼트)
병력 절약 (兵力節約)	economy of force (이카나미 오브 호오스)
병력 회계 (兵力會計)	personnel accountability (퍼어쓰넬 어카운터빌러티)
병사 (兵士)	soldier (쏘울져어) man (맨) enlisted man 〈EM〉 (인리스틷 맨 〈이이 엠〉) troop (츄루웊)
병역 (兵役)	〈military〉 service (〈밀리테뤼〉 써어비스)

ㅂ

병영 (兵營)	barracks (배뤡쓰)
병원 (病院)	hospital (하스삐럴)
병진 (竝進)	parallel advance (패뤄렐 언밴스) abreast (업레스트)
병참 (兵站)	quartermaster 〈QM〉 (쿠오뤄매스터 〈큐우 엠〉) logistics (로우지스팈쓰)
병참 보급품 (兵站補給品)	quartermaster supplies (쿠오뤄매스터 써플라이즈)
병참 부록 (兵站附錄)	logistics annex (로우지스팈쓰 애넥쓰)
병참 사령부 (兵站司令部)	logistics command (로우지스팈쓰 커맨드)
병참선 (兵站線)	line of communications (라인 오브 커뮤니케이숀스)
보 (步)	step (스뗖) pace (페이스)
보강 (補强)	augmentation (오옥멘테이숀)
보강 (補强)**된**	augmented (오옥멘틷)
보강 (補强)**하다**	augment (오옥멘트)
보고 (報告)	report (뤼포옽)
보고 기간 (報告期間)	reporting period (뤼포오팅 피어뤼얻)
보고 소요 (報告所要)	report requirement (뤼포옽 뤼콰이어먼트)
보고 통제 부호 (報告統制符號)	report control symbol 〈RCS〉 (뤼포옽 컨츄롤 씸벌 〈아아 씨이 에쓰〉)
보급 (補給)	supply (써플라이)
보급 계통 (補給系統)	supply channel (써플라이 채늘)
보급관 (補給官)	supply officer (써플라이 오휘써) S-4 (에쓰 훠어)
보급로 (補給路)	supply route (써플라이 라욷)
보급소 (補給所)	supply point (써플라이 포인트)
보급소 분배 (補給所分配)	supply point distribution (써플라이 포인트 디스츄뤼뷰우숀)
보급 지원 (補給支援)	supply support (써플라이 써포옽)
보급품 (補給品)	supplies (써플라이즈)
보급품 종별 (補給品種別)	supply classes (써플라이 클래씨이즈)
보급 하사관 (補給下士官)	supply sergeant (써플라이 싸아전트)
보도 (報道)	press coverage (푸레쓰 카버뤼지)
보도 기관 (報道機關)	press (푸레쓰)
보도단 (報道團)	press corps (푸레쓰 코어)
보도 사항 설명 (報道事項說明)	press information briefing (푸레쓰 인호어메이숀 부뤼이휭)
보도 요원 (報道要員)	press member (푸레쓰 멤버)
보도 자료 (報道資料)	press information (푸레쓰 인호어메이숀) press release (푸레쓰 륄리이스)

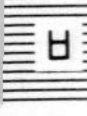

	news release (뉴우즈 륄리이스)
보도 활동 (報道活動)	press activities (푸레쓰 액티비티이즈)
보리차 (一茶)	barley tea (바알리 티이)
보병 (步兵)	infantry (인훤추뤼)
보병 사단 (步兵師團)	infantry division〈ID〉 (인훤추뤼 디비젼〈아이 디이〉)
보병 전차 합동 작전 (步兵戰車合同作戰)	combined arms training (컴바인드 아암즈 츄레이닝)
보상 (報償)	compensation (캄펜쎄이슌)
보속 (步速)	pace (페이스)
보수 (補修)	damage control (대미지 컨츄롤)
	repair (뤼패어)
보수 훈련 (補修訓練)	refresher training (뤼후레셔 츄레이닝)
보안 (保安)	security (씨큐뤼티)
보안 감사 (保安監査)	security inspection (씨큐뤼티 인스펙슌)
보안 감청 (保安監聽)	security monitoring (씨큐뤼티 마니터링)
보안 대장 (保安隊長)	security detachment commander (씨큐뤼티 디태치먼트 커맨더)
보안 대책 (保安對策)	security measures (씨큐뤼티 메져어즈)
보안 부대 (保安部隊)	security agency (씨큐뤼티 에이젼씨)
보안 사령관 (保安司令官)	Commander, Defense Security Cammand (커맨더, 디이휀스 씨큐뤼티 커맨드)
보안 인식 (保安認識)	security consciousness (씨큐뤼티 칸쳐스니쓰)
"보우기"차 (－車)	bogie (보우기)
"보올포인트 펜"	ballpoint pen (보올포인트 펜)
보전 합동 작전 (步戰合同作戰)	〈infantry/armor〉 combined arms operation (〈인훤츄뤼/아아머어〉) 컴바인드 아암즈 아퍼레이슌)
보조 (步調)	cadence (케이던스)
보조적 (補助的)	supplementary (써플리멘터뤼)
	secondary (쎄컨데뤼)
	auxiliary (오옥칠려뤼)
보조 진지 (補助陣地)	supplementary position (써플리멘터뤼 퍼칠슌)
보존 (保存)	preservation (푸뤼저베이슌)
보좌관 (補佐官)	assisiant (어씨스턴트)
보좌 (補佐) **하다**	assist (어씨스트)
보직 (補職)	duty assignment (듀우리 어싸인먼트)
보직 부대 (補職部隊)	permanent duty station (퍼머넌트 듀우리 스떼이슌)
보초 (步哨)	sentry (센츄뤼)
	guard (가안)

보초 일반 수칙 (步哨一般守則)	general orders(제너뤌 오오더어즈)
보충(補充)	replacement(뤼플레이스먼트)
보충병(補充兵)	replacement(뤼플레이스먼트)
보통 분해(普通分解)	field strip(휘일드 스츄륖)
보통 위험(普通危險)	moderate risk(마더뤁 뤼스크)
보통(普通)**의**	normal(노오멀) average(애버뤼지) common(카먼)
보통 전문(普通電文)	routine message(루우티인 메씨지)
보행 가능 환자 (步行可能患者)	walking patient(워낑 페이션트)
보호(保護)	protection(푸라텍숀)
보호의(保護衣)	protective clothing(푸라텍티브 클로오딩)
복구(復舊)	restoration(뤼스또어레이숀)
복귀(復歸)	return(뤼터언)
복귀 시간(復歸時間)	time of return(타임 오브 뤼터언)
복무(服務)	service(써어비스)
복병(伏兵)	ambsuh(앰부쉬)
복사 자세(伏射姿勢)	prone position(푸로운 퍼칠숀)
복숭아〔密桃〕	peach(피이치)
복식 돌파(複式突破)	multiple penetration(멀티쁠 페니츄레이숀)
복안(腹案)	concept(칸쉡트)
복장(服裝)	uniform(유니호옴) garment(가아먼트) outfit(아웉핕)
복장 위반(服裝違反)	uniform violation(유니호옴 바이올레이숀)
복장 장비(服裝裝備)	uniform and equipment (유니호옴 앤 이큅먼트)
복초(複哨)	double sentry(더블 센츄뤼)
본대(本隊)	main body(메인 바디)
본문(本文)	main text(메인 텍쓰트)
본부(本部)	headquarters〈HQ〉 (헤쿠오뤄즈〈에이치 큐우〉)
본부(本部) **및 본부 중대** (本部中隊)	Headquarters and Headquarters Company 〈HHC〉(헤쿠오뤄즈 앤 헤쿠오뤄즈 캄퍼니〈에이치 에이치 씨이〉)
본부반(本部班)	headquarters section(헤쿠오뤄즈 섹숀)
본부 중대(本部中隊)	headquarters company(헤쿠오뤄즈 캄퍼니)
본부 사령(本部司令)	headquarters commandant (헤쿠오뤄즈 커맨단트)
본부 포중대(本部砲中隊)	headquarters battery(헤쿠오뤄즈 배뤄뤼)
봉급(俸給)	pay(페이)

봉급일 (俸給日)	pay day (페이 데이)
봉급일 자유 시간 (俸給日自由時間)	pay day activities (페이 데이 액티비티이즈)
봉쇄 (封鎖)	blockade (블라케읻)
부 (部)	department (디파앝먼트)
부관 참모 (副官參謀)	adjutant (애쥐턴트)
부관감 (副官監)	adjutant general〈AG〉 (애쥐턴트 제너뤌〈에이 지이〉)
부교 (浮橋)	floating bridge (훌로우팅 부뤼지)
부교 구축 작업 (浮橋構築作業)	floating bridge construction activities (훌로우팅 부뤼지 컨스추뤜슌 액티비티이즈)
부교 지점 (浮橋地點)	floating bridge site (훌로우팅 부뤼지 싸읻)
부근 (附近)	nearby (니어바이)
	vicinity (비씨너티)
	neighboring area (네이버링 애어뤼아)
부대〈구성 단위〉 (部隊〈構成單位〉)	unit (유우닡)
(편제 조직) (編制組織)	organization (오오거니제이숀)
(주둔지) (駐屯地)	station (스떼이숀)
(군부서) (軍部署)	post (포우스트)
(기지) (基地)	base (베이스)
(숙영지) (수용소) (宿營地) (收容所)	camp (캠프)
(요새) (要塞)	fort (호옽)
(위수) (衛戍)	garrison (개뤼슨)
(수용장) (收容場)	compound (캄파운드)
(시설) (施設)	installation (인스똘레이숀)
(설치) (設置)	facility (훠씰리티)
(처리) (處理)	activity (액티비티)
부대 (浮袋)	float (훌로웉)
부대 간판 (部隊看板)	unit sign board (유우닡 싸인 보옫)
부대 내규 (部隊內規)	unit standing operating procedures〈SOP〉 (유우닡 스땐딩 아퍼레이팅 푸라씨쥬어즈〈에쓰 오우 피이〉)
부대 교육 계획 (部隊敎育計劃)	unit training program (유우닡 츄레이닝 푸로우구램)
부대 교육 계획표 (部隊敎育計劃表)	unit training schedule (유우닡 츄레이닝 스께쥴)
부대 긍지 사랑 단결 정신 (部隊矜持〔愛〕團結精神)	esprit de corps (에스쁘뤼 더 코어)
부대 능률 (部隊能率)	unit effectiveness (유우닡 이훽티브니스)
부대별 훈련 (部隊別訓練)	individual unit training (인디비쥬얼 유우닡 츄레이닝)

	independent training(인디펜던트 츄레이닝)
부대 안전(部隊安全)	troop safety(츄루웊 쎄이후티)
부대 이동(部隊移動)	troop movement(츄루웊 무우브먼트)
부대 이동 계획(部隊移動計劃)	unit movement plan (유우닡 무우브먼트 플랜)
부대장(部隊長)	unit commander(유우닡 커맨더) commander(커맨더) commanding officer〈CO〉 (커맨딩 오휘써〈씨이 오우〉)
부대 장비(部隊裝備)	organizational equipment (오오거니제이슈녈 이큅먼트)
부대장 회의(部隊長會議)	commander's call(커맨더즈 코올)
부대 정비(部隊整備)	organizational maintenance (오오거니제이슈녈 메인테넌스)
부대 정훈 교육(部隊政訓教育)	troop information and education (츄루웊 인호어메이순 앤 에쥬케이슌)
부대 지휘 절차(部隊指揮節次)	troop leading procedures (츄루웊 리이딩 푸라씨쥬어즈)
부대 표창(部隊表彰)	unit citation(유우닡 싸이테이슌)
부대 훈련(部隊訓練)	unit training(유우닡 츄레이닝)
부동액(不凍液)	antifreeze(앤타이후뤼이즈)
부동 자세(不動姿勢)	attention(어텐슌)
부두(埠頭)	dock(닼) pier(피어)
부록(附錄)	annex(애넼쓰)
"부레잌"〈제동 장치〉(一制動裝置)	break(부레잌)
"부레잌"〈휴식 시간〉(一休息時間)	break(부레잌)
"부뤼이휭"〈상황 설명〉(一狀況說明)	briefing(부뤼이휭)
부목(副木)	splint(스쁘린트)
부본(副本)	copy(카피)
부사단장〈기동〉(副師團長〈機動〉)	assistant division commander〈maneuver〉〈ADC(M)〉(어씨스턴트 디비젼 커맨더〈머누우버〉〈에이 디이 씨이(엠)〉)
부사단장〈지원〉(副師團長〈支援〉)	assistant division commander〈support〉〈ADC(S)〉(어씨스턴트 디비젼 커맨더〈써포올〉〈에이 디이 씨이(에쓰)〉)
부산 방위선(釜山防衛線)	Pusan perimeter(푸싼 퍼뤼미러어)
부상(負傷)	wound(우운드) injury(인져뤼)
부상자(負傷者)	wounded in action〈WIA〉

ㅂ

	(우운딛 인 액슌〈더블유 아이 에이〉)
부서 명판 (部署名板)	sign board (싸인 보온)
부서 명판주 (部署名板柱)	sign board post (싸인 보온 포우스트)
부속품 (附屬品)	parts (파알쯔)
	repair parts (뤼패어 파알쯔)
부수적 (附隨的)	auxiliary (오옥질려뤼)
부수품 (附隨品)	accessory (액쎄써뤼)
부수차 (附隨車)	trailer (츄레일러)
부식 (腐蝕)	erosion (이로우젼)
부엉이	owl (아울)
부여 (賦與)**된 임무** (任務)	assigned mission (어싸인드 미쓘)
"부우비 추랩"	booby trap (부우비 츄랩)
부재성 (不在性)	non-availability (넌 어베일러빌러티)
부재 (不在)**의**	unavailable (언어베일러블)
	not available (낱 어베일러블)
부정적 (否定的)	negative (네거티브)
	doubtful (다웉훌)
	uncertain (언써어튼)
부족 (不足)	shortage (쇼오티지)
부족 보급품 (不足補給品)	short supply (쇼올 써플라이)
부주의 (不注意)	carelessness (캐어리쓰니스)
부지휘관 (副指揮官)	deputy commander (데퓨티 커맨더)
	executive officer〈XO〉
	(잌제큐티브 오휘써〈엑쓰 오우〉)
	second in command (쎄컨드 인 커맨드)
부착 (附着)**하다**	affix (어휙쓰)
부첨물 (附添物)	inclosure (인클로우져어)
부특기 (副特技)	secondary specialty (쎄컨데뤼 스뻬셜티)
부호 (附號)	code (코운)
부호해독 (符號解讀)**하다**	decode (디이코운)
부호화 (符號化)**하다**	encode (인코운)
북대서양 조약 기구 (北大西洋條約機構)	North Atlantic Treaty Organization〈NATO〉
	(노오스 얼랜틱 츄뤼이티 오오거니제이슌〈네이토우〉)
북진 (北進)	advance to the north (언밴스 투 더 노오스)
	march to the north (마아치 투 더 노오스)
북한 (北韓)**의 오판** (誤判)	miscalculation by North Korea
	(미쓰캘큐레이슌 바이 노오스 코뤼아)
북한 (北韓)**의 위협** (威脅)	North Korean threat (노오스 코뤼언 스렡)
분견대 (分遣隊)	detachment (디태치먼트)
	detached unit (디태치드 유우닡)
분권화 통제 (分權化統制)	decentralized control
	(디센츄뤌라이즈드 컨츄롤)

분대 (分隊)	squad (스쿼앋)
분대장 (分隊長)	squad leader (스쿼앋 리이더)
분대 전투 작전 연습〈모의〉 (分隊戰鬪作戰練習〈模擬〉)	squad combat operations exercise〈simulation〉〈SCOPES〉(스쿼앋 캄뱉 아퍼레이슌스 엑써싸이스〈씨뮤레이슌〉〈스꼬웊쓰〉)
분도기 (分度器)	protractor (푸라츄랙터)
분류 (分類)	classification (클래씨휘케이슌)
	break-down (부레잌따운)
분류 (分類)**하다**	classify (클래씨화이)
	break down (부레잌 따운)
분리 (分離)	separation (쎄퍼레이슌)
분리 (分離)**하다**	separate (쎄퍼뤁)
분무 공격 (噴霧攻擊)	spray attack (스뿌래이 어탴)
분배 (分配)	distribution (디스츄뤼뷰우슌)
분배소 (分配所)	distribution point (디스츄뤼뷰우슌 포인트)
분산 (分散)	dispersion (디스퍼어젼)
분석 (分析)	analysis (어낼러씨스)
분석 (分析)**하다**	analyze (애널라이즈)
분열 (分列)	parade (퍼레읻)
분열 행진 (分列行進)	pass in review (패쓰 인 뤼뷰우)
분위기 (雰圍氣)	atmosphere (앹머스휘어)
	environment (인바이어뤈먼트)
분지 (盆地)	basin (베이쓴)
분진점 (分進點)	release point〈RP〉(륄리이스 포인트〈아아 피이〉)
분해 (分解)	disassembly (디쓰어쎔블리)
분해 검사 수리 (分解檢査修理)	overhaul (오우버호올)
불〔火〕	open fire (오픈 화이어)
불가동 장비 (不可動裝備)	deadlined equipment (뎉라인드 이큅먼트)
불굴 (不屈)**의 용맹** (勇猛)	dauntlessness (도온틀리쓰니스)
불규칙 (不規則)	irregular (이어레귤러)
	wild (와일드)
불기록 약속하 사견 (不記録約束下私見)	off-the-record (오후 더 레컫)
불꽃 신호 (— 信號)	pyrotechnics (파이뤄테끄닠쓰)
"불도우저어"	bulldozer (불도우저어)
불리 (不利)	disadvantage (디스언밴티지)
불리 (不利)**한**	disadvantageous (디스언밴티지어스)
불발탄 (不發彈)	dud (덛)
불법 행위 (不法行爲)	illegality (일리겔러티)
	irregularity (이어레귤래뤄티)

불시착 (不時着)	crash landing (쿠래쉬 랜딩) emergency landing (이머어젼씨 랜딩) forced landing (호오스드 랜딩)
불출 예정 (拂出豫定)	due out (듀우 아울)
불출증 (拂出證)	issue slip (이쓔 슬립)
불침번 (不寢番)	night watch (나잍 워얼치)
붉은 기 〔赤旗〕	red flag (렏 훌랙)
비 〔雨〕	rain (레인)
비고 (備考)	remarks (뤼마앜쓰)
비난 (非難) **하다**	blame (블레임)
비무장 지대 (非武裝地帶)	demilitarized zone 〈DMZ〉 (디밀리터라이즈드 죠운〈디이 엠 즤〉)
비밀 등급 (秘密等級)	document classification (다큐먼트 클래씨휘케이슌)
비밀 문서 (秘密文書)	classified document (클래씨화이드 다큐먼트) secret document (씨쿠맅 다큐먼트)
비밀 사항 (秘密事項)	classified matter (클래씨화이드 매러어)
비밀 아지트 (秘密—)	underground agitators (언더구라운드 애지테이러즈)
비밀 취급 (秘密取扱)	handling of classified materials (핸들링 오브 클래씨화이드 머티어뤼얼즈)
비상 경계 (非常警戒)	emergency alert (이머어젼씨 얼러얼)
비상 경보 (非常警報)	alarm (얼라암)
비상구 (非常口)	emergency exit (이머어젼씨 엑씯)
비상 기동 부대 (非常機動部隊)	emergency mobile force (이머어젼씨 모우빌 호오스)
비상 대기 (非常待機)	emergency stand-by (이머어젼씨 스땐드바이)
비상 청구 (非常請求)	emergency requisition (이머어젼씨 뤼퀴질슌)
비상 출동 준비 태세 (非常出動準備態勢)	emergency deployment readiness (이머어젼씨 디플로이먼트 레디네쓰)
비서실 (秘書室)	secretariat (쎄크뤼태뤼얼)
비소모품 (非消耗品)	nonexpendable supplies (넌잌쓰뻰더블 써플라이즈)
비옷 〔雨衣〕	rain gear (레인 기어) poncho (판쵸우)
비율 (比率)	ratio (래이쇼오)
비율빈계 (比律賓系)	Filipino (휠리삐노)
비인가자 (非認可者)	unauthorized person (언오오쏘라이즈드 퍼어슨)
비인가자 출입 금지 (非認可者出入禁止)	authorized personnel only (오오쏘라이즈드 퍼어쓰넬 오운리)
비인가품 (非認可品)	unauthorized item (언오오쏘라이즈드 아이틈)

비재래식 전쟁 (非在來式戰爭)	unconventional warfare(언컨벤츄널 우오홰어)
비전투 손실 (非戰鬪損失)	nonbattle losses (넌배를 로씨즈)
비전투원 (非戰鬪員)	noncombatant (넌컴배턴트)
비정규전 부대 (非正規戰部隊)	unconventional warfare forces (언컨벤츄널 우오홰어 호어씨즈)
비지속성 개쓰 (非持續性—)	nonpersistent gas (넌퍼어씨스턴트 개쓰)
비축 물자 (備蓄物資)	stockpile (스딱파일)
비출동 본기지 잔재단 (非出動本基地殘在團)	rear detachment(뤼어 디태치먼트)
	staybehind forces (스떼이비하인드 호어씨즈)
비행 (飛行)	flight (훌라잍)
비행 경로 (飛行經路)	flight path (훌라잍 패쓰)
비행 계획 (飛行計劃)	flight plan (훌라잍 플랜)
비행 고도 (飛行高度)	flight altitude(훌라잍 앨티튜욷)
비행 공포 (飛行恐怖)	fear of flying (휘어 오브 훌라잉)
비행 금지 (飛行禁止)	flight restriction (훌라잍 뤼스츄뤽쓘)
	aircraft grounded (애어쿠래후트 구라운딛)
비행기 (飛行機)	aircraft (애어쿠래후트)
비행단 (飛行團)	wing (윙)
비행대 (飛行隊)	aviation (에이비에이슌)
비행 대대 (飛行大隊)	squadron (스꽈아쥬뤈)
비행로 도표 (飛行路圖表)	flight diagram (훌라잍 다이어구램)
비행 속도 (飛行速度)	air speed (애어 스삐읻)
비행 승무원 (飛行乘務員)	flight crew (훌라잍 쿠루우)
비행 시간 (飛行時間)	flight time (훌라잍 타임)
비행장 (飛行場)	airfield (애어휘일드)
비행 정보 (飛行情報)	flight information (훌라잍 인호어메이슌)
비행 중지 (飛行中止)	suspension of flights (써스펜슌 오브 훌라잍쯔)
비행 편대 (飛行編隊)	flight formation (훌라잍 호어메이슌)
비행 회랑 (飛行回廊)	air corridor (애어 커뤼도어)
빙결 (氷結)	icing (아이씽)
빙로 (氷路)	icy road (아이씨 로욷)
빙점 (氷點)	freezing point (후뤼이징 포인트)

사거리 (射距離)	range (레인지)
사거리 결정 (射距離決定)	range determination (레인지 디터어미네이슌)
사거리 수정 (射距離修正)	range correction (레인지 커뤡슌)

사거리 오차 (射距離誤差) range error (레인지 에뤄어)
사거리 조정 (射距離調整) range adjustment (레인지 엊져스트먼트)
사거리 판단 (射距離判斷) range estimation (레인지 에스띠메이순)
사거리 표 (射距離表) range card (레인지 카앋)
사건 (事件) incident (인씨던트)
사격 (射擊) fire (화이어)
사격 거리 (射擊距離) firing range (화이어링 레인지)
사격 계획 (射擊計劃) fire plan (화이어 플랜)
사격 (射擊)과 기동 (機動) fire and maneuver (화이어 앤 머누우버)
사격 관측 (射擊觀測) observation of fire (압써베이순 오브 화이어)
사격 구령 (射擊口令) fire command (화이어 커맨드)
사격 구역 (射擊區域) sector of fire (쎅터 오브 화이어)
사격 군기 (射擊軍紀) fire discipline (화이어 디씨플린)
사격 금지선 (射擊禁止線) no-fire line (노우화이어 라인)
사격 기록표 (射擊記錄表) range card (레인지 카앋)
사격력 (射擊力) fire power (화이어 파우어)
사격 명령 (射擊命令) fire order (화이어 오오더어)
사격 방법 (射擊方法) method of engagement (메쎋 오브 인게이지먼트)
사격 방향 (射擊方向) direction of fire (디렉쓘 오브 화이어)
사격 분석 (射擊分析) analysis of fire (어낼러씨스 오브 화이어)
사격선 (射擊線) firing line (화이어링 라인)
사격 속도 (射擊速度) rate of fire (레잍 오브 화이어)
사격술 (射擊術) marksmanship (마앜쓰먼쉽)
사격 시범 (射擊示範) firing demonstration (화이어링 데먼스츄레이순)
사격실 (斜隔室) oblique compartment (옵리잌 컴파앝먼트)
사격 연습 (射擊練習) target practice (타아깉 푸랙티스)
사격 열로 (射擊列路) firing lane (화이어링 레인)
사격 요청 (射擊要請) request for fire (뤼퀘스트 호어 화이어)
사격 위치 (射擊位置) firing position (화이어링 퍼짇순)
사격 임무 (射擊任務) fire mission (화이어 미순)
사격장 (射擊場) range (레인지)
사격장 관리 장교 (射擊場管理將校) range control officer (레인지 컨츄롤 오휘써)
사격장〈적〉기 (射擊場〈赤〉旗) range〈red〉flag (레인지 〈렏〉훌랙)
사격장 운용 (射擊場運用) range operation (레인지 아퍼레이순)
사격전 (射擊戰) fire fight (화이어 화잍)
사격 전환 (射擊轉換) shift (쉬후트)
transfer of fire (츄랜스훠어 오브 화이어)
사격 제원 (射擊諸元) firing data (화이어링 대터)
사격 제한 (射擊制限) fire hold (화이어 호울드)

사격 제한선(射擊制限線)	restrictive fire line〈RFL〉 (뤼스츄뤽티브 화이어 라인〈아아 에후 엘〉)
사격 조정(射擊調整)	adjustment of fire(엇져스트먼트 오브 화이어)
사격 준비선(射擊準備線)	ready line(레디 라인)
사격 준비 자세(射擊準備姿勢)	ready position(레디 퍼질숸)
"사격 중지!"(射擊中止)	"Cease fire!"(씨이즈 화이어)
사격 지대(射擊地帶)	zone of fire(죠운 오브 화이어)
사격 지속률(射擊持續率)	sustained rate of fire (써스테인드 레잍 오브 화이어)
사격 지원 순위(射擊支援順位)	priority of fire(푸라이아뤄티 오브 화이어)
사격 지휘(射擊指揮)	fire direction(화이어 디렉숸)
사격 지휘망(射擊指揮網)	fire direction net(화이어 디렉숸 넽)
사격 지휘소(射擊指揮所)	fire direction center(화이어 디렉숸 쎄너)
사격 진지(射擊陣地)	firing position(화이어륑 퍼질숸)
사격 통제(射擊統制)	fire control(화이어 컨츄롤)
사격 통제망(射擊統制網)	fire control net(화이어 컨츄롤 넽)
사격 한계(射擊限界)	limit of fire(리밑 오브 화이어)
사격 협조(射擊協調)	fire coordination(화이어 코오디네이숸)
사격 협조선(射擊協調線)	coordinated fire line〈CFL〉 (코오디네이팉 화이어 라인〈씨이 에후 엘〉)
사격 효과(射擊效果)	fire effect(화이어 이훽트)
사경도(寫景圖)	sketch(스케치)
사계(死界)	dead space(덷 스빼이스)
사계(射界)	field of fire(휘일드 오브 화이어)
사고(事故)	accident(액씨던트)
사관 학교(士官學校)	service academy(써어비스 어캐더미)
사관 후보생(士官候補生)	cadet(커뎉) candidate(캔디데잍)
사급 보급품(四級補給品)	class Ⅳ supplies(클래쓰 훠어 써플라이즈)
사기(士氣)	morale(모뢔알)
사단(師團)	division (Div) (디비젼)
사단 경계 부대(師團警戒部隊)	general outpost〈GOP〉(제너뤌 아울포우스트〈지이 오우 피이〉)
사단 공병 부장(師團工兵部長)	division engineer(디비젼 엔지니어)
사단 근무 지역(師團勤務地域)	division service area (디비젼 써어비스 애어뤼아)
사단 물자 관리소(師團物資管理所)	division material management center〈DMMC〉 (디비젼 머티어뤼얼 매니지먼트 쎄너〈디이 엠 엠 씨이〉)
사단장(師團長)	division commander(디비젼 커맨더)

	commanding general〈CG〉 (커맨딩 제너뤌〈씨이 치이〉)
사단장 명 (師團長命)	division commander's order (디비젼 커맨더즈 오오더어)
사단 지원사 (師團支援司)	division support command 〈DISCOM〉 (디비젼 써포올 커맨드 〈디스캄〉)
사단 직할대 (師團直轄隊)	division troops (디비젼 츄루웊쓰)
사단 치중대 (師團輜重隊)	division trains (디비젼 츄레인즈)
사단 포병사 (師團砲兵司)	division artillery〈DIVARTY〉 (디비젼 아아틸러뤼〈디바아디〉)
사령 (辭令)	commission (커미쓘)
사령관 (司令官)	commanding general〈CG〉 (커맨딩 제너뤌〈씨이 지이〉)
사령부 (司令部)	command (커맨드)
사막 작전 (沙漠作戰)	desert operation (데저얼 아퍼레이숸)
사망자 수 (死亡者數)	fatalities (훠텔러티이즈)
사망률 (死亡率)	mortality rate (모오탤러티 레잍)
사물 궤 (私物櫃)	footlocker (훝라커)
사물 함 (私物函)	locker (라커)
사반 (砂盤)	sand table (쌘드 테이블)
사병 (士兵)	enlisted man〈EM〉(인리스틷 맨〈이이 엠〉) man (맨) soldier (쏘울져어) troop (츄루웊)
사병 고과표 (士兵考課表)	enlisted efficiency report〈EER〉 (인리스틷 이휘션씨 뤼포올〈이이 이이 아아〉)
사복 (私服)	civilian clothes (씨빌리언 클로우즈) civies (씨비즈)
사본 (寫本)	copy (카피) carbon copy〈CC〉(카아본 카피〈씨이 씨이〉)
사사 (斜射)	oblique fire (옵리잌 화이어)
사상자 (死傷者)	casualty (캐쥬얼티)
사선 (射線)	line of fire (라인 오브 화이어)
사수 (射手)	marksman (마앜쓰먼) gunner (거너)
사역단 (使役團)	labor service corps (레이버 써어비스 코어)
사열 (査閱)	review (뤼뷰우)
사열단 (査閱團)	reviewing party (뤼뷰우잉 파아리)
사열대 (査閱臺)	reviewing stand (뤼뷰우잉 스땐드)
사열 (査閱) **하다** (의장대〈儀仗隊〉)	review the honor guard (뤼뷰우 더 아너 가안) inspect the honor guard (인스펰 더 아너어 가안)
사영 (舍營)	billet (빌렅)

사영 장교(舍營將校) billeting officer(빌러팅 오휘써)
사용(使用) usage(유씨이지)
utilization(유틸라이제이숀)
사용 불가(使用不可) unserviceability(언써어비써빌러티)
사용 예정일(使用豫定日) scheduled day of use(스께쥴드 데이 오브 유스)
사용 허가(使用許可) clearance(클리어뤈스)
사유 재산(私有財産) private property(푸롸이빌 푸라퍼디)
사전 계획(事前計劃) prior planning(푸롸이어 플래닝)
사전(事前)에 in advance(인 얻밴스)
사전 침투조(事前浸透組) preinfiltration team(푸뤼인휠츄레이숀 티임)
4.2″(107㎜)박격포(迫擊砲) four point two inch mortar
(훠어 포인트 투우 인치 모러어)
four deuce(훠어 듀우스)
사정 연신(射程延伸) lift elevation and extend range
(리후트 엘리베이숀 앤 입쓰텐드 레인지)
사주 경계(四周警戒) all-around security(오올어롸운드 씨큐뤼티)
사주 방어(四周防禦) all-around defense(오올어롸운드 디이휀스)
사진병(寫眞兵) photographer(호우터구래훠어)
사진 보도단(寫眞報道團) pictorial service team
(픽토뤼얼 써어비스 티임)
사진 정보(寫眞情報) photographic intelligence
(호우터구래휙 인텔리젼스)
사진 판독(寫眞判讀) photographic interpretation
(호우터구래휙 인터푸뤼테이숀)
사태(事態) event(이벤트)
사판(砂板) sand table(쌘드 테이블)
사회자(司會者) master of ceremonies〈MC〉
(매스터 오브 쎄뤼모니이즈〈엠 씨이〉)
산개대형(散開隊形) dispersed formation(디스퍼어스드 호어메이숀)
산병전(散兵戰) skirmish(스꺼어미쉬)
산불(山一) forest fire(화뤼스트 화이어)
산소(酸素) oxygen(압씨젼)
산악(山岳) mountains(마운튼즈)
산악전(山岳戰) mountain combat(마운튼 캄뱉)
산악 지대(山岳地帶) mountaineous area (마운티너스 애어뤼아)
산탄통(散彈桶) canister(캐니스터)
산포(散布) dispersion(디스퍼어젼)
살상 지대(殺傷地帶) kill zone(킬 죠운)
살수(撒水) water sprinkling(워러 스뿌링클링)
살수차(撒水車) water sprinkler(워러 스뿌링클러)
삼각기(三角旗) guidon(가이단)
pennant(페넌트)
삼각대(三脚臺) tripod mount(츄롸이팓 마운트)

삼거리(三一)	three-forked road(쓰뤼이 호옥트 로운)
삼군 상호 지원 (三軍相互支援)	interservice support (이너써어비스 써포올)
삼급 비밀(三級秘密)	confidential(칸휘덴셜)
삼복선 방어 개념 (三複線防禦概念)	triple line defense concept (츄뤼쁠 라인 디이휀스 칸쎕트)
① **사주 전투 전지** (四周戰鬪戰地)	① perimeter fighting positions (퍼뤼이미러 화이팅 퍼질순스)
② **관측소선** (觀測所線)	② observation posts (압써베이슌 포우스쯔)
③ **매복지선**(埋伏地線)	③ ambush sites(앰부쉬 싸일쯔)
〈제〉**삼 야전군**(第三野戰軍)	Third ROK Field Army〈TROKA〉 (써언 랔 휘일드 아아미〈츄로우카〉)
〈제〉**삼** 〈**사단 병력 완편**〉 **여단**(第三師團兵力完編旅團)	Third〈"Roundout"〉Brigade (써언〈"라운드아울"〉부뤼게읻)
삼팔선(三八線)	38th parallel(써어리에이스 패뤄렐)
삼한 사온(三寒四温)	three cold days followed by four warm days (쓰뤼이 코울드 데이즈 활로운 바이 훠어 우옴 데이즈)
삽	entrenching tool (인츄렌칭 투울) shovel(샤블)
삽탄 장전식(揷彈裝塡式)	magazine loading(매거지인 로우딩)
상공 회의소(商工會議所)	Chamber of Commerce(챔버 오브 카머스)
상관(上官)	Old Man(오울드 맨) boss(보쓰)
상급 사령부(上級司令部)	higher headquarters(하이어 헤쿠오뤄즈)
상동(上棟)	ridge pole(뤼지 포울)
상등병(上等兵)	corporal(코오포뤌)
상례(常例)	routine(루우티인)
상례적(常例的)**으로**	routinely(루우티인리)
상륙(上陸)	landing(랜딩)
상륙군(上陸軍)	landing force(랜딩 호오스)
상륙 순위표(上陸順位表)	landing sequence table(랜딩 씨퀀스 테이블)
상륙용 주정(上陸用舟艇)	landing craft (랜딩 쿠래후트)
상륙 작전(上陸作戰)	amphibious operation(앰휘비어스 아퍼레이슌)
상륙 전투대(上陸戰鬪隊)	landing party(랜딩 파아리) landing team(랜딩 티임) landing attack force(랜딩 어탴 호오스)
상륙정(上陸艇)	landing boat(랜딩 보울)
상륙 지역(上陸地域)	landing area(랜딩 애어뤼아)
상륙항(上陸港)	port of debarkation(포올 오브 디바아케이슌)
상륙 훈련(上陸訓練)	amphibious training(앰휘비어스 츄레이닝)

상봉 지점(相逢地點)	rendezvous point(롼안더뷰우 포인트)
상비군(常備軍)	standing army(스땐딩 아아미)
상비 부속품(常備附屬品)	running spares(뤄닝 스빼어즈)
상사(上士)	master sergeant〈MSG〉(매스터 싸아전트 〈엠 에쓰 지이〉)
상석(上席)	head table(헫 테이블)
상세(祥細)**한**	detailed(디테일드)
상세(祥細)**한 조사**(調査)	detailed study(디테일드 스떠디)
상세(祥細)**한 주의**(注意)	attention to detail(어텐숀 투 디테일)
상습(常習)	practice(푸랙티스)
상신(上申)	recommendation(레커멘데이숀)
상용 차량(商用車輛)	commercial vehicle(커머셜 비이끌)
상의(上衣)	jacket(재킽)
상이 기장(傷痍記章)	Purple Heart(퍼어쁠 하앝)
상이(相異)**한**	different(디훠뤈트)
상전(上典)	awards(어우오즈)
상징(象徵)	symbol(씸벌)
상징(象徵)**하다**	symbolize(씸벌라이즈)
상호(相互)	mutual(유우츄얼) reciprocal(뤠씨푸로우컬)
상호 방위 조약 (相互防衛條約)	mutual defense treaty (유우츄얼 디이휀스 츄뤼이티)
상호 원조(相互援助)	mutual aid(유우츄얼 에읻)
상호 이해(相互理解)	mutual understanding(유우츄얼 언더스땐딩)
상호 작용(相互作用)	interaction(이너액숀)
상호 조교법(相互助教法)	coach-and-pupil method (코우치 앤 퓨우삘 메썯)
상호 지원(相互支援)	mutual support(유우츄얼 써포올)
상호 통신(相互通信)	intercommunication(이너커뮤니케이숀)
상호 향상(相互向上)	mutual improvement (유우츄얼 임푸루우브먼트)
상호 협조(相互協助)	cooperation(코우퍼레이숀)
상호 협조(相互協調)	coordination(코오디네이숀)
상호 확인(相互確認)	challenge and reply(챌런지 앤 뤼플라이)
상황(狀況)	situation(씨츄에이숀)
상황도(狀況圖)	situation map(씨츄에이숀 맵)
상황 도표(狀況圖表)	briefing chart(부뤼이휭 챠앝)
상황 보고(狀況報告)	situation report〈SITREP〉 (씨츄에이숀 뤼포올〈씥렢〉)
상황 담당관(狀況擔當官)	briefer(부뤼이훠)
상황대(狀況臺)	easel(이이절)
상황 설명(狀況說明)	briefing(부뤼이휭)
상황실(狀況室)	briefing room(부뤼이휭 루움)

ㅅ

	briefing tent(부뤼이휭 텐트)
상황 장교(狀況將校)	situation officer(씨 츄에이숀 오휘써)
상황 지적봉(狀況指摘棒)	pointer(포이너)
상황판(狀況板)	briefing board(부뤼이휭 보온)
상황 판단(狀況判斷)	estimate of the situation (에스떠밑 오브 더 씨츄에이숀)
새마을 도로(一道路)	Saemaul road(쌔마울 로운) New Town Movement road (뉴우 타운 무우브먼트 로운)
색(色)	color(칼러어)
색인(索引)	index(인덱쓰)
생물학 작용제 (生物學作用劑	biological agent(바이오라지컬 에이젼트)
생물학전(生物學戰)	biological warfare(바이오라지컬 우오홰어)
생산(生產)	production(푸뤄닥쓘)
생존(生存)	survival(써바이벌)
생포(生捕)**하다**	capture(캪쳐어)
생활 필수품(生活必需品)	subsistence stores(쒑씨스턴스 스또어즈)
서명(署名)	signature(씩너쳐어)
서명(署名)**하다**	sign(싸인)
서부 사령부〈하와이〉 (西部司令部)	Western Command, Hawaii (웨스떠언 커맨드, 하와이)
서부 전선(西部戰線)	Western front(웨스떠언 후론트)
서서 쏴 자세〔立射姿勢〕	standing position(스땐딩 퍼짇숀)
서훈(敍勳)	decoration(데코레이숀)
석유(石油)	petroleum(퍼츄롤리엄)
선(線)	line(라인)
선도 거리(先導距離)	lead(리읻)
선도 사격(先導射擊)	leading fire(리이딩 화이어)
선두(先頭)	head(헫) lead(리읻)
선두 부대(先頭部隊)	lead element(리읻 엘리먼트) leading element(리이딩 엘리먼트)
선무 공작(宣撫工作)	pacification activities (퍼씨휘케이숀 액티비티이즈)
선물(膳物)	gift(기후트)
선박 수송(船舶輸送)	sealift(씨이리후트)
선발대(先發隊)	advance party (얻밴스 파아리)
선발 부대(先發部隊)	advance element(얻밴스 엘리먼트)
선방어(線防禦)	linear defense(리니어 디이휀스)
선봉 부대(先鋒部隊)	spearhead(스삐어헫) vanguard(밴가안) advance guard(얻밴스 가안)

	leading element(리이딩 엘리먼트)
선상 목표(線狀目標)	linear target (리니어 타아깉)
선선발대(先先發隊)	pre-advance party(푸뤼얻밴스 파아리)
선수(先手)	initiative(이니셔티브)
선수 제압(先手制壓)**하다**	seize initiative and maintain pressure (씨이즈 이니셔티브 앤 메인테인 푸레셔어)
선임(先任)	seniority(씨니아뤄티)
선임 장교(先任將校)	senior officer(씨니어 오휘써) executive officer(읽제큐티브 오휘써)
선임 조종사(先任操縱士)	senior pilot(씨니어 파이렅)
선임 탑승자(先任搭乘者)	vehicle commander(비이끌 커맨더)
선임 하사관(先任下士官)	first sergeant 〈1 SG〉(훠어스트 싸아전트)
선적(船積)	loading(로우딩) load on the ship(로운 온 더 슆)
선전(宣傳)	propaganda(푸라퍼갠더)
선제(先制)	initiative (이니셔티브)
선착순 기준(先着順基準)	first-come-first-served basis (훠어스트 컴 훠어스트 써어브드 베이씨스)
설대대형(楔隊隊形)	wedge formation(웬지 호어메이슌)
설비(設備)	facilities(훠씰리티이즈) installation(인스톨레이슌)
설영대(設營隊)	quartering party(쿠오터링 파아리)
설치(設置)**하다**	set up(쎝엎) install(인스또올) establish(이스태블리쉬)
섬광(閃光)	flash(훌래쉬) flares(훌래어즈)
섬광 신호(閃光信號)	flash signals(훌래쉬 씩널즈)
섬광 신호탄(閃光信號彈)	pyrotechincs (파이뤄테끄닠쓰)
섬광 실명(閃光失明)	flare blindness(훌래어 블라인드니스)
섬광 폭음 시간 (閃光爆音時間)	flash to bang time(훌래쉬 투 뱅 타임)
섬멸(殲滅)	annihilation(어나이어레이슌)
섭씨(攝氏)	Celsius(쎌씨어스) Centigrade(쎄니구레읻)
성공도(成功度)	chance of success(챈스 오브 썩쎄스)
성광경(星光鏡)	starlight scope(스따아라잍 스꼬웊)
성냥	matches(매치즈)
성능(性能)	performance(퍼어훠먼스)
성명 두자(姓名頭字)	initials(이니셜즈)
성명(聲明)	statement(스떼잍먼트)
성병(性病)	venereal disease 〈VD〉 (비니뤼얼 디지이즈〈븨이 디이〉)

성병 예방(性病豫防)	prevention of venereal disease (푸뤼벤춘 오브 비니뤼얼 디지이즈)
성병 예방 기구 (性病豫防器具)	prophylactics(푸러화랙 팈쓰)
성조기(星條旗)	Stars and Stripes(스따아즈 앤 스츄라잎쓰)
성형 불꽃 신호 (星型—信號)	star clusters(스따아 클러스떠즈)
세균전(細菌戰)	germ warfare(저엄 우오홰어)
세뇌(洗腦)	brainwash(부레인워쉬)
세력 균형(勢力均衡)	balance of power(밸런스 오브 파우어)
세밀(細密)**한 계획**(計劃)	detailed planning(디테일드 플래닝)
세부 계획(細部計劃)	detailed plan(디테일드 플랜)
세부 훈련 계획 (細部訓練計劃)	detailed training plan (디테일드 츄레이닝 플랜)
	program of instruction〈POI〉 (푸로우구램 오브 인스츄럭슌〈피이 오우 아이〉)
세열 수류탄(細裂手榴彈)	fragmentation grenade (후랙멘테이슌 구뤼네읻)
세탁(洗濯) **비누**	laundry soap(로온쥬뤼 쏘웊)
	laundry detergent(로온쥬뤼 디터어전트)
소개 대형(疏開隊形)	dispersed formation(디스퍼어스드 호어메이슌)
	open formation (오픈 호어메이슌)
소개 종대(疏開縱隊)	open column(오픈 칼럼)
소규모(小規模)	small scale(스모올 스께일)
소극적 방공(小極的防空)	passive air defense(패씨브 애어 디이휀스)
소극적 방어(小極的防禦)	passive defense(패씨브 디이휀스)
소대(小隊)	platoon〈PLT〉(플러투운〈피이 엘 티이〉)
소대 공격 명령 (小隊攻擊命令)	platoon attack order(플러투운 어탴 오오더어)
소대 선임 하사 (小隊先任下士)	platoon sergeant〈PSG〉 (플러투운 싸아전트〈피이 에쓰 치이〉)
소대장(小隊長)	platoon leader(플러투운 리이더)
소독제(消毒劑)	disinfectant(디스인훽턴트)
소등(消燈)	lights-out(라잍쯔아웉)
소련(蘇聯)	Soviet Union(쏘우비엘 유우니언)
소령(少領)	major〈MAJ〉(메이져어〈엠 에이 제이〉)
소로(小路)	narrow path(내로우 패쓰)
소매〔袖〕	sleeve(슬리이브)
소모율(消耗率)	consumption rate(컨썸슌 레잍)
소모전(消耗戰)	war of attrition(우오 오브 어츄뤼슌)
소모품(消耗品)	expendable supplies(잌쓰펜더블 써플라이즈)
소방차(消防車)	fire engine(화이어 엔진)
	fire truck(화이어 츄뤜)

소부대 전술(小部隊戰術)	small unit tactics(스모올 유우닡 택팈쓰)
소부대 훈련〈대대 이하〉(小部隊訓練〈大隊以下〉)	small unit training〈battalion and below〉(스모올 유우닡 츄레이닝(배탤리언 앤 빌로우))
소 사회 주의 연방 공화국(蘇社會主義聯邦共和國)	Union of Soviet Socialist Republics〈USSR〉(유우니언 오브 쏘우비엘 쏘우셜리스트 뤼퍼블맄쓰〈유우 에쓰 에쓰 아아〉)
소속(所屬)	assignment(어싸인먼트)
소염기(消焰器)	flash suppressor(훌래쉬 써뿌레써)
소요(所要)	requirement(뤼콰이어먼트)
소요 기간(所要期間)	lead time(리읻 타임)
소요 보급량(所要補給量)	required supply rate〈RSR〉(뤼콰이어드 써플라이 레잍〈아아 에쓰 아아〉)
소요 시간(所要時間)	lead time(리읻 타임)
소요 일자(所要日字)	required date(뤼콰이어드 데잍)
소위(少尉)	second lieutenant〈2LT〉(쎄컨드 루테넌트)
소음 경감기(騷音輕減器)	squelch(스퀠치)
소음 관제 군기(騷音管制軍紀)	noise discipline(노이즈 디씨플린)
소이제(燒夷劑)	incendiary(인쎈디에뤼)
소이탄(燒夷彈)	incendiary bomb(인쎈디에뤼 밤)
소장(少將)	major general〈MG〉(메이져어 제너뤌〈엠 치이〉)
소집(召集)	muster(머스터)
	assembly(어셈블리)
소책자(小冊子)	pamphlet(팸후맅)
소청 장교(訴請將校)	claims officer(클레임즈 오휘써)
소총(小銃)	rifle(라이훌)
소총 분대(小銃分隊)	rifle squad(라이훌 스콰앋)
소총 사격장(小銃射擊場)	rifle range(라이훌 레인지)
소총수(小銃手)	rifleman(라이훌맨)
소총 중대(小銃中隊)	rifle company(라이훌 캄퍼니)
소축척 지도(小縮尺地圖)	small scale map(스모올 스께일 맵)
소탕(掃蕩)	mop-up(맢엎)
	sweep-out(스위잎아웉)
소탕 작전(掃蕩作戰)	sweep-out operation(스위잎아웉 아퍼레이순)
	mop-up operation(맢엎 아퍼레이순)
소택지(沼澤地)	swamp(스왐프)
	marsh(마아쉬)
소하물(小荷物)	package(패키지)
소화기(小火器)	small arms(스모올 아암즈)
소화기(消火器)	fire extinguisher(화이어 잌쓰팅귀셔어)
소화기 수리병	armorer(아아머뤄)

ㅅ

(小火器修理兵)

소화기 탄약(小火器彈藥)	small arms ammunition (스모올 아암즈 애뮤니숀)
속도(速度)	speed(스삐읻)
속도 계기(速度計器)	speedometer(스삐이다미러어)
속도 제한(速度制限)	speed limit(스삐읻 리밑)
속보(速步)	quick time(크윅 타임)
속사(速射)	quick fire(크윅 화이어)
속주(速走)	run(뤈) double time(더블 타임)
손가방	hand bag(핸 백) attache case(애더쉐이 케이스) luggage(러기지)
손상(損傷)	damage(대미지)
손실(損失)	loss(로쓰)
손실 조사 보고 (損失調査報告)	report of survey(뤼포올 오브 써어베이)
손자(孫子)	Sun Tzu(550 B. C.?)(쑨쭈)
손질대	cleaning rod(클리이닝 랃)
손질 솔	cleaning brush(클리이닝 부러쉬)
솔나무 가지	pinetree limbs(파인츄뤼 림즈)
송신(送信)	transmission(츄랜스미숀)
송신기 설치점 (送信機設置點)	transmitter site(츄랜스미러 싸읻)
송신 보안(送信保安)	transmission security(츄랜스미숀 씨큐뤄티)
송신(送信)**하다**	transmit(츄랜스밑)
송유관(送油管)	oil pipeline(오일 파잎라인)
송장(送狀)	invoice(인보이스)
송증(送證)	shipping document(쉬뼁 다큐먼트)
송탄대(送彈帶)	feed belt(휘읻 벨트)
송탄 장치(送彈裝置)	feed mechanism(휘읻 메꺼니즘)
쇠사슬	iron links(아이언 링끄스)
수감 시설(收監施設)	confinement facility(컨화인먼트 훠씰리티)
수갑(手匣)	handcuffs(핸커후스)
수고(手苦)**하시오**	Take it easy.(테이킽 이이지) Don' t work too hard.(도운트 우옼 투우 하안)
수기(手旗)	flag(훌랙)
수기 신호(手旗信號)	flag semaphore(훌랙 쎄머호어)
수단(手段)	ways and means(웨이즈 앤 미인즈)
수동 설치 표적 (手動設置標的)	manually emplaced target (매뉴얼리 임플레이스드 타아깉)
수령(受領)	receiving(뤼씨이빙) pick-up(피껖)

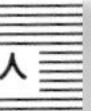

수령 예정 (受領豫定)	due in (듀우 인)
수령 확인 보고 (受領確認報告)	acknowledgement (엌날리지먼트)
수령 회신 (受領回信)	acknowledgement (엌날리지먼트)
수류탄 (手榴彈)	hand grenade (핸드 구뤼네읻)
수륙 양용 (水陸兩用)	amphibious (앰휘비어스)
수륙 양용 차량 (水陸兩用車輛)	amphibious vehicle (앰휘비어스 비이끌)
수리 (修理)	repair (뤼패어)
수리 대기 (修理待機)	deadline (뎉라인)
수리 대기 장비 (修理待機裝備)	deadlined equipment (뎉라인드 이퀖먼트)
수리반 (修理班)	repair section (뤼패어 쎜쓘)
수리 부속품 (修理附屬品)	repair parts (뤼패어 파앝쯔)
수면 천막 (睡眠天幕)	sleeping tent (슬리이삥 텐트)
수사 (搜射)	searching fire (써어칭 화이어)
수사 (搜査)	investigation (인베스티게이쉰)
수상자 (受賞者)	personnel to be recognized and awarded (퍼어쓰넬 투 비이 레컥나이즈드 앤 어우오딛)
수색 (搜索)	reconnaissance (뤼카너썬스) search (써어치)
수색 구조 (搜索救助)	search and rescue (써어치 앤 레스뀨우)
수색대 (搜索隊)	reconnaissance party (뤼카너썬스 파아리)
수색 방해망 (搜索妨害網)	counter-reconnaissance screen) (카운터 뤼카너썬스 스끄뤼인)
수색 소대 (搜索小隊)	recon platoon (뤼칸 플러투운)
수색 정찰대 (挿索偵察隊)	reconnaissance patrol (뤼카너썬스 퍼츄롤)
수색 중대 (搜索中隊)	recon company (뤼칸 캄퍼니)
수선 (修繕)	renovation (레노베이쉰)
수세 (守勢)	defensive (디휀씨브)
수속 (手續)	processing (푸라쎄씽)
수송 (輸送)	transportation (츄랜스포오테이쉰)
수송기 (輸送機)	transport aircraft (츄랜스포올 애어쿠래후트) troop carrier (츄루웊 캐뤼어)
수송 능력 (輸送能力)	lift capabilities (리후트 케이퍼빌러티이즈)
수송병과 (輸送兵科)	transportation corps (츄랜스포오테이쉰 코어)
수송부 차고 작업장 (輸送部車庫作業場)	motor pool (모우러 푸울)
수송 장교 (輸送將校)	transportation officer (츄랜스포오테이쉰 오휘써)
수송 지원 (輸送支援)	transportation support (츄랜스포오테이쉰 써포올)
수송 차량 (輸送車輛)	transport vehicle (츄랜스포올 비이끌)

수송 통제부 (輸送統制部) transportation control center (츄랜스포오테이슌 컨츄롤 쎄너)
수시 보고 (隨時報告) spot report (스팥 뤼포올)
수시 점검 (隨時點檢) spot check (스팥 첵)
수시 정비 (隨時整備) operating maintenance (아퍼레이딩 메인테넌스)
수신 감도 (受信感度) reception (뤼쎕슌)
수신기 (受信機) receiver (뤼씨이버)
수신 시간 (受信時間) time of receipt (타임 오브 뤼씨잍)
수심 (水深) depth of water (뎊쓰 오브 워러)
수요 (需要) requirements (뤼콰이어먼쯔)
수용 (收容) reception (뤼쎕슌)
수용대 (收容隊) reception station (뤼쎕슌 스떼이슌)
reception center (뤼쎕슌 쎄너)
수의관 (獸醫官) veterinarian (베테뤼네어뤼언)
수장 (綬章) ribbon (뤼븐)
수정 (修正) adjustment (언져스트먼트)
correction (커렉슌)
revision (뤼비즌)
수정 임무 (修正任務) modified tactical mission (마디화이드 탴티컬 미슌)
수준점 (水準點) bench mark (벤치 마앜)
수직 (垂直) vertical (버어티컬)
수직 이착륙기 (垂直離着陸機) vertical takeoff and landing aircraft (버어티컬/테잌오후 앤 랜딩 애어쿠래후트)
수직 포위 (垂直包圍) vertical envelopment (버어티컬 인벨럽먼트)
수집 (蒐集) collection (컬렉슌)
수집 계획 (蒐集計劃) collection plan (컬렉슌 플랜)
수집 기관 (蒐集機關) collection agency (컬렉슌 에이젼씨)
수집소 (蒐集所) collecting point (컬렉팅 포인트)
수첩 (手帖) notebook (노울붘)
수통 (水桶) canteen (캔티인)
수평 (水平) horizontal (허라이잔털)
수평선 (水平線) horizon (허라이즌)
수포성 작용제 (水疱性作用劑) blister agent (블리스터 에이젼트)
수하 (誰何) challenge (챌런지)
수하물차 (手荷物車) baggage car (배기지 카아)
baggage train (배기지 츄레인)
수행원단 (隨行員團) entourage (아안츄라아지)
retinue (레터뉴우)
수행 (遂行) 하다 accomplish (어캄플리쉬)
carry out (캐리 아울)
execute (엑씨큐울)

숙달(熟達)	proficiency(푸라휘션씨)
숙명(宿命)	fate(훼잍)
	destiny(데스떠니)
숙사(宿舍)	billet(빌렅)
숙사 구역(宿舍區域)	billeting area(빌러팅 애어뤼아)
숙영지(宿營地)	bivouac(비브앸)
순간 목표(瞬間目標)	transient target(츄렌지언트 타아깉)
	taregt of opportunity (타아깉 오브 아퍼츄우너티)
순방(巡訪)	itinerary(아이티너러뤼)
순서(順序)	order(오오더어)
	sequence(씨퀀스)
순시 일정(巡視日程)	itinerary(아이티너러뤼)
순찰(巡察)	patrol(퍼츄롤)
순찰 곤봉(巡察棍棒)	night stick(나잍 스띸)
순항 고도(巡航高度)	cruising altitude(쿠루우징 앨티튜웉)
순항 속도(巡航速度)	cruising speed(쿠루우징 스삐읻)
술〔酒〕	liquor(리커어)
	drinks(쥬륑크스)
	alcholic beverage(알코홀릭 베버뤼지)
술책(術策)	stratagem(스츄래티점)
	ruse(루우즈)
"쉬어!"	"At ease!"("앹 이이즈!")
"스따아즈 앤 스츄라잎쓰"	Stars and Stripes (스따아즈 앤 스츄라잎쓰)
"스떼잌"(스떼끼)	steak(스떼잌)
"스켈치"	squelch(스퀠치)
"스키이"	ski(스끼이)
"스키이 파아커"	ski parka(스끼이 파아커)
슬사 자세(膝射姿勢)	kneeling position(니일링 퍼짙숀)
습격(襲擊)	raid(레읻)
습격 정찰(襲擊偵察)	raid patrol(레읻 퍼츄롤)
습관(習慣)	custom(커스틈)
습기(濕氣)	moisture(모이스쳐어)
	dampness(댐쁘니스)
습도(濕度)	humidity(휴미디티)
습성(習性)	habit(해빝)
습지(濕地)	swamp(스왐쁘)
승선(乘船)	embarkation(임바아케이숀)
승선항(乘船港)	port of embarkation (포옽 오브 임바아케이숀)
승인(承認)	approval(어푸루우벌)
	recognition(레컥니숀)

시가전(市街戰)	combat in cities(캄밸 인 씨티이즈) combat in built-up areas (캄밸 인 빌트업 애어뤼아즈)
시가 행진(市街行進)	parade through town(퍼레잍 스루우 타운) march through the streets (마아치 스루우 더 스츄뤼잍쯔)
시간(時間)	time(타임) hour(아워)
시간 간격(時間間隔)	time interval(타임 인터어벌)
시간 거리(時間距離)	time distance(타임 디스턴스)
시간 공간(時間空間)	time gap(타임 갶)
시간 엄수(時間嚴守)	punctuality(펑츄앨러티)
시간 장경(時間長徑)	time length(타임 렝스)
시간 조정(時間調整)	timing(타이밍)
시계(視界)	field of observation(휘일드 오브 압써베이슌)
시계 반대 방향 (時計反對方向)	counter-clockwise (카운터 클랔와이즈)
시계 방법(時計方法)	clock method(클랔 메썯)
시계 방향(時計方向)	clockwise(클랔와이즈)
시기(時期)	period(피어뤼얻)
시도(視度)	visibility(비지빌러티)
"시바스 뤼걸"(위스키) (洋酒)	Chivas Regal(쉬바스 뤼걸)
시범(示範)	demonstration(데먼스츄레이슌)
시범 사격(示範射擊)	demonstration fire (데먼스츄레이슌 화이어)
시설(施設)	facility(훠씰리티) installation(인스톨레이슌)
시설 공병 부장 (施設工兵部長)	facility engineer(훠씰리티 엔지니어)
시설 공병 장교 (施設工兵將校)	post engineer(포우스트 엔지니어)
시설 방호(施設防護)	plant protection(플랜트 푸라텍쓘)
시설 보안(施設保安)	physical security(휘지컬 씨큐뤼티)
시위(示威)	demonstration(데먼스츄레이슌)
시장(市長)	mayor(매이어어)
시조 해상 박명 (始朝海上薄明)	beginning of morning nautical twilight〈BMNT〉 (비기닝 오브 모오닝 노오티껄 트와일라잍〈비이 엠 엔 티이〉)
시찰(視察)	observation(압써베이슌) inspection(인스펙쓘)
시청각 교재(視聽覺教材)	audio-visual aid(오오디오비쥬얼 에읻)
시행상 문제점 토의 (施行上問題點討議)	executive seminar on problem areas (읰제큐티브 쎄미나아 온 푸라블럼 애어뤼아즈)

ㅅ

시행(施行)**하다**	enforce(인호오스)
시험(試驗)	test(테스트)
	examination(익재미네이숀)
	evaluation(이밸류에이숀)
시호 통신(視號通信)	visual communication(비쥬얼 커뮤니케이숀)
식기(食器)	mess gear(메쓰 기어)
식당(食堂)	dining facility(다이닝 휘실리티)
식별(識別)	identification(아이덴티휘케이숀)
	recognition(레컥니숀)
식별 명패(識別名牌)	identification tag(아이덴티휘케이숀 택)
	dog tag(도옥 택)
식별(識別)**하다**	identify(아이덴티화이)
식사(食事)	meal(미일)
	chow(챠우)
식사선(食事線)	chow line(챠우 라인)
식사 인원(食事人員)	ration strength(레숀 스츄렝스)
식수(食水)	drinking water(츄링킹 워러)
식수 인원(食水人員)	strength for rations(스츄렝스 호어 레숀스)
식순(式順)	sequence of events(씨이퀀스 오브 이벤쯔)
식염(食塩)	salt(쏘올트)
식인표(識認標)	identification tag(아이덴티휘케이숀 택)
신경전(神經戰)	war of nerve(우오 오브 너어브)
신경 작용제(神經作用劑)	nerve agent(너어브 에이젼트)
신뢰성(信頼性)	reliability(릴라이어빌러티)
신뢰성(信頼性) **있는**	reliable(륄라이어블)
신병(新兵)	recruit(뤼쿠루웉)
신병 수용소(新兵収容所)	reception station(뤼쎞숀 스떼이숀)
신병 훈련소(新兵訓練所)	replacement training center (뤼플레이스먼트 츄레이닝 쎄너)
신분 증명서(身分證明書)	identification card(아이덴티휘케이숀 카앋)
	ID card(아이디이 카앋)
신빙성(信憑性)	reliability(륄라이어빌러티)
	credibility(쿠레디빌러티)
신속 취급 처리하다 (迅速取扱處理—)	expedite(엑쓰뻐다잍)
신속(迅速)**한**	prompt(푸람트)
	swift(스위후트)
	quick(크윜)
	rapid(래삗)
	expeditious(엑쓰퍼디셔스)
신청(申請)	application(애쁠리케이숀)
신청서(申請書)	application form(애쁠리케이숀 호옴)
신청(申請)**하다**	apply(어플라이)

신체 검사(身體檢査)	physical(휘지컬)
	physical examination(휘지컬 익재미네이순)
신체 육부분 검사 결과(身體六部分檢査結果)	physical profile(휘지컬 푸라화일)
신체 훈련(身體訓練)	physical training〈PT〉(휘지컬 츄레이닝〈피이 티이〉)
신호(信號)	signal(씩널)
신호탄(信號彈)	signal flare(씩널 훌레어)
	pyrotechnics(파이뤄테끄닠쓰)
신호판(信號板)	signal panel(씩널 패늘)
실무 교육(實務教育)	on-the-job training(온더잡 츄레이닝)〈OJT〉〈오우 제이 티이〉)
실병력(實兵力)	real strength(뤼얼 스츄렝스)
실사격 연습(實射擊練習)	live fire exercise(라이브 화이어 엑써싸이스)
실속 저지(失速沮止)된	stalled(스또올드)
실습 훈련(實習訓練)	hands-on training(핸즈온 츄레이닝)
실시(實施)	execution(엑씨큐순)
실시 부대(實施部隊)	unit in action(유우닡 인 앸순)
	executing unit(엑씨큐팅 유우닡)
실시(實施)하다	execute(엑씨큐울)
	conduct(컨닭)
	enforce(인호오스)
	accomplish(어캄플리쉬)
실용 병력(實用兵力)	sterngth for duty(스츄렝스 호어 듀우리)
실제 상황(實際狀況)	real world situation(뤼얼 우얼드 씨츄에이순)
실종자(失踪者)	missing in action 〈MIA〉(미씽 인 앸순〈엠 아이 에이〉)
실질적 훈련(實質的訓練)	realistic training(뤼얼리스띸 츄레이닝)
실탄(實彈)	live ammunition(라이브 애뮤니순)
실향민(失鄕民)	displaced person(디스플레이스드 퍼어슨)
실효(實效)있는 훈련(訓練)	realistic and effective training(뤼얼리스띸 앤 이훽티브 츄레이닝)
심리 작전(心理作戰)	psychological operations〈PSYOPS〉(싸이커라지컬 아퍼레이순〈싸이앞쓰〉)
심리전(心理戰)	psychological warfare(싸이커라지컬 우오홰어)
심문(審問)	interrogation(인테뤄게이순)
	inquiry(인콰이어뤼)
심사 분석(審査分析)	review and analysis(뤼뷰우 앤 어낼러씨스)
심판관(審判官)	umpire(엄파이어)
십종 보급품(十種補給品)	class X supplies(클래쓰 텐 써플라이즈)
"싸모아"계(一系)	Samoan(싸모우안)
"싸이런"(사이렌)	siren(싸이런)

"싸이베뤼아" (시베리아)	Siberia (싸이베뤼아)
쌀가마	rice bag (롸이스 백)
"쌜런" (사라다)	salad (쌜런)
"쌤플" [見本]	sample (쌤플)
"쎄븐훠어쎄븐 (점보)"	747〈Jumbo〉(쎄븐훠어쎄븐〈점보〉)
쐐기형 [一型]	wedge (웰지)
쑤웊〈수프〉	soup (쑤웊)
쓰레기	trash (츄래쉬)
쓰레기 관제 군기 (一管制軍紀)	litter disciplne (리러 디씨플린)
쓰레기자루	trash bag (츄래쉬 백)
쓰레기차 [一車]	garbage truck (가아비지 츄뤜)
쓰레기 처리 [一處理]	garbage disposal (가아비지 디스뽀우절)
쓰리꾼	slicky boy (슬리끼 보이)
"씨네리오" (시나리오) [脚本]	scenario (씨네뤼오)
"씨이 래숀"	C-ration (씨이 래숀)
"씨이 원 써어리〈허어큘리이즈〉" 수송기	C-130〈Hercules〉(씨이 원 써어리〈허큘리이즈〉)
"씨이 원 훠어리〈스따아 리후터〉"수송기	C-140〈Stralifter〉(씨이 원 훠어리〈스따아 리후터〉)
"씨이 화이브 에이〈갤럭씨이〉"수송기	C-5A〈Galaxy〉(씨이 화이브 에이〈갤럭씨이〉)

ㅇ

아방책 (我方策)	own courses of action (오운 코오씨스 오브 액쑨)
"아안츄레이" [主食]	entree (아안츄레이)
"아이어다인"	iodine (아이어다인)
아지트	agitating point (애지테이팅 포인트)
아침 안개	morning fog (모오닝 호옥)
악기류 (惡氣流)	bumpy, rough air (범삐, 뤄후 애어)
악대 (樂隊)	band (밴드)
악수 (握手)	handshake (핸쉐잌)
악수 (握手) 하다	shake hands (쉐잌 핸즈)
악천후 (惡天候)	inclement weather (인클레먼트 웨더어)
악천후 훈련 계획 (惡天候訓練計劃)	inclement weather training schedule (인클레먼트 웨더어 츄레이닝 스꼐줄)
안개	fog (호옥)
안내 사항 설명	information briefing (인호어메이슌 부리이휭)

(案內事項說明)	
안내원(案內員)	guide(가읻) usher(어셔어)
안면 도색 위장 (顔面塗色僞裝)	facial camouflage(훼이셜 카마훌라아지)
안부(鞍部)	saddle(쌔들)
안전(安全)	safety(쎄이후티)
안전 감독 장교 (安全監督將校)	safety officer (쎄이후티 오휘써)
안전대(安全帶)	safety belt(쎄이후티 벨트)
안전 보호(安全保護)	safeguard(쎄이후가안)
안전 사고(安全事故)	accident(액씨던트)
안전 요인(安全要因)	safety factor(쎄이후티 홱터어)
안전 장치(安全裝置)	safety device(쎄이후티 디바이스)
안전 제일(安全第一)	safety first(쎄이후티 훠어스트)
안전 준칙(安全準則)	safety requirements(쎄이후티 뤼콰이어먼쯔)
안정〈성〉(安定性)	stability(스따빌러티)
안정 전선(安定前線)	stabilized front(스따빌라이즈드 후론트)
안토노프 경수송기"콜트" (一輕輸送機一)	AN(tonov)-2 "COLT"(에이엔투"콜트")
암구어(暗口語)	password(패쓰우온)
암구호(暗口號)	challenge and password(챌런지 앤 패쓰우온)
암호(暗號)	cryptogram(쿠맆토구램) cipher(싸이훠어)
암호명(暗號名)	cover name(카버 네임)
암호문(暗號文)	cryptotext(쿠맆토텍쓰트) cipher text(싸이훠어 텍쓰트)
암호문 분석(暗號文分析)	cryptanalysis(쿠맆터낼러씨스)
암호 운용 지시 (暗號運用指示)	crypto operating instruction (쿠맆토 아퍼레이딩 인스츄뤅숀)
암호 원문(暗號原文)	cipher text(싸이훠어 텍쓰트)
암호 장비(暗號裝備)	crypto equipment(쿠맆토 이퀖먼트)
암호 조립(暗號組立)**하다**	encrypt(인쿠맆트) encode(인코욷)
암호 해독(暗號解讀)**하다**	decrypt(디쿠맆트) decode(디이코욷)
앙각(仰角)	elevation(엘리베이숀)
앞 유리창〈차량〉 (一琉璃窓〈車輛〉)	windshield(윈드쉬일드)
애국가(愛國歌)	Korean National Anthem (코뤼언 내슈널 앤썸)
애국심(愛國心)	patriotism(패이츄뤼아티즘)
애국자(愛國者)	patriot(패이츄뤼앝)

애로 (隘路)	defile (디이화일) pass (패쓰)
애로 사항 (隘路事項)	bottleneck problem (바틀넥 푸라블럼)
"애삐타이저"〔前食〕	appetizer (애삐타이저어)
"애이시아"대륙 (亞細亞大陸)	Asia (에이시아) Asian Continent (에이시안 칸티넌트)
"앤저스"동맹 (一同盟)	ANZUS Treaty〈Australia-New Zealand-US (앤저스 츄뤼이디〈오오스츄렐리아-뉴우칠런드-유우에쓰〉)
"앤테너"	antenna (앤테너)
"앤테너"설치점 (一設置點)	antenna site (앤테너 싸일)
"앨루미넘"〈도보〉교 (一徒步橋)	aluminum〈foot〉bridge (앨루미넘〈훝〉부뤼지)
"앰뷰런스"	ambulance (앰뷸런스)
앵무새 (鸚鵡一)	parrot (패뤝)
"앵코어"〔再唱〕	encore (앙코어)
"액륄릭"판 (一板)	acrylic board (액륄릭 보온)
야간 경계 (夜間警戒)	night security (나잍 씨큐뤼티)
야간 공격 (夜間攻擊)	night attack (나잍 어택)
야간 관찰기 (夜間觀察器)	night observation device (나잍 압써베이숸 디바이스)
야간 기동 (夜間機動) 	night movement (나잍 무우브먼트) displacement during the night (디스플레이스먼트 듀어링 더 나잍)
야간 기습 (夜間奇襲)	night raid (나잍 레읻)
야간 사격 (夜間射擊)	night firing (나잍 화이어륑)
야간 시력 (夜間視力)	night vision (나잍 비젼)
야간 이동 (夜間移動)	night move (나잍 무우브)
야간 전투 (夜間戰鬪)	night combat (나잍 캄뱉)
야간 전투기 (夜間戰鬪機)	night-fighter (나잍 화이터)
야간 접적 이동 (夜間接敵移動)	night movement to contact (나잍 무우브먼트 투 칸택트)
야간 정찰 (夜間偵察)	night patrol (나잍 퍼츄롤)
야간 철수 (夜間撤收)	night withdrawal (나잍 윋쥬로오얼)
야간 행군 (夜間行軍)	night marches (나잍 마아치즈)
야간 훈련 (夜間訓練)	nighttime training (나잍타임 츄레이닝) reverse-cycle training (뤼버어스 싸이끌 츄레이닝)
"야아드"	yard (1yd=0. 91m) (야앋)
야영 (野營)	bivouac (비브액)
야외 기동 연습 (野外機動練習)	field maneuver exercise (휘일드 머두우버 엑써싸이스)
야외 연습 (野外練習)	field exercise (휘일드 엑써싸이스)

야음 (夜陰)	hours of darkness/cover of darkness (아워즈 오브 다아끄네스/카버 오브 다아끄네스)
야전 (野戰)	field (휘일드)
야전 공병 용구 (野戰工兵用具)	pioneer tools (파이어니어 투울즈)
야전 교범 (野戰敎範)	field manual〈FM〉(휘일드 매뉴얼〈에후 엠〉)
야전 구량 (野戰口糧)	field ration (휘일드 래슌)
야전군 (野戰軍)	field army (휘일드 아아미)
야전 군기 (野戰軍紀)	field discipline (휘일드 디씨플린)
야전군 사령관 (野戰軍司令官)	field army commander (휘일드 아아미 커맨더)
야전군 사령부 (野戰軍司令部)	Headquarters, Field Army (헫쿠오뤄즈 휘일드 아아미)
야전 근무 (野戰勤務)	field duty (휘일드 듀우리)
야전 기동 (野戰機動)	field maneuver (휘일드 머누우버)
야전"레이디오" (野戰〔無電機〕)	field radio (휘일드 레이디오)
야전 변소 (野戰便所)	field latrine (휘일드 러츄뤼인) cathole (캩호울) straddle trench (스츄래들 츄렌치) chemical latrine (케미컬 러츄뤼인)
야전 병원 (野戰病院)	field hospital (휘일드 하스삐럴)
야전 부대 (野戰部隊)	field forces (휘일드 호어씨즈)
야전 분해 (野戰分解)	field strip (휘일드 스츄맆)
〈한/미〉 야전사 (〈韓/美〉野戰司)	〈ROK/US〉 Combined Field Army〈CFA〉 (〈랔/유우에쓰〉 컴바인드 휘일드 아아미 〈씨이 에후 에이〉)
야전 상태 (野戰狀態)	field conditions (휘일드 컨디숀스)
야전 수칙 (野戰守則)	field 〈SOP〉(휘일드〈에쓰 오우 피이〉)
야전 연습 (野戰演習)	field exercise (휘일드 엑써싸이스)
야전 예규 (野戰例規)	field 〈SOP〉(휘일드〈에쓰 오우 피이〉)
야전용 전선 (野戰用電線)	field wire (휘일드 와이어)
야전 우의 (野戰雨衣)	poncho (퐌쵸우)
야전 위생 (野戰衛生)	field sanitation (휘일드 쌔니테이숸)
야전 응급책 (野戰應急策)	field expedient method (휘일드 잌쓰삐이디언트 메쎁)
야전 작전 (野戰作戰)	field operation (휘일드 아퍼레이숸)
야전 잠바 (野戰—)	field jacket (휘일드 재킽)
야전 장비 (野戰裝備)	field gear (휘일드 기어) field equipment (휘일드 이큎먼트)
야전 전화기 (野戰電話機)	field telephone (휘일드 텔리호운) landline (랜드라인)

ㅇ

	Lima Lima (리마 리마)
야전 정비 (野戰整備)	field maintenance (휘일드 메인테넌스)
야전 책상 (野戰冊床)	field table (휘일드 테이블)
야전 축성 (野戰築城)	field fortification (휘일드 호어티휘케이숀)
야전 취사 (野戰炊事)	field mess (휘일드 메쓰)
야전 치중대 (野戰輜重隊)	field train (휘일드 츄레인)
야전 탁자 (野戰卓子)	field table (휘일드 테이블)
야전 포병 (野戰砲兵)	field artillery〈FA〉 (휘일드 아아틸러뤼〈에후 에이〉)
야전 훈련 (野戰訓練)	field training (휘일드 츄레이닝)
야전 훈련 연습 (野戰訓練練習)	field training exercise 〈FTX〉 (휘일드 츄레이닝 엑써싸이스〈에후 티이 엑쓰〉)
야포 (野砲)	field gun (휘일드 건)
약도 (略圖)	sketch (스케치)
약사 (略史)	brief history (부뤼이후 히스토뤼)
약식모 (略式帽)	garrison cap (개뤼슨 캪)
약점 확인 (弱點確認) 및 보강 (補强) 하라	identify and augment weaknesses (아이덴티화이 앤 오오그멘트 위이끄네씨스)
약정 인식 신호 (約定認識信號)	recognition signal (레컥니숀 씩널)
약제소 (藥劑所)	pharmacy (화아머씨)
약진 (躍進)	bound (바운드)
	rush (러쉬)
양 (量)	quantity (쿠온터티)
양공 (陽攻)	feint (훼인트)
	feint attack (훼인트 어탴)
양공 (兩攻)	parallel attack (패뤌렐 어탴)
양동 (陽動)	demonstration (데먼스츄레이숀)
	feint maneuver (훼인트 머누우버)
양동 작전 (陽動作戰)	feint operation (훼인트 아퍼레이숀)
양륙 (揚陸)	debarkation (디바아케이숀)
양륙점 (揚陸點)	debarkation point (디바아케이숀 포인트)
양륙항 (揚陸港)	port of debarkation (포옽 오브 디바아케이숀)
양식 (樣式)	form (호옴)
	format (호오맽)
양익 포위 (兩翼包圍)	double envelopment (더블 인벨렆먼트)
"어코오디언"작용 (—作用)	accordion effect (어코오디언 이훽트)
얼음 긁는 도구 (—道具)	ice scraper (아이스 스끄레이뻐)
엄개 (掩蓋)	protective cover (푸라텍티브 카버)
	strict (스츄뤽트)
엄격 (嚴格) 한 의미 (意味) 에서의 8군 영내 (八軍營內)	Eighth Army proper (에이스 아아미 푸라퍼)
엄격 (嚴格) 한 의미 (意味) 에	Inchon proper (인천 푸라퍼)

서의 인천 시내 (仁川市内)

엄격 (嚴格) 한	tight (타잍)
엄격 (嚴格) 한 제한 (制限)	strict restriction (스츄뤽트 뤼스츄뤽숀)
엄체 (掩體)	shelter (쉘터어)
엄폐 (掩蔽)	cover (카버)
엄폐 이동 (掩蔽移動)	covered movement (카버얻 무우브먼트)
엄호 부대 (掩護部隊)	covering force (카버륑 호오스)
엄호 사격 (掩護射擊)	covering fire (카버륑 화이어)
	protective fire (푸라텍티브 화이어)
엄호 전 지역 (掩護戰地域)	covering force area〈CFA〉 (카버륑 호오스 애어뤼아 〈씨이 에후 에이〉)
업무 (業務)	tasks (태스끄스)
"엠"〈각종 무기 장비의 형〉 (各種武器裝備 — 型)	M — 〈Model〉(엠 — 〈마들〉)
"엠훠어티이씩쓰" 교량 (— 橋梁)	"M4T6 bridge" (엠 훠어 티이 씩쓰 부뤼지)
여객기 (旅客機)	passenger plane (패씬저어 플레인)
여군 사병 (女軍士兵)	enlisted woman (인리스틷 우먼)
여단 (旅團)	brigade (부뤼게인)
여단장 (旅團長)	brigade commander (부뤼게인 커맨더)
여독 (旅毒)	jetlag (젵랙)
여론 (輿論)	public opinion (퍼블릭 어피니언)
여명 (黎明)	dawn (도온)
	daybreak (데이부레잌)
여우	fox (확쓰)
역 (驛)	railroad station (레일로운 스떼이숀)
	bus terminal (버쓰 터어미널)
역공격 (逆攻擊)	counter blow (카운터 블로우)
역대책 (逆對策)	countermeasures (카운터메져어즈)
역사 (歷史)	history (히스토뤼)
	heritage (헤뤼티지)
역사적 기록 (歷史的記錄)	historical archives (히스타뤼컬 아아카이브스)
〈100년〉 역사적 한미 우호 (〈百年〉 歷史的韓美友好)	historical Korean-American friendship of 100 years) (히스타뤼컬 코뤼언 어메리칸 후렌쉽 (오브 원 헌주렌 이어즈)
역습 (逆襲)	counterattack (카운터어탴)
역습 계획 (逆襲計劃)	counterattack plan (카운터어탴 플랜)
역습 연습 (逆襲練習)	counterattack rehearsal (카운터어탴 뤼허어썰)
역습 훈련 (逆襲訓練)	counterattack training (카운터어탴 츄레이닝)
연결 (連結)	linkup (링껖)
연결 작전 (連結作戰)	linkup operation (링껖 아퍼레이숀)
연기 (煙氣)	smoke (스모윽)

ㅇ

연대 (聯隊)	regiment (레지멘트)
연대 경계 부대 (聯隊警戒部隊)	combat outpost〈COP〉 (캄밸 아울포우스트〈씨이 오우 피이〉)
연대장 (聯隊長)	regimental commander (레지메널 커맨더)
연대 전투단 (聯隊戰鬪團)	regmental combat team〈RCT〉 (레지메널 캄밸 티임〈아아 씨이 티이〉)
연락 (連絡)	liaison (리이애이쟈안)
연락 장교 (連絡將校)	liaison officer〈LNO〉 (리이애이쟈안 오휘써〈엘 엔 오우〉)
연료 (燃料)	fuel (휴얼)
연료계 (燃料計)	fuel gauge (휴얼 게이지)
연마 (練磨)	practice (푸랙티스)
연막 (煙幕)	smoke screen (스모욱 스끄뤼인)
연막기 (煙幕機)	smoke generator (스모욱 제너레이러)
연막 수통 (煙幕水桶)	smoke grenade (스모욱 구뤼네인)
연막 작전 (煙幕作戰)	smoke operation (스모욱 아퍼레이숀)
연막 차장 (煙幕遮障)	smoke cover (스모욱 카버)
연막탄 (煙幕彈)	smoke shell (스모욱 셸)
연막통 (煙幕桶)	smoke pot (스모욱 팥)
연병장 (練兵場)	parade field (퍼레인 휘일드) parade ground (퍼레인 구라운드)
연속적 (連續的)	successive (썹쎄씨브) continuous (컨티뉴어스)
연쇄 반응 (連鎖反應)	chain reaction (체인 뤼액숀)
연습 (練習)	exercise (엑써싸이스) practice (푸랙티스)
연습 단계 (練習段階)	rehearsal phase (뤼허어썰 훼이즈)
연습탄 (練習彈)	blank ammunition (블랭크 애뮤니숀)
연통 (煙筒)	stovepipe (스또우브파잎)
연합 근무 관계 (聯合勤務關係)	joint working relationship (조인트 우오킹 륄레이숀쉽)
연합 (聯合) 된	joint (조인트) combined (컴바인드)
연합 사령부 (聯合司令部)	combined headquarters (컴바인드 헤쿠오뤄즈)
연합〈군〉사〈령부〉 (聯合軍司令部)	Combined Forces Command〈CFC〉 (컴바인드 호어씨즈 커맨드〈씨이 에후 씨이〉)
연합 작전 (聯合作戰)	joint operation (조인트 아퍼레이숀)
연합 작전 능력 (聯合作戰能力)	joint operation capabilities (조인트 아퍼레이숀 케이퍼빌러티이즈) interoperability (이너아퍼뤄빌러티)
연합 참모 본부 (聯合參謀本部)	Joint Chiefs of Staff〈JCS〉 (조인트 치이후스 오브 스때후 〈제이 씨이 에쓰〉)
〈제병〉 연합 훈련	combined〈arms〉training

(〈諸兵〉聯合訓練)	(컴바인드〈아암즈〉츄레이닝)
열 (熱)	heat (히잍)
	high temperature (하이 템퍼뤄쳐)
열대성 폭풍 (熱帶性暴風)	tropical storm (츄라삐껄 스또옴)
열도 (列島)	islands (아이런즈)
열발 (熱發)	cook-off (쿠코후)
열병 (熱病)	fever (휘이버)
열병관 (閱兵官)	reviewing officer (뤼뮤우잉 오휘써)
열병식 (閱兵式)	review (뤼뮤우)
열성 (熱誠)	enthusiasm (엔쑤지애즘)
열차 (列車)	train (츄레인)
열차 하차장 (列車下車場)	detraining point (디츄레이닝 포인트)
염소 (塩素)	chlorine (클로오뤼인)
영관급 (領官級)	field grade (휘일드 구레읻)
영관 장교 (領官將校)	field grade officer (휘일드 구레읻 오휘써)
영관 장교 식당 (領官將校食堂)	field grade officers mess (휘일드 구레읻 오휘써스 메쓰)
영광 (榮光)	honor (아너어)
영구적 (永久的)	permanent (퍼머넌트)
영도 (零度)	zero degree (지어로우 디구뤼이)
영수증 (領收證)	receipt (뤼씨잍)
영시 (零時)	zero hour (지어로우 아우어)
영어 (英語)	English (잉글리쉬)
영점 (零點)	zero point (지어로우 포인트)
영점 사격장 (零點射擊場)	zero range (지어로우 레인지)
영점 조준 (零點照準)	zeroing (지어로우잉)
영접 (迎接) **하다**	welcome (웰컴)
	receive (뤼씨이브)
	meet (미잍)
영초 (零秒) **까지 역산** (逆算)	count down (카운 따운)
영향 (影響)	influence (인훌루언스)
	effect (이휔트)
영향 지역 (影響地域)	area of influence (애어뤼아 오브 인훌루언스)
영현 등록 (英顯登録)	grave registration (구레이브 레지스츄레이슌)
예감 (豫感)	hunch (헌치)
	sixth sense (씩쓰 쎈스)
	premonition (푸뤼마니슌)
예견 (豫見) **하다**	foresee / foretell (호어씨이/호어텔)
예고 (豫告)	warning (우오닝)
	advance notice (얻밴스 노티스)
예광탄 (曳光彈)	tracer (츄레이써)
예규 (例規)	standing operating procedures〈SOP〉 (스땐딩 아퍼레이딩 푸라씨쥬어즈

	〈에쓰 오우 피이〉)
예기 (豫期)	anticiation (앤티씨페이숀)
예령 (豫令)	preparatory command (푸뤼퍼라토뤼 커맨드)
예민 업무 (豫民業務)	reservists/civil affairs activities (뤼저어비스쯔/씨빌 어췌이즈 앸티비티이즈)
예방 (禮訪)	courtesy call〈CC〉(커어티씨 코올〈씨이 씨이〉)
예방 (豫防)	prevention (푸뤼벤숀)
	preventive measures (푸뤼벤티브 메져어즈)
〈성병〉 예방 기구 (〈性病〉豫防器具)	prophylactics (푸라화랙틱쓰)
예방 정비 (豫防整備)	preventive maintenance〈PM〉 (푸뤼벤티브 메인테넌스〈피이 엠〉)
예보 (豫報)	forecast (호어캐스트)
예복 (禮服)	dress uniform (쥬레쓰 유니호옴)
예비군 (豫備軍)	Army Reserve〈AR〉 (아아미 뤼저어브〈에이 아아〉)
예비대 (豫備隊)	reserve (뤼저어브)
예비병 (豫備兵)	reservist (뤼저어비스트)
예비 부속품 (豫備附屬品)	spare parts (스뻬어 파앝츠)
예비 사격 (豫備射擊)	preparatory fire〈prep〉 (푸뤼퍼라토뤼 화이어〈푸렢〉)
예비 사단 (豫備師團)	division in reserve (디비젼 인 뤼저어브)
예비 선망 (豫備線網)	alternate frequency net (오올터어닡 후뤼퀀씨 넽)
예비역 장교 훈련단 (豫備役將校訓練團)	Reserve Officers Training Corps〈ROTC〉 (뤼저어브 오휘써스 츄레이닝 코어〈아아 오우 티이 씨이〉)
예비 연대 (豫備聯隊)	regiment in reserve (레지멘트 인 뤼저어브)
예비 재집결 지점 (豫備再集結地點)	alternate rallying point (오올터어닡 랠리잉 포인트)
예비적 (豫備的)	preliminary (푸뤼리미너뤼)
	alternate (오올터어닡)
예비 전술 작전 본부 (豫備戰術作戰本部)	alternate tactical operations center (오올터어닡 탴티컬 아퍼레이숀스 쎄너)
예비 제대 (豫備梯隊)	reserve echelon (뤼저어브 에셜란)
예비 지휘소 (豫備指揮所)	alternate command post (오올터어닡 커맨드 포우스트)
예비 진지 (豫備陣地)	alternate position (오올터어닡 퍼칠숀)
	secondary position (쎄컨데뤼 퍼칠숀)
	supplementary position (써쁠리멘터뤼 퍼칠숀)
예비 투입 (豫備投入)	commitment of reserve (커밑먼트 오브 뤼저어브)
예산 (豫算)	budget (버짙)

예상(豫想)된	predicted (푸뤼딕틷) probable (푸라버블)
예상(豫想)된 적 위치 (敵位置)	suspected enemy location (써스펙틷 에너미 로우케이숸)
예상(豫想)된 적 진지 (敵陣地)	suspected enemy position (써스펙틷 에너미 퍼짖숸)
예상 전개선(豫想展開線)	probable line of deployment (푸라버블 라인 오브 디플로이먼트)
예상 접근로(豫想接近路)	probable avenue of approach (푸라버블 애비뉴 오브 어푸로우치)
예상(豫想)하다	anticipate (앤티씨페잍)
예속(隷屬)된	assigned (어싸인드) organic (오오개닠)
예속 부대(隷屬部隊)	assigned forces (어싸인드 호어씨즈)
예식(禮式)	ceremony (쎄뤼머니) formalities (호어맬러티이즈)
예약(豫約)	reservation (뤠저어베이숸)
예정 사격(豫定射擊)	prearranged fire (푸뤼어레인지드 화이어)
예정 정비(豫定整備)	scheduled service (스께줄드 써어비스) scheduled maintenance (스께줄드 메인테넌스)
예정표(豫定表)	schedule (스께줄)
예지(豫知)	prior knowledge (푸라이어 날리지)
예하 부대(隷下部隊)	subordinate unit (써보오디널 유우닡)
예행 연습(豫行練習)	rehearsal (뤼허어썰)
오"갤런"들이 통(五一桶)	5-gallon can (화이브 갤런 캔) spare can (스빼어 캔)
오곡밥(五穀一) 〔쌀, 밀, 콩, 조, 수수〕	five-grain meal (화이브 구레인 미일) (rice, wheat, bean, millet and barnyard millet) (롸이스, 위잍, 비인, 밀렅 앤 바아냐안 밀렅)
오뚝이	figure eight (휘규어 에잍) always-bouncing-back (오올웨이스 바운씽 백)
오락 시설(娛樂施設)	recreation facilities (뤼쿠뤼에이숸 훠씰러티이즈)
오물〔휴지/음식〕 (汚物〔休紙/飮食〕)	trash/garbage (추래쉬/가아비지)
오수(汚水)	sewage (쑤우이지)
오수 처리(汚水處理)	sewage disposal (쑤우이지 디스뽀우절)
오염(汚染)	contamination (컨태미네이숸)
오염 제거(汚染除去)	decontamination (디이컨태미네이숸)
오염 제거(汚染除去)하다	decontaminate (디이컨태미네잍)
오염 지역(汚染地域)	contaminated area (컨태미네이틷 애어뤼아)
"오오더어브"〔칵테일 안주〕 (前食)	hors d'eouvre (오오어 더어브)

오종 보급품 (五種補給品)	class V supplies (클래쓰 화이브 써플라이즈)
오톤 유류차 (五噸油類車)	5-ton POL tanker (화이브 턴 피이 오우 엘 탱커)
오판 (誤判)	miscalculation (미쓰캘큐레이슌)
	misjudgment (미쓰져지 먼트)
옥소 (沃素)	iodine (아이어다인)
옥수수차 (一茶)	corn tea (코온 티이)
온도 (溫度)	temperature (템퍼뤄쳐)
온도계 (溫度計)	temperature gauge (템퍼뤄쳐 게이지)
온도 보고 (溫度報告)	temperature report (템퍼뤄쳐 뤼포올)
"와이언드"장군 (一將軍)	LTG Alexander M. Weyand (1929 -) (메이져 제너뤌 앨릭쟨더 엠.) (와이언드)
완료 (完了)	completion (컴플리숀)
완비 (完備) 된	all ready (오올 레디)
	completely/established (컴플리잍리/이스태블리쉬트)
완수 신호 (腕手信號)	arm and hand signal (아암 앤 핸드 씩널)
완장 (腕章)	brassard (부래싸안)
완전 돌파 (完全突破)	complete penetration (컴플리잍 페니츄레이숀)
완전 무장 (完全武裝)	full load (훌 로운)
	all individual gear (오올 인디비쥬얼 기어)
완제품 (完製品)	end item (엔드 아이틈)
완충기 (緩衝機)	bumper (범퍼어)
완충 장치 (緩衝裝置)	shock absorber (샥 업쏘오버)
완충 지대 (緩衝地帶)	buffer zone (버훠어 죠운)
완파 (完破)	total damage (토우들 대미지)
왕복 수송 (往復輸送)	shuttle (셔를)
왕복 운행 (往復運行)	turn-around (터언 어라운드)
왕복 운행 시간 (往復運行時間)	turn-around time (터언 어라운드 타임)
왕복 운행 임무 (往復運行任務)	turn-around mission (터언 어라운드 미쓘)
외과 병원 (外科病院)	surgical hospital (써어지컬 하스삐럴)
외곽 경계 (外廓警戒)	perimeter security (퍼뤼미이러 씨큐뤼티)
외교단 (外交團)	diplomatic corps (디플러매팈 코어)
외국어 능통자 (外國語能通者)	linguist (링구이스트)
외래 환자 (外來患者)	outpatient (아웉페이션트)
외출 금지 (外出禁止)	restriction (뤼스츄뤽쓘)
외출증 (外出證)	pass (패쓰)
외투 (外套)	overcoat (오우버코울)
	parka (파아커)

요격 (邀擊)	interception (인터쎕숀)
요구 (要求)	request (뤼퀘스트)
	claim (클레임)
요대 (腰帶)	belt (벨트)
요대 무기 (腰帶武器)	side arms (싸이드 아암즈)
요도 (要圖)	strip map (스츄륖 맾)
요란 (擾亂)	harassment (허래쓰먼트)
요란 공격 (擾亂攻擊)	harassing attack (허래씽 어탴)
요란 사격 (擾亂射擊)	harassing fire (허래씽 화이어)
요란 전술 (擾亂戰術)	harassing tactics (허래씽 탴팈쓰)
요리병 (料理兵)	cook (쿸)
	food handler (후욷 핸들러)
요부 (要部)	key position (키이 퍼칠숀)
요새 진지 (要塞陣地)	fortified position (호어티화이드 퍼칠숀)
요소 (要素)	element (엘리먼트)
요약 (要約)	summary (써머뤼)
요약 보고 (要約報告)	summary report (써머뤼 뤼포옽)
요양 (療養)	convalescence (칸버레쏜스)
	rest and recuperation〈R&R〉
	(레스트 앤 뤼쿠우퍼레이숀〈아아 앤 아아〉)
요인 (要人)	very important person〈VIP〉
	(베뤼 임포오턴트 퍼어슨〈븨이 아이 피이〉)
요점 (要點)	key point (키이 포인트)
요지 (要地)	key terrain (키이 터레인)
	critical terrain (크뤼티컬 터레인)
요청 (要請) **하다**	request (뤼퀘스트)
요청 대기 (要請待機)	on call (온 코올)
요청 사격 (要請射擊)	on-call fire (온 코올 화이어)
요청 임무 (要請任務)	on-call mission (온 코올 미숀)
"요꼬다" 공군 기지〔일본〕	Yokota Air Force Base, Japan
(一空軍基地〔日本〕)	(요꼬타 애어 호오스 베이스, 주팬)
욕 (辱) **하다**	insult (인썰트)
용감 (勇敢)	bravery (부레이버뤼)
용감 (勇敢) **한**	brave (부레이브)
용기 (勇氣)	courage (커뤼지)
용기 (勇氣) **있는**	courageous (커뤼지어스)
용맹 (勇猛)	valor (밸러어)
우군 능력 (友軍能力)	friendly forces capabilities
	(후렌들리 호어씨즈 케이퍼빌러티이즈)
우군 방책 (友軍方策)	friendly courses of action
	(후렌들리 코오씨스 오브 액숀)
우군 상황 (友軍狀況)	friendly situation (후렌들리 씨츄에이숀)
우뚝 솟은 지형 (一地形)	dominant terrain (다미넌트 터레인)

ㅇ

우량 (雨量) rainfall (레인호올)
우뢰 〔雷〕 thunder (썬더)
우물 〔井〕 well (웰)
우박 (雨雹) hail (헤일)
hailstorm (헤일스또옴)
우발 사태 (偶發事態) contingencies (컨틴젼씨이즈)
우발 사태 계획〈대 적 지상 공격, 공습, 화학제 공격〉 (偶發事態計劃〈對敵地上攻擊, 空襲, 化學劑攻擊〉) contingency plans〔against enemy ground, air, chemical attacks〕(컨틴젼씨 플랜즈〔어게인스트 에너미 구라운드, 애어, 케미컬 어택쓰〕)
우비 (雨備) poncho (판쵸우)
rain gear (레인 기어)
우선권 (優先權) priority (푸라이아뤄티)
우선 순위 (優先順位) precedence (푸레씨던스)
order of priority
(오오더어 오브 푸라이아뤄티)
order of merit (오오더어 오브 메릩)
우선 전문 (優先電文) priority message (푸라이아뤄티 메씨지)
우선 지원 사격 (優先支援射擊) priority of fire (푸라이아뤄티 오브 화이어)
우연 (偶然) accident (액씨던트)

우연 (偶然) 한 accidental (액씨덴털)
우연 (偶然) 하게 accidentally (액씨덴털리)
우정 (友情) friendship (후렌쉽)
우체병 (郵遞兵) mail orderly (메일 오오더얼리)
우측방 (右側方) right flank (라잍 훌랭크)
우편〈물〉 (郵便物) mail (메일)
우편 근무 (郵便勤務) mail service (메일 써어비스)
postal service (포우스털 써어비스)
우편낭 (郵便囊) mail bag (메일 백)
우회 (迂廻) detour (디이투어)
우회 공격 (迂廻攻擊) 하다 bypass and attack from the flank
(바이패쓰 앤 어택 후롬 더 훌랭크)
우회 기동 (迂廻機動) turning movement (터어닝 무우브먼트)
우회 부대 (迂廻部隊) encircling force (인써어클링 호오스)
outflanking force (아웉훌랭킹 호오스)
우회 (迂廻) 하다 bypass (바이패쓰)
운동 (運動) exercise (엑써싸이스)
운반차 (運搬車) carrier (캐뤼어)
운영 (運營) management (매니지먼트)
operation (아퍼레이숸)
administration (앧미니스츄레이숸)
운영 요강 (運營要綱) program (푸로우구램)

운영 요강 검토 분석 (運營要綱檢討分析) program review and analysis (푸로우구램 뤼뷰우 앤 어낼러씨스)
운영 요강 목표 (運營要綱目標) program objective (푸로우구램 옵젝티브)
운영 요강 발전 (運營要綱發展) program development (푸로우구램 디벨럽먼트)
운영 요강 변경 (運營要綱變更) program change (푸로우구램 췌인지)
운영 요강 표준 (運營要綱標準) program standard (푸로우구램 스땐다아즈)
운용 (運用) utilization (유틸라이제이숀)
employment (임플로이먼트)
운용 요원 (運用要員) operating personnel (아퍼레이딩 퍼어쓰넬)
운전 기록부 (運轉記録簿) log book (로옥 북)
운전대 (運轉臺) steering wheel (스띠어륑 위일)
cab (캡)
운전병 (運轉兵) driver (쥬라이버)
운행중 정비 (運行中整備) operating maintenance (아퍼레이딩 메인테넌스)
운행증 (運行證) trip ticket (츄륍 티킽)
웅덩이 waterhole (워러호울)
워싱튼 디이 씨이 (華府) Washington, D. C. (워싱튼 디이 씨이)
원거리 사격 (遠距離射擊) long range fire (롱 레인지 화이어)
원거리 수색 (遠距離搜索) long range reconnaissance (롱 레인기 뤼카너쎈스)
원거리 수색 정찰 (遠距離搜索偵察) long range reconnaissance patrol (롱 레인지 뤼카너쎈스 퍼츄롤)
원거리 수색 정찰 휴대 식량 (遠距離搜索偵察携帶食糧) long range reconnaissance patrol rations (롱 레인지 뤼카너쎈스 퍼츄롤 레숀스)
원격 (遠隔) remote (뤼모울)
원격 무선 (遠隔無線) remote radio (뤼모울 레이디오)
원격 설치 감청기 (遠隔設置監聽機) remotely emplaced and monitored sensory/ 〈REMS〉(뤼모울리 임플레이스드 앤 마니터얻 센써어리〈렘즈〉)
원격 조종 (遠隔操縱) remote control (뤼모울 컨츄롤)
원대 (原隊) parent unit (패어뢴트 유우닡)
원대 복귀 (原隊復歸) report back to own unit (뤼포올 백 투 오운 유우닡)
원리 (原理) doctrine (닥츄뤼인)
원본 (原本) original (오뤼지널)
original copy (오뤼지널 카피)
원자력 (原子力) nuclear energy (뉴우클리어 에너지)
atomic power (어타믹 파우어)
원자 방사능 (原子放射能) atomic radiation (어타믹 레이디에이숀)

원자병 (原子病)	atomic disease (어타믹 디치이즈)
원자 병기 (原子兵器)	atomic weapon (어타믹 웨펀)
원자운 (原子雲)	atomic cloud (어타믹 클라운)
원자 폭발물 (原子爆發物)	atomic demolition munition 〈ADM〉 (어타믹 디말리슌 뮤니슌〈에이 디이 엠〉)
원자 폭탄 (原子爆彈)	atomic bomb (어타믹 밤) nuclear bomb (뉴우클리어 밤)
원자핵 (原子核)	atomic nucleus (어타믹 뉴우클리어스)
원점 (原點)	original point (오뤼지널 포인트)
원정 (遠征)	expedition (엑쓰퍼디슌)
원정군 (遠征軍)	expeditionary force (엑쓰퍼디슈너뤼 호오스)
원칙 (原則)	principle (푸륀씨쁠)
원활유 (圓滑油)	lubricant (루우부뤼컨트)
월광 (月光)	moonlight (무운라잍)
월남〈전〉 (越南戰)	Vietnam〈War〉(비엘나암〈우오〉)
월동 준비 (越冬準備)	winterization (위너라이제이슌)
"웨스트 포인트"〔美陸士〕	West Point (웨스트 포인트)
위 (僞)	dummy (더미)
위관급 (尉官級)	company grade (캄퍼니 구레잍)
위관〈급〉 장교 (尉官級將校)	company grade officer (캄퍼니 구레잍 오휘써)
위관〈급〉 장교 식당 (尉官級將校食堂)	company grade officers mess (캄퍼니 구레잍 오휘써스 메쓰)
위도 (緯度)	latitude (래티튜운)
위도선 (緯度線)	parallel (패뤄렐)
위력 수색 (威力搜索)	reconnaissance in force (뤼카너쎈스 인 호오스)
위문 (慰問)	visit to show local support (비짙 투 쇼우 로우컬 써포옽) visit to show public support (비짙 투 쇼우 퍼블릭 써포옽)
위문대 (慰問袋)	comfort bag (캄호올 백)
위문문 (慰問文)	comfort letter (캄호올 레러)
위문 편지 (慰問便紙)	consolation letter (칸써레이슌 레러)
위문품 (慰問品)	comfort articles (캄호올 아아띠끌즈)
위반 (違反)	violation (바이어레이슌)
위법 (違法)**의**	against the law (어게인스트 더 로오) in violation of the law (인 바이어레이슌 오브 더 로오) unlawful (언로오훌) illegal (일리걸)
위병 (衛兵)	guard (가앋)
위병 교대 집합	guard mount (가앋 마운트)

(衛兵交代集合)

위병 근무대 (衛兵勤務隊)	guard detail (가알 디테일)
위병 사령 (衛兵司令)	commander of the guard (커맨더 오브 더 가알)
위병소 (衛兵所)	guard house (가알 하우스)
위병 수칙 (衛兵守則)	guard order (가알 오오더어)
위병 장교 (衛兵將校)	officer of the guard (오휘써 오브 더 가알)
위생 (衛生)	hygiene (하이치인) sanitation (쌔니테이숀)
위생 검사 (衛生檢査)	sanitary inspection (쌔니테뤼 인스펙숀)
위생구 (衛生具)	health and welfare item (헬스 앤 웰훼어 아이틈)
위생병 (衛生兵)	medic (메딕)
위생적 (衛生的)	sanitary (쌔니테뤼)
위성 국가 (衛星國家)	satellite nation (쎄틀라잍 네이숀)
위수 (衛戍)	garrison (개뤼슨)
위수 부대 (衛戍部隊)	garrison forces (개뤼슨 호어씨즈)
위수지 (衛戍地)	post (포우스트) station (스떼이숀)
위수지 공병 부장 (衛戍地工兵部長)	post engineer (포우스트 엔지니어)
위시설 (僞施設)	dummy installation (더미 인스똘레이숀)
위자료 (慰藉料)	solatium (쏘우레이셤) consolation money (칸써레이션 머니)
위장 (僞裝)	camouflage (캐머홀라아지)
위장 군기 (僞裝軍紀)	camouflage discipline (캐머홀라아지 디씨플린)
위장 도색 (僞裝塗色)	camouflage painting (캐머홀라아지 페인팅) pattern painting (패터언 페인팅)
위장망 (僞裝網)	camouflage net (캐머홀라아지 넽)
위장 장구 (僞裝裝具)	camouflage equipment (캐머홀라아지 이큅먼트)
위장 주위 배색 (僞裝周圍配色)	blending with surroundings (블렌딩 윋 써라운딩즈)
위지뢰 (僞地雷)	dummy mine (더미 마인)
위진지 (僞陣地)	dummy position (더미 퍼칠쓴)
위치 (位置)	location (로우케이숀)
위치 변경 (位置變更)	move (무우브) relocation (륄로우케이숀)
위치 선정 (位置選定)	site selection (싸잍 씰렉쓘)
위치 추측 (位置推測)	dead reckoning (덷 레커닝)
위치 추측 방법 (位置推測方法)	dead reckoning method (덷 레커닝 메썯)
위험 (危險)	danger (데인져어)
위험도 근무 (危險度近無)	negligible risk (니글리지블 뤼스크)
위험도 대 (危險度大)	emergency risk (이머어전씨 뤼스크)

위험도 중 (危險度中)	moderate risk (마더뤝 뤼스크)
위험등 (危險燈)	hazard light (해저얻 라일)
위험률 공산 (危險率公算)	calculated risk (캘큐레이틷 뤼스크)
위험 지역 (危險地域)	danger area (데인져어 애어뤼아)
위험 표지 (危險標識)	hazard signs (해저얻 싸인즈)
위협 (威脅)	threat (스렡)
위협 (威脅) 하다	threaten (스레튼)
"윌코" 〔지시대로 이행 하겠음〕	wilco (윌코) will comply (윌 컴플라이)
유개호 (有蓋壕)	bunker (벙커어)
유격 대원 (遊擊隊員)	guerrilla (거릴라)
유격병 (遊擊兵)	ranger (레인져어)
유격전 (遊擊戰)	guerrilla warfare (거릴라 우오홰어)
유격 전술 (遊擊戰術)	hit-and-run tactics (힡 앤 뤈 탴팈쓰)
유격 훈련 (遊擊訓練)	ranger training (레인져어 츄레이닝)
유고 훈장 (遺稿勳章)	posthumous award (포스트유머스 어우온)
유도기 (誘導旗)	guide flag (가읻 흘랙)
유도병 (誘導兵)	guide (가읻)
유도탄 (誘導彈)	guided missile〈GM〉(가이딛 미쓸〈지이 엠〉)
유독성 (有毒性)	toxic (탁씩)
유독성 화학제 (有毒性化學劑)	toxic chemical agent (탁씩 케미컬 에이젼트)
유동 사진기 (遊動寫眞機)	moving camera (무우빙 캐머라) motion camera (모우숀 캐머라) TV/movie camera (티이 븨이 /무우비 캐머라)
유동포 (遊動砲)	roving gun (로우빙 건)
유동 포병 (遊動砲兵)	roving artillery (로우빙 아아틸러뤼)
유동 표적 (遊動標的)	moving target (무우빙 타아길) transient target (츄랜지언트 타아길)
유류 (油類)	petroleum, oils and lubricants〈POL〉(퍼츄롤리엄, 오일즈 앤 루우부뤼컨쯔)
유류 누출 (油類漏出)	oil leak (오일 리잌)
유류 집적소 (油類集積所)	POL dump (피이 오우 엘 덤프)
유리 (有利) 한	advantageous (얻밴티지어스)
유산탄 (榴散彈)	shrapnel (쉬랲널)
유서 (由緖) 와 전통 (傳統)	heritage and traditions (헤뤼티지 앤 츄뤄디숀스)
유선 (有線)	wire (와이어)
유선 반장 (有線班長)	wire chief (와이어 치이후)
유선 통신 (有線通信)	wire communication (와이어 커뮤니케이숀)
유시〈대통령 각하의〉(諭示〈大統領閣下〉)	remarks by the President (뤼마앜쓰 바이 더 푸레지던트) Presidential message (푸레지덴셜 메씨지)

유언(流言) rumor (루우머어)
유언 비어(流言蜚語) wild rumor(와일드 루우머어)
유언 통제(流言統制) rumor control(루우머어 컨츄롤)
"유우 에이치 에후" UHF/ultrahigh frequency (유우 에이치 에후/얼츄라하이 후뤼퀀씨)
"유우엔"군(一軍) United Nations Forces (유나이틷 네이슌스 호어씨즈)
"유우엔"사(一司) United Nations Command⟨UNC⟩ (유나이틷 네이슌스 커맨드⟨유우 엔 씨이⟩)
유인(誘引)하다 canalize(캐널라이즈)
유자격(有資格) qualified (쿠올러화인)
유자 철조망(有刺鐵條網) barbed wire(바압드 와이어)
유조명 야간 공격(有照明夜間攻擊) illuminated night attack (일루미네이틷 나잍 어택)
유탄 발사기(榴彈發射器) grenade launcher(구뤼네잍 로온쳐)
유탄수(榴彈手) grenadier(구뤼너디어)
유탄 저지망(榴彈沮止網) grenade net(구뤼네잍 넽)
유탄호(榴彈壕) grenade pit(구뤼네잍 핕)
유품(遺品) personal effects(퍼어스널 이훽쯔)
유형(類型) type (타잎)
유효 사거리(有效射距離) effective range (이훽티브 레인지)
육각형 철조망(六角形鐵條網) chicken wire(치큰 와이어)
육교(陸橋) land bridge (랜드 부뤼지)
육군(陸軍) Army (아아미)
육군 규격(陸軍規格) military specification (밀리테뤼 스뻐씨휘케이슌)
육군 규정(陸軍規定) Army Regulation ⟨AR⟩ (아아미 레규레이슌⟨에이 아아⟩)
육군 대학(陸軍大學) Command and General Staff College⟨C&GSC⟩ (커맨드 앤 제너뤌 스때후 칼리지 ⟨씨이 앤 지이 에쓰 씨이⟩)
Armed Forces Staff College (아암드 호어씨즈 스때후 칼리지)
육군 본부(陸軍本部) Headquarters, Republic of Korea Army ⟨HQROKA⟩(헤쿠오뤄즈 뤼퍼블릭 오브 코뤼아 아아미⟨에이치 큐우 로우카⟩)
육군 사관 학교(陸軍士官學校) Korea Military Academy ⟨KMA⟩ (코뤼아 밀리테뤼 어캐더미⟨케이 엠 에이⟩)
육군성(陸軍省) Department of the Army⟨DA⟩ (디파앝먼트 오브 더 아아미⟨디이 에이⟩)
육군 예비대(陸軍豫備隊) Army Reserve⟨AR⟩ (아아미 뤼저어브⟨에이 아아⟩

육군 우체국(陸軍郵遞局) Army Post Office〈APO〉(아아미 포우스트 오휘쓰〈에이 피이 오우〉)

육군 원수(陸軍元帥) General of the Army(제너뤌 오브 디 아아미)

육군 장관(陸軍長官) Secretary of the Army(쎄쿠뤄테뤼 오브 디 아아미)

육군 항공〈대〉(陸軍航空隊) army aviation(아아미 에이비에이숸)

육군 훈련 평가 계획(陸軍訓練評價計劃) army training evaluation program〈ARTEP〉(아아미 츄레이닝 이밸류에이숸 푸로우구램)〈아아텝〉)

육박전(肉薄戰) hand-to-hand combat(핸투핸 캄뱉)

육상 확성기(陸上擴聲器) ground loud speaker(구라운드 라운 스삐이커)

육성〈확성기 없이〉연설하다(肉聲〈擴聲器—〉演說 —) speak/talk without the aid of a microphone(스삐잌/토옼 윋아울 디 에읻 오브 어 마이쿠로호운)

육선형〈원형〉천막(六線形〈圓形〉天幕) hex〈agonal〉 tent(헥쓰〈헥싸고우녈〉텐트)

육이오 전란(六・二五戰亂) Korean War(코뤼언 우오)
Korean Conflict(코뤼언 칸훌릭트)

육종 보급품(六種補給品) class Ⅵ supplies(클래쓰 씩쓰 써플라이즈)

육하 요소 사항(六何要素事項)〈누가, 언제, 어디서, 무엇을, 왜, 어떻게〉) elements of six Ws〈who, when, where, what, why, and how〉(엘리먼쯔 오브 씩쓰 더블유즈〈후, 웬, 웨어, 왓, 와이 앤 하우〉)

육・해・공군(陸海空軍) land, sea, and air forces(랜드, 씨이, 앤 애어 호어씨즈)
army, navy, and air force(아아미, 네이비, 앤 애어 호오스)

윤곽 표적(輪廓標的) silhouette target(씰루엘 타아길)

윤번(輪番) rotation (로우테이숸)

윤형〈휴대용〉철조망(輪形〈携帶用〉鐵條網) concertina wire (칸써어티이나 와이어)

융단 폭격(絨緞爆擊) carpet bombing (카아필 밤잉)

융통성(融通性) flexibility (후렉씨빌러티)

은폐(隱蔽) concealment (컨씨일먼트)

음료수(飮料水) drinking water(쥬륑킹 워러)
potable water(포우터블 워러)
refreshments(뤼후레쉬먼쯔)

음성 자모(音聲子母) phonetic alphabet(호우네틱 알화벹)

음악(音樂) music (뮤우짘)

음어(陰語) code word (코운 우온)

음향(音響) sound(싸운드)

음향 군기(音響軍紀) noise discipline (노이즈 디씨플린)

음향 신호(音響信號) sound signal(싸운드 씩널)

음향(音響)의 acoustic(어쿠우스틱)
음향 통신(音響通信) sound communication(싸운드 커뮤니케이숀)
acoustic communication
(어쿠우스틱 커뮤니케이숀)
응급 치료(應急治療) first aid(훠어스트 에읻)
emergency treatment(이머어젼씨 츄뤼잍먼트)
응급(應急)**한** hasty (헤이스티)
응답(應答) response (뤼스빤스)
응징(膺懲) punitive measure (퓨우니티브 메져어)
punishment(퍼니쉬먼트)
chastisement(채스타이즈먼트)
의도(意圖) intention (인텐숀)
의례(儀禮) protocol(푸로우터콜)
의례적 방문(儀禮的訪問) courtesy call〈CC〉(커어티씨 코올〈씨이 씨이〉)
의료 시설(醫療施設) medical facility(메디컬 훠씰리티)
의명(依命) on order〈O/O〉(온 오오더어〈오우 앤 오우〉)
의무관(醫務官) surgeon(써어젼)
의무 근무(醫務勤務) medical service (메디컬 써어비스)
의무대(醫務隊) medical detachment(메디컬 디태치먼트)
의무병(醫務兵) medic(메딕)
"doc"("닥")
의무실(醫務室) dispensary (디스펜써뤼)
의무 장비(醫務裝備) medical equipment(메디컬 이큎먼트)
의무 중대(醫務中隊) medical company(메디컬 캄퍼니)
의문(疑問) doubt(다울)
의문(疑問)**스러운** doubtful(다울훌)
의식(儀式) ceremony (쎄뤼머니)
의자(椅子) chair (체어)
의장대(儀仗隊) honor guard (아너어 가알)
의전실(儀典室) office of protocol(오휘쓰 오브 푸로우터콜)
이개 국어(二個國語)**를 병용**(竝用)**하는** bilingual(바이링궐)
이계단 정비(二階段整備) second echelon maintenance
(쎄컨드 에쉴란 메인테넌스)
이관(移管) transfer (츄랜스훠어)
이급 비밀(二級秘密) secret(씨쿠릿)
~이남 지역(以南地域)**을 확보**(確保)**하라** secure south of ~(씨큐어 싸우스 오브)
이동(移動) movement(무우브먼트)
traveling (츄래블링)
이동 계획(移動計劃) movement plan(무우브먼트 플랜)
이동 단계(移動段階) movement phase (무우브먼트 훼이즈)
이동로(移動路) movement route(무우브먼트 라울)

이동 매점(移動賣店)	mobile PX(모우빌 피이 엑쓰)
이동 명령(移動命令)	movement order(무우브먼트 오오더어)
이동 무선 통신〈차량〉(移動無線通信車輛)	moblie radio communications〈vehicle〉〈MRC〉(모우빌 레이디오 커뮤니케이숀스〈비이클〉〈엠 아아 씨이〉)
이동 부속품 지급소(移動附屬品支給所)	mobile parts point(모우빌 파앝쯔 포인트)
이동 속도(移動速度)	rate of movement(레잍 오브 무우브먼트)
이동 순찰(移動巡察)	roving patrol(로우빙 퍼츄롤)
이동 육군 외과 병원(移動陸軍外科病院)	mobile army surgical hospital〈MASH〉(모우빌 아아미 써어지컬 하스삐럴〈매쉬〉)
이동 정비(移動整備)	mobile maintenance(모우빌 메인테넌스)
이동 정비반(移動整備班)	maintenance contact team(메인테넌스 칸택트 티임)
이동 주보(移動酒保)	mobile PX(모우빌 피이 엑쓰)
이동 지시(移動指示)	movement instruction (무우브먼트 인스츄뤅쑌)
이동 차량(移動車輛)	traffic (츄래휙)
	moving vehicles (무우빙 비이끌즈)
이동 통제(移動統制)	movement control(무우브먼트 컨츄롤)
이동 표적(移動標的)	moving target(무우빙 타아길)
	transient target(츄랜지언트 타아길)
이동 표적 선도 조준 거리(移動標的先導照準距離)	lead (리읻)
이동 확성기조(移動擴聲器組)	mobile loudspeaker team(모우빌 라운스삐이커 티임)
이력서(履歷書)	resume(레쥬메이)
이륙(離陸)	take-off(테이끄후)
이륙지(離陸地)	departure area (디파아쳐어 애어뤼아)
이서(裏書)	indorsement(인도오스먼트)
이용(利用)	utilization (유틸라이제이숀)
이인용 참호(二人用塹壕)	foxhole (확쓰호울)
이인 일조 방식(二人一組方式)	buddy system(버디 씨스텀)
이종 보급품(二種補給品)	class Ⅱ supplies (클래쓰 투우 써플라이즈)
이착륙 지역(離着陸地域)	landing area (랜딩 애어뤼아)
이해(理解)	understanding (언더스땐딩)
이해 증진(理解增進)	increased understanding(인쿠뤼스드 언더스땐딩)
	ever-promoted understanding(에버어 푸뤄모우틷 언더스땐딩)
이행(履行)하겠음〈지시대로〉〈指示—〉	WILCO(윌코)
	will comply(윌 컴플라이)
인가(認可)	approval(어푸루우벌)

인가 병력(認可兵力)	authorized strength(오오쏘라이즈드 스츄렝스)
인가 부속품표(認可附屬品表)	authorized parts list (오오쏘라이즈드 파앝쯔 리스트)
인가자 외 출입 금지(認可者外出入禁止)	authorized personnel only (오오쏘라이즈드 퍼어쓰넬 오운리)
인계(引繼)**하다**	turn over(터언 오우버)
인공물(人工物)	man-made(맨메일) artificial(아아티휘셜) culture(컬쳐어)
인공 장애물(人工障碍物)	artificial obstacle(아아티휘셜 압쓰타끌)
인도양(印度洋)	Indian Ocean (인디언 오우션)
인도 주교(人道舟橋)	pontoon causeway(판투운 코오즈웨이)
인물 정보(人物情報)	biographic intelligence (바이어구래휙 인텔리젼스)
인사 관리(人事管理)	personnel management(퍼어쓰넬 매니지먼트)
인사 관리소(人事管理所)	personnel action center〈PAC〉 (퍼어쓰넬 액숸 쎄너〈팩〉)
인사 방문(人事訪問)	courtesy call〈CC〉(커어티씨 코올〈씨이 씨이〉)
인사 배치(人事配置)	personnel allocation(퍼어쓰넬 앨로우케이숸)
인사 분류(人事分類)	personnel classification (퍼어쓰넬 클래씨휘케이숸)
인사 소개(人事紹介)	introduction (인츄뤄닥숸)
인사 소개(人士紹介)	guest to be recognized (게스트 투 비이 레컥나이즈드)
인사 연설(人事演說)	greetings (구뤼이팅스)
인사 연설〈답사〉(人事演說〈答辭〉)	〈speech in response〉〈스삐이치 인 뤼스빤스〉
인사 장교(人事將校)	personnel officer(퍼어쓰넬 오휘써)
인사 참모(人事參謀)	Assistant Chief of Staff, G-1 (어씨스턴트 치이후 오브 스때후, 지이-원)
인사 처리(人事處理)	personnel action (퍼어쓰넬 액슌)
인사 행정(人事行政)	personnel administration (퍼어쓰넬 앤미니스츄레이숸)
인수(引受)	acceptance (엌쎕턴스)
인수 인계〈부대장 경질〉(引受引繼〈部隊長更迭〉)	change of command (체인지 오브 커맨드)
인수(引受)**하다**	assume(어쓔움)
인시수(人時數)	man-hour(맨 아워)
인식(認識)	recognition (레컥니숸)
인식 번호(認識番號)	identification number (아이덴티휘케이숸 넘버)
인식 신호(認識信號)	recognition signal(레컥니숸 씩널)
인식표(認識票)	dog tag(도옥 택)

	identification〈ID〉 tag (아이덴티휘케이숀〈아이 디이〉택)
인양기 (引揚機)	forklift (호옼리후트)
인연 (因緣)	ties (타이즈)
	relation (릴레이숀)
	association (어쏘우씨에이숀)
인원 (人員)	personnel (퍼어쓰넬)
인원 계산 (人員計算)	personnel accountability (퍼어쓰넬 어카운터빌러티)
인원 명부 (人員名簿)	personnel roster (퍼어쓰넬 라스터)
인원 배당표 (人員配當表)	table of distribution (테이블 오브 디스츄뤼뷰우숀)
인원 손실 (人員損失)	personnel loss (퍼어쓰넬 로쓰)
인원 수송 장갑차 (人員輸送裝甲車)	armored personnel carrier〈APC〉 (아아머얻 퍼어쓰넬 캐뤼어〈에이 피이 씨이〉)
인원 제독소 (人員除毒所)	personnel decontamination station (퍼어쓰넬 디이컨태미네이숀 스떼이숀)
인접 부대 (隣接部隊)	adjacent unit (언제이썬트 유우닡)
인종 문제 (人種問題)	racial problem (레이셜 푸라블럼)
인종 차별 (人種差別)	racial discrimination (레이셜 디스쿠뤼미네이숀)
인증관 (認證官)	certifying officer (써어티화잉 오휘써)
인질 (人質)	hostage (하스티지)
"인치" 〔吋〕	inch (인치)
인해 전술 (人海戰術)	human wave tactics (휴우먼 웨이브 택틱쓰)
인형 표적 (人形標的)	silhouette target (씰루엩 타아깉)
인화 (人和)	harmony (하아머니)
인화물 (引火物)	inflammables (인훌래머블즈)
일건 서류 (一件書類)	dossier (다씨에이)
일급 비밀 (一級秘密)	top secret (탑 씨쿠맅)
일〈급수〉당 (日給手當)	per diem (퍼어 디이엠)
일기 (日氣)	weather (웨더어)
일기 예보 (日氣豫報)	weather forecast (웨더어 호어캐스트)
일단계 정비 (一段階整備)	first echelon maintenance (훠어스트 에쉴란 메인테넌스)
	organizational maintenance (오오거니제이슈널 메인테넌스)
	operator's maintenance (아퍼레이러즈 메인테넌스)
일등병 (一等兵)	private first class〈PFC〉 (푸라이빝 훠어스트 클래쓰〈피이 에후 씨이〉)
일등 사수 (一等射手)	sharpshooter (샤앞슈우러)
일련 번호 (一連番號)	serial number (씨뤼얼 넘버)

일련 번호 장비 (一連番號裝備)	sqrial numbered equipment (씨뤼얼 넘버얻 이큅먼트)
일련 번호 품목 (一連番號品目)	serial numbered item(씨뤼얼 넘버얻 아이틈)
일반 각본(一般脚本)	general scenario (제너뤌 씨네뤼오)
일반 개념(一般概念)	general concept(제너뤌 칸셉트)
일반 명령(一般命令)	general order (제너뤌 오오더어)
일반 상황(一般狀況)	general situation(제너뤌 씨츄에이숸)
일반 수칙(一般守則)	general orders (제너뤌 오오더어즈)
일반 안전(一般安全)	public safety (퍼블릭 쎄이후티)
일반용 차량(一般用車輛)	general purpose vehicle (제너뤌 퍼어퍼스 비이끌)
일반용 천막〈소형〉 (一般用天幕〈小型〉)	general purpose tent, small 〈GP small〉 (제너뤌 퍼어퍼스 텐트, 스모올 (치이 피이 스모올〉)
일반 전초(一般前哨)	general outpost 〈GOP〉 (제너뤌 아웉포우스트〈치이 오우 피이〉)
일반 전초 편성 (一般前哨編成)	general outpost organization (제너뤌 아웉포우스트 오오거니제이숸)
일반 전초 철수 (一般前哨撤收)	withdrawal of GOP security elements (윋쥬로오얼 오브 치이 오우 피이 씨큐뤼티 엘리먼쯔)
일반 전화(一般電話)	commercial telephone (커머셜 텔리호운)
일반 지원(一般支援)	general support〈GS〉 (제너뤌 써포올〈치이 에쓰〉)
일반 지원 증원 (一般支援增援)	general support reinforcing〈GSR〉 (제너뤌 써포올 뤼인호오씽 〈치이 에쓰 아아〉)
일반 지원 포병 (一般支援砲兵)	general support artillery (제너뤌 써포올 아아틸러뤼)
일반 참모(一般參謀)	general staff〈GS〉(제너뤌 스때후〈치이 에쓰〉)
일반 참모 비서 실장 (一般參謀秘書室長)	secretary〈of the〉general staff〈SGS〉 (쎄쿠뤼테뤼 〈오브 더〉제너뤌 스때후 〈에쓰 치이 에쓰〉)
일방적(一方的)**으로**	on his own initiative (온 히즈 오운 이니셔티브) without consultation (윋아울 칸썰테이숸)
일방 통행(一方通行)	oneway (원웨이)
일방 통행로(一方通行路)	oneway street(원웨이 스츄뤼잍)
일보(日報)	daily strength report(데일리 스츄렝스 뤼포올)
일본계(日本系)	Japanese descent(재퍼니이즈 디센트)
일사병(日射病)	sunstroke (썬스츄로욱) heatstroke (히잍스츄로욱)

일시군 (日時群)	date-time group〈DTG〉(데잍-타임 구루웊〈디이 티이 치이〉)
〈**제**〉**일 야전군** (〈第〉一野戰軍)	First ROK Field Army〈FROKA〉(훠어스트 랔 휘일드 아아미〈후로우카〉)
일익 포위 (一翼包圍)	single envelopment(씽글 인벨렆먼트)
일인용 참호 (一人用塹壕)	individual fighting position (인디비쥬얼 화이팅 퍼칠쑨)
일인 일기 교육 (一人一技敎育)	vocational training (보우케이슈널 츄레이닝)
일일 명령 (日日命令)	routine order(루우티인 오오더어)
일일 병력 손실 보고 (日日兵力損失報告)	daily personnel losses report (데일리 퍼어쓰넬 로씨스 뤼포옽)
일일 병력 요약 보고 (日日兵力要約報告)	personnel daily summary (퍼어쓰넬 데일리 써머뤼)
일일 정비 (日日整備)	daily maintenance(데일리 메인테넌스)
일일 활동 보고 (日日活動報告)	daily activities report (데일리 앸티비티이즈 뤼포옽)
일자 (日字)	date (데잍)
일제 사격 (一齊射擊)	volley(발리)
	massive volume of fire (매씨브 발륨 오브 화이어)
일조 시간 (日照時間)	daylight hours (데이라잍 아워즈)
일조 점호 (日朝點呼)	reveille(레벌리이)
	morning call(모오닝 코올)
일종 보급품 (一種補給品)	class Ⅰ supplies (클래쓰 원 써플라이즈)
일지 (日誌)	diary (다이어뤼)
	daily journal(데일리 저어널)
일직 근무 (日直勤務)	staff duty (스때후 듀우리)
일직 사령 (日直司令)	officer of the day〈OD〉(오휘써 오브 더 데이〈오우 디이〉)
일직 장교 (日直將校)	staff duty officer〈SDO〉(스때후 듀우리 오휘써〈에쓰 디이 오우〉)
일직 하사관 (日直下士官)	staff duty NCO〈SDNCO〉(스때후 듀우리 엔 씨이 오우〈에쓰 디이 엔 씨이 오우〉)
	charge of quarters〈CQ〉(챠아지 오브 쿠오뤄즈〈씨이 큐우〉)
임관 (任官)	commission (커미숀)
임기 응변 (臨機應變)	improvisation (임푸뤄바이제이숀)
임기 표적 (臨機標的)	target of opportunity (타아깉 오브 아퍼츄우너티)
임기 처치 (臨機處置)	expediency(잌쓰뻬이디언씨)
	field expedient method

	(휘일드 잌쓰뻬이디언트 메쎤)
임명(任命)	appointment (어포인트먼트)
임명(任命)**하다**	appoint (어포인트)
임무(任務)	mission (미슌)
	duty (듀우리)
	responsibility (뤼스판써빌러티)
	task (태스끄)
임무(任務) **끝**	end of mission (엔드 오브 미슌)
임무 기술서(任務記述書)	mission statement (미슌 스떼잍먼트)
임무(任務)**를 맡다**	assume mission (어쓔움 미슌)
임무 완료(任務元了)	mission accomplished (미슌 어캄플리쉬트)
임무형 명령(任務型命令)	mission-type order (미슌타잎 오오더어)
임시 대리 근무(臨時代理勤務)	acting (액팅)
임시 비행 금지된(臨時飛行禁止—)	grounded (구라운딛)
임시적(臨時的)	temporary (템포라뤼)
	provisional (푸라비쥬널)
임시 지원 대대(臨時支援大隊)	provisional support battalion〈PSB〉(푸라비쥬널 써포올 배탤리언〈피이 에쓰 비이〉)
임시 출장 근무(臨時出張勤務)	temporary duty〈TDY〉(템포라뤼 듀우리〈티이 디이 와이〉)
입대(入隊)	enlistment (인리스트먼트)
입대(入隊)**하다**	enlist (인리스트)
입원(入院)	hospitalization (하스뻬털라이제이슌)
입원율(入院率)	admission rate (엗미슌 레잍)
입원 환자(入院患者)	inpatient (인페이션트)
입찰(入札)	bid (빋)
입체전(立體戰)	three dimensional warfare (쓰뤼이 디멘슈널 우오홰어)
	multi-dimensional warfare (멀티—디멘슈널 우오홰어)
잉여물(剩餘物)	surplus (써어플러스)

ㅈ

자가용(自家用)	privately owned vehicle〈POV〉(푸라이빌리 오운드 비이끌〈피이 오우 브이〉)
자격(資格)	qualification (퀄러휘케이슌)
자고(鷓鴣)	partridge (파알뤼지)

자극성 연막 (刺戟性煙幕) irritant smoke (이리턴트 스모욱)
자극제 (刺戟劑) irritant agent (이뤼턴트 에이젼트)
자금 (資金) fund (훤드)
자기 탐지기 (磁氣探知機) magnetic detector (맥네틱 디텍터어)
자기 편차 (磁氣偏差) magnetic variation (맥네틱 배뤼에이숀)
자동 (自動) automatic (오오터매틱)
자동 방향 탐지기 (自動方向探知機) automatic direction finder (오오터매틱 디렉쓘 화인더)
자동 보급 (自動補給) automatic supply (오오터매틱 써플라이)
자동 사격 (自動射擊) automatic fire (오오터매틱 화이어)
자동 소총 (自動小銃) automatic rifle (오오터매틱 라이훌)
자동 소총수 (自動小銃手) automatic rifleman (오오터매틱 라이훌먼)
자동 송탄 장치 (自動送彈裝置) automatic feed mechanism (오오터매틱 휘인 메꺼니즘)
자동 유도 장치 (自動誘導裝置) homing device (호우밍 디바이스)
자동 장전 (自動裝塡) self-loading (셀후-로우딩)
자동정 (自動艇) motor boat (모우러 보울)
자동 제원 처리 장비 (自動諸元處理裝備) automatic data processing equipment (오오터매틱 대터 푸라쎄씽 이큅먼트)
자동 제원 처리 제도 (自動諸元處理制度) automatic data processing system (오오터매틱 대터 푸라쎄씽 씨스텀)
자동 조종 장치 (自動操縱裝置) automatic pilot system (오오터매틱 파일럿 씨스텀)
자동 차량 (自動車輛) motor vehicle (모우러 비이끌)
자동차 수송 (自動車輸送) motor transport (모우러 츄랜스포올)
자동차 호송 (自動車護送) motor convoy (모우러 칸보이)
자동 추미 (自動追尾) homing device (호우밍 디바이스)
자동 추적 (自動追跡) automatic tracking (오오터매틱 츄래낑)
자동 표적 (自動標的) automatic target (오오터매틱 타아길)
자동 화기 (自動火器) automatic weapon (오오터매틱 웨펀)
자동화 보병 연대 (自動化步兵聯隊) motorized rifle regiment 〈MRR〉 (모우러라이즈드 라이훌 레지멘트 〈엠 아아 아아〉)
자력 기록표 (自歷記錄表) qualification record (퀄러휘케이숀 레컨)
자매 결연 (姉妹結緣) sistership (씨스터쉽)
자매 부대 (姉妹部隊) sister unit (씨스터 유우닡)
자매 사단 (姉妹師團) sister division (씨스터 디비젼)
자물쇠 lock (랔)
자발 정신 (自發精神) motivation (모우티베이숀)
자북 (磁北) magnetic north (맥네틱 노오스)
자성 편의 (磁性偏倚) magnetic deviation (맥네틱 디비에이숀)
자세 (姿勢) position (퍼칠숀)

ㅈ

자세(仔細)**한**	detailed(디테일드)
자세(仔細)**한 사항**(事項)	specifics(스뻐씨휙쓰)
자연 방호(自然防護)	environmental protection (인바이뤈멘털 푸뤄텍쓘)
자연 보호(自然保護)	environmental protection (인바이뤈멘털 푸뤄텍쓘)
자연 장애물(自然障碍物)	natural obstacle (내츄뤌 압쓰터끌)
자오선(子午線)	meridian(머뤼디언)
자외선(紫外線)	ultra-violet rays (얼츄라바이어릴 레이즈)
자원(資源)	resources (뤼쏘오씨즈)
자위(自衛)	self-defense (셀후디이휀스)
자유(自由)	freedom(후뤼이듬)
	liberty (리버어티)
자유 기동(自由機動)	freedom of maneuver (후뤼이듬 오브 머두우버)
자유 세계(自由世界)	free world (후뤼이 우얼드)
자유 수호(自由守護)	defense for freedom(디이휀스 호어 후뤼이듬)
자유 재량(自由裁量)	freedom of action(후뤼이듬 오브 액숀)
	independent judgment(인디펜던트 져지먼트)
	〈allow〉 latitude (〈얼라우〉래티튜운)
	〈act on〉 own discretion (〈액트 온〉오운 디스쿠레숀)
"자이로우"	gyro (자이로우)
자장(磁場)	magnetic field(맥네틱 휘일드)
자재(資材)	material(머티어뤼얼)
자주색(紫朱色)	purple (퍼어쁠)
	violet(바이오릴)
자주(自走)	self-propelled〈SP〉 (셀후푸뤄펠드〈에쓰 피이〉)
자주포(自走砲)	self-propelled artillery (셀후푸뤄펠드 아아틸러뤼)
	armored artillery (아아머어 아아틸러뤼)
자체 부대 정비 (自體部隊整備)	organizational maintenance (오오거니제이슈널 메인테넌스)
자침 방위(磁針方位)	magnetic azimuth (맥네틱 애지머스)
	compass bearing(캄퍼쓰 베어링)
자침 방위각(磁針方位角)	compass azimuth(캄퍼쓰 애지머스)
자침 오차(磁針誤差)	compass error (캄퍼쓰 에뤄어)
자침 편차(磁針偏差)	compass declination(캄퍼쓰 데클리네이숀)
자폭(自爆)	self-destruction(셀후디스츄뤅쓘)
자해상(自害傷)	self-inflicted wound (셀후인훌릭틷 우운드)
자해 행위(自害行爲)	self-infliction (셀후인훌릭쓘)
작도(作圖)	plot(플랕)

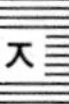

작업 명령 (作業命令)	work order (우옥 오오더어)
작업복 (作業服)	work clothes (우옥 클로오스)
	fatigues (훠티익쓰)
작업부 (作業簿)	work sheet (우옥 쉬잍)
작업 요구서 (作業要求書)	work request (우옥 뤼퀘스트)
작업 우선 순위 (作業優先順位)	priority of work (푸라이아뤄티 오브 우옥)
작업 지시서 (作業指示書)	job order (잡 오오더어)
작전 (作戰)	operation (아퍼레이숀)
작전 개념 (作戰槪念)	concept of operation (칸셒트 오브 아퍼레이숀)
작전 개시 시간 (作戰開始時間)	H-hour (에이치 아워)
작전 개시일 (作戰開始日)	D-day (디이 데이)
작전 계획 (作戰計劃)	operation plan〈OPLAN〉 (아퍼레이숀 플랜〈앞플랜〉)
작전관 (作戰官)	operations officer (아퍼레이숀스 오휘써)
	S-3 (에쓰쓰뤼이)
작전 교육 (作戰敎育)	operations and training (아퍼레이숀스 앤 츄레이닝)
작전 기간 (作戰期間)	period of operation (피어뤼엍 오브 아퍼레이숀)
	field exercise period (휘일드 엑써싸이스 피어뤼엍)
작전 기지 (作戰基地)	base of operation (베이스 오브 아퍼레이숀)
작전 노출 지침 (作戰露出指針)	operation exposure guide (아퍼레이숀 잌쓰뽀우져 가읻)
작전 단계 (作戰段階)	phase of operation (훼이즈 오브 아퍼레이숀)
	operational phase (아퍼레이슈널 훼이즈)
작전망 (作戰網)	operations net (아퍼레이숀스 넽)
작전 명령 (作戰命令)	operation order〈OPORD〉 (아퍼레이숀 오오더어〈앞오옫〉)
작전 목표 (作戰目標)	operation objective (아퍼레이숀 옵쳌티브)
작전 보안 (作戰保安)	operations security (아퍼레이숀스 씨큐뤄티)
작전 복안 (作戰腹案)	concept of operation (칸셒트 오브 아퍼레이숀)
작전상 (作戰上)	operational (아퍼레이슈널)
작전 상태 (作戰狀態)	status of operation (스때터스 오브 아퍼레이숀)
작전상 통제 (作戰上統制)	operational control〈OPCON〉 (아퍼레이슈널 컨츄롤〈앞칸〉)
작전 상황 보고 (作戰狀況報告)	operational situation report (아퍼레이슈널 씨츄에이숀 뤼포옽)
작전 암호 (作戰暗號)	operation codes〈OPCODES〉 (아퍼레이숀 코욷즈〈앞코우즈〉)

작전 연구 (作戰硏究)	operations research (아퍼레이숀스 뤼써어치)
작전 예비 (作戰豫備)	operational reserve (아퍼레이슈널 뤼저어브)
작전 예정표 (作戰豫定表)	operations schedule (아퍼레이숀스 스께쥴)
작전용 보급품 (作戰用補給品)	operatinal supplies (아퍼레이슈널 써플라이즈)
작전용 통신선 (作戰用通信線)	operational line (아퍼레이슈널 라인)
작전 운용판 (作戰運用板)	operations board (아퍼레이숀스 보온)
작전 전 훈련 (作戰前訓練)	pre-exercise training (푸뤼엑써싸이스 츄레이닝)
작전 정보 (作戰情報)	operational intelligence (아퍼레이슈널 인텔리젼스)
작전 지구 (作戰地區)	theater of operations (씨어러 오브 아퍼레이숀스)
작전 지대 (作戰地帶)	zone of operation (죠운 오브 아퍼레이숀)
작전 지도 (作戰地圖)	operation map (아퍼레이숀 맵)
작전 지역 (作戰地域)	area of operation〈AO〉 (애어뤼아 오브 아퍼레이숀〈에이 오우〉)
작전 지휘 (作戰指揮)	operational command (아퍼레이슈널 커맨드)
작전 지휘 계통 (作戰指揮系統)	operational chain of command (아퍼레이슈널 체인 오브 커맨드)
작전 참모 (作戰參謀)	Assistant Chief of Staff, G-3 (어씨스턴트 치이후 오브 스때후, 지이 쓰뤼이)
작전 통제 (作戰統制)	operational control〈OPCON〉 (아퍼레이슈널 컨츄롤〈앞칸〉)
작전 투명도 (作戰透明圖)	operation overlay (아퍼레이숀 오우버레이)
작전판 (作戰板)	operations board (아퍼레이숀스 보온)
작전 항공 장교 (作戰航空將校)	S-3/G-3 air (에쓰 쓰뤼이/지이 쓰뤼이 애어)
작전 현황 (作戰現況)	current situation of operation (커뤈트 씨츄에이숀 오브 아퍼레이숀) current status of operation (커뤈트 스때터스 오브 아퍼레이숀)
작전 환경 (作戰環境)	operational environment (아퍼레이슈널 인바이뤈멘트)
작전 회의 (作戰會議)	operations conference (아퍼레이숀스 칸훠뤈스)
작전 후 행사 (作戰後行事)	post exercise activities (포우스트 엑써싸이스 액티비티이즈)
잔류 방사능 (殘留放射能)	residual radioactivity (뤼지듀얼 레이디오액티비티)
잔류 방사선 (殘留放射線)	residual radiation (뤼지듀얼 레이디에이숀)
잔류 부대 (殘留部隊)	residual forces (뤼지듀얼 호어씨즈)

잔류 접촉 분견대 (殘留接觸分遣隊)	detachment left in contact〈DLIC〉 (디태치먼트 레후트 인 칸택트 〈디이 엘 아이 씨이〉)
잔류 효과 (殘留效果)	residual effect (뤼지듀얼 이훽트)
잔여 적군 (殘餘敵軍)	enemy remnants in the area (에너미 렘넌츠 인 디 애어뤼아)
잠복 (潛伏)	ambush (앰부쉬)
잠정 부대 (暫定部隊)	provisional unit (푸뤄비쥬널 유우닡)
잠정 지원 대대 (暫定支援大隊)	provisional support battalion 〈PSB〉 (푸뤄비쥬널 써포올 배탤리언 〈피이 에쓰 비이〉)
잠정 편성 장비표 (暫定編成裝備表)	tentative table of organization and equipment (테너티브 테이블 오브 오오거니제이숀 앤 이큅먼트)
잡낭 (雜囊)	haversack (해버어쌕) duffle bag (더훌 백)
장간 조립교 (一組立橋)	Bailey bridge (베일리 부뤼지)
장갑〈가죽 외피〉 (掌匣)	gloves (글라브즈)
장갑〈털실 내피〉 (掌匣)	insets (인쌔얼쯔)
장갑 (裝甲)	armor (아아머어)
장갑 부대 (裝甲部隊)	armored force (아아머얻 호오스)
장갑 운반차 (裝甲運搬車)	armored personnel carrier〈APC〉 (아아머얻 퍼어쓰넬 캐뤼어 〈에이 피이 씨이〉)
장갑 차량 (裝甲車輛)	armored vehicle (아아머얻 비이끌)
장갑차전 (裝甲車戰)	armored combat (아아머얻 캄뱉)
장거리 (長距離)	long range (롱 레인지) long distance (롱 디스턴스)
장거리 레이다아 (長距離—)	long-range radar (롱레인지 레이다아)
장거리 사격 (長距離射擊)	long-range fire (롱레인지 화이어)
장거리 수색 (長距離搜索)	long-range patrol (롱레인지 퍼츄롤)
장거리 수색 정찰 (長距離搜索偵察)	long-range reconnaissance patrol (롱레인지 뤼카너쎈스 퍼츄롤)
장거리 수색 정찰 구량 (長距離搜索偵察口糧)	long-range reconnaissance patrol rations (롱레인지 뤼카너쎈스 퍼츄롤 레숀스)
장거리 수색조 (長距離搜索組)	long-range reconnaissance team (롱레인지 뤼카너쎈스 티임)
장거리 통신 (長距離通信)	long-range communication (롱레인지 커뮤니케이숀)
장관 (長官)	minister (미니스터)
장관 (將官)	general (제너뤌)
장관급 장교 (將官級將校)	general officer〈GO〉 (제너뤌 오휘써〈 지이 오우〉)

장교〈소위 이상 임관〉(將校〈少尉以上 任官〉) — 〈commissioned〉 officer (커미숀드 오휘써)
장교 고과표(將校考課表) — officer efficency report〈OER〉 (오휘써 이휘션씨 뤼포올〈오우 이이 아아〉)
장교 소집 회의(將校召集會議) — officers call (오휘써스 코올)
장교 식당(將校食堂) — officers mess (오휘써스 메쓰)
장교 정찬 회식(將校正餐會食) — officers dining-in (오휘써스 다이닝인)
장교 클럽(將校俱樂部) — officers club (오휘써스 클럽)
장교 회의(將校會議) — officers call (오휘써스 코올)
장교 후보생(將校候補生) — officer candidate〈OC〉 (오휘써 캔디데잍〈오우 씨이〉)
장교 후보생 학교(將校候補生學校) — officer candidate school〈OCS〉 (오휘써 캔디데잍 스꾸울〈오우 씨이 에쓰〉)
장구(裝具) — gear (기어)
장군(將軍) — general〈GEN〉 (제너뤌〈젠〉)
general officer〈GO〉 (제너뤌 오휘써〈지이 오우〉)
장기 근무 상담(長期勤務相談) — career counseling (커뤼어 카운쓸링)
장기 근무 육성(長期勤務育成) — career development (커뤼어 디벨럽먼트)
장기 기획(長期企劃) — long-range planning (롱레인지 플래닝)
장기 인원 손실 판단(長期人員損失判斷) — long-term personnel losses estimate (롱터엄 퍼어쓰넬 로씨스 에스떠밑)
장대(裝帶) — harness (하아니스)
장래 위치(將來位置) — future position (휴우쳐 퍼칠숀)
장려 및 금지 사항(奬勵—禁止事項) — do$_s$ and don't$_s$ (두우즈 앤 도운쯔)
recommended and prohibited activities (레커멘딛 앤 푸뤄히비팉 앸티비티이즈)
장력(張力) — tension (텐숀)
장륜 차량(裝輪車輛) — wheeled vehicle (위일드 비이끌)
장벽 계획(障壁計劃) — barrier plan (배뤼어어 플랜)
장벽 전술(障壁戰術) — barrier tactics (배뤼어어 탴팈쓰)
장병(將兵) — officers and men (오휘써스 앤 멘)
장비(裝備) — equipment (이큅먼트)
material (머티어뤼얼)
장비 검열(裝備檢閱) — equipment inspection (이큅먼트 인스펰숀)
장비 상황판(裝備狀況板) — equipment status board (이큅먼트 스때터스 보온)
장비 손상(裝備損傷) — equipment damage (이큅먼트 대미지)
장비 지급 기준 — equipment basis of issue

(裝備支給基準)	(이큅먼트 베이씨스 오브 이쓔)
장비 품목(裝備品目)	item of equipment(아이틈 오브 이큅먼트)
장비 현황(裝備現況)	equipment status (이큅먼트 스때터스)
장성(將星)	general officer(제너뤌 오휘써)
장애물 〈자연/인공〉 (障碍物自然人工)	〈natural/man-made〉 obstacle (〈내추뤌/맨메인〉압쓰따끌)
장애물 연습장 (障碍物練習場)	obstacle course(압쓰따끌 코오스)
장애물 운용 작전 (障碍物運用作戰)	obstacle operation (압스따끌 아퍼레이숀)
장약(裝藥)	charge (챠아지)
장전(裝塡)	loading (로우딩)
장전수(裝塡手)	loader (로우더)
장점(長點)	strengths (스츄렝쓰)
	merit(메륕)
	virtues (버어츄우즈)
재고 고갈(在庫枯渴)	zero balance (지어로우 밸런스)
재고 번호(在庫番號)	stock number(스땈 넘버)
재고 수준(在庫水準)	stock level(스땈 레벌)
재고 저장(在庫貯藏)	stockpile (스땈파일)
재고 조정(在庫調整)	inventory adjustment (인번토오뤼 언져스트먼트)
재고 통제(在庫統制)	stock control(스땈 컨츄롤)
재고품(在庫品)	inventory(인번토오뤼)
	stock (스땈)
재고품 조사(在庫品調査)	inventory (인번토오뤼)
재고 현황(在庫現況)	stock status (스땈 스때터스)
재교회법(再交會法)	resection (뤼쎽쓘)
재급유(再給油)	refuel (뤼휴얼)
재난 통제(災難統制)	disaster control(디재스터 컨츄롤)
재래식(在來式)	conventional(컨벤츄널)
재래식 무기(在來式武器)	conventional weapon (컨벤츄널 웨펀)
재래식 전쟁(在來式戰爭)	conventional warfare (컨벤츄널 우오홰어)
재배치(再配置)	redeployment(뤼디플로이먼트)
재보급(再補給)	resupply (뤼써플라이)
재보급 능력(再補給能力)	resupply capability (뤼써플라이 케이퍼빌러티)
재보직(再補職)	reassignment(뤼어싸인먼트)
재복무(再服務)	reenlistment(뤼인리스트먼트)
재복무, 장기 근무 지도 상담(再服務, 長期勤務指導相談)	career counseling(커뤼어 카운쓸링)
재분류(再分類)	reclassification (뤼클래씨휘케이숀)

ㅈ

재산 (財產)	property (푸라퍼어티)
재산 대장 (財產臺帳)	property book (푸라퍼어티 붘)
재산 처리 장교 (財產處理將校)	property disposal officer (푸라퍼어티 디스뽀우절 오휘써)
재생 (再生)	rebuild (뤼빌드)
재송신 (再送信)	retransmission (뤼츄랜스미숀)
재송신 (再送信) **하다**	retransmit (뤼츄랜스밑)
재심 (再審)	review (뤼뷰우)
재정 (財政)	finance (화이낸스)
재집결 (再集結)	rally (랠리이)
재집결 지점 (再集結地點)	rallying point (랠리잉 포인트)
재떨이	ashtray (애쉬 츄래이)
	butt can (벝 캔)
재편성 (再編成)	reorganization (뤼오오거니제이숀)
재평가 (再評價)	reevaluation (뤼이밸류에이숀)
재향 군인 (在鄕軍人)	veteran (베터뢴)
재확인 (再確認)	reconfirmation (뤼칸훠어메이숀)
쟁반 (錚盤)	tray (츄래이)
저각 사격 (低角射擊)	low-angle fire (로우앵글 화이어)
저격병 (狙擊兵)	sniper (스나이뻐)
저격총 야간 투시 확대경 (狙擊銃夜間透視擴大鏡)	sniperscope (스나이뻐스꼬웊)
저공 (低空)	low altitude (로우 앨티튜욷)
저명 지형 지물 (著名地形地物)	landmark (랜드마앜)
저수지 (貯水地)	reservoir (레저보와)
	dam (댐)
저장 장소 (貯藏場所)	storage space (스또뤼지 스빼이스)
저장품 (貯藏品)	stockpile (스땈파일)
저주파 (低周波)	low frequency (로우 후뤼퀀씨)
저지 부대 (沮止部隊)	blocking force (블라킹 호오스)
저지 사격 (沮止射擊)	suppressive fire (써푸레씨브 화이어)
저지 진지 (沮止陣地)	blocking position (블라킹 퍼칠숀)
저지 (沮止) **하다**	block (블랔)
저철조망 (低鐵條網)	low wire entanglement (로우 와이어 인탱글먼트)
저항군 (抵抗軍)	opposing forces (어포우징 호어씨즈)
	threat (스렡)
저항선 (抵抗線)	line of resistance (라인 오브 뤼치스턴스)
적 (敵)	enemy (에너미)
	adversary (앧버써뤼)
적공 비재중 철수 (敵攻非在中撤收)	withdrawal not under enemy pressure (윋쥬로오얼 낱 언더 에너미 푸레셔어)

적공 압력하 철수 (敵攻壓力下撤收)	withdrawal under enemy pressure (윈쥬로오얼 언더 에너미 푸레셔어)
적군 (敵軍)	enemy forces (에너미 호어씨즈)
적군 (敵軍)과 접전 (接戰)을 유지 (維持)하다	maintain contact with enemy (메인테인 칸택트 윋 에너미)
적군 방책 (敵軍方策)	enemy courses of action (에너미 코오씨스 오브 액숀)
적군 침투 (敵軍浸透)	enemy infiltration (에너미 인휠츄레이숀)
적군 침투 경로 (敵軍浸透經路)	enemy infiltration route (에너미 인휠츄레이숀 라웉)
적극 방공 (積極防空)	active air defense (액티브 애어 디이휀스)
적극 방어 (積極防禦)	active defense (액티브 디이휀스)
적극 훈련 (積極訓練)	all-out training (오올아웉 츄레이닝)
	lock, stock, and barrel training (랔, 스딱, 앤 배뤌 츄레이닝)
적 기도 (敵企圖)	enemy intention (에너미 인텐숀)
적 능력 (敵能力)	enemy capabilities (에너미 케이퍼빌러티이즈)
적도 (赤道)	equator (이퀘이더어)
적 문서 (敵文書)	enemy document (에너미 다큐먼트)
적색 경보 (赤色警報)	red alert (렏 얼러얼)
적성 (適性)	aptitude (앺티튜욷)
적성 (敵性)	enemy characteristics (에너미 캐뤽터뤼스팈쓰)
적성 검사 (適性檢査)	aptitude test (앺티튜욷 테스트)
적시 적소 (適時適所)	in the right place at the right time (인 더 라잍 플레이스 앹 더 라잍 타임)
적십자사 (赤十字社)	Red Cross (렏 쿠로쓰)
적용 (適用)되는/하는	applicable (애쁠리커블)
적용 (適用)하다	apply (어플라이)
적외선 (赤外線)	infrared rays (인후라렏 레이즈)
적응 (適應)	adjustment (얻져스트먼트)
	conditioning (컨디쓔닝)
	adaptability (어댚터빌러티)
적응 강습 (適應講習)	orientation (오오뤼엔테이숀)
적의 (敵意)	hostility (하스틸리티)
적의 동향 (敵一動向)	enemy movements and intentions (에너미 무우브먼쯔 앤 인텐숀스)
적의 저항 (敵一抵抗)	enemy resistance (에너미 뤼지스턴스)
적재 (積載)	loading (로우딩)
적재 계획 (積載計劃)	loading plan (로우딩 플랜)
적재 규정 중량 (積載規定重量)	design load (디자인 로욷)
적전 도하 (敵前渡河)	forced landing (호오스드 랜딩)

적절 운용 (適切運用)	proper utilization (푸라퍼 유틸라이제이숀)
적정 (敵情)	enemy situation (에너미 씨츄에이숀)
적지 탈출 (敵地脫出)	escape and evasion (이스께잎 앤 이베이죤)
적하 공항 (積荷空港)	debarkation airport (디바아케이숀 애어포올)
전개 (展開)	deployment (디플로이먼트)
전개 대대 (展開大隊)	deployment battalion (디플로이먼트 배탤리언)
전개 (展開) **하다**	deploy (디플로이)
전격 기습전 (電擊奇襲戰)	blitz (블릳쯔) blitzkrieg (블릳쯔크뤼익)
전과 확대 (戰果擴大)	exploitation (엑쓰플로이테이숀)
전구 (戰區)	theater (씨어러)
전구간 전직 (戰區間轉職)	intertheater transfer〈ITT〉 (이너씨어러 츄랜스훠어〈아이 티이 티이〉)
전근 (轉勤)	permanent change of station〈PCS〉 (퍼머넌트 체인지 오브 스떼이숀 〈피이 씨이 에쓰〉)
전근 명령〈서〉 (轉勤命令書)	PCS order (피이 씨이 에쓰 오오더어)
전기 뇌관 (電氣雷管)	electric primer (일렉츄뤽 푸라이머) electric blasting cap (일렉츄뤽 블래스팅 캪)
전기선 (電氣線)	cable (케이블)
전념 (專念)	undivided attention (언디바이딛 어텐숀)
전단 (傳單)	bill (빌) leaflet (리이후릳)
전단 살포 (傳單撒布)	leaflet drop (리이후릳 쥬랖)
전달 시간 (傳達時間)	time of delivery (타임 오브 딜리버뤼)
전략 (戰略)	strategy (스츄뤄티지)
전략 개념 (戰略槪念)	strategic concept (스츄뤄티짘 칸쎕트)
전략 계획 (戰略計劃)	strategic plan (스츄뤄티짘 플랜)
전략 공격군 (戰略攻擊軍)	strategic striking force (스츄뤄티짘 스츄라이킹 호오스)
전략 공군〈사령부〉 (戰略空軍司令部)	Strategic Air Command〈SAC〉 (스츄뤄티짘 애어 커맨드〈쌕〉)
전략 공수 (戰略空輸)	strategic airlift (스츄뤄티짘 애어리후트)
전략기 (戰略機)	strategic aircraft (스츄뤄티짘 애어쿠래후트)
전략 목표 (戰略目標)	strategic target (스츄뤄티짘 타아긷)
전략 물자 (戰略物資)	strategic material (스츄뤄티짘 머티어뤼얼)
전략 "미쓸" (戰略—)	strategic missile (스츄뤄티짘 미쓸)
전략적 (戰略的)	strategic (스츄뤄티짘)
전략적 예비력 (戰略的豫備力)	strategic reserve (스츄뤄티짘 뤼저어브)
전략적 위치 (戰略的位置)	strategic location (스츄뤄티짘 로우케이숀)

전략적 철수 (戰略的撤收) strategic withdrawal (스츄뤼티직 윋쥬로오얼)
전략 정보 (戰略情報) strategic intelligence (스츄뤼티직 인텔리젼스)
전략 폭격 (戰略爆擊) strategic bombing (스츄뤼티직 바밍)
전략 폭격기 (戰略爆擊機) strategic bomber (스츄뤼티직 바머)
전력 파괴 (戰力破壞) sabotage (쌔버타아지)
전령 (傳令) messenger (메씬져어)
전례 (前例) precedent (푸레씨던트)
전리품 (戰利品) captured enemy equipment (캪쳐얻 에너미 이큅먼트)
war trophy (우오 츄로우휘)
전망 포탑 (展望砲塔) cupola (큐우펄러)
전면 방어 (全面防禦) perimeter defense (퍼뤼미러어 디이휀스)
all-around defense (오올 어라운드 디이휀스)
전면 전쟁 (全面戰爭) all-out war (오올아웉 우오)
전면 침략 (全面侵略) general invasion (제너뤌 인베이죤)
전면 포위 (全面包圍) encirclement (인써어클먼트)
전문 (電文) telecommunications message (텔리커뮤니케이슌스 메씨지)
전문성 (專門性) professionalism (푸라훼슈널리즘)
전문 지식 (專門知識) professional knowledge (푸라훼슈널 날리지)
expertise (엑쓰퍼어티이즈)
전반 계획 (全般計劃) general plan (제너뤌 플랜)
전반적 공중 우세 (全般的空中優勢) general air superiority (제너뤌 애어 쑤우피뤼아뤄티)
전반적 방공 (全般的防空) general air defense (제너뤌 애어 디이휀스)
전방 경계 (前方警戒) frontal security (후론털 씨큐뤄티)
전방 관측 (前方觀測) forward observation (호어우온 압써베이슌)
전방 관측병 (前方觀測兵) forward observer 〈FO〉 (호어우온 압써어버 〈에후 오우〉)
전방 관측소 (前方觀測所) forward observation post (호어우온 압써베이슌 포우스트)
전방 방어 지역 (前方防禦地域) forward defense area (호어우온 디이휀스 애어뤄아)
전방 부대 (前方部隊) forward unit (호어우온 유우닡)
전방 사단 (前方師團) forward division (호어우온 디비젼)
전방 전술 작전 지휘소 (前方戰術作戰指揮所) jump tactical operations center 〈JUMP TOC〉 (졈프 탴티컬 아퍼레이슌스 쎄너 〈졈프 탁〉)
전방 제대 (前方梯隊) forward echelon (호어우온 에쉴란)
전방 지역 (前方地域) forward area (호어우온 애어뤄아)
전방 지휘소 (前方指揮所) forward command post (호어우온 커맨드 포우스트)
전방 항공 통제관 (前方航空統制官) forward air controller 〈FAC〉 (호어우온 애어 컨츄롤러 〈홱〉)

전범 (戰犯)	war criminal (우오 쿠뤼미널)
전보 (電報)	telegram (텔리구우램)
전복 (顚覆)**되다**	overturn (오우버터언) roll over (로울 오우버)
전복 활동 (顚覆活動)	subversive activities (썹버어씨브 액티비티이즈)
전사 (戰史)	history of warfare (히스토뤼 오브 우오홰어)
전사면 (前斜面)	forward slope (호어우온 슬로웊)
전사상자 보고 (戰死傷者報告)	battle casualty report (배를 캐쥬얼티 뤼포올)
전사자 (戰死者)	killed in action 〈KIA〉 (킬드 인 액숀〈케이 아이 에이〉)
전상자 (戰傷者)	wounded in action 〈WIA〉 (우운딛 인 액숀〈더블유 아이 에이〉)
전선 (前線)	front line (후론트 라인)
전선줄 (電線—)	commo wire (카모 와이어)
전속 (轉屬)	transfer (츄랜스훠어)
전속 부관 (專屬副官)	aide-de-camp (에이더캠프) general's aide (제너뤌즈 에읻)
전술 (戰術)	tactics (택틱쓰)
전술가 (戰術家)	tactician (택티션)
전술 개념 (戰術概念)	tectical concept (택티껄 칸쎕트)
전술 검열 (戰術檢閱)	tactical inspection (택티껄 인스펙숀)
전술 계획 (戰術計劃)	tactical plan (택티껄 플랜)
전술 공군 (戰術空軍)	Tactical Air Force (택티껄 애어 호오스)
전술 공군 사령부 (戰術空軍司令部)	Tactical Air Command 〈TAC〉 (택티껄 애어 커맨드〈택〉)
전술 공군 통제단 (戰術空軍統制團)	tactical air control group 〈TACG〉 (택티껄 애어 컨츄롤 구루웊 〈티이 에이 씨이 지이〉)
전술 공군 통제 본부 (戰術空軍統制本部)	tactical air control center 〈TACC〉 (택티껄 애어 컨츄롤 쎄너 〈티이 에이 씨이 씨이〉)
전술 공군 통제조 (戰術空軍統制組)	tactical air control party 〈TACP〉 (택티껄 애어 컨츄롤 파아리 〈티이 에이 씨이 피이〉)
전술 공수 (戰術空輸)	tactical airlift (택티껄 애어리후트)
전술 공중 작전 (戰術空中作戰)	tactical air operation (택티껄 애어 아퍼레이숀)
전술 공중 지원 (戰術空中支援)	tactical air support (택티껄 애어 써포올)
전술 공지 작전	tactical air-ground operation

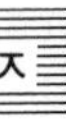

(戰術空地作戰)	(택티컬 애어구라운드 아퍼레이숀)
전술 교의(戰術敎義)	tactical doctrine (택티컬 닥츄륀인)
전술 군기(戰術軍紀)	tactical discipline (택티컬 디씨플린)
전술기(戰術機)	tactical aircraft(택티컬 애어크래후트)
전술 기만(戰術欺瞞)	tactical deception(택티컬 디쌥숀)
전술 단위 부대 (戰術單位部隊)	tactical unit(택티컬 유우닡)
전술 "미쓸"(戰術—)	tactical missile (택티컬 미쓸)
전술 및 기술(戰術—技術)	tactics and techniques(택팈쓰 앤 테끄닠쓰)
전술 및 지형 판단 연습 (戰術—地形判斷練習)	tactical and terrain appreciation exercise (택티컬 앤 터레인 어푸뤼씨에이숀 엑써싸이스)
전술 부대(戰術部隊)	tactical element(택티컬 엘리먼트)
전술 사진 정찰기 (戰術寫眞偵察機)	tactical photo reconnaissance plane (택티컬 호우토우 뤼카너쎈스 플레인)
전술 상황(戰術狀況)	tactical situation(택티컬 씨츄에이숀)
전술 연습(戰術練習)	tactical exercise (택티컬 엑써싸이스)
전술 예비대(戰術豫備隊)	tactical reserve (택티컬 뤼저어브)
전술용 차량(戰術用車輛)	tactical vehicle (택티컬 비이끌)
전술 임무(戰術任務)	tactical mission (택티컬 미숀)
전술 작전(戰術作戰)	tactical operation (택티컬 아퍼레이숀)
전술 작전 본부 (戰術作戰本部)	tactical operations center〈TOC〉 (택티컬 아퍼레이숀스 쎄너〈톡〉)
전술적(戰術的)	tactical(택티컬)
전술적 경보망 (戰術的警報網)	tactical alert net(택티컬 얼러얼 넽)
전술적 공중 수송 (戰術的空中輸送)	tactical air transport (택티컬 애어 츄랜스포옽)
전술적 급식(戰術的給食)	tactical feeding (택티컬 휘이딩)
전술적 기습(戰術的奇襲)	tactical surprise (택티컬 써푸라이즈)
전술적 목표(戰術的目標)	tactical target(택티컬 타아깉)
전술적 엄호 및 기만 (戰術的掩護—欺瞞)	tactical cover and deception (택티컬 카버 앤 디쌥숀)
전술적 요지(戰術的要地)	tactical locality (택티컬 로우캘러티)
전술적 운용(戰術的運用)	tactical employment(택티컬 임플로이먼트)
전술적 이동(戰術的移動)	tactical movement(택티컬 무우브먼트)
전술적 정찰(戰術的偵察)	tactical reconnaissance(택티컬 뤼카너쎈스)
전술 정보(戰術情報)	tactical intelligence(택티컬 인텔리젼스)
전술 종대(戰術縱隊)	tactical column (택티컬 칼럼)
전술 지도(戰術地圖)	tactical map (택티컬 맵)
전술 지휘소(戰術指揮所)	tactical command post〈TAC CP〉 (택티컬 커맨드 포우스트〈택 씨이 피이〉)
전술 책임 구역	tactical area of responsibility〈TAOR〉

(戰術責任區域) (택티컬 애어뤼아 오브 뤼스판써빌러티〈티이 에이 오우 아아〉)
전술 철조망(戰術鐵條網) tactical wire (택티컬 와이어)
전술 토의(戰術討議) seminar in tactics (쎄미나아 인 택팁쓰)
discussion in tactics (디스커숀 인 택팁쓰)
전술 통신망(戰術通信網) tactical net(택티컬 넽)
전술 통제(戰術統制) tactical control(택티컬 컨츄롤)
전술 통제 임무(戰術統制任務) tactical control mission(택티컬 컨츄롤 미쑌)
전술 폭격(戰術爆擊) tactical bombing (택티컬 바밍)
전술 항공(戰術航空) tactical air〈TAC Air〉(택티컬 애어〈택 애어〉)
전술 항공기(戰術航空機) tactical aircraft(택티컬 애어쿠래후트)
전술 항공 운용(戰術航空運用) tac air employment(택 애어 임플로이먼트)
전술 항공 지시 본부(戰術航空指示本部) tac air direction center 〈TADC〉(택 애어 디렉쑌 쎄너〈티이 에이 디이 씨이〉)
전술 항공 지원(戰術航空支援) tac air support 〈of ground forces〉(택 애어 써포옽〈오브 구라운드 호어씨즈〉)
전술 항공 통제(戰術航空統制) tac air control(택 애어 컨츄롤)
전술 항공 통제관(戰術航空統制官) tac air controller〈TAC〉(택 애어 컨츄롤러〈택〉)
전술 항공 통제 본부(戰術航空統制本部) tac air control center〈TACC〉(택 애어 컨츄롤 쎄너〈티이 에이 씨이 씨이〉)
전술 항공 통제조(戰術航空統制組) tac air control party〈TACP〉(택 애어 컨츄롤 파아리〈티이 에이 씨이 피이〉)

전술 핵무기(戰術核武器) tactical nuclear weapon (택티컬 뉴우클리어 웨펀)
전술 행군(戰術行軍) tactical march (택티컬 마아치)
전술 현지 답보(戰術現地踏步) tactical walk (택티컬 웤)
전술 호출 부호(戰術呼出符號) tactical call sign (택티컬 코올 싸인)
전술 훈련(戰術訓練) tactical training (택티컬 츄레이닝)
전승(戰勝) victory (빅토뤼)
전승일(戰勝日) victory day〈V-day〉(빅토뤼 데이〈븨데이〉)
전시(戰時) wartime (우오타임)
전신(電信) telecommunication (텔리커뮤니케이숀)
전신 인자기(電信印字機) teletype (텔리타잎)
전신 인자병(電信印字兵) teletypist (텔리타이피스트)
전신 타자기(電信打字機) teletypewriter (텔리타잎라이러)
전언(傳言) relay of message (휠레이 오브 메씨지)

전언 통신문(傳言通信文)	message (메씨지)
…전에(前—)	prior to (푸라이어 투)
전염병(傳染病)	contagious disease (컨테이지어스 디지이즈)
	communicable disease (커뮤니꺼블 디지이즈)
	epidemic (에삐데밐)
전우(戰友)	comrade-in-arms (캄랟 인 아암즈)
전우애(戰友愛)	comaraderie (카머라데뤼이)
전위(前衛)	advance guard (얻밴스 가앋)
	vanguard (밴가앋)
전자 기만(電子欺瞞)	electronic deception (일렉츄라닠 디쎞슌)
전자 방해(電子妨害)	electronic jamming (일렉츄라닠 재밍)
전자 방해 방어책 (電子妨害防禦策)	electronic counter-counter measures〈ECCM〉 (일렉츄라닠 카운터 카운터 메져어즈 〈이이 씨이 씨이 엠〉)
전자 방해책(電子妨害策)	electronic counter measures〈ECM〉 (일렉츄라닠 카운터 메져어즈〈이이 씨이 엠〉)
전자 병기(電子兵器)	electronic weapon (일렉츄라닠 웨펀)
전자전(電子戰)	electronic warfare〈EW〉 (일렉츄라닠 우오홰어〈이이 더블유〉)
전자 정보(電子情報)	electronic intelligence (일렉츄라닠 인텔리젼스)
전자 정찰(電子偵察)	electronic reconnaissance (일렉츄라닠 뤼카너썬스)
전장(戰場)	battlefield (배틀휘일드)
전장 감시(戰場監視)	battlefield surveillance (배틀휘일드 써어베일런스)
전장 내 집중(戰場內集中)	internal concentration of forces (인터어널 칸쎈츄레이슌 오브 호어씨즈)
전장 외 집중(戰場外集中)	external concentration of forces (엑쓰터어널 칸쎈츄레이슌 오브 호어씨즈)
전장 이탈(戰場離脫)	disengagement(디스인게이지먼트)
전장 조명(戰場照明)	battlefield illumination (배틀휘일드 일루미네이슌)
전쟁(戰爭)	war (우오)
전쟁 계획(戰爭計劃)	war plan (우오 플랜)
전쟁 범위(戰爭範圍)	spectrum of war(스펙츄뤔 오브 우오)
전쟁 범죄(戰爭犯罪)	war crime (우오 쿠라임)
전쟁 범죄인(戰爭犯罪人)	war criminal(우오 쿠뤼미널)
전쟁법(戰爭法)	law of war (로오 오브 우오)
전쟁 십대 원칙 (戰爭十大原則)	10 principles of war (텐 푸륀씨쁠즈 오브 우오)
① **목표**(目標)	① objective (옵젝티브)

ㅈ

② 기습(奇襲)	② surprise(써프라이즈)
③ 간명(簡明)	③ simplicity (씸플리씨티)
④ 단일 명령 계통 (單一命令系統)	④ unity of command (유니티 오브 커맨드)
⑤ 공세(攻勢)	⑤ offensive(오휀씨브)
⑥ 기동(機動)	⑥ maneuver(머누우버)
⑦ 군사력 집중 (軍事力集中)	⑦ mass(매쓰)
⑧ 병력 절약(兵力節約)	⑧ economy of force(이카나미 오브 호오스)
⑨ 경계(警戒)	⑨ security(씨큐뤄티)
⑩ 국민 지지 (國民支持)	⑩ public support(퍼블릭 써포올)
전쟁 포로(戰爭捕虜)	prisoner of war〈POW〉 (푸뤼즈너 오브 우오〈피이 오우 더블유〉)
전적 지원(全的支援)	total support(토우털 써포올)
전주 경계(全周警戒)	all-around security (오올어라운드 씨큐뤄티)
전지(電池)	battery (배뤄리)
전지등(電池燈)	flashlight(훌래쉬라잍)
전직 비행 대기 (轉職飛行待機)	port call(포올 코올)
전진(前進)	advance (얻밴스)
전진 부대(前進部隊)	advance force (얻밴스 호오스)
전진선(前進線)	line of advance (라인 오브 얻밴스)
전진선 협조(前進線協調)	line of advance coordination (라인 오브 얻밴스 코오디네이슌)
전진 속도(前進速度)	rate of advance(레잍 오브 얻밴스)
전진 지대(前進地帶)	zone of advance(죠운 오브 얻밴스)
전진 진지(前進陣地)	advance position(얻밴스 퍼짇슌)
전진 축(前進軸)	axis of advance(액씨스 오브 얻밴스)
전진 한계〈선〉(前進限界線)	limit of advance(리밑 오브 얻밴스)
전차(戰車)	tank(탱크)
전차 구난차(戰車救難車)	tank recovery vehicle (탱크 뤼카버뤼 비이끌)
전차 대대(戰車大隊)	tank battalion(탱크 배탤리언)
전차 방벽(戰車防壁)	tank barrier(탱크 배뤼어)
전차 승무원(戰車乘務員)	tank crew(탱크 쿠루우)
	armor battalion(아아머어 배탤리언)
전차 애로(戰車隘路)	tank defile(탱크 디이화일)
전차 접근로(戰車接近路)	tank avenue of approach (탱크 애비뉴 오브 어푸로우치)
	armor avenue of approach (아아머어 애비뉴 오브 어푸로우치)
전차 중대(戰車中隊)	tank company(탱크 캄퍼니)

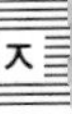

전차체(戰車体) hull(헐)
전차포(戰車砲) tank gun(탱크 건)
전차호(戰車壕) tank ditch(탱크 딭치)
전천후(全天候) all-weather(오올 웨더어)
전천후 능력(全天候能力) all-weather capability (오올 웨더어 케이퍼빌러티)
전천후 전투기(全天候戰鬪機) all-weather fighter (오올 웨더어 화이터)
전체(全体) total(토우털)
전체 분해 수리(全体分解修理) overhaul(오우버호올)
전체 전쟁(全体戰爭) total war(토우털 우오)
전초(前哨) outpost(아울포우스트)
전초선(前哨線) outpost line(아울포우스트 라인)
전초 임무(前哨任務) outpost mission(아울포우스트 미쓘)
전초 저항선(前哨抵抗線) outpost line of resistance (아울포우스트 라인 오브 뤼지스턴스)
전초 지역(前哨地域) outpost area(아울포우스트 애어뤼아)
전초 진지(前哨陣地) outpost position(아울포우스트 퍼질쑨)
전치 폭발(前置爆發) preposition burst(푸뤼퍼질쑨 버어스트)
전탐 기만(電探欺瞞) radar deception(레이다아 디쎕쑨)
전탐 방어책(電探防禦策) radar countermeasures (레이다아 카운터메져어즈)
전탐 방해 금박(電探妨害金箔) chaff(채후)
window(윈도우)
전탐 보고(電探報告) radar report(레이다아 뤼포올)
전통(傳統) tradition(츄뤄디숀)
전투(戰鬪) combat (캄뱉)
action (액쑨)
전투 가늠자(戰鬪—) battle sight(배를 싸잍)
전투 가늠자 영점 조준(戰鬪—零點照準) battle sight zero(배를 싸잍 지어로우)
전투 감시(戰鬪監視) combat surveillance(캄뱉 써어베일런스)
전투 감시 레이다아(戰鬪監視—) combat surveillance radar (캄뱉 써어베일런스 레이다아)
전투 공병대(戰鬪工兵隊) combat engineers(캄뱉 엔지니어즈)
전투 구량(戰鬪口糧) combat rations(캄뱉 레숀스)
전투군(戰鬪軍) combat forces(캄뱉 호어씨즈)
전투 근무 지원(戰鬪勤務支援) combat service support (캄뱉 써어비스 써포올)
전투 근무 지원 계획(戰鬪勤務支援計劃) combat service support plan (캄뱉 써어비스 써포올 플랜)
전투 근무 지원 부대 combat service support unit

(戰鬪勤務支援部隊)	(캄밸 써어비스 써포올 유우닡)
전투기 (戰鬪機)	fighter plane (화이터 플레인)
전투 기술 (戰鬪技術)	combat techniques (캄밸 테끄닠쓰)
전투 능력 (戰鬪能力)	combat capabilities (캄밸 케이퍼빌러티이즈)
전투단 (戰鬪團)	battle group (배를 구루웊)
전투 단계 (戰鬪段階)	combat phase (캄밸 훼이즈)
전투 단위 부대 (戰鬪單位部隊)	combat unit (캄밸 유우닡)
전투 대형 (戰鬪隊形)	combat formation (캄밸 호어메이슌)
	battle formation (배를 호어메이슌)
전투력 (戰鬪力)	combat readiness (캄밸 레디네스)
	combat capabilities (캄밸 케이퍼빌러티이즈)
	combat proficiency (캄밸 푸뤄휘션씨)
	combat power (캄밸 파우어)
전투 명령 (戰鬪命令)	combat orders (캄밸 오오더어즈)
전투 발전 요구 (戰鬪發展要求)	combat development request (캄밸 디벨렆먼트 뤼퀘스트)
전투 병과 (戰鬪兵科)	combat arms〈branch〉 (캄밸 아암즈〈부랜치〉)
전투 병과 장교 (戰鬪兵科將校)	line officer (라인 오휘써)
전투복 (戰鬪服)	battle dress (배를 쥬레쓰)
전투 부대 (戰鬪部隊)	combat element (캄밸 엘리먼트)
	combat troops (캄밸 츄루웊쓰)
전투 부서 (戰鬪部署)	battle station (배를 스떼이슌)
전투 사상자 (戰鬪死傷者)	battle casualty (배를 캐쥬얼티)
전투 서열 (戰鬪序列)	order of battle (오오더어 오브 배를)
전투 서열 정보 (戰鬪序列情報)	order of battle intelligence (오오더어 오브 배를 인텔리젼스)
전투 손실 (戰鬪損失)	combat loss (캄밸 로쓰)
전투 식량 (戰鬪食糧)	C-ration (씨이 레숀)
전투 신경 쇠약 (戰鬪神經衰弱)	shell shock (쉘 샼)
전투 연락 (戰鬪連絡)	combat liaison (캄밸 리이애이쟈안)
전투 예비 (戰鬪豫備)	battle reserves (배를 뤼저어브스)
전투원 (戰鬪員)	combatant (캄배턴트)
전투 이탈 (戰鬪離脫)	disengagement (디스인게이지먼트)
전투 임무 (戰鬪任務)	combat mission (캄밸 미숀)
전투 장갑차 (戰鬪裝甲車)	fighting vehicle (화이팅 비이끌)
	combat vehicle (캄밸 비이끌)
전투 적재 (戰鬪積載)	combat loading (캄밸 로우딩)
전투적 전진 (戰鬪的前進)	approach march (어푸로우치 마아치)
전투 전초 (戰鬪前哨)	combat outpost〈COP〉

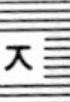

(캄벨 아울포우스트(씨이 오우 피이))

전투 정면(戰鬪正面)	battle frontage(배를 후뤈티지)
전투 정보(戰鬪情報)	combat intelligence(캄밸 인텔리전스)
전투 정찰(戰鬪偵察)	combat reconnaissance(캄밸 뤼카너썬스)
전투 정찰대(戰鬪偵察隊)	combat patrol(캄밸 퍼츄롤)
전투 제대(戰鬪梯隊)	combat echelon(캄밸 에쉴란)
전투 준비 태세(戰鬪準備態勢)	combat readiness(캄밸 레디네스)
전투 지경선(戰鬪地境線)	sector boundary(쎅터 바운데뤼)
전투 지대(戰鬪地帶)	combat zone(캄밸 조운)
전투 지역(戰鬪地域)	combat area(캄밸 애어뤼아)
전투 지역 전단(戰鬪地域前端)	forward edge of battle area〈FEBA〉(호어우온 에지 오브 배를 애어뤼아〈휘이바〉)
전투 지원〈병과〉(戰鬪支援兵科)	combat support〈branch〉(캄밸 써포올〈부랜치〉)
전투 지휘관 / 화기 분산 적재(戰鬪指揮官/火器分散積載)	combat leaders/weapons spread loading(캄밸 리이더즈/웨펀스 스푸렌 로우딩)
전투 지휘관 휘장(戰鬪指揮官徽章)	green tab(그뤼인 탭) combat commander' s insignia(캄밸 커맨더스 인씩니아)
전투 지휘소(戰鬪指揮所)	command post〈CP〉(커맨드 포우스트〈씨이 피이〉)
전투 지휘소 연습(戰鬪指揮所練習)	command post exercise〈CPX〉(커맨드 포우스트 엑써싸이스〈씨이 피이 엑쓰〉)
전투 진지(戰鬪陣地)	battle position〈BP〉(배를 퍼칠쓘〈비이 피이〉) fighting position(화이팅 퍼질쓘)
전투 지원 부대(戰鬪支援部隊)	combat support unit(캄밸 써포올 유우닡)
전투 지원 협조단(戰鬪支援協調團)	Combat Support Coordination Team〈CSCT〉(캄밸 써포올 코오디네이숸 티임〈씨이 에쓰 씨이 티이〉)
전투 치중대(戰鬪輜重隊)	combat train(캄밸 츄레인)
전투 태세(戰鬪態勢)	combat readiness(캄밸 레디네스)
전투 투입(戰鬪投入)되다	committed into combat(커미틷 인투 캄밸)
전투 편성(戰鬪編成)	organization for combot(오오거니제이숸 호어 캄밸) task organization (태스끄 오오거니제이숸)
전투 필수품(戰鬪必須品)	combat essential item (캄밸 이쎈셜 아이틈)
전투화(戰鬪靴)	combat boots (캄밸 부울쯔)
전투 훈련(戰鬪訓練)	combat drill (캄밸 쥬릴)
전파(傳播)	dissemination (디쎄미네이숸)

전파(電波)	electric wave (일렉츄릭 웨이브)
전파 기만 방책(電波欺瞞方策)	radio deception measures (레이디오 디쎕쓘 메져어즈)
전파 기만편(電波欺瞞片)	chaff (채후)
전파 동시 방해(電波同時妨害)	barrage jamming (버라아지 재밍)
전파 방해(電波妨害)	jamming (재밍)
	electronic jamming (일렉츄라닉 재밍)
	MIJI (미이치이)
① **오신발송**(誤信發送)	① meaconing〈mislead+beaconing〉 (미이커닝〈미쓰리읻+비이커닝〉)
② **무전망 침입**(無電網侵入)	② intrusion (인츄루준)
③ **무전 상쇄**(無電相殺)	③ jamming (재밍)
④ **무전 혼신**(無電混信)	④ interference (인터훠어런스)
전파 방해 대책(電波妨害對策)	radio jamming countermeasures (레이디오 재밍 카운터메져어즈)
전파 방해 방지(電波妨害防止)	anti-jamming (앤타이재밍)
전파 방해 보고(電波妨害報告)	MIJI report (미이지이 뤼포올)
전〈파〉탐〈지〉기(電波探知機)	Radio Direction-finding (레이디오 디렉쓘화인딩) And Ranging〈RADAR〉 (앤 레인징〈레이다아〉)
전파 탐지 보고(電波探知報告)	radar report (레이다아 뤼포올)
전파 탐지소(電波探知所)	radar station (레이다아 스떼이숀)
전파 파장(電波波長)	wave length (웨이브 렝스)
전포대(戰砲隊)	firing battery (화이어륑 배러뤼)
전(傳)**하다**	convey (컨베이)
	notify (노우터화이)
	pass on (패쓰 온)
	give (기브)
	tell (텔)
	deliver (딜리이버)
	forward (호어우올)
	transmit (츄랜스밑)
전화(電話)	telephone (텔리호운)
전화 교환병(電話交換兵)	telephone operator (텔리호운 아퍼레이러)
전환(轉換)	shift (쉬후트)
전환 사격(轉換射擊)	shift fire (쉬후트 화이어)
전환점(轉換點)	turning point (터어닝 포인트)
전황〈작전 연습〉	problems programmed

(戰況作戰練習)	(푸라블럼즈 푸로우구램드)
전황〈실전〉(戰況實戰)	progress of battle (푸라구레쓰 오브 배틀)
	war situation (우오 씨츄에이순)
전훈(戰訓)	lessons of war (레쓴스 오브 우오)
절대 전쟁(絶對戰爭)	absolute war (앱썰루울 우오)
절대적(絶對的)	absolute (앱썰루울)
절벽(絶壁)	cliff (클리후)
절정(絶頂)	peak (피잌)
	climax (클라이맥쓰)
절제(節制)	self-control (쎌후 컨츄롤)
	temperance (템퍼뢴스)
절차(節次)	procedure (푸라씨이쥬어)
점(點)	point (포인트)
점검(點檢)	check (췌)
점검 대조표(點檢對照表)	checklist (췌리스트)
점령(占領)	occupation (아큐페이순)
점령군(占領軍)	army of occupation (아아미 오브 아큐페이순)
점령 지역(占領地域)	occupied area (아큐파읻 애어뤼아)
점 목표(點目標)	point target (포인트 타아긷)
"점보"기(一機)	747 Jumbo jet (쎄븐훠어쎄븐 점보 젵)
점유 병상(占有病床)	occupied beds (아큐파읻 벧즈)
점축 사격 조정법	creeping method of adjustment
(漸縮射擊調整法)	(쿠뤼이삥 메썯 오브 엊쳐스트먼트)
점호(點呼)	roll call (로울 코올)
점화 스윌치(點火 一)	ignition switch (익니순 스윌치)
접근로(接近路)	avenue of approach (애비뉴 오브 어푸로우치)
접근전(接近戰)	close combat (클로우즈 캄뱉)
접적(接敵)	approach (어푸로우치)
접적 보고(接敵報告)	contcat report (칸탴트 뤼포올)
접적선(接敵線)	line of contact〈L/C〉(라인 오브 칸탴트 〈엘 씨이〉)
접적 이동(接敵移動)	movement to contact (무우브먼트 투 칸탴트)
접적 전진(接敵前進)	advance to contact (엳밴스 투 칸탴트)
접적 행군(接敵行軍)	approach march (어푸로우치 마아치)
접전(接戰)	engagement (인게이지먼트)
접전 계속 잔여대	detachment left in contact〈DLIC〉
(接戰繼續殘餘隊)	(디태치먼트 레후트 인 칸탴트 〈디이 엘 아이 씨이〉)
접전선(接戰線)	line of contact〈L/C〉
	(라인 오브 칸탴트 〈엘 씨이〉)
접촉(接觸)	contact (칸탴트)
접촉 보고(接觸報告)	contact report (칸탴트 뤼포올)
접촉점(接觸點)	contact point (칸탴트 포인트)

접촉 정찰대(接觸偵察隊)	contact patrol (칸택트 퍼츄롤)
젓가락	chopsticks (찹스띡쓰)
정계선(頂界線)	topographical crest (타퍼구래휘컬 쿠레스트)
정규〈보통〉구량 (正規普通口糧)	normal ration (노오멀 레슌)
정규군(正規軍)	Regular Army〈RA〉 (레귤러 아아미〈아아 에이〉)
정규 사향속(正規射向束)	rugular sheaf (레귤러 쉬이후)
정규 요리 식사 (正規料理食事)	hot meal (할 미일) "A-ration" (에이 레슌) class A meal (클래쓰 에이 미일)
정규적(正規的)	regular (레귤러) normal (노오멀) standard (스땐더얻)
정규 훈련 교육 (正規訓練教育)	formal training(호어멀 츄레이닝)
"정글"칼	machete(머쉐티)
정기 비행 연락 (定期飛行連絡)	courier service(쿠뤼어 써어비스)
정기적(定期的)	periodic(피어뤼아딕)
정기 정보 보고 (定期情報報告)	periodical intelligence report〈PERINTREP〉 (피어뤼아디컬 인텔리젼스 뤼포올) 〈피어륀츄렢〉)
"정말 전쟁(戰爭)**이 일어나면"**	"If the balloon goes up" ("이후 더 벌루운 고우즈 엎")
정면(正面)	front(후론트)
정면 공격(正面攻擊)	frontal attack(후론털 어택)
정면 광장(正面廣場)	apron(에이푸런)
정면 사격(正面射擊)	frontal fire(후론털 화이어)
정모(正帽)	service cap(써어비스 캪) "saucer"cap ("쏘오써" 캪)
정문(正門)	main gate(메인 게잍)
정밀(精密)	precision(푸뤼씨젼)
정밀 공격(精密攻擊)	deliberate attack(딜리버맅 어택)
정밀 낙진 예측 (精密落塵豫測)	deliberate fall-out prediction) (딜리버맅 호올아웉 푸뤼딕쑌)
정밀 도하(精密渡河)	deliberate rivercrossing (딜리버맅 리버어쿠라씽
정밀 방어(精密防禦)	deliberate defense(딜리버맅 디이휀스)
정밀 사격(精密射擊)	precision fire(푸뤼씨젼 화이어)
정밀 수정(精密修正)	precision adjustment (푸뤼씨젼 언져스트먼트)
정밀 야전 축성	deliberate field fortification

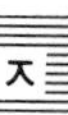

(精密野戰築城) (딜리버릩 휘일드 호어티휘케이숸)

정밀 지뢰 지대 (精密地雷地帶) deliberate minefield(딜리버릩 마인휘일드)

정밀 폭격(精密爆擊) pinpoint boming(핀포인트 바밍)

정보(情報) intelligence(인텔리젼스)
information(인호어메이숸)

정보 계획(情報計劃) intelligence plan(인텔리젼스 플랜)

정보관(情報官) intelligence officer(인텔리젼스 오휘써)
S-2(에쓰 투우우)

정보 교육(情報敎育) intelligence training(인텔리젼스 츄레이닝)

정보 기관(情報機關) intellieence agency(인텔리젼스 에이젼씨)

정보망(情報網) intel〈ligence〉 net(인텔〈리젼스〉 넽)

정보 보고(情報報告) intel〈ligence〉 report(인텔〈리젼스〉뤼포옽

정보 부록(情報附錄) intel〈ligence〉annex(인텔〈리젼스〉애넥쓰

정보 사진(情報寫眞) intelligence photograph
(인텔리젼스 호우터구래후)

정보 상황 설명 (情報狀況說明) intelligence information briefing
(인텔리젼스 인호어메이숸 부뤼이휭)

정보〈상황〉도 (情報狀況圖) intelligence〈situation〉 map
(인텔리젼스〈씨츄에이숸〉 맾)

정보 수집(情報蒐集) intelligence collection(인텔리젼스 컬렉숸)
intel gathering(인텔 개더어륑)

정보 수집 계획 (情報蒐集計劃) intelligence collection plan
(인텔리젼스 컬렉숸 플랜)

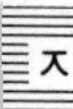

정보 수집 기관 (情報蒐集機關) intelligence collection agency
(인텔리젼스 컬렉숸 에이젼씨)

정보 요약(情報要約) intelligence summary(인텔리젼스 써머뤼)

정〈보〉 작〈전〉망 (情報作戰網) intel〈ligence〉/op〈erations〉net
(인텔〈리젼스〉/아퍼레이숸스 넽)

정보 장교(情報將校) intelligence officer(인텔리젼스 오휘써)

정보 정찰 소대 (情報偵察小隊) intelligence and reconnaissance platoon
(인텔리젼스 앤 뤼카너쎈스 플러투운)

정보 정찰조(情報偵察組) intel recon patrol team
(인텔 뤼칸 퍼츄롤 티임)

정보 종합(情報綜合) intelligence synthesis
(인텔리젼스 씬쎄씨스)

정보 판단(情報判斷) intelligence estimate(인텔리젼스 에스띠밑)

정보 평가(情報評價) intelligence evaluation
(인텔리젼스 이밸류에이숸)

정보 활동(情報活動) intelligence activity(인텔리젼스 액티비티)

정부(政府) government(가번먼트)

정부 기관(政府機關) government agency(가번먼트 에이젼씨)

정비(整備) maintenance(메인테넌스)

정비 검사(整備檢査) maintenance inspection (메인테넌스 인스펙숸)
정비 대대(整備大隊) maintenance battalion(메인테넌스 배탤리언)
정비 대충 장비(整備對充裝備) maintenance float(메인테넌스 훌로옷)
정비 상태(整備狀態) maintenance status(메인테넌스 스때터스)
정비소(整備所) maintenance shop(메인테넌스 샾)
정비 수리(整備修理) maintenance and repair (메인테넌스 앤 뤼패어)
정비원(整備員) maintenance crew(메인테넌스 쿠루우)
정비장(整備場) service area(써어비스 애어뤼아)
정비 장교(整備將校) maintenance officer(메인테넌스 오휘써)
정비 접촉조(整備接觸組) maintenance contact team (메인테넌스 칸택트 티임)
정비 중대(整備中隊) maintenance company(메인테넌스 캄퍼니)
정비차(整備車) maintenance vehicle(메인테넌스 비이끌)
정상(頂上) topographical crest(타퍼구래휘컬 쿠레스트)
정상(正常) normal(노오멀)
정상 방어(正常防禦) normal defense(노오멀 디이휀스)
정상 소모(正常消耗) fair wear and tear(홰어 웨어 앤 테어)
정상 회담(頂上會談) summit conference (써밑 칸훠뤈스)
정수(淨水) water purification(워러 퓨뤼휘케이숸)
정수낭(淨水囊) Lister bag(리스터어 백)
정수대(淨水隊) water purification unit (워러 퓨뤼휘케이숸 유우닡)
정수장(淨水場) water treatment plant (워러 추뤼읻먼트 플랜트)
정수차(淨水車) water purification truck (워러 퓨뤼휘케이숸 추뤜)
정식(正式) formal(호어멀)
정식 간격(正式間隔) normal interval(노오멀 인터어벌)
정신(精神) spirit(스삐릩)
mental attitude(멘털 애티튜읃)
alertness(얼러얼니쓰)
정신 교육(精神教育) character guidance(캐맄터 가이던스)
정신병 환자(精神病患者) mental patient(멘털 페이션트)
정신 전력(精神戰力) moral courage(모우뤌 커뤼지)
fighting spirit(화이팅 스삐릩)
정신 훈화(精神訓話) precept on patriotism (푸뤼쎕트 온 패이추뤼아티즘)
정양 병원(靜養病院) convalescent hospital(칸버레쓴트 하스삐럴)
정양 휴가(靜養休暇) convalescent leave(칸버레쓴트 리이브)
정의(定義) definition(데휘니숸)

정작처(情作處) S2/3 shop(에쓰투우쓰뤼이 샾)
정전(停戰) truce(츄루우스)
cease-fire(씨이즈화이어)
정전 협정(停戰協定) cease-fire agreement
(씨이즈화이어 어구뤼이먼트)
정정 명령(訂正命令) change order(체인즈 오오더어)
"정지!"(停止) "Halt!"(홀트)
정지(停止) stop(스땊)
정지 표지(停止標識) stop sign(스땊 싸인)
정찰(偵察) reconnaissance(뤼카너쎈스)
정찰기(偵察機) reconnaissance plane(뤼카너쎈스 플레인)
정찰대(偵察隊) patrol(퍼츄롤)
정찰망(偵察網) reconnaissance net(뤼카너쎈스 넽)
정찰병(偵察兵) scout(스까웉)
정찰 사진(偵察寫眞) reconnaissance photograph
(뤼카너쎈스 호우터구래후)
정찰 임무(偵察任務) reconnaissance mission(뤼카너쎈스 미쓘)
정찰차(偵察車) scout vehicle(스까웉 비이끌)
정찰 척후(偵察斥候) reconnaissance scout(뤼카너쎈스 스까웉)
정책(政策) policy(팔러씨)
정치(政治) politics(팔러팈쓰)
political affairs(폴리티껄 어홰어즈)
정치(正置) orient(오오뤼엔트)
정치적(政治的) political(폴리티껄)
정치점(正置點) orienting point(오오뤼엔팅 포인트)
정치 정보(政治情報) political intelligence (폴리티껄 인텔리젼스)
정탐(偵探) scouting(스까우팅)
정탐병(偵探兵) scout(스카웉)
정화통(淨化桶) canister(캐니스터)
정확성(正確性) accuracy(애큐뤄씨)
정확(正確)하게 precisely(푸뤼싸이슬리)
accurately(애큐뤝리)
exactly(잌쟄틀리)
정훈 교육(政訓敎育) troop information and education〈TI&E〉
(츄루웊 인호어메이숀 앤 에쥬케이숀
〈티이 아이 앤 이이〉)
제거(除去) elimination(일리미네이숀)
제거(除去)하다 eliminate(일리미네잍)
제공(制空) air control (애어 컨츄롤)
제공권(制空權) air supremacy (애어 쑤우푸뤼머씨)
command of the air(커맨드 오브 디 애어)
제공(提供)하다 provide(푸뤄바인)
제대(梯隊) echelon(에쉴란)

제대 (除隊) discharge from the Army (디스챠아지 후롬 디 아아미)
separation from the Army (쎄퍼레이순 후롬 디 아아미)

제대별 전진 (梯隊別前進) advance by echelon (언밴스 바이 에쉴란)

제대 편성 (梯隊編成) echelonment (에쉴란먼트)

제도병 (製圖兵) draftsman (츄래후쯔먼)

제독 (除毒) decontamination (디이컨태미네이순)

제독〈해군 준장〉 (提督海軍准將) commodore (카머도오어)

제독〈해군 소장 이상〉 (提督海軍少將以上) admiral (앤머뤌)

제동기 (制動機) brake (부레잌)

제목 (題目) subject (썹젝트)
title (타이틀)

제방 (堤防) bank (뱅크)
embankment (임뱅크먼트)
dike (다잌)

제병 연합 (諸兵聯合) combined arms (컴바인드 아암즈)

제병 연합 부대 (諸兵聯合部隊) combined arms team (컴바인드 아암즈 티임)

제병 연합 훈련 (諸兵聯合訓練) combined arms training (컴바인드 아암즈 츄레이닝)

제병 합동 훈련 (諸兵合同訓練) joint〈forces〉training (조인트〈호어씨즈〉 츄레이닝)

제빙구 (除氷具) ice scraper (아이스 스끄레이뻐)

제 사종 보급품 (第四種補給品) class Ⅳ supplies (클래스 훠어 써플라이즈)

제삼 세계국 (第三世界國) Third World countries (써얼 우올드 칸츄뤼이즈)

제삼 세계 세력 (第三世界勢力) Third World power (써얼 우올드 파우어)

제설차 (除雪車) snow removal equipment (스노우 뤼무우벌 이퀖먼트)
snow plow〈truck〉(스노우 프라우〈츄뤜〉)

제시 (提示) presentation (푸뤼젠테이순)

제시 (提示) **하다** present (푸뤼젠트)
display (디쓰플레이)

제안 (提案) proposal (푸뤄뽀우절)

제안 (提案) **하다** propose (푸뤄포우즈)

제압 (制壓) suppression (써푸레쑨)

제압 사격 (制壓射擊) suppressive fire (써푸레씨브 화이어)

제원 (諸元) data (대터)

ㅈ

제원 기록 사격 (諸元記録射擊)	registration fire (레지스츄레이순 화이어)
제원 기록 지점 (諸元記録地點)	registration point (레지스츄레이순 포인트)
제의 (提議)	suggestion (써제스춘)
제의 (提議) 하다	suggest (써제스트)
제 이 단계 정비 (第二段階整備)	second echelon maintenance (쎄컨드 에쉴란 메인테넌스) organizational maintenance (오오거니제이슈널 메인테넌스)
제 이차 세계 대전 (第二次世界大戰)	World War Ⅱ (우올드 우오 투우) Second World War (쎄컨드 우올드 우오)
제 일 단계 정비 (第一段階整備)	first echelon maintanance (훠어스트 에쉴란 메인테넌스) operator maintenance (아퍼레이러 메인테넌스)
제 일 선 (第一線)	front line (후론트 라인)
제 일 선 방어 (第一線防禦)	front line defense (후론트 라인 디이휀스)
제 일종 보급품 (第一種補給品)	class I supplies (클래쓰 원 써플라이즈)
제 일차 세계 대전 (第一次世界大戰)	World War I (우올드 우오 원) First World War (훠어스트 우올드 우오)
제차 대형 (梯差隊形)	echelons in abreast (에쉴란즈 인 업레스트)
제차 전진 (梯差前進)	advance by echelon (언밴스 바이 에쉴란)
제출 (提出) 하다	submit (썹밑) send in (센드 인)
제 칠 함대 (第七艦隊)	Seventh Fleet (쎄븐스 훌리잍)
제파 공격 (梯波攻擊)	echelon attack (에쉴란 어탴) attack waves (어택 웨이브스)
제 팔 군 (第八軍)	Eighth US Army 〈EUSA〉 (에이스 유우에쓰 아아미 〈이이 유우 에쓰 에이〉)
제한 (制限)	limit (리밑) restriction (뤼스츄뤽쑨)
제한 공격 (制限攻擊)	limited attack (리미틷 어탴)
제한 구역 (制限區域)	restricted area (뤼스츄뤽틷 애어뤼아)
제한 (制限) 된	limited (리미틷)
제한 사격선 (制限射擊線)	restricted fire line 〈RFL〉 (뤼스츄뤽틷 화이어 라인 〈아아 에후 엘〉)
제한 전쟁 (制限戰爭)	limitd war (리미틷 우오) localized war (로우껄라이즈드 우오)
제한 지역 (制限地域)	restricted area (뤼스츄뤽틷 애어뤼아)
제해 (制海)	command of the sea (커맨드 오브 더 씨이)

"젵"	Jet(젵)
"젵"기관(一機關)	Jet engine(젵 엔진)
"젵"기류(一氣流)	Jet stream(젵 스츄뤼임)
"젵"연료(一燃料)	Jet fuel(젵 휴얼)
조(組)	team(티임)
조감도(鳥瞰圖)	bird's eye view(버어즈 아이 뮤우)
조공(助攻)	supporting attack(써포오팅 어탴)
	secondary attack(쎄컨데뤼 어탴)
조교(助教)	assistant instructor〈AI〉
	(어씨스턴트 인스츄뤅터〈에이 아이〉)
조교(吊橋)	suspension bridge(써스펜숀 부뤼지)
조기 경보(早期警報)	early warning(어얼리 우오닝)
조기 경보 방책	early warning device
(早期警報方策)	(어얼리 우오닝 디바이스)
조난 호출(遭難呼出)	distress call(디스츄레쓰 코올)
조달(調達)	procurement(푸뤄큐어먼트)
조류(潮流)	current(커뤈트)
조명(照明)	illumination(일루미네이숀)
조명탄(照明彈)	illumination round(일루미네이숀 라운드)
	flare(훌레어)
조목(條目)	item(아이틈)
조무(朝霧)	morning fog(모오닝 혹)
조미료(調味料)	condiment(칸디먼트)
조사(調査)	investigation(인베스티게이숀)
	research(뤼써어치)
조약(條約)	treaty(츄뤼이티)
	accord(어코온)
	agreement(어구뤼이먼트)
조언(助言)	advice(앧바이스)
조우전(遭遇戰)	incidental engagement
	(인씨덴털 인게이지먼트)
조정(調整)	adjustment(얻져스트먼트)
	coordination(코오디네이숀)
조종(操縱)	control(컨츄롤)
조종사(操縱士)	pilot(파이렅)
조준(照準)	aim(에임)
조준간(照準桿)	aiming post(에이밍 포우스트)
조준기(照準器)	sight(싸잍)
조준선(照準線)	line of sight(라인 오브 싸잍)
조준점(照準點)	aiming point(에이밍 포인트)
조처(措處)	measure(메져어)
조화(造化)**되다**〈**색조**〉(色調)	blend(블렌드)
조회(照會)**하다**	refer to(뤼훠어 투)

ㅈ

좁은 간격(一間隔)	close interval(클로우즈 인터어벌)
종격실(縱隔室)	corridor(카뤼도어)
종군 기자(從軍記者)	war correspondent(우오 커레스판던트)
종달새	robin(라빈)
종대(縱隊)	column(칼럼)
종대 대형(縱隊隊形)	column formation (칼럼 호어메이숀)
종대 엄호(縱隊掩護)	column cover(칼럼 카버)
종렬(縱列)	file(화일)
종료(終了)	termination (터어미네이숀) completion (컴플리숀)
종별(種別)	classification (클래씨휘케이숀) category (커테거뤼)
종사(縱射)	enfilade fire(엔휘레잎 화이어)
종속 부서(從屬部署)	satellite station (쌔를라잍 스떼이숀)
종심(縱深)	depth (뎁쓰)
종심 방어(縱深防禦)	defense in depth (디이휀스 인 뎁쓰)
종장(從章)	appurtenance (어퍼티넌스)
종적 관계(縱的關係)	chain of command (체인 오브 커맨드) command relations (커맨드 륄레이숀스)
종적(縱的)**으로**	vertically (버어티컬리)
종점(終點)	terminal(터어미널)
종합 병원(綜合病院)	general hospital(제너뤌 하스삐럴)
종합 보고서(綜合報告書)	consolidated report(칸썰리데이팉 뤼포올)
종합 수송부(綜合輸送部)	consolidated motor pool (칸썰리데이팉 모우러푸울)
종합 식당(綜合食堂)	consolidated dining facility (칸썰리데이팉 다이닝 훠씰리티)
좌사 자세(座射姿勢)	sitting〈firing〉position (씨딩〈화이어링〉퍼칠숀)
좌익(左翼)	left flank(레후트 훌랭크)
좌측(左側)	left〈side〉(레후트〈사이드〉)
좌측방(左側方)	left flank(레후트 훌랭크)
좌표(座標)	grid coordinates(구륃 코오디널쯔)
좌표 방위각(座標方位角)	grid azimuth(구륃 애지머스)
좌표선(座標線)	grid line(구륃 라인)
죄수(罪囚)	prisoner(푸뤼즈너)
주(主)	principal(푸륀씨펄) primary(푸라이매뤼)
주간(晝間)	daylight hours(데이라잍 아워즈)
주간 공격(晝間攻擊)	day attack(데이 어탴)
주간 정찰(晝間偵察)	daytime patrol(데이타임 퍼츄롤)
주간 훈련 예정표 (週間訓練豫定表)	weekly training schedule (위끌리 츄레이닝 스께쥴)

주공 (主攻)	main attack (메인 어택) primary attack (푸라이매뤼 어택)
주관자 (主管者)	sponsor (스빤써) host (호우스트)
주교 (舟橋)	pontoon〈bridge〉(판투운〈부뤼지〉)
주교 도하선 (舟橋渡河船)	pontoon ferry (판투운 훼뤼)
주귀빈 (主貴賓)	most important person〈MIP〉 (모우스트 임포오턴트 퍼어슨〈엠 아이 피이〉)
주도권 (主導權) **을 장악** (掌握) **하다**	seize the initiative (씨이즈 더 이니셔티브)
주도로 (主道路)	main road (메인 로운)
주둔 부대 (駐屯部隊)	post (포우스트) station (스떼이순)
주둔 부대 공병 부장 (駐屯部隊工兵部長)	post engineer (포우스트 엔지니어)
주둔 부대 사령관 (駐屯部隊司令官)	post commander (포우스트 커맨더)
주력 부대 (主力部隊)	main body (메인 바디)
"쥬래건"	Dragon (쥬래건)
주먹밥	rice ball (라이스 보올)
주목 (注目)	attention (어텐숀)
주목표 (主目標)	primary target (푸라이매뤼 타아깉)
주무 장교 (主務將校)	officer in charge〈OIC〉 (오휘써 인 챠아지〈오우 아이 씨이〉)
주무 하사관 (主務下士官)	noncommissioned officer in charge〈NCOIC〉 (넌커미쓘드 오휘써 인 챠아지〈엔 씨이 오우 아이 씨이〉)
주문 (注文)	order (오오더어)
주방위군 (州防衛軍)	National Guard〈NG〉(내슈널 가앋〈엔 지이〉)
주번 사령 (週番司令)	duty officer (듀우리 오휘써)
주번 하사관 (週番下士官)	charge of quarters〈CQ〉 (챠아지 오브 쿠오뤄즈〈씨이 큐우〉)
주변 도로 (周邊道路)	perimeter road (퍼뤼머터어 로운)
주보 (酒保)	post exchange〈PX〉 (포우스트 잌쓰췌인지〈피이 엑쓰〉)
주보급로 (主補給路)	main supply route〈MSR〉 (메인 써플라이 라울〈엠 에쓰 아아〉)
주사 (走査)	scanning (스깨닝)
주사격 구역 (主射擊區域)	prmary sector of fire (푸라이매뤼 쎅터 오브 화이어)
주선 (主線)	principal line (푸륀씨펄 라인)
주야 (晝夜)	all day and all night (오올 데이 앤 오올 나잍)

ㅈ

	day and night (데이 앤 나잍)
주야간 실사격 훈련 (晝夜間實射擊訓練)	day and night live fire training (데이 앤 나잍 라이브 화이어 츄레이닝)
주요 (主要)	key (키이)
주요 교량 확보 (主要橋梁確保) **하라**	secure key bridges (씨큐어 키이 부뤼지스)
주요 기간원 (主要基幹員)	key personnel (키이 퍼어쓰넬)
주요 사령부 (主要司令部)	major command (메이져어 커맨드)
주요 지형 (主要地形)	key terrain (키이 터레인)
	critical terrain (크뤼티컬 터레인)
주요 참모 요원 (主要參謀要員)	primary staff (푸라이매뤼 스때후)
	key staff members (키이 스때후 멤버즈)
주요 화기 (主要火器)	primary weapon (푸라이매뤼 웨펀)
주유 명령서 (注油命令書)	lubrication order〈LO〉 (루우부뤼케이슌 오오더어〈엘 오우〉)
주임무 (主任務)	primary mission (푸라이매뤼 미쓘)
	principal duty (푸륀씨펄 듀우리)
	primary function (푸라이매뤼 휭쓘)
주저항선 (主抵抗線)	main line of registance (메인 라인 오브 뤼지스턴스)
주전투 지대 (主戰鬪地帶)	main battle area〈MBA〉 (메인 배를 애어뤼아〈엠 비이 에이〉)
주전투 전차 (主戰鬪戰車)	M1 main battle tank (엠원 메인 배를 탱크)
	Abrams tank (에이브뤔즈 탱크)
주정 (舟艇)	boat (보울)
	craft (쿠래후트)
주정 집결 지역 (舟艇集結地域)	boat assembly area (보울 어쎔블리 애어뤼아)
주지휘소 (主指揮所)	main command post (메인 커맨드 포우스트) 〈main CP〉〈메인 씨이 피이〉
주진지 (主陣地)	primary position (푸라이매뤼 퍼칠쓘)
주차 (駐車)	vehicle parking (비이끌 파아킹)
주차장 (駐車場)	parking area (파아킹 애어뤼아)
	parking lot (파아킹 랕)
주차 제한 (駐車制限)	parking limit (파아킹 리밑)
주최국 (主催國)	host country (호우스트 칸츄뤼)
주특기 (主特技)	primary military occupational specialty 〈primary MOS〉 (푸라이매뤼 밀리테뤼 아큐페이쓔널 스빼셜티) 〈푸라이매뤼 엠 오우 에쓰〉
주파수 (周波數)	frequency (후뤼퀀씨)
주파수대 (周波數帶)	channel (채늘)
주파수 변조 (周波數變調)	frequency modulation〈FM〉

(후휘퀀씨 마쥬레이슌〈에후 엠〉)

주포 (主砲) primary gun (푸라이매뤼 건)

주항만 (主港灣) major port (메이져어 포올)

준비 (準備) plan (플랜)
preparation (푸뤼퍼레이슌)

준비 명령 (準備命令) warning order (우오닝 오오더어)

준비 사격 (準備射擊) preparation fire〈prep〉
(푸뤼퍼레이슌 화이어〈푸렙〉)

준비선 (準備線) ready line (레디 라인)

준비 완료 상태 (準備完了狀態) readiness (레디네스)

준비 태세 (準備態勢) readiness posture (레디네쓰 파우스쳐)

준사관 임명 (準士官任命) warrant appointment (워뤈트 어포인트먼트)

준수 (遵守) compliance (컴플라이언스)
close observation (클로우즈 압써베이슌)

준위 (准尉) warrant officer〈WO〉
(워뤈트 오휘써〈더블유 오우〉)

준장 (准將) brigadier general〈BG〉
(부뤼거디어 제너뤌〈비이 지이〉)

중 (重) heavy (헤비)

중간 (中間) intermediate (이너어미디얼)
midsection (믿섹쓘)

중간 목표 (中間目標) intermediate objective (이너어미디얼 옵젝티브)

중간 지대 (中間地帶) no man's land (노우 맨즈 랜드)

중간 지점 (中間地點) midpoint (믿포인트)

중거리 (中距離) medium range (미디엄 레인지)

중계 (中繼) relay (륄레이)

중계소 (中繼所) relay station (륄레이 스테이슌)

중계 통신문 (中繼通信文) relay message (륄레이 메씨지)

중공 (中共) People's Republic of China
(피플즈 뤼퍼블릭 오브 차이나)

중국계 (中國系) Chinese (차이니이즈)

중기관총 (重機關銃) heavy machinegun (헤비 머쉬인건)

중대 (中隊) company (캄퍼니)

중대 공격 명령 (中隊攻擊命令) rifle company attack order
(라이훌 캄퍼니 어택 오오더어)

중대기 (中隊旗) guidon (가이단)

중대 사무실 (中隊事務室) orderly room (오오더어리 루움)

중대 선임 장교 (中隊先任將校) company executive officer〈XO〉
(캄퍼니 익제큐티브 오휘써〈엑쓰 오우〉)

중대 선임 하사관 (中隊先任下士官) First Sergeant〈1SG〉
(훠어스트 싸아전트〈원 에쓰 지이〉)

중 대전차 화기〈"모오"〉 medium antitank weapon〈MAW〉

(中對戰車火器〈—〉)	(미디엄 앤타이탱크 웨펀〈모오〉) Dragon(쥬래건)
중 대전차 화기〈"호오"〉 (重對戰車火器〈—〉)	heavy antitank weapon〈HAW〉 (헤비 앤타이탱크 웨펀〈호오〉) TOW(토우)
중대 지역(中隊地域)	company area (캄퍼니 애어뤼아)
중동(中東)	Middle East(미들 이이스트)
중량(重量)	weight(웨잍)
중력(重力)	gravity (구래비티)
중령(中領)	lieutenant colonel〈LTC〉 (루우테넌트 커어널〈엘 티이 씨이〉)
중립(中立)	neutrality(뉴우츄랠러티)
중립 지대(中立地帶)	neutral zone (뉴우츄뤌 죠운)
중문교(重門橋)	heavy raft(헤비 래후트)
중복(重複)	conflict(칸훌릭트) double (더블)
중부 전선(中部戰線)	Central front(센츄뤌 후론트)
중사(中士)	staff sergeant〈SSG〉 (스때후 싸아전트〈에쓰 에쓰 지이〉)
중성자(中性子)	neutron (뉴우츄란)
중성자탄(中性子彈)	neutron bomb(뉴우츄란 밤)
중손해(中損害)	moderate damage(마더뤝 대미지)
중손해(重損害)	heavy damage (헤비 대미지) severe damage (씨비어 대미지)
중심(中心)	center (쎄너)
중앙 돌파(中央突破)	punch through (펀치 스루우) break through (부레잌 스루우)
중앙 본부(中央本部)	central headquarters(센츄뤌 헫쿠오뤄즈)
중앙선(中央線)	center line (쎄너 라인)
중앙점(中央點)	central point(센츄뤌 포인트)
중앙 정보국(中央情報局)	Central Intelligence Agency〈CIA〉(센츄뤌 인텔리젼스 에이젼씨〈씨이 아이 에이〉)
중앙 지휘(中央指揮)	central control(센츄뤌 컨츄롤)
중앙 집권(中央集權)	centralization(센츄뤌라이제이숀)
중요 장비(重要裝備)	sensitive item(센씨티브 아이틈)
중요 지역(重要地域)	area of significant importance (애어뤼아 오브 씩니휘컨트 임포오턴스)
중요 지점(重要地點)	critical point(쿠뤼티껄 포인트)
중요 지형 지물 (重要地形地物)	critical terrain (쿠뤼티껄 터레인)
중요품(重要品)	critical item(쿠뤼티껄 아이틈)
중위(中尉)	first lieutenant〈1 LT〉 (훠어스트 루우테넌트〈원 엘 티이〉)

중유 (重油)	diesel(디이절)
중장 (中將)	lieutenant general 〈LTG〉
	(루우테넌트 제너뤌〈엘 티이 치이〉)
중장비 (重裝備)	heavy equipment(헤비 이큅먼트)
중전차 (中戰車)	medium tank (미디엄 탱크)
중전차 (重戰車)	heavy tank (헤비 탱크)
중정비 (重整備)	major repair (메이저어 뤼패어)
중지 (中止)**하다**	stop (스땊)
	suspend(써스펜드)
중직 (重職)	sensitive position(쎈씨티브 퍼칠쓘)
중첩 (重疊)	overlap (오우버 랩)
중파 (中破)	partial damage (파아셜 대미지)
중파 (重破)	major damage (메이저어 대미지)
중포 (中砲)	medium artillery (미디엄 아아틸러뤼)
중포 (重砲)	heavy artillery (헤비 아아틸러뤼)
중폭격기 (中爆擊機)	medium bomber (미디엄 바머)
중폭격기 (重爆擊機)	heavy bomber (헤비 바머)
중화 (中和)	neutralization (뉴우츄뤌라이제이슌)
중화기 (重火器)	heavy weapon (헤비 웨펀)
중화 (中和)**하다**	neutralize (뉴우츄뤌라이즈)
중형 대전차 화기 (中型對戰車火器)	Dragon (쥬래건)
중형 대전차 화기 (重型對戰車火器)	TOW(토우)
즉각 대응군 (即刻對應軍)	immediate reaction force 〈IRF〉
	(임미디엍 뤼액쓘 호오스〈아이 아아 에후〉)
즉결 처분 (即決處分)	non-judicial punishment
	(넌쥬디셜 퍼니쉬먼트)
	Article 15(아아티끌 휘후티인)
즉시 보고 (即時報告)	spot report(스빧 뤼포올)
"경례"보고 (敬禮報告)	"SALUTE" report(썰루울 뤼포올)
① **인원수** (人員數)	① size(싸이즈)
② **작업 형태** (作業形態)	② activity (액티비티)
③ **위치** (位置)	③ location(로우케이슌)
④ **복장** (服裝)	④ uniform(유니호옴)
⑤ **시간** (時間)	⑤ time(타임)
⑥ **장비** (裝備)	⑥ equipment (이큅먼트)
증가 (增加)	augmentation (오옥멘테이슌)
증가 (增加)**하다**	augment(오옥멘트)
증강 (增强)	reinforcement(뤼인호오스먼트)
증강 (增强)**된**	reinforced (뤼인호오스드)
증강 사단 (增强師團)	reinforced division (뤼인호오스드 디비젼)
증거 (證據)	evidence(에비던스)

	proof (푸루흐)
증명서 (證明書)	certificate (써티휘킽)
증분량 (增分量)	increment (인쿠뤄먼트)
증빙서 (證憑書)	voucher (바우쳐)
증언 (證言)	testimony (테스티머니)
증원 (增援)	reinforcement (뤼인호오스먼트) reinforcing (뤼인호오씽)
증원 부대 (增援部隊)	reinforcements (뤼인호오스먼쯔)
증원 임무 (增援任務)	reinforcing mission (뤼인호오씽 미쓘)
증원 포병 (增援砲兵)	reinforcing artillery (뤼인호오씽 아아틸러뤼)
증인 (證人)	witness (윝네쓰)
지경선 (地境線)	boundary 〈line〉 (바운데뤼 〈라인〉)
지구성 "개쓰" (持久性—)	persistent gas (퍼어씨스턴트 개쓰)
지구전 (持久戰)	war of attrition (우오 오브 어츄뤼쓘)
지급 (支給)	issue (이쓔)
지급 단위 (支給單位)	unit of issue (유우닡 오브 이쓔)
지급 통신문 (至急通信文)	priority message (푸라이아뤄티 메씨지)
지급품 (支給品)	issues (이쓔우즈)
지급 품목 (支給品目)	item of issue (아이틈 오브 이쓔)
지급 화력 지원 (至急火力支援)	priority of fire (푸라이아뤄티 오브 화이어)
"지니이버/헤익"협정 (—協定)	Geneva/Hague Convention (지니이바/헤익 컨벤춘)
"지니이버"협정 (—協定)	Geneva Convention (지니이바 컨벤춘)
지대 (地帶)	zone (죠운)
지대공 유도탄 (地對空誘導彈)	surface-to-air missile 〈SAM〉 (써어휘스 투 애어 미쓸 〈쌤〉)
지대 방어 (地帶防禦)	zone defense (죠운 디이휀스)
지대 사격 (地帶射擊)	zone fire (죠운 화이어)
지대지 유도탄 (地對地誘導彈)	surface-to-surface missile (써어휘스 투 써어휘스 미쓸)
지도 (地圖)	map (맾)
지도 강습 (指導講習)	orientation (오오뤼엔테이슌)
지도 난외 주기 (地圖欄外註記)	marginal data (마아지널 대터)
지도 부호 (地圖符號)	map code (맾 코운)
지도 정치 (地圖正置)	map orientation (맾 오오뤼엔테이슌)
지도 제원 (地圖諸元)	map data (맾 대터)
지도 축척 (地圖縮尺)	map scale (맾 스께일)
지도판 (地圖板)	map board (맾 보온)
지도 편의각 (地圖偏倚角)	map declination (맾 디클라이네이슌)
지령 (指令)	directive (디렉티브)
지령 유도 방식	command guidance system

(指令誘導方式) (커맨드 가이던스 씨스텀)
지뢰 (地雷) 〈land〉mine (〈랜드〉마인)
지뢰 밀도 (地雷密度) mine density (마인 덴써티)
지뢰 방어 (地雷防禦) mine defense (마인 디이휀스)
지뢰 연결선 (地雷連結線) trip-wire (츄륖 와이어)
지뢰 운용 작전 (地雷運用作戰) mine operation (마인 아퍼레이숸)
지뢰원 (地雷原) minefield (마인휘일드)
지뢰 제거 (地雷除去) mine clearance (마인 클리어뢘스)
지뢰 제거차 (地雷除去車) mine sweeper (마인 스위뻐)
지뢰 탐지기 (地雷探知機) mine detector (마인 디텍터)
지뢰 지대 간격 (地雷地帶間隔) minefield gap (마인휘일드 갶)
지리 (地理) geography (지아구뤄휘)
지리 (地理)**에 밝은** familiar (훠밀리어)
지리 (地理)**에 어두운** foreign (호어륀)
지면 편성 (地面編成) organization of the ground (오오거니제이숸 오브 더 구라운드)
지발 (遲發) hangfire (행화이어)
지방 시각 (地方時刻) local time (로우껄 타임)
지배적 지형 (支配的地形) dominant terrain (다미넌트 터레인)
지부 (支部) branch (부랜치)
지불 요구 (支拂要求) claim (클레임)
지붕 roof (루우후)
지붕형 철조망 (一型鐵條網) double-apron fence (더블 에이푸뢴 휀스)
지사 (知事) governor (가버너)
지상 감시 전파 탐지기 (地上監視電波探知機) ground surveillance radar 〈GSR〉 (구라운드 써어베일런스 레이다아 〈지이 에쓰 아아〉)
지상 거리 (地上距離) ground distance (구라운드 디스턴스)
지상군 (地上軍) ground troops (구라운드 츄루웊쓰)
지상 부대 지휘관 (地上部隊指揮官) ground commander (구라운드 커맨더)
지상 영점 (地上零點) ground zero (구라운드 지어로우)
지상 원점 (地上原點) ground zero (구라운드 지어로우)
지상 전방 항공 통제관 (地上前方航空統制官) ground FAC (구라운드 홱)
지상 정찰 (地上偵察) ground reconnaissance (구라운드 뤼카너쎈스)
지상 제대 (地上梯隊) ground echelon (구라운드 에쉴란)
지상 측지 (地上測地) ground survey (구라운드 써어베이)
지상 탐지 (地上探知) ground detection (구라운드 디텍숸)
지상 파열 (地上破裂) air burst (애어 버어스트)

지세 (地勢) topography (타퍼구래휘)
지세적 정상 (地勢的頂上) topographic crest (타퍼구래휙 쿠레스트)
지속력 (持續力) sustaining strength (써스테이닝 스츄렝스)
지속성 (持續性) continuity (컨티뉴어티)
지속성 작용제 (持續性作用劑) persistent gas (퍼어씨스턴트 개쓰)
지속적 (持續的) persistent (퍼어씨스턴트)
지속 (持續)하다 sustain (써스테인)
지시 (指示) direction (디렉순)
guidance (가이던스)
indication (인디케이숀)
지시서 (指示書) directive (디렉티브)
지역 (地域) area (애어뤼아)
지역 교통 통제 (地域交通統制) area traffic control (애어뤼아 츄래휙 컨츄롤)
지역구 (地域區) local sector (로우껄 쎅터)
지역 목표 (地域目標) area target (애어뤼아 타아깉)
지역 방공 통제소 (地域防空統制所) area air defense control center (애어뤼아 애어 디이휀스 컨츄롤 쎄너)
지역 방어 (地域防禦) area defense (애어뤼아 디이휀스)
지역 사격 (地域射擊) area fire (애어뤼아 화이어)
지역 사령부 (地域司令部) area command (애어뤼아 커맨드)
지역 정찰 (地域偵察) area reconnaissance (애어뤼아 뤼카너썬스)
지역 피해 통제 (地域被害統制) area damage control (애어뤼아 대미지 컨츄롤)
지연 (遲延) delay (딜레이)
지연 신관 (遲延信管) delay fuze (딜레이 휴우즈)
지연전 (遲延戰) delaying action (딜레잉 액숀)
지연 진지 (遲延陣地) delaying position (딜레잉 퍼칠숀)
지원 (支援) support (써포올)
지원 (志願) volunteer (발룬티어)
지원 거리 (支援距離) supporting distance (써포오팅 디스턴스)
지원 계통 (支援系統) support channel (써포올 채늘)
지원단 (支援團) support group (써포올 구루웊)
지원 대대 (支援大隊) support battalion (써포올 배탤리언)
지원 (支援)받는 부대 (部隊) supported unit (써포오틷 유우닡)
지원병 (支援兵) volunteer (발룬티어)
지원병 제도 (支援兵制度) voluntary service (발룬테뤼 써어비스)
지원 (하는) 부대 (支援部隊) supporting unit (써포오팅 유우닡)
지원 사격 (支援射擊) supporting fire (써포오팅 화이어)
지원 사〈령부〉 (支援司令部) support command (써포올 커맨드)
지원 입대 (志願入隊) enlistment (인리스트먼트)

ㅈ

지원 제대 (支援梯隊) support echelon (써포올 에쉴란)
지원 체제 (支援體制) support system(써포올 씨스텀)
지원 포병 (支援砲兵) supporting artillery(써포오팅 아아틸러뤼)
지원 화기 (支援火器) supporting arms (써포오팅 아암즈)
"지이아이"〈미군 사병〉 〈一美軍士兵〉 GI〈Government Issue〉 (지이 아이 〈가번먼트 이쓔〉)
"지이-엠" (誘導彈) GM (guided missile) (지이 엠 〈가이딛 미쓸〉)
"지이-엠" 각 (圖北-磁北 差異角) G-M angle (지이 엠 앵글)
"지이엠씨이 츄뤽" (大型車) 〈General Motors Coorporation〉 truck (〈제너뤌 모우러즈 코우퍼레이숀〉츄뤽)
2½-ton truck(듀우스 애너 해후 턴 츄뤽)
deuce & a half(듀우스 애너 해후)
"지이엠티이" GMT〈Greenwich Mean Time〉 (지이 엠 티이 〈구뤼인위치 미인 타임〉)
"지잎" jeep (지잎)
¼-ton(쿠오러턴)
지점 (地點) point(포인트)
지점 목표 (地點目標) point target(포인트 타아깉)
지정 (指定) designation (데직네이숀)
지정 집결 (指定集結) rendezvous(라안더뷰우)
지정 집결 지역 (指定集結地域) rendevous area(라안더뷰우 애어뤼아)
지정 집결 지점 (指定集結地點) rendezvous point(라안더뷰우 포인트)
지정학 (地政學) geopolitics(지오팔러틱쓰)
지주법 (支柱法) shoring(쇼어링)
지지 (支持) support(써포올)
지지 정보 (地誌情報) topographic intelligence (타퍼구래휙 인텔리젼스)
지체 (遲滯) delay (딜레이)
지체 (遲滯) **없이** without delay (윋아울 딜레이)
지출 (支出) expenditure (익쓰펜디쳐)
지침 (指針) guidance (가이던스)
guideline (가읻라인)
지평선 (地平線) horizon(허라이즌)
지표 파열 (地表破裂) surface burst(써어휘스 버어스트)
지하 (地下) underground (언더구라운드)
지하실 (地下室) basement(베이스먼트)
bunker (벙커어)
지하 엄체 (地下掩體) dugout(덕아울)
지향성 전파 (指向性電波) beam(비임)
지향식 "앤테너" (指向式—) directional antenna (디렉쓔널 앤테너)

지형 (地形)	terrain〈features〉(터레인〈휘이쳐어즈〉)
지형 감정 (地形鑑定)	terrain appreciation (터레인 어푸뤼씨에이슌)
지형 격실 (地形隔室)	compartment of terrain (컴파알먼트 오브 터레인)
지형도 (地形圖)	topographic map (타퍼구래휙 맾)
지형 모형 (地形模型)	terrain model (터레인 마들)
지형 목표 (地形目標)	topographic objective (타퍼구래휙 옵쩩티브)
지형 분석 (地形分析)	terrain analysis (터레인 어낼러씨스)
지형 정찰 (地形偵察)	visual reconnaissance (비쥬얼 뤼카너쎈스)
지형 지물 (地形地物)	terrain features (터레인 휘이쳐어즈)
지형 측량 (地形測量)	topographical survey (타퍼구래휘껄 써어베이)
지형 판단 (地形判斷)	estimate of terrain (에스띠밑 오브 터레인)
지형 판독 (地形判讀)	topographical interpretation (타퍼구래휘껄 인터푸뤼테이슌)
지형 평가 (地形評價)	terrain evaluation (터레인 이밸류에이슌)
지휘 (指揮)	command (커맨드)
지휘 각서 (指揮覺書)	command memorandum (커맨드 메모랜덤)
지휘 검열 (指揮檢閱)	command inspection〈CI〉 (커맨드 인스펙슌〈씨이 아이〉)
지휘 계통 (指揮系統)	chain of command (체인 오브 커맨드)
지휘관 (指揮官)	commander〈CDR〉(커맨더〈씨이 디이 아아〉) commanding officer〈CO〉 (커맨딩 오휘써〈씨이 오우〉)
지휘관 강조 사항 (指揮官强調事項)	commander's emphases (커맨더즈 엠훠씨스)
지휘관 개념 (指揮官槪念)	commander's concept (커맨더즈 칸쎕트)
지휘관 결정 (指揮官決定)	command decision (커맨드 디씨젼)
지휘관 구두 명령 (指揮官口頭命令)	vocal order, commanding officer〈VOCO〉 (보우껄 오오더어, 커맨딩 오휘써〈보우 코우〉)
지휘관 복안 (指揮官腹案)	commander's concept (커맨더즈 칸쎕트)
지휘관 상황 판단 (指揮官狀況判斷)	commander's estimate of the situation (커맨더즈 에스띠밑 오브 더 씨츄에이슌)
지휘관 연락 (指揮官連絡)	command liaison (커맨드 리이애이쟈안)
지휘관 포탑 (指揮官砲塔)	commander's cupola (커맨더즈 큐우펄러)
지휘 관할권 (指揮管轄權)	command jurisdiction (커맨드 쥬뤼스딕슌)
지휘권 (指揮權)	command〈authority〉(커맨드〈오오쏘뤼티〉)
지휘망 (指揮網)	command net (커맨드 넽)
지휘법 (指揮法)	commandership (커맨더쉽) leadership (리이더쉽)
지휘 보고 (指揮報告)	command report (커맨드 뤼포옽)
지휘 본부 경계 (指揮本部警戒)	command post〈CP〉security (커맨드 포우스트〈씨이피이〉씨큐뤼티)

지휘봉 (指揮棒) commander's stick (커맨더즈 스떽)
swagger stick (스와이거 스떽)

지휘 부서 (指揮部署) command element (커맨드 엘리먼트)

지휘 부서 요원 (指揮部署要員) command element (커맨드 엘리먼트)
command group (커맨드 구루웊)
headquarters element (헤쿠오뤄즈 엘리먼트)

지휘소 (指揮所) command post〈CP〉
(커맨드 포우스트〈씨이 피이〉)

지휘소 연습 (指揮所練習) command post exercise〈CPX〉
(커맨드 포우스트 엑써싸이스〈씨이 피이 엑쓰〉)

지휘소 차량 (指揮所車輛) command post vehicle
(커맨드 포우스트 비이끌)

지휘 원칙 (指揮原則) leadership principles〈guidelines〉
(리이더쉽 푸륀씨쁠즈〈가이드라인즈〉)

① **기술적, 전술적 능력자가 되라**〔技術的, 戰術的能力者〕
① Be technically and tactically proficient
(비이 텍니껄리 앤 택티껄리 푸뤄휘션트)

② **자신을 알고 향상을 도모하라**〔知己向上〕
② Know yourself and seek self improvement -
(노우 유어쎌후 앤 씨잌 임푸루우브먼트 -)

③ **병사를 알고 그들의 복지를 보살펴라**〔兵士福止〕
③ Know your soldiers and look out for their welfare -
(노우 유어 쏠져어스 앤 룩 아웃 호어 데어 웰홰어)

④ **부하들에게 현황을 인식시켜라**〔部下現況認識〕
④ Keep your subordinates informed -
(키잎 유어 써보오디넡쯔 인호옴드 -)

⑤ **솔선 수범하라**〔率先垂範〕
⑤ Set the example - (쎝 더 익잼쁠 -)

⑥ **하달된 임무의 이해, 감독, 완수를 확인하라**〔下達任務 理解-監督-完遂 確認〕
⑥ Insure the task is understood, supervised and accomplished -
(인슈어 더 태스끄 이즈 언더스투운, 쑤우퍼바이즈드 앤 어캄플리쉬트)

⑦ **부대 전원이 일개 단체 협동 정신을 갖도록 훈련시켜라**〔部隊全員 一個團體 協同精神 訓練〕
⑦ Train your unit as a team-
(츄레인 유어 유우닡 애즈 어 티임)

⑧ **심중하고 적시적인 결단을 내려라**〔深重-適時決斷〕
⑧ Make sound and timely decisions-
(메잌 싸운드 앤 타임리 디씨준스 -)

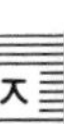

⑨ 부하들의 책임감을 발전시켜라 〔部下責任感發展〕 — ⑨ develop a sense of responsibility in your subordinates-(디벨럽 어 센스 오브 뤼스판써빌러티 인 유어 써보오디넡쯔)

⑩ 부대 역량껏 운용하라 〔部隊力量運用〕 — ⑩ employ your unit in accordance with its capabilities-(임플로이 유어 유우닡 인 어코오던스 윋 잍쯔 케이퍼빌러티이즈)

⑪ 책임을 추구하고 책임을 져라) 〔責任追求 責任甘受〕 — ⑪ seek responsibility and take responsibility for your actions-(씨잌 뤼스판써빌러티 앤 테잌 뤼스판써빌러티 호어 유어 액쓘스)

지휘자 (指揮者) — leader (리이더)

지휘 정비 검열 (指揮整備檢閱) — commant maintenance inspection (커맨드 메인테넌스 인스펙숀)

지휘 책임 (指揮責任) — command responsibility (커맨드 뤼스판써빌러티)

지휘 통솔 훈련 (指揮統率訓練) — leadership training (리이더쉽 츄레이닝)

지휘-통신 (指揮通信) — command and signal (커맨드 앤 씩널)

지휘 통신 시설 (指揮通信施設) — command and signal facilities (커맨드 앤 씩널 훠씰리티이즈)

지휘 통일 (指揮統一) — unity of command (유우니티 오브 커맨드)

지휘-통제 (指揮統制) — command and control〈C & C〉 (커맨드 앤 컨츄롤〈씨이 앤 씨이〉)

ㅈ

지휘 통제용"헬"기 (指揮統制用—機) — command and control helicopter (커맨드 앤 컨츄롤 헬리캎터) (C & C bird) (씨이 앤 씨이 버얻)

지휘〈관〉 특성 (指揮官特性) — leadership traits (리이더쉽 츄레잍쯔) (desirable characteristics of a leader)(디자이어뤄블 캐뤽터뤼스팈쓰 오브 어 리이더)

① 외모 (外貌) — ① bearing (배어륑)

② 용기 (육체적, 도덕적) (勇氣〔肉體的, 道德的〕) — ② courage 〈physical, moral〉 (커뤼지 〈휘지컬, 모우뤌〉)

③ 결단성 (決斷性) — ③ decisiveness (디싸이씨브니쓰)

④ 신뢰성 (信賴性) — ④ dependability (디펜더빌러티)

⑤ 인내심 (忍耐心) — ⑤ endurance (엔츄어뤈스)

⑥ 열성 (熱誠) — ⑥ enthusiasm (엔슈지애즘)

⑦ 진취성 (進取性) — ⑦ initiative (이니셔티브)

⑧ 성실 (誠實) — ⑧ integrity (인테뤄티)

⑨ 판단력 (判斷力) — ⑨ judgment (저지먼트)

⑩ 공정 (公正) — ⑩ justice (저스티쓰)

⑪ 지식 (知識) — ⑪ knowledge (날리지)

⑫ **충성심**(忠誠心)	⑫ loyalty (로우열티)
⑬ **대인 요령**(對人要領)	⑬ tact(택트)
⑭ **희생정신** (犧牲精神)	⑭ selflessness (쎌후리쓰니스)
직계 친족(直系親族)	next of kin〈NOK〉 (넥쓰트 오브 킨〈엔 오우 케이〉)
직권(職權)	authority (오오쏘뤄티)
직능(職能)	function (휭숀)
직무(職務)	duty(듀우리)
직무 배당 시간표 (職務配當時間表)	duty roster (듀우리 라스터)
직무 분류(職務分類)	job classfication(잡 클래씨휘케이숀)
직무 분석(職務分析)	job analysis (잡 어낼러씨스)
직무 상대자(職務相對者)	counterpart(카운터파알)
직사 근거리(直射近距離)	point-blank range (포인트 블랭크 레인지)
직사포(直射砲)	gun(건)
직속(直屬)	direct control(디렉트 컨츄롤)
직업 군인 경력 발전 (職業軍人經歷發展)	career development(커뤄어 디벨럽먼트)
직업 군인 정신 (職業軍人精神)	professionalism(푸뤄훼쓔널리즘)
직업 군인 지도 (職業軍人指導)	career guidance (커뤄어 가이던스)
직업 보도 훈련 (職業輔導訓練)	vocational training (보우케이슈널 츄레이닝)
직위표(職位表)	manning table(매닝 테이블)
직접 관측(直接觀測)	direct observation(디렉트 압써베이숀)
직접 명중(直接命中)	direct hit(디렉트 힡)
직접 압박(直接壓迫)	direct pressure (디렉트 푸레셔)
직접 조준 사격 (直接照準射擊)	direct fire (디렉트 화이어)
직접 즉시 교환 (直接即時交換)	direct exchange〈DX〉 (디렉트 익쓰체인지〈디이 엑쓰〉)
직접 지원(直接支援)	direct support〈DS〉(디렉트 써포올)
직접 지원 부대 (直接支援部隊)	DS unit(디이 에쓰 유우닡)
직접 지원 사격 (直接支援射擊)	DS fire(디이 에쓰 화이어)
직접 지원 포병 (直接支援砲兵)	DS artillery(디이 에쓰 아아틸러뤼)
직접 지휘 사격 (直接指揮射擊)	fire "at my command" (화이어 "앹 마이 커맨드")
직접 침략(直接侵略)	direct invasion(디렉트 인베이숀)
직〈접〉 통〈신〉(直接通信)	direct communication(디렉트 커뮤니케이숀)

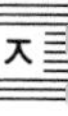

직접 통화(直接通話)	direct conversation(디렉트 칸버쎄이숀)
직접 항공 요청망(直接航空要請網)	direct air request net〈DARN〉(디렉트 애어 뤼퀘스트 넽〈다안〉)
직접 항공 지원(直接航空支援)	direct air support(디렉트 애어 써포옽)
직접 항공 지원 본부(直接航空支援本部)	direct air support center〈DASC〉(디렉트 애어 써포옽 쎄너〈대스크〉)
직통선(直通線)	direct line(디렉트 라인) "hot" line("핱"라인)
진공(眞空)	vacuum(배큐엄)
진공 준비(進攻準備)	mounting(마우닝)
진공 준비 지역(進攻準備地域)	mounting area(마우닝 애어뤼아)
진공 준비(進攻準備)**하라**	prepare to advance and attack(푸뤼페어 투 얻밴스 앤 어택)
진급(進級)	promotion(푸라모우숀)
진급 심사 위원회(進級審査委員會)	selection board(씰렉숀 보온)
〈육군〉진급자 명단(陸軍進級者名單)	Army Promotion List〈APL〉(아아미 푸라모우숀 리스트〈에이 피이 엘〉)
진내 사격(陣内射擊)	fire within the position(화이어 윋인 더 퍼칠숀)
진눈깨비	sleet(슬리잍)
진단서(診斷書)	diagnosis(다이악노씨스)
진동(振動)	vibration(바입부레이숀)
진동(震動)	concussion(캉커숀)
진동 수류탄(震動手榴彈)	concussion grenade(캉커숀 구뤼네잍)
진로도(進路圖)	route map(라욷 맵)
진북(眞北)	true north(츄루우 노오스)
진술서(陳述書)	statement(스테잍먼트)
진〈급〉예〈정〉자(進級豫定者〉) 〔**대령**(**진예**)XXX〕	promotable〈P〉(푸롸모우러블〈피이〉) 〔COL〈P〉XXX〕〔커널〈피이〉쏘우앤쏘우〕
진입 구역(進入區域)	approach area(어푸로우치 애어뤼아)
진입등(進入燈)	approach light(어푸로우치 라잍)
진입로(進入路)	access route(액쎄쓰 라욷)
진정(陳情)	grievance(구뤼이번스)
진주만(眞珠灣)	Pearl Harbor(퍼얼 하아버)
진중 근무(陣中勤務)	field duty(휘일드 듀우리)
진중 신문(陣中新聞)	field newspaper(휘일드 뉴우즈페이퍼)
진중 일지(陣中日誌)	war diary(우오 다이어뤼)
진지(陣地)	individual fighting position(인디비쥬얼 화이팅 퍼칠숀)

진지 교대 (陣地交代) relief-in-place (륄리이후 인 플레이스)
진지 방어 (陣地防禦) position defense (퍼칠쑨 디이휀스)
진지 변환 (陣地變換) displacement (디스플레이스먼트)
진지 보강 (陣地補强) consolidation of position (칸썰리데이쑨 오브 퍼칠쑨)
진지 점령 (陣地占領) occupation of position (아큐페이쑨 오브 퍼칠쑨)
진지 정찰 (陣地偵察) reconnaissance of position (뤼카너썬스 오브 퍼칠쑨)
진지 지역 (陣地地域) position area (퍼칠쑨 애어뤼아)
진지 편성 (陣地編成) organization of the ground (오오거니제이쑨 오브 더 구라운드)
진지 향상 (陣地向上) position improvement (퍼칠쑨 임푸루우브먼트)
진출선 (進出線) line of departure〈LD〉 (라인 오브 디파아쳐어〈엘 디이〉)
진폭 변조 방식 (振幅變調方式) amplitude modulation〈AM〉 (앰플리튜운 마즐레이쑨〈에이 엠〉)
진형 (陣形) formation (호어메이쑨)
진홍색 (眞紅色) purple (퍼어쁠)
진흙〔泥〕 clay (클레이)
mud (멀)
질 (質) quality (쿠올러티)
질문 (質問) question (쿠에스춘)
질식성 작용제 (窒息性作用劑) choking agent (쵸우킹 에이젼트)
집결 (集結) assembly (어쎔블리)
집결지 (集結地) assembly area〈AA〉 (어쎔블리 애어뤼아〈에이 에이〉)
집결지 경계 (集結地警戒) assembly area security (어쎔블리 애어뤼아 씨큐뤼티)
집결지 활동 (集結地活動) assembly area activities (어쎔블리 애어뤼아 액티비티이즈)
집권화 통제 (集權化統制) centralized control (쎈츄뤌라이즈드 컨츄롤)
집단 (集團) group (구루웊)
집단 매장 (集團埋葬) group burial (구루웊 베어뤼얼)
집단 안보 (集團安保) collective security (컬렉티브 씨큐뤼티)
집단 의식 (集團意識) group consciousness (구루웊 칸셔스니쓰)
집단 호출 (集團呼出) collective call (컬렉티브 코올)
집성 항공 사진 (集成航空寫眞) composite aerial photograph (컴파짙 애어뤼얼 호우터구래후)
집속탄 (集束彈) converged sheaf (컨버어지드 쉬이후)
cone of fire (코운 오브 화이어)

ㅈ

집적소 (集積所)	pool (푸울)
	dump (덤프)
집중 (集中)	mass (매쓰)
	concentration (칸쎈츄레이순)
집중 공격 (集中攻擊)	converging attack (컨버어징 어택)
집중 사격 (集中射擊)	massive fire (매씨이브 화이어)
	concentrated fire (칸쎈츄레이틷 화이어)
	converging fire (컨버어징 화이어)
	collective fire (컬렉티브 화이어)
집중 사향속 (集中射向束)	converged sheaf (컨버어지드 쉬이후)
집중점 (集中點)	center of mass (쎄너 오브 매쓰)
집중 지역 (集中地域)	concentration area (칸센츄레이순 애어뤼아)
집중 폭격 (集中爆擊)	saturation bombing (쌔츄레이순 바밍)
집총 경례 (執銃敬禮)	rifle salute (라이훌 썰루울)
집합 (集合)	formation (호어메이순)
집행 (執行)	execution (엑씨큐순)
징계 (懲戒)	reprimand (레뿌리맨드)
징계적 (懲戒的)	punitive (퓨우니티브)
징계 처분 (懲戒處分)	punitive measure (퓨우니티브 메져어)
	disciplinary action (디씨플리네뤼 액쓘)
징모 (徵募)	recruit (뤼쿠루울)
징발 (徵發)	commandeering (카먼디어링)
징병 (徵兵)	conscription (칸스쿠륖쓘)
	induction (인덬쓘)
징병관 (徵兵官)	recruiter (뤼쿠루우더)
징병 사령부 (徵兵司令部)	recruiting command (뤼쿠루우딩 커맨드)
징병 제도 (徵兵制度)	conscription system (칸스쿠륖쓘 씨스텀)
징용 (徵用)	commandeering (카먼디어링)
징집 (徵集)	draft (쥬래후트)
징후 (徵候)	indication (인디케이순)

ㅊ

차 (車)	vehicle (비이끌)
차간 통신 (車間通信)	intervehicular communication (인터어버이큘라 커뮤니케이순)
차기 작전 (次期作戰)	subsequent operation (썹씨퀀트 아퍼레이순)
차단 (遮斷)	interdiction (인터어딬순)
	blockade (블라케읻)
	cut-off (컽오후)
차단 사격 (遮斷射擊)	interdiction fire (인터어딬쓘 화이어)

	blocking fire (블라킹 화이어)
차단선 (遮斷線)	interdiction line (인터어딕쓘 라인)
차단 폭격 (遮斷爆擊)	interdiction bombing (인터어딕쓘 바밍)
차단(遮斷)하다	interdict (인터어딕트)
	block (블락)
차량 (車輛)	motor vehicle (모우러 비이끌)
	truck (츄뤅)
차량 가용률 (車輛可用率)	vehicle availability (비이끌 어베일러빌러티)
차량 도섭도 (車輛渡涉度)	fording depth (호오딩 뎁쓰)
차량 도섭장 (車輛渡涉場)	fording site (호오딩 싸잍)
차량 등록증 (車輛登錄證)	vehicle registration (비이끌 레지스츄레이숀)
차량 등화 관제선 (車輛燈火管制線)	blackout drive line (블랙아웃 쥬라이브 라인)
	no vehicle-light line (노우 비이끌라잍 라인)
차량 밀도 (車輛密度)	vehicle density (비이끌 덴써티)
차량 부수 기재 (車輛附隨器材)	on-vehicle material〈OVM〉 (온 비이끌 머티어뤼얼〈오우 븨 엠〉)
차량 사고 (車輛事故)	vehicle accident (비이끌 액씨던트)
차량 사용 (車輛使用)	vehicle usage (비이끌 유씨이지)
차량 수송 장교 (車輛輸送將校)	motor transport officer (모우러 츄랜스포올 오휘써)
차량 안전 (車輛安全)	vehicle safety (비이끌 쎄이후티)
차량 요청 (車輛要請)	vehicle request (비이끌 뤼퀘스트)
차량 운행 (車輛運行)	vehicle operation (비이끌 아퍼레이숀)
차량 운행 계획 (車輛運行計劃)	vehicle operation plan (비이끌 아퍼레이숀 플랜)
차량 운행증 (車輛運行證)	trip ticket (츄륖 티킽)
차량 이동 (車輛移動)	vehicle movement (비이끌 무우브먼트)
	motor move (모우러 무우브)
차량 정비 (車輛整備)	vehicle maintenance (비이끌 메인테넌스)
차량 정비 장교 (車輛整備將校)	motor maintenance officer (모우러 메인테넌스 오휘써)
차량 정찰대 (車輛偵察隊)	motor patrol (모우러 퍼츄롤)
차량 주차장 (車輛駐車場)	motor park (모우러 파알)
차량 진지 변환 (車輛陣地變換)	vehicular displacement (비이큘러 디스플레이스먼트)
차량 출입 문제 (車輛出入問題)	vehicle usages in the off-limits area (비이끌 유씨이지스 인 디 오후 리밑쯔 애어뤼아)
차량 통제 (車輛統制)	vehicle control (비이끌 컨츄롤)
차량 행군 (車輛行軍)	motor march (모우러 마아치)
차량 호송 (車輛護送)	motor convoy (모우러 칸보이)
차량 호송대 (車輛護送隊)	convoy escort (칸보이 에스코올)

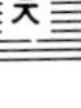

차량화 (車輛化)	motorization (모우러라이제이숀)
차량화 보병 연대 (車輛化步兵聯隊)	motorized rifle regiment〈MRR〉(모우러라이즈드 라이훌 레지멘트〈엠 아아아아〉)
차량화 부대 (車輛化部隊)	motorized unit (모우러라이즈드 유우닡)
"차렷!"	"atten — tion!" ("어텐 — 션")
차례 (次例)	turn (터언)
	order (오오더어)
	sequence (씌이퀀스)
차안 (此岸)	near bank (니어 뱅크)
차안 연막 (遮眼煙幕)	smoke screen (스모욱 스끄뤼인)
	smoke blanket (스모욱 블랭킽)
차이 (差異)	difference (디훠뤈스)
차장 (遮障)	mask (매스끄)
	screen (스끄뤼인)
차장 연막 (遮障煙幕)	screening smoke (스끄뤼이닝 스모욱)
차폐 (遮蔽)	defilade (데휠레읻)
차폐물 (遮蔽物)	screen (스끄뤼인)
착검 (着劍)	fix bayonet (휙쓰 베이오넽)
착륙 (着陸)	landing (랜딩)
	touch-down (터치 따운)
착륙 지대 (着陸地帶)	landing zone〈LZ〉(랜딩 죠운〈엘 즤〉)
착륙 지대 통제조 (着陸地帶統制組)	landing zone control team (랜딩 죠운 컨츄롤 티임)
착륙 지역 (着陸地域)	landing site (랜딩 싸잍)
착륙 활주로 (着陸滑走路)	landing strip (랜딩 스츄륖)
찬란 (燦爛) 한	colorful (칼러어훌)
	brilliant (부뤼리언트)
찬사 (讚辭)	kind words (카인드 우오즈)
	praise (푸레이즈)
찬양 (讚揚)	compliment (캄플러먼트)
	commend (커멘드)
	praise (푸레이즈)
참가 (參加)	participation (퍼티씨페이숀)
	attendance (어텐던스)
참고 (參考)	reference (레훠뤈스)
참고점 (參考點)	reference point (레훠뤈스 포인트)
참관 (參觀)	observation (압써베이숀)
참다운 훈련 (—訓練)	realistic training (뤼얼리스띸 츄레이닝)
참모 (參謀)	staff (스때후)
참모 감독 (參謀監督)	staff supervision (스때후 쑤우퍼비젼)
참모 건의〈서〉(參謀建議書)	staff recommendation (스때후 레커멘데이숀)
참모 관계 (參謀關係)	staff relations (스때후 륄레이숀스)
참모 발표 (參謀發表)	sfaff presentation (스때후 푸뤼젠테이숀)

참모 방문(參謀訪問)	staff visit(스때후 비질)
참모 업무 교범(參謀業務教範)	staff officers field manual (스때후 오휘써즈 휘일드 매뉴얼)
참모 연구서(參謀研究書)	staff study(스때후 스떠디)
참모장(參謀長)	chief of staff〈C/S〉〈CofS〉(치이후 오브 스때후)
참모 장교(參謀將校)	staff officer(스때후 오휘써)
참모진(參謀陣)	staff organization(스때후 오오거니제이순)
참모 총장〈육군〉(參謀總長〈陸軍〉)	Chief of Staff, Army〈CSA〉(치이후 오브 스때후 아아미〈씨이 에쓰 에이〉)
참모 판단(參謀判斷)	staff estimate(스때후 에스떠밑)
참모 협조(參謀協調)	staff coordination(스때후 코오디네이순)
참모 협조 방문(參謀協調訪問)	staff coordination visit (스때후 코오디네이순 비질)
참모 협조전(參謀協調箋)	disposition form〈DF〉 (디스퍼칠쓘 호옴〈디이 에후〉)
참새	sparrow(스빼로우)
참전(參戰)	participation in war(퍼티씨페이순 인 우오) entry into war(엔츄뤼 인투 우오)
참조(參照)	reference(레훠뤈스)
참조 번호(參照番號)	refernece number(레훠뤈스 넘버)
참조점(參照點)	reference point(레훠뤈스 포인트)
참호(塹壕)	foxhole(확쓰호울) fighting position(화이팅 퍼칠쓘)
참호 구축(塹壕構築)	foxhole construction(확쓰호울 컨스츄뤅쓘)
참호(塹壕)**를 메우다**	fill back in the foxhole(휠 백 인 더 확쓰호울)
참호(塹壕)**를 묻다**	fill in(휠 인)
참호(塹壕)**를 파다**	dig in(딕 인)
창(廠)	depot(데포우)
창고(倉庫)	warehouse(웨어하우스) storage building(스또뤼지 빌딩)
창설 기념일(創設紀念日)	organization day(오오거니제이순 데이)
책임(責任)	responsibility(뤼스판써빌러티) accountability(어카운터빌러티)
책임 관념(責任觀念)	sense of responsibility (쎈스 오브 뤼스판써빌러티) consciousness(칸쳐스니쓰)
책임(責任)**맡다**	assume responsibility(어쓔움 뤼스판써빌러티)
책임 장교(責任將校)	officer in charge〈OIC〉 (오휘써 인 챠아지〈오우 아이 씨이〉)
책임 지대(責任地帶)	zone of responsibility (죠운 오브 뤼스판써빌러티)
책임 지역(責任地域)	area of responsibility〈AOR〉(애어뤼아 오브

뤼스판써빌러티 〈에이 오우 아아〉)
assigned area (어싸인드 애어뤼아)

책임 하사관 (責任下士官) noncommissioned officer in charge 〈NCOIC〉 (넌커미쑌드 오휘써 인 챠아지 〈엔 씨이 오우 아이 씨이〉)

처리 (處理) disposition (디스퍼칠쑨)
disposal (디스쁘우절)

처리 과정 (處理過程) process (푸라쎄쓰)

처리 수속 (處理手續) processing (푸라쎄씽)

처무 부전 (處務附箋) routing slip (라우팅 슬맆)

처벌 (處罰) punishment (퍼니쉬먼트)

처분 (處分) disposal (디스쁘우절)

척후병 (斥候兵) scout (스까울)

천 kilometer (킬라미러어)
K (케이)
click (클릭)

천공 (穿孔) perforation (퍼어호어레이숸)

천기 (天氣) weather (웨더어)

천기 예보 (天氣豫報) weather forecast (웨더어 호어캐스트)

천막 (天幕) tent (텐트)
tentage (테니지)

천막 기지 (天幕—) canvas (캔버쓰)

천막 밧줄 (天幕—) tent rope (텐트 로웊)

천막 상개 (天幕上蓋) hood (후욷)

천막 쇠말뚝 (天幕—) tent peg (텐트 펙)

천막 수리병 (天幕修理兵) canvas repairman (캔버쓰 뤼페어맨)

천막 척량 (天幕脊梁) ridge pole (뤼지 포울)

천막 철거 (天幕撤去)하다 strike tent (스츄라잌 텐트)

천막 (天幕) 치다 pitch tent (핕치 텐트)

천연 장애물 (天然障碍物) natural obstacle (내츄뤌 압쓰터끌)

천후 (天候) weather (웨더어)

철 (綴) file (화일)

철갑 (鐵甲) armor-piercing (아아머어 피어씽)

철갑탄 (鐵甲彈) armor-piercing ammunition (아아머어 피어씽 애뮤니숸)

철갑판 (鐵甲板) armor plate (아아머어 플레잍)

철갑 포탄 (鐵甲砲彈) armor-piercing shell (아아머어피어씽 셸)

철갑 폭탄 (鐵甲爆彈) armor-piercing bomb (아아머어피어씽 밤)

철거 (撤去) removal (뤼무우벌)
roll-up (로울엎)

철도 (鐵道) rail (레일)
railroad (레일로욷)
railway (레일웨이)

ㅊ

철도 수송(鐵道輸送) transportation by rail (츄랜스포오테이슌 바이 레일)

철도 수송 장교(鐵道輸送將校) railway transportation officer <RTO> (레일웨이 츄랜스포오테이슌 오휘써 <아아 티이 오우>)

철도 표지(鐵道標識) railroad sign (레일로운 싸인)

철도 하차역(鐵道下車驛) railway terminal station (레일웨이 터어미널 스떼이슌)

철로(鐵路) railway (레일웨이)

철모(鐵帽) steel pot (스띠일 팥)

철모 내모(鐵帽內帽) helmetliner (헬밑라이너)

철모 외피(鐵帽外皮) steel pot cover (스띠일 팥 카버)
camouflage cover (카머훌라아지 카버)

철사(鐵絲) wire (와이어)

철상(鐵床) anvil (앤빌)

철수(撤收) withdrawal (윋쥬로오얼)

철수선(撤收線) line of withdrawal (라인 오브 윋쥬로오얼)

철영(撤營)**하다** break camp (부레잌 캠프)

철(鐵)**의 삼각 지대**(三角地帶) **<평강－금화－철원>** (<平康－金華－鐵原>) Iron Triangle (아이언 츄라이앵글) (Pyongkang-Kumhwa-Chorwon) (<평강－큼와－처뤈>)

철저(徹底)**한 훈련**(訓練) thorough training (싸뤄 츄레이닝)
hardcore training (하앋코어 츄레이닝)
realistic training (뤼얼리스띡 츄레이닝)

철조망(鐵條網) wire entanglements (와이어 인탱글먼쯔)
wire mesh (와이어 메쉬)
barbed wire (바압드 와이어)
concertina wire (칸써어티이나 와이어)

철조망 절단기(－切斷器) wire cutter (와이어 카러)

철퇴(撤退) retirement (뤼타이어먼트)

첨병(尖兵) point (포인트)

첨병 분대(尖兵分隊) advance guard point (언밴스 가앋 포인트)

첨병 소대(尖兵小隊) advance party (언밴스 파아리)

첨병 중대(尖兵中隊) advance company (언밴스 캄퍼니)

첨서(添書) indorsement (인도오스먼트)

첩보(諜報) intelligence information (인텔리전스 인호어메이슌)

첩보 근원(諜報根源) intelligence source (인텔리전스 쏘오스)

첩보 기본 요소(諜報基本要素) essential elements of information <EEI> (이쎈셜 엘리먼쯔 오브 인호어메이슌 <이이 이이 아이>)

첩보 누설(諜報漏洩) information leak (인호어메이슌 리잌)

	compromise(캄푸뤄마이즈)
첩보 분석(諜報分析)	analysis of information (어낼러씨스 오브 인호어메이슌)
첩보 상황 설명 (諜報狀況說明)	intelligence information briefing (인텔리젼스 인호어메이슌 부뤼이휭)
첩보 수집 활동 (諜報蒐集活動)	intelligence collection activities (인텔리젼스 컬렉슌 액티비티이즈) intel gathering activities (인텔 개더어륑 액티비티이즈)
첩보 처리(諜報處理)	process of information (푸라쎄쓰 오브 인호어메이슌)
첩보 평가(諜報評價)	evaluation of intelligence (이밸류에이슌 오브 인텔리젼스)
첩보 해석(諜報解釋)	interpretation of information (인터어푸뤼테이슌 오브 인호어메이슌)
첩보 활동(諜報活動)	intelligence operation(인텔리젼스 아퍼레이슌)
첩자(諜者)	〈espionage〉 agent(〈에스삐어나아지〉에이젼트) informer(인호어머)
청구(請求)	requisition(뤼퀴칠슌) claim(클레임)
청구 보급(請求補給)	supply by requisition(써플라이 바이 뤼퀴칠슌)
청구서 항별 품목 (請求書項別品目)	requisition line item(뤼퀴칠슌 라인 아이틈)
청군(青軍)	Blue Force (불루우 호오스)
청색(青色)	blue(불루우)
청색 경보(青色警報)	blue alert(불루우 얼러엍)
청색 장비(青色裝備)	blue category equipment (불루우 커테거뤼 이큅먼트)
청소(清掃)	clean-up (클리인 엎) police (폴리스)
청소병(清掃兵)	clean-up detail(클리인엎 디테일) police detail(폴리스 디테일)
청소 집합(清掃集合)	police call(폴리스 코올)
청우계(晴雨計)	barometer(배뤄미러어)
청음 초소(聽音哨所)	listening post〈LP〉(리쓰닝 포우스트〈엘피이〉)
청취 당직(聽取當直)	listening watch(리쓰닝 워엍치)
청취 침묵(聽取沈默)	listening silence(리쓰닝 싸일런스)
청취(聽取)**하다**	monitor(마니터)
체력 조절(體力調節)	physical conditioning(휘지컬 컨디슌닝)
체력 훈련(體力訓練)	physical training〈PT〉) (휘지컬 츄레이닝〈피이 티이〉)
체류(滯留)	stay-behind(스떼이비하인드)
체류 침투(滯留浸透)	infiltrate and stay-behind

	(인휠 츄레일 앤 스페이비 하인드)
체조 (體操)	calisthenics (캘리스테닉쓰)
	physical exercise (휘지컬 엑써싸이스)
체포 (逮捕)	arrest (어레스트)
초 (鞘)	scabbard (스캐바알)
초 (燭)	candle (캔들)
초 (醋)	vinegar (비니거)
초 (秒)	second (쎄컨드)
초강대국 (超强大國)	super power (쑤우퍼 파우어)
초과 (超過)	excess (엑쎄쓰)
초과 사격 (超過射擊)	overhead fire (오우버헤 화이어)
초과 재고 (超過在庫)	excess stock (엑쎄쓰 스딱)
초과 재산 (超過財產)	excess property (엑쎄쓰 푸라퍼리)
초과 폭탄 사용 (超過爆彈使用)	overkill (오우버킬)
초급 장교 (初級將校)	junior officer (쥬니어 오휘써)
초급 지휘관 (初級指揮官)	leader (리이더)
초기 단계 (初期段階)	initial phase (이니셜 훼이즈)
초기 작전 (初期作戰)	initial operations (이니셜 아퍼레이숀스)
초기 폭풍 상해 (初期爆風傷害)	primary blast injuries (푸라이매뤼 블래스트 인져뤼이즈)
초기 핵 방사선 (初期核放射線)	initial nuclear radiation (이니셜 뉴우클리어 래디에이숀)
초기 효과 (初期效果)	initial effect (이니셜 이펙트)
초단파 (超短波)	ultra short waves (얼츄라 쇼올 웨이브스)
초대〈장〉 (招待狀)	invitation (인비테이숀)
초도 보급 (初度補給)	initial supply (이니셜 써플라이)
초도 보급 수요 (初度補給需要)	initial supply requirement (이니셜 써플라이 뤼콰이어먼트)
초도 불출 (初度拂出)	initial issue (이니셜 이쓔우)
초등 군사반 (初等軍事班)	Officers Basic Course〈OBC〉(오휘써즈 베이씩 코오스〈오우 비이 씨이〉)
초병 (哨兵)	sentinel (센티널)
초생달 (初生〔月〕)	new moon (뉴우 무운)
초소 (哨所)	sentry post (센츄뤼 포우스트)
초월 전진 (超越前進)	passage of lines (패씨지 오브 라인즈)
초음 (超音)	supersonic (쑤우퍼쏘닉)
초음속 (超音速)	supersonic speed (쑤우퍼쏘닉 스삐인)
초음파 (超音波)	supersonic wave (쑤우퍼쏘닉 웨이브)
초전 박살 (初戰撲殺)	first-round KO (훠어스트 라운드 케이 오우)
초중 (超重)	super-heavy (쑤우퍼헤비)
	very-heavy (베뤼헤비)
초중전차 (超重戰車)	super-heavy tank (쑤우퍼헤비 탱크)

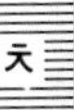

초중포 (超重砲) very-heavy artillery (베뤼헤비 아아틸러뤼)
초지급 전보 (超至急電報) flash message (훌래쉬 메씨지)
초토 전술 (焦土戰術) scorched earth tactics
(스코오치트 어어스 택틱쓰)
촉발 지뢰 (觸發地雷) contact mine (칸택트 마인)
촌 (吋) inch (인치)
촌 (村) village (빌리지)
촌락 노영 (村落露營) village camp (빌지리 캠프)
village bivouac (빌리지 비브액)
촛점 (焦點) focus (호우커스)
focal point (호우컬 포인트)
총 (銃) arms (아암즈)
총 (總) total (토우털)
총가 (銃架) arms rack (아암즈 랙)
mount (마운트)
총강 (銃腔) bore (보어)
총강 소제솔 (銃腔掃除—) bore brush (보어 부러쉬)
총강 수입기 (銃腔手入器) cleaning rod (클리이닝 란)
총강 조준 (銃腔照準) bore sighting (보어 싸이팅)
총강 조준기 (銃腔照準器) bore sight (보어 싸잍)
총검 (銃劍) bayonet (베이오넽)
총구 (銃口) muzzle (머즐)
총구 섬광 (銃口閃光) muzzle flash (머즐 훌래쉬)
총구 초속 (銃口秒速) muzzle velocity (머즐 빌라씨티)
총력전 (總力戰) total war (토우털 우오)
총리 (總理) prime minister 〈PM〉
(푸라임 미니스터 〈피이 엠〉)
premier (푸레미어)
총사령관 (總司令官) commander-in-chief 〈CINC〉
(커맨더 인 치이후 〈씽크〉)
총사령부 (總司令部) general headquarters 〈GHQ〉
(제너뤌 헤쿠오뤄즈 〈지이 에이치 큐우〉)
총상 (銃床) emplacement (임플레이스먼트)
총신 (銃身) barrel (배뤌)
총열 (銃—) barrel (배뤌)
총장 (總長) commandant (카맨단트)
총중량 (總重量) gross weight (구로쓰 웨잍)
총탄 (銃彈) bullet (뷸릳)
최고 (最高) highest (하이에스트)
supreme (쑤우푸뤼임)
최고 사령관 (最高司令官) supreme commander (쑤우푸뤼임 커맨더)
최고조에 달한 중요 작전 culminating highlight of the operation
(最高調—達—重要作戰) (컬미네이딩 하이라잍 오브 디 아퍼레이순)

ㅊ

최고 통수자(最高統帥者)	commander-in-chief〈CINC〉(커맨더 인 치이후〈씽크〉)
최대(最大)	maximum(맥씨멈)
최대 병력(最大兵力)	peak strength(피잌 스츄렝스)
최대 사거리(最大射距離)	maximum range(맥씨멈 레인지)
최대 속력(最大速力)	maximum speed(맥씨멈 스삐읻)
최대 유효 사거리(最大有效射距離)	maximum effective range(맥씨멈 이훽티브 레인지)
최대 탄고도(最大彈高度)	maximum ordinate(맥씨멈 오오디닡)
최대 허용 선량(最大許容線量)	maximum permissible dosage(맥씨멈 퍼어미씨블 다씨지)
최루 개쓰(催涙—)	tear gas(티어 개쓰)
	lachrymatory gas(래쿠뤄머터뤼 개쓰)
최선(最善)**을 다하다**	do one's best(두 원스 베스트)
최소(最少)	minimum(미니멈)
최소 사거리(最少射距離)	minimum range(미니멈 레인지)
최소 안전 거리(最少安全距離)	minimum safe distance(미니멈 쎄이후 디스턴스)
최소 필수 장비(最少必須裝備)	minimum essential equipment(미니멈 이쎈셜 이큅먼트)
	individual basic load(인디비쥬얼 베이씩 로운)
최신 정보(最新情報)	up-to-date information(엎투데잍 인호어메이숀)
최신 정보 자료(最新情報資料)	update(엎데잍)
최저(最低)	lowest(로우이스트)
최저 표척 사격(最低表尺射擊)	grazing fire(구레이징 화이어)
최종 목표(最終目標)	final objective(화이널 옵젝티브)
최종 방어선(最終防禦線)	final defense line(화이널 디이휀스 라인)
최종 일자(最終日字)	suspense date(써스펜스 데잍)
최초 단계(最初段階)	initial phase(이니셜 훼이즈)
최초 목표(最初目標)	initial objective(이니셜 옵젝티브)
최초 병력(最初兵力)	initial strength(이니셜 스츄렝스)
최초 병력 보고(最初兵力報告)	initial strength report(이니셜 스츄렝스 뤼포올)
최초 사격 명령(最初射擊命令)	initial fire order(이니셜 화이어 오오더어)
최초 사격 요청(最初射擊要請)	initial fire request(이니셜 화이어 뤼퀘스트)
최초 사격 임무(最初射擊任務)	initial fire mission(이니셜 화이어 미쓘)
최초 사격 지점	initial firing point(이니셜 화이어륑 포인트)

ㅊ

(最初射擊地點)	
최초 사격 진지 (最初射擊陣地)	initial firing position(이니셜 화이어링 퍼칠쑨)
최초 조준점(最初照準點)	initial aiming point(이니셜 에이밍 포인트)
최초 지연 진지 (最初遲延陣地)	initial delay position(이니셜 딜레이 퍼칠쑨)
최초 지점(最初地點)	initial point(이니셜 포인트)
최초 집결지(最初集結地)	initial assembly area (이니셜 어쌤블리 애어뤼아)
최후 목표(最後目標)	final objective(화이널 옵젝티브)
최후 목표지 점령 (最後目標地占領)	occupation of the final objective (아큐페이슌 오브 더 화이널 옵젝티브)
최후 방어 사격 (最後防禦射擊)	final protective fire〈FPF〉 (화이널 푸라텍티브 화이어〈에후 피이 에후〉)
최후 방어 사격선 (最後防禦射擊線)	final protective fire line〈FPFL〉 (화이널 푸라텍티브 화이어 라인 〈에후 피이 에후 엘〉)
최후 방어선(最後防禦線)	final protective line〈FPL〉 (화이널 푸라텍티브 라인〈에후 피이 엘〉)
최후 통첩(最後通牒)	ultimatum(얼티메이덤)
추가〈의〉(追加一)	addition〈al〉(어디쓘〈얼〉)
추가적(追加的)	supplementary(써쁠리멘터뤼)
추가적(追加的)**으로**	additionally(어디쓔널리)
추격(追擊)	pursuit(퍼쑤울)
추락(墜落)	crash(쿠래쉬)
추서(追書)	post script(포우스트 스끄륖트)
추위	cold(코울드)
	cold weather(코울드 웨더어)
추이(追裏)	indorsement(인도오스먼트)
추적(追跡)	tracking(츄뤠낑)
추정 과업(推定課業)	implied task(임플라인 태스끄)
추정 임무(推定任務)	implied mission(임플라인 미쓘)
추출(抽出)	extraction(잌쓰츄랙쓘)
추측 항법(推測航法)	dead reckoning method(덴 레커닝 메쎠)
추풍(追風)	tail wind(테일 윈드)
	down-wind(따운 윈드)
축(軸)	axis(액씨스)
축가〈이중창〉 (祝歌二重唱)	song of good wishes〈duet〉 (쏘옹 오브 굳 위쉬스〈듀엘〉)
축구장 방식 조준 기술 (蹴球場方式照準技術)	football field method and techniques of engagement (훝보올 휘일드 메쎠 앤 테끄닠쓰 오브 인게이지먼트)
축로(軸路)	axial road(액씨얼 로욷)

축사기 (縮射器) sabot trainer (쎄이발 츄레이너)
축성 (築城) fortification (호어티휘케이숀)
축차 공격 (逐次攻擊) piecemeal attack (피이스미일 어탴)
축차 목표 (逐次目標) successive objectives (쎀쎄씨브 옵젝티브스)
축척 (縮尺) scale (스께일)
출격 (出擊) sortie (쏘오티)
출동 (出動) deployment (디플로이먼트)
출동 대기 기지 (出動待機基地) staging base (스떼이징 베이스)
출동 대기 지역 (出動待機地域) staging area (스떼이징 애어뤼아)
출동 병력 (出動兵力) deployed strength (디플로잎 스츄렝스)
출동 비행장 (出動飛行場) marshalling airfield (마아셜링 애어휘일드)
출동 준비 (出動準備) marshalling (마아셜링)
mounting (마우닝)
출동 준비 지역 (出動準備地域) marshalling area (마아셜링 애어뤼아)
mounting area (마우닝 애어뤼아)
출발 (出發) departure (디파아쳐)
출발 기지 통제단 (出發基地統制團) departure airfield control group〈DACG〉 (디파아쳐 애어휘일드 컨츄롤 구루웊〈댁〉)
출발 시간 (出發時間) time of departure(타임 오브 디파아쳐)
출발 시점 (出發始點) starting point〈SP〉 (스따팅 포인트〈에쓰 피이〉)
출발 시점 시간 (出發始點時間) SP time (에쓰 피이 타임)
출발 예정 시간 (出發豫定時間) estimated, time of departure〈ETD〉 (에스띠메이틷 타임 오브 디파아쳐 〈이이 티이 디이〉)
출입 금지 (出入禁止) off-limits (오후 리밑쯔)
출입 금지 구역 (出入禁止區域) restricted area (뤼스츄뤽틷 애어뤼아)

출입자 명단 (出入者名單) access roster (액쎄스 라스터)
출장 명령 (出張命令) travel orders (츄래블 오오더어즈)
temporary duty〈TDY〉orders (템포라뤼 듀우리〈티이 디이 와이〉오오더어즈)
출장모 (出張帽) garrison cap (개뤼슨 캪)
출처 (出處) source (쏘오스)
출판물 (出版物) publication (퍼블리케이숀)
충격 (衝擊) shock (샼)
충격 부대 (衝擊部隊) shock troops (샼 츄루웊쓰)
충격 신관 (衝擊信管) impact fuze (임팩트 휴우즈)
충격 지역 (衝擊地域) impact area (임팩트 애어뤼아)
충격파 (衝擊波) shock wave (샼 웨이브)
충격 행동 (衝擊行動) shock action (샼 액숀)

충당(充當)하다	cannibalize(캐니벌라이즈)
충돌(衝突)	collision(컬리즌)
충성(忠誠)	loyalty(로우열티)
취급(取扱)	handling(핸들링)
취급 구분(取扱區分)	classification(클래씨휘케이숀)
취급 주의(取扱注意)	handle with care(핸들 윋 캐어)
취사(炊事)	mess(메쓰)
취사 감독관(炊事監督官)	food service supervisor (후운 써어비스 쑤우퍼바이저)
취사 계산서(炊事計算書)	mess account(메쓰 어카운트)
취사 근무(炊事勤務)	food service(후운 써어비스) dining service(다이닝 써어비스)
취사 반원(炊事班員)	mess personnel(메쓰 퍼어쓰넬)
취사 반장(炊事班長)	mess steward(메쓰 스츄우온) mess sergeant(메쓰 싸아전트)
취사병(炊事兵)	cook(쿸) server(써어버) food handler(후운 핸들러)
취사장 근무병(炊事場勤務兵)	kitchen police〈KP〉(킽츤 폴리스〈케이 피이〉)
취사조(炊事組)	mess team(메쓰 티임)
취사 츄뤅(炊事—)	mess truck(메쓰 츄뤅)
취소(取消)	revocation(레버케이숀) cancellation(캔썰레이숀)
취소(取消)하다	revoke(뤼보웈) cancel(캔썰)
취약성(脆弱性)	vulnerabilities(벌너뤄빌러티이즈)
취약 지역(脆弱地域)	vulnerable area(벌너뤄블 애어뤄이
취약 지점(脆弱地點)	vulnerable point(벌너뤄블 포인트)
츄레일러	trailer(츄레일러)
츄뤅(¼-ton)(小型—)	quarter-ton/Jeep(쿠오뤄 턴/지잎)
츄뤅(1¼-ton)(中型—)	gamma goat(개머 고울)
츄뤅(2½-ton)(重型—)	deuce and a half(듀우스 앤어 해후)
츄뤅(5-ton)(大型—)	five-ton(화이브 턴)
측량(測量)	survey(써어베이)
측량반(測量班)	surveying team(써어베잉 티임)
측면(側面)	flank(훌랭크)
측면 관측(側面觀測)	flank observation(훌랭크 압써베이숀)
측면 우회(側面迂廻)	outflank(아울훌랭크)
측면 진지(側面陣地)	flank position(훌랭크 퍼짇숀)
측면 행동(側面行動)	flanking action(훌랭킹 액숀)
측방(側方)	flank(훌랭크)
측방 경계(側方警戒)	flank security(훌랭크 씨큐뤼티)

측방 공격(側方攻擊)	flank attack(훌랭크 어탴)
측방 관측(側方觀測)	lateral observation(래터뤌 압써베이순)
측방 방호 사격(側方防護射擊)	flank protective fire(훌랭크 푸라텤티브 화이어)
측방 부대(側方部隊)	wing(윙)
측방 사격(側方射擊)	flanking fire(훌랭킹 화이어)
측방 우회(側方迂廻)	outflank(아울훌랭크)
측방 우회 기동(側方迂廻機動)	outflanking maneuver(아울훌랭킹 머누우버)
측방 정찰대(側方偵察隊)	flank patrol(훌랭크 퍼츄롤)
측방 통신(側方通信)	lateral communication(래터뤌 커뮤니케이순)
측위(側衛)	flank guard(훌랭크 가안)
측정기(測定器)	indicator(인디케이러)
측정기 교정(測定器矯正)	calibration(캘리부레이순)
측지 부대(測地部隊)	topographic unit(타퍼구래휰 유우닡)
측향 행동(側向行動)	flanking action(훌랭킹 액쑨)
치과 근무(齒科勤務)	dental service(덴털 써어비스)
치료소(治療所)	clearing station(클리어링 스떼이순)
치명상(致命傷)	fatal injury(훼이털 인져뤼)
치명적 돌파(致命的突破)	critical penetration(쿠뤼티컬 페니츄레이순)
치명 지역(致命地域)	vital area(바이털 애어뤼아)
치사 무기(致死武器)	lethal weapon(리이썰 웨펀)
치중대(輜重隊)	train(츄레인)
치하(致賀)**하다**	praise(푸레이즈) commend(커멘드) compliment(캄플러먼트) pat on the back(팯 온 더 백)
친절(親切)	kindness(카인드니쓰) hospitality(하스삐탤러티)
747점보기	747 Jumbo jet(쎄븐훠어쎄븐 첨보우 젵)
칠전 팔기(七顚八起)	win the last battle(윈 더 래스트 배를)
침공기(侵攻機)	assault plane(어쏘올트 플레인)
침공 수송기(侵攻輸送機)	assault transport plane(어쏘올트 츄랜스포올 플레인)
침구(寢具)	sleeping gear(슬리이삥 기어)
침낭(寢囊)	sleeping bag(슬리이삥 백)
침략(侵略)	aggression(어구레쑨)
침상(寢床)	bunk(벙크)
침입(侵入)	invasion(인베이준)
침입 적기(侵入敵機)	intruder(인츄루우더)
침투(浸透)	infiltration(인휠츄레이순)
침투로(浸透路)	infiltration lane(인휠츄레이순 레인)
침투망(浸透網)	infiltration net(인휠츄레이순 넽)

침투 부대 (浸透部隊) infiltration force (인휠츄레이숀 호오스)
침투 임무 (浸透任務) infiltration mission (인휠츄레이숀 미숀)
침투 작전 (浸透作戰) infiltration operation (인휠츄레이숀 아퍼레이숀)
침투 종대 (浸透縱隊) infiltration column (인휠츄레이숀 칼럼)
침투 증가 (浸透增加) increased number of infiltrators (인쿠뤼이스드 넘버 오브 인휠츄레이러즈)
침투 (浸透) 하다 infiltrate (인휠츄레잍)

ㅋ

카아뷰레뤄〔進速器〕 carburetor (카아뷰레뤄)
카투싸 KATUSA (카투우싸) Korean Augmentation to the United States Army (코뤼언 오옥맨테이숀 투 더 유우나이틷 스떼이쯔 아아미)
칸더 (콘도르) condor (칸더)
칸보이 convoy (칸보이)
칼집〔鞘〕 scabbard (스깨바안)
캐머홀라아지 camouflage (캐머홀라아지)
캔버쓰 canvas (캔버쓰)
캘리버어〔彈徑〕 caliber (캘리버어)
코울트 (안토노프 경수송기)〔蘇製輕輸送機〕 AN-2 Colt (에이 엔 투 코울트)
쿠온쎌 건물〈一建物〉 quonset〈hut〉(쿠온쎌〈헡〉)
클라앜 대장〈퇴역〉(一大將〈退役〉) Bruce C. Clarke〈Ret〉) (부루스 씨이 클라앜〈뤼타이얼〉)
클로오뤼인 chlorin (클로오뤼인)
키이위이〔無翼鳥〕 kiwi (키이위이)

ㅌ

타격대 (打擊隊) strike force (스츄라잌 호오스)
타격력 (打擊力) striking power (스츄라이낑 파우어)
타격 작전 (打擊作戰) strike operation (스츄라잌 아퍼레이숀)
타결 (妥結) settlement (쎄틀먼트)
타마 부대 (駄馬部隊) pack troop (팩 츄루웊)
타자기 (打字機) typewriter (타잎라이러)
타자병 (打字兵) typist (타이피스트)

타재 (駄載)	pack (팩)
타재 포병 (駄載砲兵)	pack artillery (팩 아아틸러뤼)
탁월 (卓越)**한**	distinguished (디스팅귀쉬드)
	outstanding (아울스땐딩)
	magnificent (맥니휘쓴트)
	superb (쑤퍼업)
탁월 (卓越)**한 감독** (監督)	excellent supervision (엑썰런트 쑤우퍼비준)
탁자 (卓子)	table (테이블)
탁한 물 〔濁水〕	polluted water (펄루우틷 워러)
	muddy water (머디 워러)
탄경 (彈徑)	caliber (캘리버어)
탄낭 (彈囊)	ammunition pouch (애뮤니숸 파우치)
	ammo pouch (애모 파우치)
탄대 (彈帶)	ammunition belt (애뮤니숸 벨트)
	ammo belt (애모 벨트)
탄대 장전 (彈帶裝塡)	belt-fed (벨트휃)
탄대 장탄 (彈帶裝彈)	belt-loading (벨트로우딩)
탄도 (彈道)	trajectory (츄뤄젝터뤼)
탄도 강호 (彈道降弧)	descending branch (디쎈딩 부랜치)
탄도 곡선 (彈道曲線)	ballistic curve (볼리스띡 커어브)
탄도 교정 (彈道矯正)	ballistic correction (볼리스띡 커렉숸)
탄도 미쓸 (彈道 —)	ballistic missile (볼리스띡 미쓸)
탄도 병기 (彈道兵器)	ballistic weapon (볼리스띡 웨펀)
탄도 수정 (彈道修正)	ballistic correction (볼리스띡 커렉숸)
탄도 승호 (彈道昇弧)	ascending branch (어쎈딩 부랜치)
탄도 〈유도〉 탄 (彈道誘導彈)	ballistic missile (볼리스띡 미쓸)
탄두 (彈頭)	point (포인트)
	nose (노우즈)
	head (헫)
	warhead (우오헫)
탄막 (彈幕)	barrage (버라아지)
탄막 사격 (彈幕射擊)	barrage fire (버라아지 화이어)
탄미익 (彈尾翼)	fin (휜)
탄알 (彈—)	ammunition (애뮤니숸)
탄약 (彈藥)	ammunition (애뮤니숸)
	ammo (애모)
탄약고 (彈藥庫)	ammunition storage area 〈ASP〉 (애뮤니숸 스또뤄지 애어뤼아 《에이 에쓰 피이》)
탄약 기본 휴대량 (彈藥基本携帶量)	basic load of ammunition (베이씩 로운 오브 애뮤니숸)
탄약낭 (彈藥囊)	ammo pouch (애모 파우치)

E

탄약 보급소 (彈藥補給所)	ammunition supply point<ASP> (애뮤니쓘 써플라이 포인트<에이 에쓰 피이>)
탄약소 (彈藥所)	ammo point (애모 포인트)
탄약 소요 보급률 (彈藥所要補給率)	ammunition required supply rate (애뮤니쓘 뤼퀴이얼 써플라이 레잍)
탄약수 (彈藥手)	ammo bearer (애모 배어뤄)
탄약 운반차 (彈藥運搬車)	ammunition carrier (애뮤니쓘 캐뤄어)
탄약 (彈藥)**의 발수** (發數)	round of ammunition (라운드 오브 애뮤니쓘)
탄약 집적소 (彈藥集積所)	ammo dump (애모 덤프)
탄약 취급자 (彈藥取扱者)	ammunition handler (애뮤니쓘 핸들러)
탄약 투하낭 (彈藥投下囊)	ammunition sling (애뮤니쓘 슬링)
탄약호 (彈藥壕)	ammo pit (애모 핕)
탄원 (歎願)	grievance (구뤼이번스)
탄종 식별 색대 (彈種識別色帶)	color band (칼러어 밴드)
탄착 (彈着)	impact (임팩트)
탄착군 (彈着群)	shot group (샽 구루웊)
탄착점 (彈着點)	point of impact (포인트 오브 임팩트)
탄착 지역 (彈着地域)	impact area (임팩트 애어뤼아)
탄창 (彈倉)	magazine (매거지인) clip (클맆)
탄창 송탄식 (彈倉送彈式)	magazine-fed (매거지인 휃)
탄창 장전식 (彈倉裝塡式)	magazine loading (매거지인 로우딩)
탄피 (彈皮)	cartridge case (카아츄뤼지 케이스)
탄환 (彈丸)	round of ammunition (라운드 오브 애뮤니쓘) bullet (블릿)
탄흔 (彈痕)	shell crater (셸 쿠레이러)
탄흔 분석 (彈痕分析)	crater analysis (쿠레이러 어낼러씨스)
탈영 (脫營)	desertion (디저어쑨)
탈취 (奪取)	seizure (씨이져어)
탈취 (奪取)**하다**	seize (씨이즈)
탈환 (奪還)	recapture (뤼캪쳐어)
탐색 (探索)	search (써어치)
탐색 격멸 (探索擊滅)	search and destroy (써어치 앤 디스츄로이)
탐색 공격 (探索攻擊)	search and attack (써어치 앤 어택)
탐색 구조 (探索救助)	searh and rescue (써어치 앤 레스뀨우)
탐색대 (探索隊)	search party (써어치 파아리)
탐색 사격 (探索射擊)	searching fire (써어칭 화이어)
탐조등 (探照燈)	searchlight (써어치라잍)
탐지 (探知)	detection (디텍쓘)
탐지기 (探知機)	detector (디텍터)
탐지 (探知)**하다**	detect (디텍트)

탑승 (搭乘) mounted(마운틷)
on-board(온보온)

탑승 병력 (搭乘兵力) mounted personnel(마운틷 퍼어쓰넬)

탑승자 (搭乘者) passenger(패썬저어)

탑재 (搭載) embarkation(임바아케이슌)
loading(로우딩)

탑재 계획 (搭載計劃) loading plan(로우딩 플랜)

탑재 공항 (搭載空港) embarkation airport(임바아케이슌 애어포올)

탑재 방공병 (搭載防空兵) air-guard on vehicle(애어가앋 온 비이끌)

탑재 장교 (搭載將校) loading officer(로우딩 오휘써)

탑재 지역 (搭載地域) embarkation area(임바아케이슌 애어뤼아)

탑재 지점 (搭載地點) loading point(로우딩 포인트)

탑재표 (搭載表) loading table(로우딩 테이블)

탑재항 집결 (搭載港集結) marshalling(마아셜링)

태권도 (跆拳道) taekwondo(태꾸온도)

태극기 (太極旗) Korean National Flag(코뤼언 내슈널 훌랙)

태도 (態度) attitude(애티튜욷)

태평양 (太平洋) Pacific〈Ocean〉(퍼씨휙〈오우션〉)

태평양 지역 (太平洋地域) Pacific theater(퍼씨휙 씨어러)

태평양 횡단 비행 (太平洋橫斷飛行) trans-Pacific flight(츄랜스퍼씨휙 홀라잍)

태풍 (颱風) typhoon(타이후운)

택씨 taxi(택씨)

탱커 tanker(탱커)

탱크 tank(탱크)

탱크 대대 (一大隊) armor battalion(아아머어 배탤리언)

탱크 중대 (一中隊) tank company(탱크 캄퍼니)

탱크 츄뤜 tank truck(탱크 츄뤜)

탱크 파괴조 (一破壞組) tank-killer team(탱크킬러 티임)

터늘 tunnel(터늘)

터어너먼트 tournament(터어너먼트)

턴 (噸) ton(턴)

턴수 (噸數) tonnage(터니지)

테뤄단 (一團) terrorists(테뤄뤼스쯔)

테일 〔尾翼〕 tail(테일)

텐트 〔天幕〕 tent(텐트)

텔리타잎 teletype(텔리타잎)

토대 (土臺) footing(훝팅)

토우 TOW(토우)

토우반 (一班) TOW section(토우 쎅쓘)

토의 (討議) discussion(디스커쓘)
conference(칸훠뤈스)
seminar(쎄미나아)

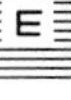

	presentation (푸뤼젠테이슌)
통계 (統計)	statistics (스떠티스틱쓰)
통과 지점 (通過地點)	passage point (패씨지 포인트)
통과 (通過)**하다**	pass through (패스 스루우)
통과 하중 (通過荷重)	weight limit (웨잍 리밑)
통기 (通氣)	ventilation (벤틸레이슌)
통기 구멍 (通氣—)	air vent (애어 벤트)
통나무 길	corduroy road (코오쥬로이 로운)
통로 (通路)	path (패쓰)
	aisle (아일)
	lane (래인)
	route (라웉)
통로 유도조 (通路誘導組)	pathfinder team (패쓰화인더 티임)
통로 정찰 (通路偵察)	route reconnaissance (라웉 뤼카너쎈스)
통보문 (通報文)	message (메씨지)
통보 중계소 (通報中繼所)	message relay point (메씨지 릴레이 포인트)
통상 (通常)	normal (노오멀)
통상 명칭 (通常名稱)	common names (카먼 네임즈)
통상 병상 수용력 (通常病床収容力)	normal bed capacity (노오멀 벧 커패씨티)
통상 사격 지대 (通常射擊地帶)	normal zone of fire (노오멀 죠운 오브 화이어)
통상 적재법 (通常積載法)	commercial loading (커머셜 로우딩)
통상 주파수 (通常周波數)	normal frequency (노오멀 후뤼퀀씨)
통솔 (統率)	leadership (리이더쉽)
통수 (統帥)	command (커맨드)
통수권 (統帥權)	supreme command (쑤우푸뤼임 커맨드)
통신 (通信)	communications (커뮤니케이슌스)
	commo (카모)
통신감청 (通信監聽)	commo monitoring (카모 마니터링)
통신 경계 (通信警戒)	communications security (커뮤니케이슌스 씨큐뤼티)
	COMSEC (캄쎅)
통신 계통 (通信系統)	communication channel (커뮤니케이슌 채늘)
통신 규정 (通信規定)	signal operation instructions ⟨SOI⟩ (씩널 아퍼레이슌 인스츄뤅슌스 ⟨에쓰 오우 아이⟩)
통신 근무 (通信勤務)	signal service (씩널 써어비스)
통신단 (通信團)	signal corps ⟨SC⟩ (씩널 코어 ⟨에쓰 씨이⟩)
통신 대대 (通信大隊)	signal battalion (씩널 배탤리언)
통신망 호출 부호 (通信網呼出符號)	net call sign (넽 코올 싸인)
통신망 확인 (通信網確認)	net authentication (넽 오센티케이슌)
통신문 (通信文)	message (메씨지)

통신문 공간 (通信文空間) break (부레잌)

통신문 인양 (通信文引揚) message pickup (메씨지 피껖)

통신 반장 (通信班長) communication chief (커뮤니케이숀 치이후)

통신 방수소 (通信傍受所) interception station (인터어쎕숀 스떼이숀)

통신 방해 (通信妨害) jamming (재밍)

통신 보안 (通信保安) communications security (커뮤니케이숀스 씨큐뤼티)
COMSEC (캄쎅)
signal security (씩널 씨큐뤼티)
SIGSEC (씩쎅)

통신 부대 (通信部隊) signal troops (씩널 츄루웊쓰)

통신선방차 (通信線紡車) hand reel (핸드 뤼일)

통신 소대 (通信小隊) commo platoon (카모 플러투운)

통신소 식별 기호 (通信所識別記號) station designator (스떼이숀 데직네이러)

통신소 확인 부호 (通信所確認符號) station authentication (스떼이숀 오쎈티케이숀)

통신 연습 (通信練習) communications exercise (커뮤니케이숀스 엑써싸이스)
COMEX (카멕쓰)

통신 운용 지시 (通信運用指示) signal operation instructions ⟨SOI⟩ (씩널 아퍼레이숀 인스츄뤅숀스 ⟨에쓰 오우 아이⟩)

통신 장교 (通信將校) signal officer ⟨SIGO⟩ (씩널 오휘써 ⟨씩오우⟩)

통신 전자 (通信電子) communication-electronics (커뮤니케이숀일렉츄라닠쓰)

통신 전자 규정 (通信電子規定) communication-electronics operation instructions (커뮤니케이숀 일렉츄라닠쓰 아퍼레이숀 인스츄뤅숀스)
CEOI (씨이 이이 오우 아이)

통신 절차 (通信節次) communication procedures (커뮤니케이숀 푸뤄씨이쥬어즈)

통신 접촉 (通信接觸) communication contact (커뮤니케이숀 칸탴트)

통신 정보 (通信情報) signal intelligence (씩널 인텔리젼스)

통신 준칙 (通信準則) standing signal instruction ⟨SSI⟩ (스땐딩 씩널 인스츄뤅숀스 ⟨에쓰 에쓰 아이⟩)

통신 축선 (通信軸線) signal axis (씩널 액씨스)

통신 취급소 (通信取扱所) communications center (커뮤니케이숀스 쎄너)

통역 (通譯) interpretation (인터어푸뤼테이숀)

통역관 (通譯官) interpreter (인터어푸뤼러)

통제 (統制) control (컨츄롤)

통제 계획 (統制計劃) control plan (컨츄롤 플랜)
control measures (컨츄롤 메져어즈)

통제관 (統制官)	controller (컨츄롤러)
통제단 (統制團)	controllers group (컨츄롤러즈 구루읖)
통제 도로 (統制道路)	controlled route (컨츄롤드 라웉)
통제 무선망 (統制無線網)	controlled net (컨츄롤드 넽)
통제 물자 (統制物資)	critical material (쿠뤼티컬 머티어뤼얼)
통제 범위 (統制範圍)	span of control (스빤 오브 컨츄롤)
통제 보급률 (統制補給率)	controlled supply rate〈CSR〉(컨츄롤드 써플라이 레잍〈씨이 에쓰 아아〉)
통제 보급품 (統制補給品)	controlled supply (컨츄롤드 써플라이)
통제선 (統制線)	phase line〈PL〉(훼이즈 라인〈피이 엘〉)
통제소 (統制所)	controlling point (컨츄롤링 포인트)
통제 연습 (統制練習)	controlled exercise (컨츄롤드 엑써싸이스)
통제점 (統制點)	control point〈CP〉(컨츄롤 포인트〈씨이 피이〉)
통제 통신소 (統制通信所)	net control station (넽 컨츄롤 스떼이숀)
통제 표지 (統制標識)	control sign (컨츄롤 싸인)
통제품 (統制品)	regulated item (레규레이팉 아이틈)
통제 (統制)**하다**	control (컨츄롤) regulate (레규레잍)
통제형 참모 (統制型參謀)	directorate-type staff (디렉터뤝 타잎 스때후)
통조림 제품 (桶—製品)	canned goods (캔드 굳즈)
통첩 (通牒)	note (노웉) notice (노티스)
통풍 (通風)	ventilation (벤틸레이숀)
통풍구 (通風口)	vent (벤트)
통풍 장치 (通風裝置)	ventilation system (벤틸레이숀 씨스텀)
통합 (統合)	unification (유우니휘케이숀) integration (인테구레이숀) consolidation (칸썰리데이숀)
통합 사령부 (統合司令部)	unified command (유우니화인 커맨드)
통합 참모 본부 (統合參謀本部)	Joint Chiefs of Staff〈JCS〉(조인트 치이후스 오브 스때후〈제이 씨이 에쓰〉)
통합 통신 제도 (統合通信制度)	integrated communications system (인테구레이팉 커뮤니케이숀스 씨스텀)
통합 훈련 (統合訓練)	integrated training (인테구레이팉 츄레이닝)
통행 차단물 (通行遮斷物)	barricade (배뤼케읻)
퇴각 (退却)	retreat (뤼츄뤼잍)
퇴근 시간 전에 (退勤時間前—)	close of business〈COB〉(클로우즈 오브 비지네쓰〈씨이 오우 비이〉)
퇴역 (退役)	retirement (뤼타이어먼트)
투명도 (透明圖)	overlay (오우버레이)
투명 도형 명령 (透明圖型命令)	overlay order (오우버레이 오오더어)
투발 계통 (投發系統)	delivery system (딜리버뤼 씨스텀)

투발 오차 (投發誤差)	delivery error (딜리버뤼 에뤄어)
투입 (投入)	commitment (커밑먼트)
투입 부대 (投入部隊)	committed forces (커미틷 호어씨즈)
투입 (投入) **하다** 〈**예비**〈豫備〉〉	commit〈reserve〉(커밑〈뤼저어브〉)
투쟁 (鬪爭)	struggle (스츄뤄글) conflict (칸훌릭트)
투척 병기 (投擲兵器)	hand-throw weapon (핸스로우 웨펀)
투하 (投下)	air-drop (애어쥬랖)
투하 지대 (投下地帶)	drop zone〈DZ〉(쥬랖 죠운〈디이 즤〉)
특공대 (特攻隊)	commando (커맨도우)
특공 작전 (特攻作戰)	commando operation (커맨도우 아퍼레이슌)
특급 부대 기장 (特級部隊記章)	distinguished unit emblem (디스팅귀쉬드 유우닡 엠블럼)
특급 부대 표창장 (特級部隊表彰狀)	distinguished unit citation (디스팅귀쉬드 유우닡 싸이테이슌)
특기 (特記)	citation (싸이테이슌)
특등 사수 (特等射手)	expert (엑쓰퍼얼)
특무 주임 상사 (特務主任上士)	command sergeant major〈CSM〉(커맨드 싸아전트 메이져어〈씨이 에쓰 엠〉)
특별 관계 (特別關係)	special relationship (스뻬셜 륄레이슌쉽) extraordinary relationship (엑쓰츄라오오디네뤼 륄레이슌쉽)
특별 명령 (特別命令)	special order (스뻬셜 오오더어)
특별 병력 보고 (特別兵力報告)	special strength report (스뻬셜 스츄렝스 뤼포올)
특별 사병 고과표 (特別士兵考課表)	special enlisted efficiency report〈SEER〉(스뻬셜 인리스틷 이휘션씨 뤼포올〈에쓰 이이 이이 아아〉)
특별 전령 (特別傳令)	courier (쿠뤼어)
특별 지시 사항 (特別指示事項)	special instructions (스뻬셜 인스츄뤅쓘스)
특별 참모 (特別參謀)	special staff (스뻬셜 스때후)
특별 행사 (特別行事)	special function (스뻬셜 훵쓘)
특별 (特別) **한**	special (스뻬셜) particular (퍼어티큘러어)
특설 위원회 (特設委員會)	ad hoc committee (앧 핰 커미티)
특수 관심사 (特殊關心事)	special interest (스뻬셜 인터레스트)
특수 군단 (特殊軍團)	special forces corps (스뻬셜 호어씨즈 코어)
특수용 (特殊用)	special purpose (스뻬셜 퍼어퍼스)
특수 임무 부대 (特殊任務部隊)	task force〈TF〉(태스끄 호오스〈티이 에후〉)
특수 작전 (特殊作戰)	special operation (스뻬셜 아퍼레이슌)

특수전 부대 (特殊戰部隊)	special forces (스페셜 호어씨즈)
특수 전문 직업 군인 정신 (特殊專門職業軍人精神)	professionalism (푸뤄훼쑈널리즘)
특이 (特異) **한**	unique (유니잌) peculiar (피큘리어)
특전단 (特戰團)	special ⟨warfare⟩ forces (스페셜 ⟨우오홰어⟩ 호어씨즈)
특전단 작전 (特戰團作戰)	special forces operation (스페셜 호어씨즈 아퍼레이숸)
특정 상황 (特定狀況)	specific situation (스뻐씨휙 씨츄에이숸)
특정 업무 수행 요망 (特定業務修行要望)	specific accomplishments desired (스뻐씨휙 어캄플리쉬먼쯔 디자이얻)
특정 (特定) **한**	specific (스뻐씨휙)
특화점 (特火點)	pillbox (필박쓰)
티임 스삐릳	Team Spirit (티임 스삐릳)
티임 스삐릳 작전 전 훈련 (一作戰前訓練)	pre-exercise training (푸뤼엑써싸이스 츄레이닝) pre-Team Spirit operation training (푸뤼티임스삐릳 아퍼레이숸 츄레이닝)

ㅍ

파 (波)	wave (웨이브)
파견군 (派遣軍)	expeditionary force (잌쓰퍼디쓔네뤼 호오스)
파견 근무 (派遣勤務)	temporary duty ⟨TDY⟩ (템포뤄뤼 듀우리 ⟨티이 디이 와이⟩)
파견대 (派遣隊)	detachment (디태치먼트)
파견 부대 (派遣部隊)	detached unit (디태치드 유우닡)
파괴 (破壞)	destruction (디스츄뤜숸)
파괴통 (破壞桶)	bangalore torpedo (뱅거로오어 토오피이도우)
파괴 행위 (破壞行爲)	sabotage (쌔버타아지)
파기 일자 (破棄日字)	destruction date (디스츄뤜숸 데잍)
파다	dig in (딕 인)
파손 (破損)	damage (대미지)
파손 보고 (破損報告)	damage report (대미지 뤼포옽)
파손 평가 (破損評價)	damage assessment (대미지 어쎄쓰먼트)
파송 (派送)	dispatch (디스패치)
파쇄 공격 (破碎攻擊)	spoiling attack (스뽀일링 어택)
파아커 [外套]	parka (파아커)
파아터전 (빨치산)	partisan (파아터전)
파열 (破裂)	rupture (뤞쳐)

	burst (버어스트)
파열고 (破裂高)	height of burst (하잍 오브 버어스트)
파편 (破片)	fragment (후래그먼트)
판단 (判斷)	estimate (에스띠밑)
	judgement (저지먼트)
판독 (判讀)	interpretation (인터어푸뤼테이숀)
판매 (販賣)	sales (쎄일즈)
판문점 (板門店)	Panmunjom (판문점)
판투운교 (—橋)	pontoon〈bridge〉(판투운〈부뤼지〉)
팔군 (八軍)	Eighth US Army〈EUSA〉(에이스 유우에쓰 아아미〈이이 유우 에쓰 에이〉)
81㎜박격포 (—迫擊砲)	81㎜ mortar (에이디원 밀리미러 모어러)
패권 (覇權)	supremacy (쑤우푸뤼머씨)
패너라아머	panorama (패너라아머)
패배 (敗北)	defeat (디휘잍)
패전 (敗戰)	defeat (디휘잍)
패주 (敗走)	rout (라울)
패튼 장군 (—將軍)	GEN George S. Patton, Jr, (1885－1945) (제너뤌 죠오지 에쓰 패튼 쥬니어)
팰릳 〔木板〕	pallet (팰릳)
팸후릳 〔冊子〕	pamphlet (팸후릳)
퍼얼 하아버 〔眞珠灣〕	Pearl Harbor (퍼얼 하아버)
퍼테이토우 (감자)	potato (퍼테이토우)
펀치보울 (無名稜線 〔斷腸稜線直東 4.5哩〕)	Punchbowl (펀치보울)
	Noname Ridge (노우네임 뤼지)
펜꽂이	pen stand (펜 스땐드)
편각 (偏角)	deflection (디훌렉숀)
	declination (데클리네이숀)
	deviation (디이비에이션)
편대 (編隊)	formation (호오메이숀)
편류 (偏流)	drift (쥬뤼후트)
편리 (便利)	convenience (컨비니언스)
편리 (便利) **한**	convenient (컨비니언트)
	feasible (휘이지블)
편성 (編成)	organization (오오거니제이숀)
편성 (編成) **된 진지** (陣地)	organized position (오오거나이즈드 퍼칠숀)
편성 (編成) **및 장비표** (裝備表)	table of organization and equipment〈TO & E〉(테이블 오브 오오거니제이숀 앤 이큅먼트〈티이 오우 앤 이이〉)
편성 병력 (編成兵力)	organized strength (오오거나이즈드 스츄렝스)
편성표 (編成表)	organization chart (오오거니제이숀 챠앝)
편입 (編入)	complement (캄쁠먼트)

	augmentation (오욱맨테이순)
편제 (編制)	organization (오오거니제이순)
편제상 (編制上)	organic (오오개닉)
	organizational (오오거니제이슈널)
편제상 수송 기관 (編制上輸送機關)	organic transportation (오오개닉 츄랜스포오테이순)
편제상 장비 (編制上裝備)	organizational equipment (오오거니제이슈널 이큅먼트)
편조 (編組)	team organization (티임 오오거니제이순)
	task organization (태스끄 오오거니제이순)
편차 (偏差)	deflection (디훌렉쑨)
	declination (데클리네이순)
	deviation (디이비에이션)
	variation (배어뤼에이션)
편치 (偏置)	off-set (오후쎌)
편판 (偏板)	deflection board (디훌렉쑨 보온)
평 (坪)	pyong (평)
	1,224 pyong=1 acre (원싸우즌 투헌주렌튀니훠평 이즈 원 에이커)
	1 acre=4,046.8m²
평가 (評價)	evaluation (이밸류에이순)
평가관 (評價官)	evaluator (이밸류에이러)
평강 (平康)	Pyonggang (평강)
평균 (平均)	average (애버뤼지)
	mean (미인)
평면 탄도 (平面彈道)	flat trajectory (훌랱 츄래췩토뤼)
평문 (平文)	plain text (플레인 텍쓰트)
	clear text (클리어 텍쓰트)
평사포 (平射砲)	gun (건)
	cannon (캐넌)
평시 (平時)	day-to-day (데이투데이)
	peace time (피이스 타임)
평양 (平壤)	Pyongyang (평양)
평지 (平地)	level ground (레블 구라운드)
	level areas (레블 애어뤼아즈)
평행 (平行)	parallel (패뤄렐)
평행 공격 (平行攻擊)	parallel attacks (패뤄렐 어택쓰)
평행 전진 (平行前進)	parallel advances (패뤄렐 언밴씨스)
평화 (平和)	peace (피이스)
폐기 (廢棄)	rescission (뤼씨젼)
폐기 (廢棄) 하다	rescind (뤼씬드)
폐쇄기 (閉鎖機)	breech (부뤼이치)
폐품 (廢品)	scrap (스끄랩)

	salvage (쌜비지)
폐품 집적소 (廢品集積所)	salvage yard (쌜비지 야앋)
폐품 활용 (廢品活用)	cannibalization (캐니벌라이제이숸)
폐품 후송 (廢品後送)	salvage evacuation (쌜비지 이배큐에이숸)
포 (砲)	artillery piece (아아틸러뤼 피이스)
	gun (건)
	cannon (캐넌)
포가 (砲架)	gun mount (건 마운트)
	gun carriage (건 캐뤼지)
포격 (砲擊)	artillery fire (아아틸러뤼 화이어)
	bombardment (봄바안먼트)
포고문 (布告文)	proclamation (푸뤄클러메이숸)
포구 (砲口)	muzzle (머즐)
포구 섬광 (砲口閃光)	muzzle flash (머즐 훌래쉬)
포대 (砲隊)	battery (배뤄뤼)
포로 (捕虜)	prisoner of war 〈POW〉 (푸뤼즈너 오브 우오 〈피이 오우 더블유〉)
포로 수용소 (捕虜收容所)	POW camp (피이 오우 더블유 캠프)
포로 수집소 (捕虜蒐集所)	POW collecting point (피이 오우 더블유 컬렉팅 포인트)
포로 신문 (捕虜訊問)	POW interrogation (피이 오우 더블유 인테뤄게이숸)
포로 처리소 (捕虜處理所)	POW processing station (피이 오우 더블유 푸라쎄씽 스떼이숸)
포로 취급 절차 (捕虜取扱節次)	POW handling procedures (피이 오우 더블유 핸들링 푸뤄씨쥬어즈)
포목선 (砲目線)	gun-target line (건 타아깉 라인)
포밀도 (砲密度)	gun-density (건 덴써티)
포반 (砲班)	gun section (건 쎅숸)
포병 (砲兵)	artillery (아아틸러뤼)
포병 공격 준비 사격 (砲兵攻擊準備射擊)	artillery preparation fire (아아틸러뤼 푸뤼퍼레이숸 화이어)
	prep fire (푸렢 화이어)
포병대 (砲兵隊)	artillery battalion (아아틸러뤼 배탤리언)
포병 부록 (砲兵附錄)	artillery annex (아아틸러뤼 애넥쓰)
포병 사항 (砲兵事項)	artillery subparagraph (아아틸러뤼 썹패뤄구래후)
포병 장교 (砲兵將校)	artillery officer (아아틸러뤼 오휘써)
포병 증원 임무 (砲兵增援任務)	artillery reinforcing mission (아아틸러뤼 뤼인호오씽 미쓘)
포병 진지 (砲兵陣地)	artillery position (아아틸러뤼 퍼칠쓘)
포병 측량 (砲兵測量)	artillery survey (아아틸러뤼 써어베이)
포병 탄약 (砲兵彈藥)	artillery ammunition (아아틸러뤼 애뮤니쓘)

포복 (匍匐) crawl (쿠로올)
포상 (砲床) emplacement (임플레이스먼트)
포상장 (褒賞狀) commendation (카멘데이숀)
포수 (砲手) gunner (거너)
포술 (砲術) gunnery (거너뤼)
포신 (砲身) tube (튜웁)
barrel (배뤌)
포우스터어 poster (포우스터어)
포위 (包圍) envelopment (인벨렆먼트)
encirclement (인써어끌먼트)
포위 공격 (包圍攻擊) enveloping attack (인벨러삥 어탴)
포위 기동 (包圍機動) enveloping maneuver (인벨러삥 머누우버)
포위 부대 (包圍部隊) enveloping force (인벨러삥 호오스)
포위 (包圍) 하다 envelop (인벨렆)
포장 (包裝) packaging (패키징)
포장 도로 (鋪裝道路) paved road (페이브드 로욷)
포장 도로변 (鋪裝道路邊) shoulder (쇼울더)
포장물 (包裝物) package (패키지)
포장 석유 (包裝石油) packed petroleum (퍀트 퍼츄롤리엄)
포장 식품 (包裝食品) food packet (후욷 패킽)
포 진지 전환 (砲陣地轉換) gun displacement (건 디스플레이스먼트)
포착 (捕捉) acquisition (애퀴칠숸)
capture (캪쳐어)
포탄 (砲彈) artillery shell (아아틸러뤼셸)
projectile (푸뤄젝타일)
포탄구 (砲彈口) shell crater (셸쿠레이러)
포탄 파편 (砲彈破片) shell fragments (셸후랙먼쯔)
포탑 (砲塔) turret (터뤹)
포탑포 (砲塔砲) turret gun (터뤹 건)
포판 (布板) panel (패늘)
포판 신호 (布板信號) panel code (패늘 코욷)
포화 (砲火) artillery fire (아아틸러뤼 화이어)
포화 (飽和) saturation (쌔츄레이숸)
포획 (捕獲) capture (캪쳐어)
seizure (씨이져어)
포획 문서 (捕獲文書) captured document (캪쳐얻 다큐먼트)
폭 (幅) width (윋쓰)
폭격 (爆擊) bombing (바밍)
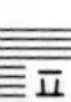
폭격기 (爆擊機) bomber (바머)
폭격 피해 판단 (爆擊被害判斷) bomb damage assessment (밤 대미지 어쎄쓰먼트)
폭로 (暴露) 된 측면 (側面) exposed flank (잌쓰뽀우즈드 홀랭크)
폭발 (爆發) explosion (잌쓰쁠로우쥰)

폭발물 (爆發物)	explosive (익쓰쁠로우씨브)
폭발물 처리 (爆發物處理)	explosive ordnance disposal〈EOD〉 (익쓰쁠로우씨브 오온넌스 디스뽀우절 〈이이 오우 디이〉)
폭설 (暴雪)	snowstorm (스노우스또옴)
	blizzard (블리저언)
폭열 (爆裂)	detonation (데터네이슌)
폭탄 (爆彈)	bomb (밤)
폭탄군 폭탄 (爆彈群爆彈)	cluster bomb unit〈CBU〉 (클러스터 밤 유우닡〈씨이 비이 유우〉)
폭탄 일제 투하 (爆彈一齊投下)	salvo bombing (쌜보 바밍)
폭탄 처리대 (爆彈處理隊)	bomb disposal (밤 디스뽀우절)
폭탄 탑재량 (爆彈搭載量)	bomb load (밤 로운)
폭탄 투하 (爆彈投下)	bomb release (밤 륄리이스)
폭탄 피해 판단 (爆彈被害判斷)	bomb damage assessment (밤 대미지 어쎄쓰먼트)
폭파 (爆破)	demolition (더말리슌)
폭풍 (暴風)	storm (스또옴)
폭풍 (爆風)	blast (블래스트)
폭풍우 (暴風雨)	rain storm (레인스또옴)
폭풍 효과 (爆風效果)	blast effect (블래스트 이훽트)
표면 (表面)	surface (써어휘쓰)
표본 (標本)	sample (쌤플)
	example (익잼플)
표시 (表示)	proof (푸루우후)
	token (토우큰)
표어 (標語)	motto (마토우)
	slogan (슬로우건)
표적 (標的)	target (타아길)
표적군 (標的群)	group of targets (구루웊 오브 타아길쯔)
표적대 (標的帶)	series of targets (씨뤼이즈 오브 타아길쯔)
표적 분석 (標的分析)	target analysis (타아길 어낼러씨스)
표적 사격장 (標的射擊場)	target range (타아길 레인지)
표적 식별 (標的識別)	target identification (타아길 아이덴티휘케이슌)
표적 좌표 (標的座標)	target grid (타아길 구륃)
표적 지역 (標的地域)	target area (타아길 애어뤼아)
표적 지정 (標的指定)	target designation (타아길 데직네이슌)
표적 포착 (標的捕捉)	target acquisition (타아길 애뀌칠쓘)
표적 획득 (標的獲得)	target acquisition (타아길 애뀌칠쓘)
표정판 (標定板)	spotting board (스빠팅 보온)
	plotting board (플라팅 보온)

표제 (表題)	title (타이를)
표제 부호 (表題符號)	caption code (캡슌 코웉)
표준 (標準)	standard (스땐더얻)
표준 도로 (標準道路)	standard road (스땐더얻 로욷)
표준 명칭 (標準名稱)	standard nomenclature (스땐더얻 노우멘클러쳐어)
표준 분포 (標準分布)	standard pattern (스땐더얻 패터언)
표준시 (標準時)	standard time (스땐더얻 타임)
표준화 (標準化)	standardization (스땐더어다이제이슌)
표지 (標識)	mark (마앜) sign (싸인)
표지물 (標識物)	marker (마아커)
표지 부호 (標識符號)	marking (마아킹)
표지 포판 (標識布板)	marking panel (마아킹 패늘)
표창 (表彰)	honor (아너어) commendation (카멘데이슌)
표창장 (表彰狀)	letter of commendation (레러 오브 카멘데이슌)
표현 (表現)	expression (잌쓰푸레슌)
품명 (品名)	nomenclature (노우멘클러쳐어)
품목 (品目)	item (아이틈)
품목 기술 (品目記述)	item description (아이틈 데스쿠륖슌)
품목 번호 (品目番號)	item number (아이틈 넘버)
풍속 (風俗)	custom (커스틈) mores (모오레이즈)
풍속 (風速)	wind velocity (윈드 빌라씨티)
풍속 편차 (風速偏差)	windage (윈디지)
풍압 (風壓)	wind pressure (윈드 푸레셔어)
풍진 (風塵)	dust storm (더스트 스또옴) sand-storm (쌘드 스또옴)
풍토 순화 (風土馴化)	acclimatization (어클라이머타이제이슌)
풍편 (風偏)	wind deflection (윈드 디훌렉슌)
풍향 (風向)	wind direction (윈드 디렉슌)
프로우구램	program (푸로우구램)
프러우옫	proword (푸뤄우옫)
프러펠러	propeller (푸뤄펠러)
피란민 (避亂民)	refugee (레휴치이)
피란민 가장 공산성향자 (避亂民假裝共產性向者)	communist sympathizers disguised as refugees (카뮤니스트 씸퍼싸이저어즈 디쓰가이즈드 애즈 레휴치이즈)
피란민 수용소 (避亂民收容所)	refugee evacuation center (레휴치이 이배큐에이슌 쎄너)
피란민 통제 (避亂民統制)	refugee control (레휴치이 컨츄롤)

피복 (被服)	clothing (클로오딩)
피복 기록표 (被服記録表)	clothing record (클로오딩 레컫)
피복 장비 기록표 (被服裝備記録表)	clothing and equipment record (클로오딩 앤 이큅먼트 레컫)
피스톨 [拳銃]	pistol (피스틀)
피아 식별 (彼我識別)	identification, friend or foe 〈IFF〉 (아이덴티휘케이슌, 후렌드 오어 호우)
피안 (彼岸)	far bank (화아 뱅크)
피의 능선 (금화 서방 문둥리 계곡 남방) (983-940-773 高地)	Bloody Ridge (블라디 뤼지)
피이 엑쓰	PX 〈post exchange〉 (피이 엑쓰 〈포우스트 익쓰췌인지〉)
피이 엑쓰 차 (— 車)	Running Chef (뤄닝 쉐후)
	Roach Coach (로우치 코우치)
피지원 부대 (被支援部隊)	supported unit (써포오틷 유우닡)
피탄 지역 (被彈地域)	beaten zone (비이튼 죠운)
	shelling area (셸링 애어뤼아)
피해 반경 (被害半徑)	damage radius (대미지 래디어스)
피해 보고 (被害報告)	damage report (대미지 뤼포옫)
피해 복구 (被害復舊)	damage restoration (대미지 뤼스또어레이슌)
피해 통제 (被害統制)	damage control (대미지 컨츄롤)
	disaster control (디재스터 컨츄롤)
피해 판단 (被害判斷)	damage estimate (대미지 에스띠밑)
필기 명령 (筆記命令)	written order (뤼튼 오오더어)
필수 (心須) **의**	essential (이쎈셜)
	mandatory (맨더토뤼)
필수 품목 (必須品目)	essential item (이쎈셜 아이틈)
필수 훈련 (必須訓練)	mandatory training (맨더토뤼 츄레이닝)
필승 (必勝)	ultimate victory (얼티밑 빅토뤼)
필요 (必要) **한 경우 기준** (境遇基準)	as needed basis (애즈 니이딛 베이씨스)
	need to know basis (니읻 투 노우 베이씨스)

하급 장교 (下級將校)	junior officer (쥬니어 오휘써)
하기식 (下旗式)	retreat (뤼츄뤼잍)
—하기 전에	prior to ~ (푸라이어 투)
하명 (下命)	issuance of order (이쓔언스 오브 오오더어)

하물 (荷物)	lift(리후트) cargo(카아고)
하물 결박 (荷物結縛)	cargo tie-down(카아고 타이따운)
하물 수송 (荷物輸送)	cargo transport(카아고 츄랜스포올)
하물 수송기 (荷物輸送機)	cargo plane(카아고 플레인)
하물 작업병 (荷物作業兵)	port-handler(포올 핸들러) stevedore(스띠이버도오어)
하사관 (下士官)	noncommissioned officer ⟨NCO⟩ (넌커미쓘드 오휘써 ⟨엔 씨이 오우⟩)
하상 (河床)	riverbed(뤼버벧)
하선 (下船)	debarkation(디바아케이숀)
하선망 (下船網)	debarkation net(디바아케이숀 넽)
하선 작업 (下船作業)	off-loading(오후로우딩)
하선장 (下船場)	debarkation station (디바아케이숀 스떼이숀)
하수구 (下水口)	soakage pit(쏘우키지 핕) drainage(쥬레이니지)
하수호 (下水壕)	sullage pit(썰리지 핕)
하알 부레잌 능선 〔斷腸의 稜線〕	Heartbreak Ridge ⟨Hill 520⟩ (하알부레잌 뤼지)
하역 (下役)	off-loading(오후로우딩)
하와이 계 (一系)	Hawaiian(하와이언)
하적 (荷積)	loading(로우딩)
하중 (荷重)	load(로운)
하차 (下車)	dismount(디스마운트) detrucking(디츄뤄낑)
하차 지점 (下車地點)	dismount point(디스마운트 포인트) detrucking point(디츄뤄낑 포인트)
하차 (下車) **하다**	dismount(디스마운트)
하천 (河川)	river(뤼버)
하천선 (河川線)	riverline(뤼버라인)
하천선 작전 (河川線作戰)	riverline operation(뤼버라인 아퍼레이숀)
하천 저지 (河川低地)	riverbottom(뤼버바틈)
학도 군사 훈련단 (學徒軍事訓練團)	reserve officers training corps ⟨ROTC⟩ (뤼저어브 오휘써스 츄레이닝 코어 ⟨아아 오우 티이 씨이⟩)
한계 (限界)	limit(리밑)
한계 기상 (限界氣象)	critical weather condition (쿠뤼티껄 웨더어 컨디숀)
한국계 미군 (韓國系美軍)	US Army soldier of Korean origin (유우에쓰 아아미 쏘울져어 오브 코뤼언 아뤼진) kimchi-GI(킴치지이아이)

한국 노무대 (韓國勞務隊)	Korean Service Corps〈KSC〉 (코뤼언 써어비스 코어〈케이에쓰씨이〉)
한국 동란 (韓國動亂)	Korean War (코뤼언 우오) Korean Conflict (코뤼언 칸훌릭트)
한랭 전선 (寒冷前線)	cold front (코울드 후론트)
한미 상호 방위 조약 (韓美相互防衛條約)	ROK/US mutual defense treaty (랍유우에쓰 뮤우츄얼 디이휀스 츄뤼디)
한미 연합 작전 (韓美聯合作戰)	ROK/US joint operation (랍유우에쓰 죠인트 아퍼레이숀)
한미 연합 작전 능력 (韓美聯合作戰能力)	ROK/US joint operation capabilities (랍유우에쓰 죠인트 아퍼레이숀 케이퍼빌러티이즈) ROK/US interoperability (랍유우에쓰 인터어아퍼뤄빌러티)
한미 우호 (韓美友好)	ROK/US friendship (랍유우에쓰 후렌쉽)
한미 우호 협회 (韓美友好協會)	Korean-American Friendship Association (코뤼언 어메리칸 후렌쉽 어쏘우씨에이숀)
한미 이해 (韓美理解)	ROK/US understanding (랍유우에쓰 언더스땐딩)
한미 이해 증진 (韓美理解增進)	ROK/US inrceased understanding (랍유우에쓰 인쿠뤼이스드 언더스땐딩)
한미 전투 태세 (韓美戰鬪態勢)	ROK/US combat readiness (랍유우에쓰 캄뱉 레디네쓰)
한미 혼성 티임 (韓美混成組)	ROK/US composite team (랍유우에쓰 컴파짙 티임)
한반도 (韓半島)	Korean peninsula (코뤼언 피닌슐라)
한정 (限定) 된	limited (리미틷)
한파 (寒波)	cold wave (코울드 웨이브)
할당 (割當)	allocation (앨로케이숀)
할링즈워스 장군 (一將軍)	LTG James Hollingsworth (루우테넌트 제너뤌 제임스 할링즈워스)
함계 지뢰 (陷計地雷)	trap mine (츄랲 마인)
함대 (艦隊)	fleet (훌리잍)
함락 (陷落)	reduction (뤼덬쑌)
함미 (艦尾)	stern (스떠언)
함수 (艦首)	bow (바우)
함정 지뢰 (陷穽地雷)	trap mine (츄랲 마인)
함포 사격 (艦砲射擊)	naval gunfire〈NGF〉 (네이벌 건화이어〈엔 지이 에후〉)
함포 사격 연락 장교 (艦砲射擊連絡將校)	naval gunfire liaison officer〈NGFLO〉 (네이벌 건화이어 리이애이자안 오휘써〈엔 지이 에후 엘 오우〉)
합동 (合同)	joint (조인트)

합동 공격 부대 (合同攻擊部隊)	joint attack force(조인트 어택 호오스)
합동군 연습(合同軍練習)	joint forces exercise (조인트 호어씨즈 엑써싸이스)
합동 연습(合同練習)	joint exercise(조인트 엑써싸이스)
합동 임무 부대 (合同任務部隊)	joint task force(조인트 태스끄 호오스)
합동 작전(合同作戰)	joint operation(조인트 아퍼레이숀)
합동 전술 공격 양식 (合同戰術攻擊樣式)	joint tactical air strike form (조인트 택티껄 애어 스츄라잌 호옴)
합동 참모(合同參謀)	joint staff(조인트 스때후)
합동 참모부(合同參謀部)	Joint Chiefs of Staff 〈JCS〉(조인트 치이후스 오브 스때후〈제이 씨이 에쓰〉)
합〈동〉참〈모부〉의장 (合同參謀部議長)	Chairman, JCS(채어먼, 제이씨이에쓰)
합동 훈련(合同訓練)	joint training(조인트 츄레이닝)
합성(合成)	composite(컴파질)
합장 묘지(合葬墓地)	common grave(카먼 구레이브)
항공(航空)	air(애어) aviation(애비에이숀)
항공 경보(航空警報)	air warning(애어 우오닝)
항공 경보 통제기 (航空警報統制機)	airborne warning and control system 〈AWACS〉(애어보온 우오닝 앤 컨츄롤 씨스텀〈에이왝쓰〉)
항공 관제부(航空管制部)	air control center(애어 컨츄롤 쎄너)
항공 관제탑(航空管制塔)	control tower(컨츄롤 타우어)
항공 관측(航空觀測)	aerial observation(애어뤼얼 압써베이숀) visual reconnaissance〈VR〉 (비쥬얼 뤼카너쎈스〈브이 아아〉)
항공 관측소(航空觀測所)	air observation post (애어 압써베이숀 포우스트)
항공 관측수(航空觀測手)	air observer(애어 옵써어버)
항공 교통(航空交通)	air traffic(애어 츄래휙)
항공 교통 관제 (航空交通管制)	air tarffic control(애어 츄래휙 컨츄롤)
항공기(航空機)	aircraft(애어쿠래후트)
항공 기동(航空機動)	airmobile(애어모우빌)
항공 기동 작전 (航空機動作戰)	airmobile operation(애어모우빌 아퍼레이숀)
항공기 사용 요청 (航空機使用要請)	aircraft mission request (애어쿠래후트 미숀 뤼퀘스트)
항공 기지(航空基地)	air base(애어 베이스)
항공기총(航空機銃)	aircraft machinegun(애어쿠래후트 머쉬인건)

항공기 탑재 라킽 발사 장치 (航空機搭載—發射裝置) aircraft rocket launcher (애어쿠래후트 라킽 로온쳐)
항공 대대 (航空大隊) aviation battalion (애비에이슌 배탤리언)
항공력 (航空力) air power (애어 파우어)
항공로 (航空路) airway (애어웨이)
항공 모함 (航空母艦) aircraft carrier (애어쿠래후트 캐뤼어)
항공 목표 (航空目標) air objective (애어 옵젝티브)
항공 무기 (航空武器) air weapon (애어 웨펀)
항공 방어 작전 (航空防禦作戰) air defense operation (애어 디이휀스 아퍼레이슌)
항공병 (航空病) air sickness (애어 씩네쓰)
항공 사진 (航空寫眞) aerial photograph (애뤼얼 호우터구래후)
항공 사진 요청 (航空寫眞要請) request for air photo (뤼퀘스트 호어 애어 호우토)
항공 사진 해석 (航空寫眞解釋) aerial photograph interpretation (애뤼얼 호우터구래후 인터어푸뤼테이슌)
항공선 (航空線) flight line (훌라잍 라인)
항공 수송 (航空輸送) airlift (애어리후트)
air transportation (애어 츄랜스포오테이슌)
airflow (애어훌로우)
항공 연락 장교 (航空連絡將校) air liaison officer (애어 리이애이쟈안 오휘써)
항공 연료 (航空燃料) aviation fuel (애비에이슌 휴얼)
항공 의무 후송 (航空醫務後送) aeromedical evacuation (애로우메디컬 이배큐에이슌)
항공 이동 (航空移動) air movement (애어 무우브먼트)
항공 작전 (航空作戰) air operation (애어 아퍼레이슌)
항공 적재표 (航空積載表) air loading table (애어 로우딩 테이블)
항공전 (航空戰) air war (애어 우오)
항공 전방 항공 통제기 (航空前方航空統制機) airborne forward air controller (애어보온 호어우온 애어 컨츄롤러)
항공 정보 (航空情報) air intelligence (애어 인텔리젼스)
항공 정찰 (航空偵察) air reconnaissance (애어 뤼카너쌘스)
항공 제대 (航空梯隊) air echelon (애어 에쉴란)
항공 제원 (航空諸元) aeronautical data (애로우노오티껄 대터)
항공 조기 경보 (航空早期警報) air early warning (애어 어얼리 우오닝)
항공 지도 (航空地圖) aerial map (애뤼얼 맵)
항공 지뢰 (航空地雷) aerial mine (애뤼얼 마인)
air-delivered mine (애어딜리버얻 마인)
항공 지원 (航空支援) air support (애어 써포옽)
항공 지원 요청 (航空支援要請) air support request (애어 써포옽 뤼퀘스트)

ㅎ

항공 탑승원 명부 (航空搭乘員名簿) flight manifest(훌라잍 매니훼스트)
항공 통제관(航空統制官) air controller(애어 컨츄롤러)
항공 투하(航空投下) air delivery(애어 딜리버뤼)
항공 특수 임무 부대 (航空特殊任務部隊) air task force(애어 태스끄 호오스)
항공 표지(航空標識) air marking(애어 마아킹)
항공 함포 연락 장교 (航空艦砲連絡將校) air and naval gunfire liaison officer 〈ANGLO〉(애어 앤 네이벌 건화이어 리이애이 쟈안 오휘써〈에이 엔 지이 엘 오우〉)
항공 화물(航空貨物) air cargo(애어 카아고)
항공 화물 결박 (航空貨物結縛) aircraft cargo tiedown (애어쿠래후트 카아고 타이따운)
항공 회랑(航空回廊) air corridor (애어 카뤼도어)
항공 후방 차단 작전 (航空後方遮斷作戰) air interdiction operation (애어 인터어딬쓘 아퍼레이숀)
항공 후송(航空後送) air evacuation(애어 이배큐에이숀)
항구(港口) port(포올) harbor(하아버어)
항로(航路) flight path(훌라잍 패스)
항로 유도반(航路誘導班) pathfinders(패쓰화인더어즈)
항만(港灣) harbor(하아버어) port(포올)
항만 대대장(港灣大隊長) port terminal battalion commander (포올 터어미널 배탤리언 커맨더)
항만 수송 장교 (港灣輸送將校) port transportation officer (포올 츄랜스포오테이숀 오휘써)
항만 장교(港灣將校) port officer(포올 오휘써)
항명(抗命) insubordination(인써보오디네이숀
항목(項目) item(아이틈)
항법(航法) navigation(내비게이숀)
항별 품목(項別品目) line item(라인 아이틈)
항복(降伏) surrender(써렌더)
해결 방책(解結方策) solution(쏠루숀)
해결(解結)하다〈문제를〉(問題―) solve 〈a problem〉(쏠브〈어 푸라블럼〉)
해군(海軍) navy(네이비)
해군 대령(海軍大領) captain(캪튼)
해군 대위(海軍大尉) lieutenant(루우테넌트)
해군 대장(海軍大將) admiral(앧머뤌)
해군 소령(海軍少領) lieutenant commander(루우테넌트 커맨더)
해군 소위(海軍少尉) ensign(엔쓴)
해군 소장(海軍少將) rear admiral(뤼어 앧머뤌)

ㅎ

해군 준장 (海軍准將)　commodore (카머도오어)
해군 중령 (海軍中領)　commander (커맨더)
해군 중위 (海軍中尉)　lieutenant junior grade 〈JG〉 (루우테넌트 쥬니어 구레읻 〈제이치이〉)
해군 중장 (海軍中將)　vice admiral (바이스 앧머뤌)
해당 (該當)되는　applicable (애쁠리꺼블)
해당 (該當)되다　apply (어플라이)
해독 (解毒)　decontamintaion (디이컨태미네이슌)
해독기 (解毒器)　decontaminating apparatus (디이컨태미네이딩 어패뤄터스)
해독제 (解毒劑)　decontaminant (디이컨태미넌트)
해두보 (海頭堡)　beachhead (비이치헫)
해두보선 (海頭堡線)　beachhead line (비이치헫 라인)
해륙 수송 (海陸輸送)　surface transportation (써어휘쓰 츄랜스포오테이슌)
해리 (海哩)　nautical mile (노오티껄 마일)
해발 (海拔)　sea level (씨이 레블)
해발 고도 (海拔高度)　above sea level (어바브 씨이 레블)
해방 (解放)　liberation (리버어레이슌)
해방 전쟁 (解放戰爭)　war of liberation (우오 오브 리버어레이슌)
해방 지구 (解放地區)　liberated area (리버어레이틷 애어뤼아)
해병 (海兵)　marine (머뤼인)
해병대 (海兵隊)　marine corps (머뤼인 코어)
해상 박명초 (海上薄明初)　beginning of morning nautical twilight 〈BMNT〉 비기닝 오브 모오닝 노오티껄 트와일라잍 〈비이 엠 엔 티이〉)
해상 박명말 (海上薄明末)　end of evening nautical twilight 〈EENT〉 (엔드 오브 이브닝 노오티껄 트와일라잍 〈이이 이이 엔 티이〉)
해상 봉쇄 (海上封鎖)　naval blockade (네이벌 블라케읻)
해상 우세권 (海上優勢權)　command of the sea (커맨드 오브 더 씨이)
해상 운송 (海上運送)　sealift (씨이리후트)
해상 하물 (海上荷物)　sealift (씨이리후트)
해석 (解釋)　interpretation (인터어푸뤼테이슌)
해안 (海岸)　coast (코우스트)
해안 경비대 (海岸警備隊)　coast guard (코우스트 가앋)
해안 방어 (海岸防禦)　coastal defense (코우스털 디이휀스)
해안선 (海岸線)　coastal line (코우스털 라인)
shore line (쇼어 라인)
해양 (海洋)　ocean (오우션)
해외 (海外)　overseas (오우버씨이즈)
해외 군모 (海外軍帽)　overseas cap (오우버씨이즈 캪)
garrison cap (개뤼슨 캪)

해외 기동(海外機動)	overseas deployment (오우버씨이즈 디플로이먼트)
해외 기동 집결 기지 (海外機動集結基地)	overseas staging base (오우버씨이즈 스떼이징 베이스)
해외 기동 집결지 (海外機動集結地)	overseas staging area (오우버씨이즈 스떼이징 애어뤼아)
해외 이동(海外移動)	overseas movement (오우버씨이즈 무우브먼트)
해임(解任)	relief(륄리이후)
해임(解任)**되다**	relieved(륄리이브드)
해제(解除)	release(륄리이스)
해제 신호(解除信號)	all-clear signal(오올클리어 씩널)
해체(解體)	disassembly(디쓰어쎔블리) deactivation(디이액티베이슌)
해협(海峽)	channel(채늘)
핵(核)	nuclear(뉴우클리어)
핵 공격(核攻擊)	nuclear attack(뉴우클리어 어탴)
핵 공격 경고(核攻擊警告)	nuclear strike warning (뉴우클리어 스츄라잌 우오닝)
핵 관측 보고(核觀測報告)	NBC report(엔비이씨이 뤼포옽)
핵 능력(核能力)	nuclear capability (뉴우클리어 케이퍼빌러티)
핵무기(核武器)	nuclear weapon(뉴우클리어 웨펀)
핵무기 할당 (核武器割當)	nuclear weapon allocation (뉴우클리어 웨펀 앨로우케이슌)
핵 병기(核兵器)	nuclear arms(뉴우클리어 아암즈)
핵 위력(核威力)	nuclear yield(뉴우클리어 이일드)
행군(行軍)	march(마아치)
행군간 경계(行軍間警戒)	security on the march(씨큐뤼티 온 더 마아치)
행군 계획표(行軍計劃表)	march schedule(마아치 스께쥴)
행군 군기(行軍軍紀)	march discipline(마아치 디씨플린)
행군 단위(行軍單位)	march unit(마아치 유우닡)
행군 도표(行軍圖表)	march graph(마아치 구래후)
행군로(行軍路)	route of march(라웉 오브 마아치)
행군 명령(行軍命令)	march order(마아치 오오더어)
행군 방공병(行軍防空兵)	air guard on foot march (애어 가안 온 훝 마아치)
행군 서열(行軍序列)	order of march(오오더어 오브 마아치)
행군 속도(行軍速度)	rate of march(레잍 오브 마아치)
행군 제대(行軍梯隊)	march serial(마아치 씨뤼얼)
행군 종대(行軍縱隊)	march column(마아치 칼럼)
행군표(行軍表)	march table(마아치 테이블)
행낭 치중차(行囊輜重車)	baggage car(배기지 카아)

baggage train(배기지 츄레인)

"행동 개시!"(行動開始) — "move-out!"(무우브 아웉)

행동 반경(行動半徑) — radius of action(레디어스 오브 액쑨)

행동(行動)의 자유(自由) — freedom of action(후뤼이듬 오브 액쑨)

행리 치중(行李輜重) — baggage train(배기지 츄레인)

행방 불명(行方不明) — missing(미씽)

행사(行事) — function(휭쑨)
events and activities
(이벤쯔 앤 액티비티이즈)

행선지(行先地) — destination(데스떠네이숸)

행적(行跡) — track(츄랙)
trace(츄레이스)

행정(行政) — administration (앤미니스츄레이숸)

행정/군수(行政/軍需) — administration/logistics ⟨admin/log⟩
(앤미니스츄레이숸/로우치스틱쓰⟨앤민로옥⟩)

행정 군수망(行政軍需網) — admin-log net(앤민-로옥 넽)

행정 명령(行政命令) — administrative order
(언미니스츄뤄티브 오오더어)

행정-보급-병기-통신(行政-補給-兵器-通信) — administration-supply-ordnance-communications
(앤미니스츄레이숸-써플라이-오온넌스-커뮤니케이숸스)
⟨ADSOC⟩ (⟨앤쌐⟩)

행정 부대(行政部隊) — administrative unit(언미니스츄뤄티브 유우닡)

행정 상황도(行政狀況圖) — administrative map(언미니스츄뤄티브 맾)

행정 요원(行政要員) — overhead personnel(오우버헨 퍼어쓰넬)

행정용(行政用) — administrative use(언미니스츄뤄티브 유우스)

행정적 이동(行政的移動) — admin move(앤민 무우브)

행정적 행군(行政的行軍) — admin march(앤민 마아치)

행정 차량(行政車輛) — admin vehicle(앤민 비이끌)

행정 통제(行政統制) — admin control(앤민 컨츄롤)

행정 판단(行政判斷) — admin estimate(앤민 에스떠밑)

행진(行進) — march(마아치)

행진곡(行進曲) — march(마아치)

향도(嚮導) — guide(가읻)

향상(向上) — improvement(임푸루우브먼트)
upgrade(엎구레읻)

향토 예비군(鄕土豫備軍) — local reserve forces
(로우껄 뤼저어브 호어씨즈)

"허큘리이즈" 수송기(一輸送機) — C-130, "Hercules"
(씨이 원써어리 "허큘리이즈")

허용 선량(許容線量) — allowable dosage(얼라우어블 다씨지)

허용 화물량(許容貨物量) — allowable cargo load(얼라우어블 카아고 로욷)

헌병(憲兵) — military police ⟨MP⟩

ㅎ

(밀리테뤼 폴리스 〈엠 피이〉)

헌병대 (憲兵隊) provost marshal's office 〈PMO〉 (푸로우보우스트 마아셜스 오휘쓰 〈피이 엠 오우〉)

헌병대장 (憲兵隊長) provost marshal (푸로우보우스트 마아셜)

헬기 (—機) helicopter (헬리캎터)

헬기 기동 가능 (—機機動可能) up (엎) operational (아퍼레이슈널) flyable (훌라이어블)

헬기 기동 불능 (—機機動不能) grounded (구라운딛) restricted (뤼스츄뤽틷)

헬기대 ("파파 123") (—機臺) helipad〈"P 123"〉 (헬리패앧 〈파파 ×××〉)

헬기 발착장 ("호텔 123") (—機發着場) heliport〈"H 123"〉 (헬리포옽 〈호텔 ×××〉)

헬기 유도 안내병 (—機誘導案內兵) helicopter guide (헬리캎터 가읻)

헬기장 (—機場) heliport (헬리포옽)

헬기항 (—機港) heliport (헬리포옽)

헬리캎터 helicopter (헬리캎터) chopper (챠퍼어)

헬밑 helmet (헬밑) helmet-liner (헬밑라이너)

현 계획 (現計劃) current plan (커뤈트 플랜)

현금 (現金) cash (캐쉬)

현명 (賢明) wisdom (위스듬)

현물 구량 (現物口糧) rations in kind (레슌스 인 카인드)

현 보유 (現保有) on-hand〈O/H〉 (온 핸드 〈오우 앤 에이치〉)

현 보직 부대 (現補職部隊) permanent duty station (퍼머넌트 듀우리 스떼이슌)

현 부대원 (現部隊員) permanent party (퍼머넌트 파아리)

현수기 (懸垂旗) pendant (펜던트)

현수막 (懸垂幕) hanging banner (행잉 배너어)

현실성 (現實性) 있는 훈련 (訓練) realistic training (뤼얼리스띸 츄레이닝)

현역 (現役) active duty (액티브 듀우리)

현역 육군 (現役陸軍) active army (액티브 아아미)

현역 장교 (現役將校) active officer (액티브 오휘써)

현역 훈련 (現役訓練) active duty for training〈ADT〉 (액티브 듀우리 호어 츄레이닝 〈에이 디이 티이〉)

현 위치 (現位置) current location (커뤈트 로우케이슌) present position (프레즌트 퍼칖슌)

현재원 (現在員) strength for duty (스츄렝스 호어 듀우리)
현주민 (現住民) local national (로우컬 내슈널)
local inhabitants (로우컬 인해비턴쯔)
현지 구매 (現地購買) local purchase (로우컬 퍼어쳐스)
현지 수정 (現地修正) on-the-spot correction (온더스빹 커렉쑨)
현지 실습 (現地實習) terrain exercise (터레인 엑써싸이스)
현지 요약 보고 (現地要約報告) spot report (스빹 뤼포올)
현지 임관 (現地任官) battlefield commission (배를휘일드 커미쓘)
현지 자원 (現地資源) local resources (로우컬 뤼쏘오씨스)
현지 전술 (現地戰術) tactical walk (택티껄 우옥)
현지 조달 (現地調達) local procurement (로우컬 푸뤄큐어먼트)
현지 협조 (現地協調) on-site coordination (온싸일 코오디네이숀)
현충일 (顯忠日) Memorial Day (미모오뤼얼 데이)
현품 구량 (現品口糧) rations in kind (레숀스 인 카인드)
현행 서류철 (現行書類綴) active file (액티브 화일)
현황 (現況) current situation (커뤈트 씨츄에이숀)
현황 보고 (現況報告) current situation report (커뤈트 씨츄에이숀 뤼포올)
situation report〈SITREP〉 (씨츄에이숀 뤼포올〈씻렙〉)
현황판 (現況板) status board (스때터스 보온)
혈맹의 관계/유대〈한미〉 (血盟-關係/紐帶〈韓美〉) Korean-American blood-pledged relationship (코뤼언-어메뤼칸 블럳플레지드 륄레이숀쉽)
혈액 신경 작용제 (血液神經作用劑) blood and nerve agent (블럳 앤 너어브 에이젼트)
혈전 (血戰) bloody battle (블라디 배를)
혐의 적 포대 (嫌疑敵砲隊) suspected enemy battery (써스펙틷 에너미 배뤄리)
협곡 (峽谷) gulch (걸치)
협동 (協同) coordination (코오디네이숀)
협동 공격 (協同攻擊) coordinated attack (코오디네이팉 어탴)
협동 작전 (協同作戰) combined operations (컴바인드 아퍼레이숀스)
협동 전투 작전 (協同戰鬪作戰) combined arms operation (컴바인드 아암즈 아퍼레이숀)
협동〈단일팀〉 정신 (協同單一組精神) Team Spirit〈TS〉 (티임 스삐릿〈티이 에쓰〉)
협력 (協力) coordination (코오디네이숀)
cooperation (코우퍼레이숀)
collaboration (컬래보우레이숀)
협로 (狹路) pass (패쓰)
defile (디화일)
협상 (協商) negotiation (니고우시에이숀)

ㅎ

협소(狹小)한	small(스모올)
	narrow(내로우)
	confined(컨화인드)
	cramped(쿠램트)
협의 결정(協議決定)	negotiated settlement (니고우시에이틷 쎄틀먼트)
협정(協定)	agreement(어구휘이먼트)
협조(協調)	coordination(코오디네이숀)
협조 공격(協調攻擊)	coordinated attack(코오디네이틷 어탴)
협조 방어(協調防禦)	coordinated defense (코오디네이틷 디이휀스)
협조 사격 계획 (協調射擊計劃)	coordinated fire plan (코오디네이틷 화이어 플랜)
협조 지시 사항 (協調指示事項)	coordinating instruction (코오디네이팅 인스츄뤅숸)
협조 회의(協調會議)	coordination meeting (코오디네이숀 미팅)
협지 유도(狹地誘導)	canalization(캐널라이제이숀)
협차법(夾叉法)	bracketing method(부래끼팅 메썯)
협착 사격(狹窄射擊)	calibration fire(캘리부레이숀 화이어)
형(型)	type(타잎)
	model〈M〉(마들〈엠〉)
형광등(螢光燈)	fluorescent light(훌루오레쓴트 라잍)
형벌(刑罰)	punishment(퍼니쉬먼트)
형성 장약(形成裝藥)	shaped charge(쉐잎트 챠아지)
호각(號角)	whistle(위쓸)
호송(護送)	escort(에스코올)
	convoy(칸보이)
호송 군기(護送軍紀)	convoy discipline(칸보이 디씨플린)
호송단(護送團)	convoy(칸보이)
호위(護衛)	escort(에스코올)
호의(好意)	kindness(카인드니쓰)
	hospitality(하스삐탤러티)
	goodwill(굳윌)
호의적(好意的)	favorable(훼이버뤄블)
	sympathetic(씸퍼쎄틱)
	willing(윌링)
호출 부호(呼出符號)	call sign(코올 싸인)
혼동(混同)	confusion(컨휴우젼)
	mistake(미쓰테잌)
혼란 공격(混亂攻擊)	harassing attack(허래씽 어탴)
혼란 사격(混亂射擊)	harassing fire(허래씽 화이어)
혼란(混亂)시키다	harass(허래쓰)

혼선 (混線)	interference (인터어휘어뤈스)
혼성 (混成)	composite (컴파질)
혼성 방어 (混成防禦)	composite defense (컴파질 디이휀스)
혼성 사진 (混成寫眞)	composite photograph (컴파질 호우터구래후)
혼성조(混成組)	composite team (컴파질 티임)
혼성 지뢰 지대 (混成地雷地帶)	mixed minefield (믹쓰드 마인휘일드)
혼신 (混信)	interference (인터어휘어뤈스)
"홀트 !" [停止]	"halt !" (홀트)
홍수 (洪水)	flood (훌러)
화구 (火球)	fireball (화이어보올)
화기 (火器)	fire arm (화이어 아암)
화랑 (花郎)	Hwa Rang (화랑)
화력 (火力)	fire power (화이어 파우어)
화력 계획 (火力計劃)	fire plan (화이어 플랜) scheme of fire (스끼임 오브 화이어)
화력군 (火力群)	group of fire (구루웊 오브 화이어)
화력대 (火力帶)	band of fire (밴드 오브 화이어)
화력 분배 (火力分配)	fire distribution (화이어 디스츄뤼뷰우숀)
화력 사격 계획 (火力射擊計劃)	fire plan (화이어 플랜)
화력 수색 (火力搜索)	reconnaissance by fire (뤼카너썬스 바이 화이어)
화력 우세 (火力優勢)	fire superiority (화이어 쑤우피어뤼아뤄티)
화력 전환 (火力轉換)	transfer of fire (츄랜스훠어 오브 화이어) shift of fire (쉬후트 오브 화이어)
화력 조종 (火力操縱)	fire control (화이어 컨츄롤)
화력 증원 (火力增援)	reinforcing (뤼인호오씽)
화력 지원 (火力支援)	fire support (화이어 써포올)
화력 지원 계획 (火力支援計劃)	fire support plan (화이어 써포올 플랜)
화력 지원망 (火力支援網)	fire support net (화이어 써포올 넽)
화력 지원반 (火力支援班)	fire support element〈FSE〉 (화이어 써포올 엘리먼트〈에후 에쓰 이이〉)
화력 지원 우선권 (火力支援優先權)	priority of fire (푸라이아뤄티 오브 화이어)
화력 지원 장교 (火力支援將校)	fire support officer〈FSO〉 (화이어 써포올 오휘써〈에후 에쓰 오우〉)
화력 지원조 (火力支援組)	fire support team〈FIST〉 (화이어 써포올 티임〈휘스트〉)
화력 지원 협조 (火力支援協調)	fire support coordination (화이어 써포올 코오디네이숀)
화력 지원 협조관	fire support coordinator〈FSC〉)

ㅎ

(火力支援協調官)	(화이어 써포올 코오디네이러 〈에후 에쓰 씨이〉)
화력 지원 협조선 (火力支援協調線)	fire support coordination line〈FSCL〉 (화이어 써포올 코오디네이슌 라인 〈에후 에쓰 씨이 엘〉)
화력 지원 협조소 (火力支援協調所)	fire support coordination center 〈FSCC〉 (화이어 써포올 코오디네이슌 쎄너 〈에후 에쓰 씨이 씨이〉)
화력 집중 (火力集中)	concentration of fire (칸쎈츄레이슌 오브 화이어)
화력 통제 장교 (火力統制將校)	fire control officer (화이어 컨츄롤 오휘써)
화망 (火網)	fire net (화이어 넽)
화망 구성 (火網構成)	fire net construction (화이어 넽 컨스추뤽슌)
화물 (貨物)	cargo (카아고)
화물 수송기 (貨物輸送機)	cargo transport plane (카아고 츄랜스포올 플레인)
화살 〔矢〕	arrow (애로우)
화상 (火傷)	burn (버언)
화생방 (化生放)	chemical, biological, and radiological〈CBR〉 (캐미껄, 바이오라지껄, 앤 래이디오라지껄 〈씨이 비이 아아〉)
화생방 장교 (化生放將校)	CBR officer (씨이 비이 아아 오휘써)
화생방전 (化生放戰)	CBR warfare (씨이 비이 아아 우오해어)
화씨 (=섭씨×9/5+32) (華氏)	Fahrenheit (화른하잍)
화약 (火藥)	powder (파우더)
화염 (火焰)	flame (훌레임)
화염 무기 (火焰武器)	flame weapon (훌레임 웨펀)
화염 방사기 (火焰放射器)	flame thrower (훌레임 스로우어)
화재 (火災)	fire (화이어)
화학 장교 (化學將校)	chemical officer (케미껄 오휘써)
화학전 (化學戰)	chemical warfare (케미껄 우오해어)
화학제 (化學劑)	chemical agent (케미껄 에이젼트)
화학제 살포 (化學劑撒布)	chemical spray (케미껄 스쁘래이)
화학탄 (化學彈)	chemical munition (케미껄 뮤니쓘) chemical projectile (케미껄 푸뤄젝타일)
확대 (擴大)	expansion (익스빤슌)
확률 (確率)	probability (푸라버빌러티)
확보 (確保) **하다**	secure (씨큐어)
확성기 (擴聲器)	loud-speaker (라운 스삐이커) megaphone (메가호운)

확성기 소대 (擴聲器小隊) loudspeaker platoon (라운스뻬이커 플러투운)
확성기 이개조 (擴聲器二個組) two loudspeaker teams (투우 라운스뻬이커 티임즈)
확실(確實)**히 하다** insure (인슈어)
확인 (確認) authentication (오센티케이숀)
verification (베뤼휘케이숀)
confirmation (칸훠어메이숀)
확인 문답법 (確認問答法) challenge and reply (췔런지 앤 뤼플라이)
확인 문답어 (確認問答語) challenge and password (췔런지 앤 패쓰우온)
확인 문자집 (確認文字集) authentication table (오센티케이숀 테이블)
확인 보고 (確認報告) acknowledgement (엌날리지먼트)
확인 부호 (確認符號) authenticator (오센티케이러)
확인소 (確認所) check point〈CP〉(췤 포인트〈씨이 피이〉)
확인 적 포대 (確認敵砲隊) known enemy battery (노운 에너미 배뤄리)
confirmed enemy battery (컨훠엄드 에너미 배뤄뤼)
환기 장치 (換氣裝置) ventilation system (벤틸레이숀 씨스텀)
환등기 (幻燈器) projector (푸뤄젝터)
환산표 (換算表) conversion table (컨버어죤 테이블)
환송 (歡送) farewell (홰어웰)
환송사 (歡送辭) farewell address (홰어웰 애쥬레쓰)
환송 파아티 (歡送宴) farewell party (홰어웰 파아리)
환영 (歡迎) welcome (웰컴)
환영 대회 (歡迎大會) welcoming ceremony (웰커밍 쎄뤄머니)
환영 만찬 (歡迎晩餐) reception dinner (뤼쎞숀 디너)
환영사 (歡迎辭) welcoming speech (웰커밍 스뻬이치)
words of welcome (우오즈 오브 웰컴)
환영식 (歡迎式) welcoming ceremony (웰커밍 쎄뤄머니)
환자 (患者) patient (페이션트)
환자 집합 (患者集合) sick call (씩 코올)
활 〔弓〕 bow (보우)
활동 (活動) activity (액티비티)
활용 (活用) utilization (유틸라이제이숀)
활주로 (滑走路) runway (뤈웨이)
활주로 등 (滑走路燈) runway light (뤈웨이 라잍)
황군 (黃軍) Orange Force (아륀지 호오스)
황색 경보 (黃色警報) yellow alert (옐로우 얼러엍)
status yellow (스태터스 옐로우)
황색 장비 (黃色裝備) yellow equipment (옐로우 이큎먼트)
황혼 (黃昏) dusk (더스크)
twilight (트와일라잍)
sunset (썬쎝)
회계 (會計) accounting (어카우닝)

회계 감사 (會計監査) audit (오오딭)
회계 연도 (會計年度) fiscal year 〈FY〉 (휘스껄 이어 〈에후 와이〉)
회람 (回覽) circular (써어큘러)
회랑 (回廊) corridor (카뤼도어)
회로 (回路) circuit (써어킽)
회보 (回報) bulletin (불러튼)
회복 (恢復) recovery (뤼카버뤼)
회복기 환자 (恢復期患者) convalescent patient (컨바레쓴트 페이션트)
회선 (回線) circuit (써어킽)
회수반 (回收班) recovery party (뤼카버뤼 파아리)
회식 (會食) dining (다이닝)
mess (메쓰)
회의 전화 (會議電話) conference call (칸훠런스 코올)
회장 (回章) circular (써어큘러)
회전계 (回轉計) tachometer (태카미러어)
회전 궤도 (回轉軌道) track (츄랙)
회전익 (回轉翼) rotary wing (로우러뤼 윙)
회전익 항공기 (回轉翼航空機) rotary wing aircraft (로우러뤼 윙 애어쿠래후트)
회피 (回避) evasion (이베이쥰)
회화 (會話) conversation (칸버어쎄이슌)
획득 (獲得) acquisition (애퀴칠쑨)
acquirement (어콰이어먼트)
획득 (獲得) 하다 obtain (업테인)
acquire (어콰이어)
횡격실 (橫隔室) cross compartment (쿠쓰 컴파알먼트)
횡관측 (橫觀測) lateral observation (래러뤌 압써베이슌)
횡단 (橫斷) crossing (쿠씽)
횡단 표적 (橫斷標的) crossing target (쿠씽 타아길)
횡단 (橫斷) 하다 cross (쿠쓰)
횡대 (橫隊) rank (랭크)
횡렬 (橫列) line (라인)
횡렬대형 (橫列隊形) line formation (라인 호어메이슌)
횡사 (橫射) traversing fire (츄래버어씽 화이어)
횡적 관계 (橫的關係) staff relations (스때후 륄레이슌스)
횡적 연락 (橫的連絡) lateral communication (래러뤌 커뮤니케이슌스)
횡적 (橫的) 으로 horizontally (허라이찬털리)
횡풍 (橫風) cross wind (쿠쓰 윈드)
횡회전 (橫回轉) traverse (츄래버어스)
효력 (效力) effect (이훽트)
효력사 (效力射) fire for effect (화이어 호어 이훽트)
효율적 (效率的) effective (이훽티브)

효율적 훈련(效率的訓練) effective training(이훽티브 츄레이닝)
후대(厚待) hospitality(하스삐탤러티)
후문(後門) back gate(백 게일)
후미(後尾) trail(츄레일)
후미 급추 운전(後尾急追運轉) tailgating(테일게이딩)
후미 폭풍(後尾爆風) back-blast(백블래스트)
후미 폭풍 지역(後尾爆風地域) back-blast area(백블래스트 애어뤄아)
후발대(後發隊) clean-up party(클리인엎 파아리)
후방(後方) rear(뤼어)
후방 교회법(後方交會法) back-azimuth method(백애지머스 메썬)
후방 방위각(後方方位角) back azimuth(백 애지머스)
후방 제대(後方梯隊) rear echelon(뤼어 에쉴란)
후방 지경선(後方地境線) rear boundary(뤼어 바운데뤼)
후방 지역(後方地域) rear area(뤼어 애어뤄아)
후방 지역 경계(後方地域警戒) rear area security(뤼어 애어뤄아 씨큐뤼티)
후방 지역 방호(後方地域防護) rear area protection(뤼어 애어뤄아 푸뤄텍쑨)
후방 지역 주요 시설 경계(後方地域主要施設警戒) rear area key facilities security(뤼어 애어뤄아 키이 훠씰리티이즈 씨큐뤼티)
후방 차단(後方遮斷) interdiction(인터어딕쓘)
후방 필수 요원(後方必須要員) rear detachment key personnel(뤼어 디태치먼트 키이 퍼어쓰넬)
essential stay-behind members(이쎈셜 스때이비하인드 멤버어즈)
후사면(後斜面) reverse slope(뤼버어스 슬로웊)
후사면 방어(後斜面防禦) reverse slope defense(뤼버어스 슬로웊 디이휀스)
후속 부대(後續部隊) follow-up element(활로우엎 엘리먼트)
후속 정리대(後續整理隊) trail party(츄레일 파아리)
clean-up party(클리인엎 파아리)
후속 제대(後續梯隊) follow-up echelon(활로우엎 에쉴란)
후송(後送) evacuation(이배큐에이숀)
후송 계통(後送系統) chain of evacuation(체인 오브 이배큐에이숀)
후송 방침(後送方針) evacuation policy(이배큐에이숀 활러씨)
후송 병원(後送病院) evacuation hospital(이배큐에이숀 하스삐럴)
후송(後送)하다 evacuate(이배큐에일)
후송 환자(後送患者) evacuee(이배큐이이)
후위(後衛) rear guard(뤼어 가알)
후임자(後任者) replacement(뤼플레이스먼트)
successor(썩쎄써)

후퇴 (後退)	fall-back (호올백)
철수 후퇴 (撤收後退)	withdrawal (윈쥬로오얼)
철퇴 (撤退)	retirement (뤼타이어먼트)
지연 후퇴 (遲延後退)	retrograde (레츄로우구레인)
후퇴 방위각 (後退方位角)	back azimuth (백 애지머스)
후퇴선 (後退線)	line of retirement (라인 오브 뤼타이어 먼트)
후퇴 이동 (後退移動)	retrograde movement (레츄로우구레인 무우브먼트)
후퇴 작전 (後退作戰)	retrograde operation (레츄로우구레인 아퍼레이숀)
훈계 (訓戒)	admonition (앧머니션)
훈련 (訓練)	training (츄레이닝)
	exercise (엑써싸이스)
	drill (쥬릴)
훈련 계획 (訓練計劃)	training program (츄레이닝 푸로우구램)
훈련 관리 (訓練管理)	training management (츄레이닝 매니지먼트)
훈련 교육 (訓練敎育)	training and education (츄레이닝 앤 에쥬케이숀)
훈련 교재 (訓練敎材)	training aid (츄레이닝 에인)
훈련 목표 (訓練目標)	training objective (츄레이닝 옵젝티브)
훈련병 (訓練兵)	trainee (츄레이니이)
훈련 설비 (訓練設備)	training facilities (츄레이닝 훠씰리티이즈)
훈련 성과 (訓練成果)	training results (츄레이닝 뤼절쯔)
	training accomplishment (츄레이닝 어캄플리쉬먼트)
훈련소 (訓練所)	training center (츄레이닝 쎄너)
훈련 시간표 (訓練時間表)	training schedule (츄레이닝 스께쥴)
훈련 영화 (訓練映畫)	training film (츄레이닝 휘움)
훈련 예정표 (訓練豫定表)	training schedule (츄레이닝 스께쥴)
훈련용 수류탄 (訓練用手榴彈)	practice grenade (푸랙티스 구뤼네인)
훈련장 (訓練長)	training area (츄레이닝 애어뤼아)
훈련 주기 (訓練周期)	training cycle (츄레이닝 싸이끌)
훈련 지역 (訓練地域)	training area (츄레이닝 애어뤼아)
훈련 지역 사용 요청 (訓練地域使用要請)	training area request (츄레이닝 애어뤼아 뤼퀘스트)
훈련 지침 (訓練指針)	training guidance (츄레이닝 가이던스)
훈련탄 (訓練彈)	blank ammunition (블랭크 애뮤니숀)
	blank ammo (블랭크 애모우)
훈련 표준 (訓練標準)	training standard (츄레이닝 스땐더언)
훈령 (訓令)	letter of instruction 〈LOI〉 (레러 오브 인스츄뤅숀 〈엘 오우 아이〉)
훈시 (訓示)	allocution (앨러큐우숀)

훈장 (勳章)	awards and decorations (어우오즈 앤 데커레이숀스) badges, medals, and ribbons (배지스, 메덜스, 앤 뤼븐스)
훌라잉 타이거 항공사 〔飛虎航空社〕	Flying Tigers (훌라잉 타이거어스)
훼손 (毁損)	damage (대미지)
휴가 (休暇)	leave (리이브)
휴게실 (休憩室)	lounge (라운지) day room (데이 루움)
휴대 무기 (携帶武器)	hand arms (핸 아암즈)
휴대 무기 부착선 (携帶武器附着線)	laynard (래너얼) dummy cord (더미 코온)
휴대 보급품 (携帶補給品)	accompanying supplies (어컴패니잉 써플라이즈)
휴대 식량 (携帶食糧)	individual ration (인디비쥬얼 레숀)
휴대용 무선 통화기 (携帶用無線通話器)	walkie-talkie (워끼 토끼)
휴대용 식기 (携帶用食器)	mess kit (메쓰 킽)
휴대용 철조망 (携帶用鐵條網)	concertina (칸써어티이나)
휴대장약 (携帶裝藥)	satchel charge (쌔철 챠아지)
휴대 천막 (携帶天幕)	shelter half (쉘터어 해후) pub tent (펍 텐트)
휴대품 부착 장비 (携帶品附着裝備)	load bearing equipment〈LBE〉 (로운 배어링 이큅먼트〈엘 비이 이이〉)
휴숙 (休宿)	staging (스떼이징)
휴숙 기지 (休宿基地)	staging base (스떼이징 베이스)
휴식 (休息)	rest (레스트)
휴식 시간 (休息時間)	break (부레잌) recess (뤼쎄쓰)
휴식 지역 (休息地域)	rest area (레스트 애어뤼아)
휴양 (休養)	rest and recuperation〈R & R〉 (레스트 앤 뤼쿠우퍼레이숀〈아아 앤 아아〉)
휴양소 (休養所)	R&R Center (아아 앤 아아 쎄너)
휴전 (休戰)	armistice (아미스티쓰) truce (츄루우스)
휴전 조약 (休戰條約)	armistice agreement (아아미스티쓰 어구뤼이먼트)
휴전 협상 (休戰協商)	armistice negotiations (아아미스티쓰 니고우시에이숀스)
휴지 (休紙)	wasted paper (웨이스틷 페이퍼)

휴지통 (休紙桶)	wasted-paper basket (웨이스틷 페이퍼 배스킽 waste can (웨이스트 캔)
흉벽 (胸壁)	parapet (패뤄핕)
흐린 〔濁〕	cloudy (클라우디) overcast (오우버캐스트)
흑색 (黑色)	black (블랙)
흑색 선전 (黑色宣傳)	black propaganda (블랙 푸러파갠더)
흑조기 (黑鳥機)	Black Bird ⟨SR-71⟩ (블랙 버얻 에쓰 아아 쎄븐티원)
흔적 (痕跡)	trace (츄레이스) signature (씩너쳐어)
흙 〔土〕	dirt (더얼)
흙덩이	dirt pile (더얼 파일)
흡수구 (吸水溝)	soakage pit (쏘우키지 핕) sullage pit (썰리지 핕) sump (썸프)
히컴 공군 기지 (一空軍基地)	Hickam Air Force Base ⟨AFB⟩, Oahu, Hawaii (히컴 애어 호오스 베이스 ⟨에이 에후 비이⟩) 오아후 하와이)
힘의 과시 〔力誇示〕	demonstration of power (데먼스츄레이슌 오브 파우어)

ENGLISH－KOREAN

(英 — 韓)

A

abatis(애버티스)	녹채(鹿砦) 목채(木寨)
above sea level (어바브 씨이 레블)	해발 고도(海拔高度)
Abrams tank (에이브럼즈 탱크)	주전투 전차(主戰鬪戰車)
abreast (업레스트)	나란히 병진(竝進)
absent without leave〈**AWOL**〉(앱쓴트 윋아울 리이브〈애이월〉)	무단 이탈(無斷離脫)
absolute (앱썰루울)	절대적(絕對的)
absolute war (앱썰루울 우오)	절대 전쟁(絕對戰爭)
acceptance (억쎕턴스)	인수(引受)
access roster (액쎄쓰 라스터)	출입자 명단(出入者名單)
access route (액쎄쓰 라울)	진입로(進入路)
accessory (액쎄써뤼)	부수품(附隨品)
accident (액씨던트)	사고(事故) 안전 사고(安全事故) 우연(偶然)
accidental (액씨덴털)	우연(偶然)한
accidentally (액씨덴털리)	우연(偶然)하게
acclimatization (어클라이머타이제이슌)	기후 적응(氣候適應) 풍토 순화(風土馴化)
accompanying supplies (어컴패니잉 써플라이즈)	휴대 보급품(携帶補給品)
accomplish (어캄플리쉬)	수행(遂行)하다 실시(實施)하다
accord (어코온)	조약(條約)
accordion effect (어코오디언 이쉑트)	"어코오디언"작용(一作用)
accountability (어카운터빌러티)	책임(責任)
accounting (어카운팅)	회계(會計)
accuracy (애큐뤄씨)	정확성(正確性)
accurately (애큐뤋리)	정확(正確)하게
acknowledgement (엌날리지먼트)	수령 확인 보고(受領確認報告) 수령 회신(受領回信) 확인 보고(確認報告)
acoustic(어쿠우스띡)	음향(音響)의
acoustic communication (어쿠우스띡 커뮤니케이슌)	음향 통신(音響通信)

A

acquire(어콰이어)	획득(獲得)하다
acquirement(어콰이어먼트)	획득(獲得)
acquisition(애퀴칠쑨)	포착(捕捉) 획득(獲得)
acrylic board(액릴릭 보온)	"액릴릭"판(一板)
acting(액팅)	임시 대리 근무 (臨時代理勤務)
action(액쑨)	전투(戰鬪)
active air defense(액티브 애어 디이휀스)	적극 방공(積極防空)
active army(액티브 아아미)	현역 육군(現役陸軍)
active defense(액티브 디이휀스)	적극 방어(積極防禦)
active duty(액티브 듀우리)	현역(現役)
active duty for training〈ADT〉 (액티브 듀우리 호어 츄레이닝〈에이 디이 티이〉)	현역 훈련(現役訓練)
active file(액티브 화일)	현행 서류철(現行書類綴)
active officer(액티브 오휘써)	현역 장교(現役將校)
activity(액티비티)	부대〈처리〉(部隊處理) 활동(活動)
adaptability(어댚터빌러티)	적응(適應)
addition〈**al**〉(어디쑨〈얼〉)	추가(追加)의
additionally(어디쓔널리)	추가적(追加的)으로
ad hoc committee(앤 핰 커미티)	특설 위원회(特設委員會)
adjacent to(언제이썬트 투)	근접(近接)한
adjacent unit(언제이썬트 유우닡)	인접 부대(隣接部隊)
adjustment(언져스트먼트)	수정(修正) 적응(適應) 조정(調整)
adjustment of fire (언져스트먼트 오브 화이어)	사격 조정(射擊調整)
adjutant(애쥐턴트)	부관 참모(副官參謀)
adjutant general〈**AG**〉 (애쥐턴트 제너뤌〈에이 지이〉)	부관감(副官監)
administration(앤미니스츄레이순)	운영(運營) 행정(行政)
administration/logistics〈**admin/log**〉 (앤미니스츄레이순/로우지스떡쓰〈앤민/로옥〉)	행정/군수(行政/軍需)
admin-log net(앤민-로옥 넽)	행정-군수망(行政-軍需網)
administration-supply-ordnance-communications〈**ADSOC**〉 (앤미니스츄레이순-써플라이-오온넌스 커뮤니케이순스〈앤쌉〉)	행정-보급-병기-통신 (行政-補給-兵器-通信)

admin control(앤민 컨츄롤) 행정 통제(行政統制)
admin estimate(앤민 에스띠밑) 행정 판단(行政判斷)
administrative map(앤미니스츄뤄티브 맵) 행정 상황도(行政狀況圖)
admin march(앤민 마아치) 행정적 행군(行政的行軍)
admin move(앤민 무우브) 행정적 이동(行政的移動)
administrative order(앤미니스츄뤄티브 오오더어) 행정 명령(行政命令)
administrative unit(앤미니스츄뤄티브 유우닡) 행정 부대(行政部隊)
administrative use(앤미니스츄뤄티브 유우스) 행정용(行政用)
admin vehicle(앤민 비이끌) 행정 차량(行政車輛)
admiral(앤머뤌) 제독〈해군 소장 이상〉(提督海軍少將以上)
해군 대장(海軍大將)
admission rate(앤미숸 레잍) 입원율(入院率)
admonition(앤머니션) 훈계(訓戒)
advance(언밴스) 전진(前進)
advance by bounds(언밴스 바이 바운즈) 구간 전진(區間前進)
advance by echelon(언밴스 바이 에쉴란) 제대별 전진(梯隊別前進)
제차 전진(梯差前進)
advance column(언밴스 칼럼) 첨병 종대(尖兵縱隊)
advance element(언밴스 엘리먼트) 선발 부대(先發部隊)
advance force(언밴스 호오스) 전진 부대(前進部隊)
advance guard(언밴스 가앋) 선봉 부대(先鋒部隊)
전위(前衛)
advance guard point(언밴스 가앋 포인트) 첨병 분대(尖兵分隊)
advance notice(언밴스 노티스) 예고(豫告)
advance party(언밴스 파아리) 선발대(先發隊)
첨병 소대(尖兵小隊)
advance position(언밴스 퍼칠숸) 전진 진지(前進陣地)
advance to contact(언밴스 투 칸탴트) 접적 전진(接敵前進)
advance to the north(언밴스 투 더 노오스) 북진(北進)
advantageous(언밴티지어스) 유리(有利)한
adversary(앤버써뤼) 적(敵)
advice(앤바이스) 조언(助言)
aerial delivery(애뤼얼 딜리버뤼) 공중 투하(空中投下)
aerial displacement(애뤼얼 디스플레이스먼트) 공중 진지 변환(空中陣地變換)
aerial map(애뤼얼 맵) 항공 지도(航空地圖)
aerial medical evacuation(애뤼얼 메디컬 이배큐에이숀) 공중 의무 후송(空中醫務後送)

A

aerial mine(애뤼얼 마인)	항공 지뢰(航空地雷)
areial observation (애뤼얼 압써베이숀)	항공 관측(航空觀測)
aerial photograph (애뤼얼 호우터구래후)	항공 사진(航空寫眞)
areial photograph interpretation (애뤼얼 호우터구래후 인터어푸뤼테이숀)	항공 사진 해석 (航空寫眞解析)
aerial reconnaissance (애뤼얼 뤼카너썬스)	공중 정찰(空中偵察)
aerial supply (애뤼얼 써플라이)	공중 보급(空中補給)
aeromedical evacuation (애로우메디컬 이배큐에이숀)	항공 의무 후송 (航空醫務後送)
aeronautical data (애로우노티컬 대터)	항공 제원(航空諸元)
affix (어휙쓰)	부착(附着)하다
affirmative (어훠머티브)	긍정적(肯定的)
after action report (애후터 액쓘 뤼포올)	사후 보고서(事後報告書)
against the law (어게인스트 더 로오)	위법의(違法—)
agent (에이젼트)	공작원(工作員)
aggression (어구레숀)	침략(侵略)
aggressor forces(어구레써어 호어씨즈)	가상적(假想敵) 대항군(對抗軍)
agitating point (애지테이팅 포인트)	아지트
agreement (어구뤼이먼트)	조약(條約) 협정(協定)
aid station (에읻 스떼이숀)	구호소(救護所)
aide-de-camp (에이더캠프)	전속 부관(專屬副官)
aim (에임)	조준(照準)
aiming point (에이밍 포인트)	조준점(照準點) 조준간(照準桿)
air (애어)	공중(空中) 항공(航空)
air alert (애어 얼러얼)	공습 경보(空襲警報) 공중 대기(空中待機)
air and naval gunfire liaison officer 〈**ANGLO**〉(애어 앤 네이벌 건화이어 리이애이쟈안 오휘써〈에이 엔 지이 엘 오우〉)	항공 함포 연락 장교 (航空艦砲連絡將校)
air base(애어 베이스)	항공 기지(航空基地)
air battle(애어 배틀)	공중 전(空中戰)
air burst(애어 버어스트)	공중 파열(空中破裂) 지상 파열(地上破裂)
air cargo(애어 카아고)	항공 화물(航空貨物)
air control(애어 컨츄롤)	제공(制空)
air control center(애어 컨츄롤 쎄너)	항공 관제부(航空管制部)
air controller(애어 컨츄롤러)	항공 통제관(航空統制官)
air corridor(애어 카뤼도어)	공중 회랑(空中回廊) 비행 회랑(飛行回廊)

항공 회랑 (航空回廊)

air cover(애어 카버) — 공중 엄호 (空中掩護)

airborne(애어보온) — 공정 (空挺)

airborne forward air controller (애어보온 호어우온 애어 컨츄롤러) — 항공 전방 항공 통제기 (航空前方航空統制機)

airborne operation(애어보온 아퍼레이슌) — 공정 작전 (空挺作戰)

airborne raiding force (애어보온 레이딩 호오스) — 공정대 (空挺隊)

airborne troops(애어보온 츄루웊쓰) — 공정 부대 (空挺部隊)

airborne warning and control system **〈AWACS〉** (애어보온 우오닝 앤 컨츄롤 씨스텀〈애이왝쓰〉) — 공중 조기 경보 통제기 (空中早期警報統制機); 항공 경보 통제기 (航空警報統制機)

aircraft(애어쿠래후트) — 비행기 (飛行機); 항공기 (航空機)

aircraft cargo tiedown (애어쿠래후트 카아고 타이따운) — 항공 화물 결박 (航空貨物結縛)

aircraft carrier(애어쿠래후트 캐뤼어) — 항공 모함 (航空母艦)

aircraft grounded(애어쿠래후트 구라운딛) — 비행 금지 (飛行禁止)

aircraft machinegun (애어쿠래후트 머쉬인건) — 항공기 총 (航空機銃)

aircraft mission request (애어쿠래후트 미쓘 뤼퀘스트) — 항공기 사용 요청 (航空機使用要請)

aircraft rocket launcher (애어쿠래후트 롸킽 로온쳐) — 항공기 탑재 롸킽 발사 장치 (航空機搭載-發射裝置)

air current(애어 커뤈트) — 기류 (氣流)

air defense(애어 디이휀스) — 대공 방어 (對空防禦); 방공 (防空)

air defense artillery (애어 디이휀스 아아틸러뤼) — 대공 포병 (對空砲兵)

air defense artillery protective mask (애어 디이휀스 아아틸러뤼 푸뤄텍티브 매스크) — 방공 포병 (防空砲兵)

air defense early warning (애어 디이휀스 어얼리 우오닝) — 방공 조기 경보 (防空早期警報)

air defense operation (애어 디이휀스 아퍼레이슌) — 항공 방어 작전 (航空防禦作戰)

air defense readiness condition (애어 디이휀스 레디네쓰 컨디쓘) — 방공 준비 상태 (防空準備狀態)

air defense warning (애어 디이휀스 우오닝) — 방공 경보 (防空警報)

air-delivered mine(애어딜리버얻 마인) — 항공 지뢰 (航空地雷)

air delivery(애어 딜리버뤼) — 항공 투하 (航空投下)

airdrop(애어쥬랍) 공중 투하(空中投下)
낙하산 투하(落下傘投下)
투하(投下)

air early warning(애어 어얼리 우오닝) 항공 조기 경보(航空早期警報)

air echelon(애어 에쉴란) 항공 제대(航空梯隊)

air evacuation(애어 이배큐에이슌) 공중 후송(空中後送)
항공 후송(航空後送)

airfield(애어휘일드) 비행장(飛行場)

airflow(애어훌로우) 항공 수송(航空輸送)

air force base〈AFB〉(애어 호오스 베이스〈에이 에후 비이〉) 공군 기지(空軍基地)

air-ground code panel(애어 구라운드 코운 패늘) 공지 부호판(空地符號板)

air-ground communications(애어 구라운드 커뮤니케이슌스) 공지 통신(空地通信)

air-ground joint operation(애어 구라운드 조인트 아퍼레이슌) 공지 협동 작전(空地協同作戰)

air-ground signal panel(애어 구라운드 씩널 패늘) 대공 포판(對空布板)

air guard(애어 가알) 대공 감시병(對空監視兵)

air guard post(애어 가알 포우스트) 대공 초소(對空哨所)

air guard on foot march(애어 가알 온 훌 마아치) 행군 방공병(行軍防空兵)

air-guard on vehicle(애어가알 온 비이끌) 탑재 방공병(搭載防空兵)

airhead(애어헫) 공두보(空頭堡)

air intelligence(애어 인텔리젼스) 항공 정보(航空情報)

air interception(애어 인터어쎞슌) 공중 요격(空中邀擊)

air interdiction operation(애어 인터어딕슌 아퍼레이슌) 항공 후방 차단 작전(航空後方遮斷作戰)

airland battle(애어랜드 배틀) 공지전(空地戰)

airland operation(애어랜드 아퍼레이슌) 공지 작전(空地作戰)

air liaison officer〈ALO〉(애어 리이애이쟈안 오휘써〈에이 엘 오우〉) 공군 연락 장교(空軍連絡將校)
항공 연락 장교(航空連絡將校)

airlift(애어리후트) 공수(空輸)
공중 수송(空中輸送)
항공 수송(航空輸送)

airlift control element〈ALCE〉(애어리후트 컨츄롤 엘리먼트〈앨 씨이〉) 공수 통제반(空輸統制班)

airlift operation(애어리후트 아퍼레이슌) 공수 작전(空輸作戰)

air loading table(애어 로우딩 테이블) 항공 적재표(航空積載表)

air marking(애어 마아킹)	항공 표지 (航空標識)
air mission(애어 미쓘)	공중 임무 (空中任務)
airmobile(애어모우빌)	항공 기동 (航空機動)
airmobile oporation (애어모우빌 아퍼레이슌)	공중 기동 작전 (空中機動作戰) 항공 기동 작전 (航空機動作戰)
air movement(애어 무우브먼트)	공로 이동 (空路移動) 항공 이동 (航空移動)
air objective(애어 옵젝티브)	항공 목표 (航空目標)
air observation post (애어 압써베이슌 포우스트)	항공 관측소 (航空觀測所)
air observatory(애어 압써어버토뤼)	대공 감시소 (對空監視所)
air observer(애어 옵써어버)	공중 관측자 (空中觀測者) 항공 관측수 (航空觀測手)
air operation(애어 아퍼레이슌)	항공 작전 (航空作戰)
air opposition(애어 아퍼짓쓘)	공중 대항 (空中對抗)
air parity(애어 패뤄티)	공중 세력 균형 (空中勢力均衡)
air power(애어 파우어)	항공력 (航空力)
air raid(애어 레읻)	공습 (空襲)
air raid warning(애어 레읻 우오닝)	공습 경보 (空襲警報)
air raid warning system (애어 레읻 우오닝 씨스텀)	공습 경보 계통 (空襲警報系統)
air reconnaissance(애어 뤼카너쎈스)	항공 정찰 (航空偵察)
air refueling(애어 뤼휴얼링)	공중 급유 (空中給油)
air scout(애어 스까울)	공중 척후 (空中斥候)
air search(애어 써어치)	공중 수색 (空中搜索)
air sickness(애어 씩네쓰)	항공병 (航空病)
air space(애어 스빼이스)	공중 공간 (空中空間)
air space coordination area (애어 스빼이스 코오디네이슌 애어뤼아)	공간 협조 지역 (空間協調地域)
air space management and control (애어 스빼이스 매니지먼트 앤 컨츄롤)	공중 공간 운영 통제 (空中空間運營統制)
air speed(애어 스삐읻)	비행 속도 (飛行速度)
air superiority(애어 쑤우피뤼아뤄티)	공중 우세 (空中優勢)
air support(애어 써포올)	항공 지원 (航空支援)
air support request (애어 써포올 뤼퀘스트)	항공 지원 요청 (航空支援要請)
air supremacy(애어 쑤우푸뤼머씨)	제공권 (制空權)
air surveillance(애어 써어베일런스)	대공 감시 (對空監視)
air target(애어 타아길)	공중 목표 (空中目標)
air task force(애어 태스끄 호오스)	항공 특수 임무 부대

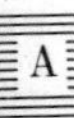

	(航空特殊任務部隊)
air-to-air missile(애어투애어 미쓸)	공대공 유도탄 (空對空誘導彈)
air-to-surface missile (애어투써어휘스 미쓸)	공대지 유도탄 (空對地誘導彈)
air traffic(애어 츄래휙)	항공 교통(航空交通)
air traffic control(애어 츄래휙 컨츄롤)	항공 교통 관제 (航空交通管制)
air transportation(애어 츄랜스포오테이숀)	항공 수송(航空輸送)
air vent(애어 벤트)	통기 구멍(通氣一)
air war(애어 우오)	항공전(航空戰)
air warning(애어 우오닝)	대공 경계(對空警戒) 항공 경보(航空警報)
airway(애어웨이)	항공로(航空路)
air weapon(애어 웨펀)	항공 무기(航空武器)
aisle(아일)	통로(通路)
alarm(얼라암)	경보(警報)
① **yellow alert**(옐로우 얼러얼)	① 황색〈경계〉경보 (黃色警戒警報)
② **red alert**(렌 얼러얼)	② 적색〈공습〉경보 (赤色空襲警報)
③ **white alert**(와일 얼러얼)	③ 백색〈해제〉경보 (白色解除警報)
	비상경보(非常警報)
alcholic beverage(알코홀릭 베버뤼지)	술〔酒〕
alert(얼러얼)	경계 경보(警戒警報)
alertness(얼러얼니쓰)	정신(精神)
all-around defense(오올어라운드 디이휀스)	사주 방어(四周防禦) 전면 방어(全面防禦)
all-around security (오올어라운드 씨큐뤼티)	사주 경계(四周警戒) 전주 경계(全周警戒)
all-clear sigal(오올클리어 씩널)	해제 신호(解除信號)
all day and all night (오올 데이 앤 오올 나잍)	주야(晝夜)
all individual gear(오올 인디비쥬얼 기어)	완전 무장(完全武裝)
alliance(얼라이언스)	동맹(同盟)
allocation(앨로우케이숀)	할당(割當)
allocution(앨로우큐우숀)	훈시(訓示)
all-out training(오올아울 츄레이닝)	적극 훈련(積極訓練)
all-out war(오올아울 우오)	전면 전쟁(全面戰爭)
allowable cargo load (얼라우어블 카아고 로운)	허용 화물량(許容貨物量)
allowable dosage(얼라우어블 다씨지)	허용 선량(許容線量)

all ready(오올 레디)	완비(完備)된
all-weather(오올 웨더어)	전천후(全天候)
all-weather capability (오올 웨더어 케이퍼빌러티)	전천후 능력(全天候能力)
all-weather fighter(오올 웨더어 화이터)	전천후 전투기 (全天候戰鬪機)
ally(앨라이)	동맹국(同盟國)
alternate command post (오올터어닡 커맨드 포우스트)	예비 지휘소(豫備指揮所)
alternate frequency net (오올터어닡 후뤼퀀씨 넽)	예비 선망(豫備線網)
alternate position(오올터어닡 퍼칠쓘)	예비 진지(豫備陣地)
alternate rallying point (오올터어닡 랠리잉 포인트)	예비 재집결 지점 (豫備再集結地點)
alternate tactical operations center (오올터어닡 택티껄 아퍼레이순스 쎄너)	예비 전술 작전 본부 (豫備戰術作戰本部)
altitude(앨티튜운)	고도(高度)
aluminum〈foot〉bridge (앨루미넘〈훝〉부뤼지)	"앨루미넘"〈도보〉교 (一徒步橋)
alumni(얼람나이)	동창회(同窓會)
always-bouncing-back (오올웨이스 바운씽 백)	오뚝이
ambassador(앰배써더어)	대사(大使)
ambulance(앰뷸런스)	구급차(救急車) (앰뷸런스)
ambush(앰부쉬)	매복(埋伏) 복병(伏兵) 잠복(潛伏)
ambush patrol(앰부쉬 퍼츄롤)	매복 정찰(埋伏偵察)
American Forces Korea Network〈AFKN〉 (어메뤼칸 호어씨즈 코뤼아 넽웕 〈에이 에후 케이 엔〉)	미군 한국 방송 (美軍韓國放送)
ammunition(애뮤니숀)	탄알(彈一) 탄약(彈藥)
ammo(애모)	탄약(彈藥)
ammo bearer(애모 배어뤄)	탄약수(彈藥手)
ammunition belt(애뮤니숀 벨트)	탄대(彈帶)
ammo belt(애모 벨트)	탄띠(彈一)
ammunition carrier(애뮤니숀 캐뤼어)	탄약 운반차(彈藥運搬車)
ammo dump(애모 덤프)	탄약 집적소(彈藥集積所)
ammuniton handler(애뮤니숀 핸들러)	탄약 취급자(彈藥取扱者)
ammo pit(애모 핕)	탄약호(彈藥壕)
ammo point(애모 포인트)	탄약소(彈藥所)

ammo pouch(애모 파우치)	탄낭 (彈囊) 탄약낭 (彈藥囊)
ammunition required supply rate (애뮤니숀 뤼콰이어얻 써플라이 레잍)	탄약 소요 보급률 (彈藥所要補給率)
ammunition sling(애뮤니숀 슬링)	탄약 투하낭 (彈藥投下囊)
ammunition storage area〈ASP〉 (애뮤니숀 스토뤼지 애어뤼아 〈에이 에쓰 피이〉)	탄약고 (彈藥庫)
ammunition supply point〈ASP〉(애뮤니숀 써플라이 포인트 〈에이 에쓰 피이〉)	탄약 보급소 (彈藥補給所)
amphibious(앰휘비어스)	수륙 양용 (水陸兩用)
amphibious operation (앰휘비어스 아퍼레이숀)	상륙 작전 (上陸作戰)
amphibious training(앰휘비어스 츄레이닝)	상륙 훈련 (上陸訓練)
amphibious vehicle(앰휘비어스 비이끌)	수륙 양용 차량 (水陸兩用車輛)
amplitude modulation〈AM〉 (앰플리튜운 마쥴레이숀〈에이 엠〉)	진폭 변조 방식 (振幅變調方式)
analysis(어낼러씨스)	분석 (分析)
analysis of fire(어낼러씨스 오브 화이어)	사격 분석 (射擊分析)
analysis of information (어낼러씨스 오브 인호어메이숀)	첩보 분석 (諜報分析)
analyze(애널라이즈)	분석 (分析) 하다
angle(앵글)	각 (角)
annex(애넥쓰)	부록 (附錄)
annihilation (어나이어레이숀)	격멸 (擊滅) 섬멸 (殲滅)
antenna(앤테너)	"앤테너"
antenna site(앤테너 싸잍)	"앤테너"설치점 (一設置點)
anti- (앤타이)	대 (對)
anti-air(앤타이 애어)	대공 (對空)
anti-air action station (앤타이 애어 액숀 스떼이숀)	대공 부서 (對空部署)
anti-airborne(앤타이 애어보온)	대공정 (對空挺)
anti-airborne operation (앤타이 애어보온 아퍼레이숀)	대공정 작전 (對空挺作戰)
anti-aircraft (앤타이 애어쿠래후트)	대항공기 (對航空機)
anti-aircraft action status (앤타이 애어쿠래후트 액숀 스때터스)	대공 사격 구분 (對空射擊區分)
antiaircraft artillery〈AAA〉 (앤타이애어쿠래후트 아아틸러뤼 〈에이 에이 에이〉)	고사포〈병〉(高射砲兵)
anti-aircraft fire	대공 사격 (對空射擊)

(앤타이애어쿠래후트 화이어)	
anti-air drill(앤타이 애어 쥬륄)	대공 방어훈련(對空防禦訓練)
anti-air lookout(앤타이 애어 루까울)	대공 감시초(對空監視哨)
anticipate (앤티씨페잍)	예상(豫想)하다
anticipation (앤티씨페이슌)	예기(豫期)
anti-counter battery fire (앤타이 카운터 배러뤼 화이어)	대대포병 사격 (對對砲兵射擊)
antifreeze(앤타이후뤼이즈)	부동액(不凍液)
anti-jamming (앤타이재밍)	전파 방해 방지 (電波妨害防止)
anti-personnel(앤타이 퍼어쓰넬)	대인(對人)
anti-personnel mine (앤타이 퍼어쓰넬 마인)	대인 지뢰(對人地雷)
antitank(앤타이탱크)	대전차(對戰車)
antitank ditch(앤타이탱크 딭치)	대전차 호(對戰車壕)
antitank mine(앤타이탱크 마인)	대전차 지뢰(對戰車地雷)
antitank obstacles (앤타이탱크 압쓰터클즈)	대전차 장애물 (對戰車障碍物)
antitank position (앤타이탱크 퍼칠쓘	대전차 진지(對戰車陣地)
antitank trap (앤타이탱크 츄랩)	대전차 함정(對戰車陷穽)
antitank weapon (앤타이탱크 웨펀)	대전차 화기(對戰車火器)
AN〈tonov〉-2 "COLT" (에이 엔 투 코울트)	코울트(안토노프 경수송기) 〔蘇製輕輸送機〕
anvil(앤빌)	철상(鐵床)
ANZUS Treaty〈Australia-New Zealand-US〉 (앤저스 츄뤼이디〈오오스츄렐리아-뉴우칠런드-유우에스〉)	"앤저스" 동맹(—同盟)
appendix(어뻰딕쓰)	별첨(別添)
appetizer(애삐타이저어)	"애삐타이저"〔前食〕
applicable (애쁠리커블)	적용(適用)되는/하는 해당(該當)되는
application(애쁠리케이슌)	신청(申請)
application form (애쁠리케이슌 호옴)	신청서(申請書)
apply(어플라이)	신청(申請)하다 적용(適用)하다 해당(該當)되다
appoint(어포인트)	임명(任命)하다
appointment(어포인트먼트)	임명(任命)
approach(어푸로우치)	접적(接敵)
approach area(어푸로우치 애어뤼아)	진입 구역(進入區域)
approach light(어푸로우치 라잍)	진입등(進入燈)
approach march(어푸로우치 마아치)	전투적 전진(戰鬪的前進) 접적 행군(接敵行軍)
approval(어푸루우벌)	인가(認可)

승인 (承認)

approximately (어푸랔씨밑리) 근사(近似)하게
approximate (어푸랔씨밑) 근사(近似)한
appurtenance (어퍼티넌스) 종장 (從章)
apron (에이푸뤈) 정면 광장 (正面廣場)
aptitude (앺티튜욷) 적성 (適性)
aptitude test (앺티튜욷 테스트) 적성 검사 (適性檢査)
"A-ration" (에이 례숸) 정규 요리 식사 (正規料理食事)
area (얘어뤼아) 지역 (地域)
area air defense control center (얘어뤼아 얘어 디이휀스 컨츄롤 쎄너) 지역 방공 통제소 (地域防空統制所)
area command (얘어뤼아 커맨드) 지역 사령부 (地域司令部)
area damage control (얘어뤼아 대미지 컨츄롤) 지역 피해 통제 (地域被害統制)
area defense (얘어뤼아 디이휀스) 지역 방어 (地域防禦)
area fire (얘어뤼아 퐈이어) 지역 사격 (地域射擊)
area of defense (얘어뤼아 오브 디이휀스) 방어 지역 (防禦地域)
area of influence (얘어뤼아 오브 인흘루언스) 영향 지역 (影響地域)
area of interest (얘어뤼아 오브 인터레스트) 관심 지역 (關心地域)
area of operation⟨AO⟩ (얘어뤼아 오브 아퍼레이숸⟨에이 오우⟩) 작전 지역 (作戰地域)
area of responsibility⟨AOR⟩ (얘어뤼아 오브 뤼스판써빌러티 ⟨에이오우 아아⟩) 책임 지역 (責任地域)
area of significant importance (얘어뤼아 오브 씩니휘컨트 임포오턴스) 중요 지역 (重要地域)
area reconnaissance (얘어뤼아 뤼카너쎈스) 지역 정찰 (地域偵察)
area target (얘어뤼아 타아깉) 지역 목표 (地域目標)
area traffic control (얘어뤼아 츄래휙 컨츄롤) 지역 교통 통제 (地域交通統制)
arm and hand signal (아암 앤 핸드 씩널) 완수 신호 (腕手信號)
Armed Forces Day⟨1 Oct⟩ (아암드 호어씨즈 데이 ⟨원 옼토우버어⟩) 국군 (國軍)의 날 ⟨10월 1 일⟩
armistice (아아미스팈스) 휴전 (休戰)
armistice agreement (아아미스팈스 어구뤼이먼트) 휴전 조약 (休戰條約)
armistice negotiations (아아미스팈스 니고우시에이숸스) 휴전 협상 (休戰協商)
armor (아아머) 기갑 (機甲) 장갑 (裝甲)
armor avenue of approach (아아머 애비뉴 오브 어푸로우치) 전차 접근로 (戰車接近路)

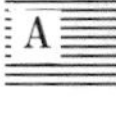

armored artillery(아아머얻 아아틸러뤼) 자주포 (自走砲)

armor battalion (아아머 배탤리언) 전차 대대 (戰車大隊)
탱크 대대 (一大隊)

armored cavalry (아아머얻 캐벌뤼) 기갑 수색 부대 (機甲搜索部隊)

armored combat (아아머얻 캄뱉) 장갑차전 (裝甲車戰)

armored force (아아머얻 호오스) 장갑 부대 (裝甲部隊)

armor-piercing (아아머 피어씽) 철갑 (鐵甲)

armor-piercing ammunition (아아머피어씽 애뮤니숀) 철갑탄 (鐵甲彈)

armor-piercing bomb (아아머피어씽 밤) 철갑 폭탄 (鐵甲爆彈)

armor-piercing shell (아아머피어씽 셸) 철갑 포탄 (鐵甲砲彈)

armor plate (아아머 플레잍) 철갑판 (鐵甲板)

armored personnel carrier 〈APC〉 (아아머얻 퍼어쓰넬 캐뤼어 〈에이 피이 씨이〉) 병력 수송 장갑차 (兵力輸送裝甲車)
인원 수송 장갑차 (人員輸送裝甲車)
장갑 운반차 (裝甲運搬車)

armored sweep(아아머얻 스위잎) 기갑 소탕 (機甲掃蕩)

armored unit(아아머얻 유우닡) 기갑 부대 (機甲部隊)

armored vehicle (아아머얻 비이끌) 기갑 차량 (機甲車輛)
장갑 차량 (裝甲車輛)

armorer (아아머뤄) 병기병 (兵器兵)
소화기 수리병 (小火器修理兵)

armory (아아머뤼) 병기고 (兵器庫)

arms (아암즈) 무기 (武器)
총 (銃)

arms rack (아암즈 뢕) 병기붕 (兵器棚)
총가 (銃架)

army(아아미) 군 (軍)

Army (아아미) 육군 (陸軍)

army artillery (아아미 아아틸러뤼) 군포병 (軍砲兵)

army attache (아아미 애더쉐이) 대사관부 육군 무관 (大使館附陸軍武官)

army aviation (아아미 에이비에이숀) 육군항공〈대〉 (陸軍航空隊)

army commander (아아미 커맨더) 군사〈령〉관 (軍司令官)

army depot(아아미 디포우) 군 보급창 (軍補給廠)

army headquarters (아아미 헫쿠오뤄즈) 군 사령부 (軍司令部)

army, navy, and air force (아아미, 네이비, 앤 애어 호오스) 육해공군 (陸海空軍)

army of occupation 점령군 (占領軍)

A

(아아미 오브 아큐페이슌)

army post office〈APO〉(아아미 포우스트 오휘쓰〈에이 피이 오우〉)	군사 우체국(軍事郵遞局) 육군 우체국(陸軍郵遞局)
army postal service (아아미 포우스털 써어비스)	군사 우편(軍事郵便)
Army promotion list〈APL〉(아아미 푸라모우슌 리스트〈에이 피이 엘〉)	진급자 명단〈육군〉(進級者名單〈陸軍〉)
Army Regulation〈AR〉(아아미 레귤레이슌〈에이 아아〉)	육군 규정(陸軍規定)
Army Reserve〈AR〉(아아미 뤼저어브〈에이 아아〉)	예비군(豫備軍) 육군 예비대(陸軍豫備隊)
army song (아아미 쏘옹)	군가(軍歌)
Army Staff College(아아미 스때후 칼리지)	육군 대학(陸軍大學)
Command and General Staff College〈C&GSC〉(커맨드 앤 제너뤌 스때후 칼리지〈씨이 앤 지이 에쓰 씨이〉)	참모 대학(參謀大學)
army training and evaluation program〈ARTEP〉(아아미 츄레이닝 앤 이밸류에이슌 푸로우구램〈아아텝〉)	육군 훈련 평가 계획(陸軍訓練評價計劃)
arrest (어레스트)	체포(逮捕)
arrival (어라이벌)	도착(到着)
arrive (어라이브)	도착(到着)하다
arrow (애로우)	화살〔矢〕
Article 15 (아아티끌 휘후티인)	법외 처벌(法外處罰) 즉결 처분(即決處分)
artificial (아아티휘셜)	인공물(人工物)
artificial obstacle (아아티휘셜 압쓰터클)	인공 장애물(人工障碍物)
artillery (아아틸러뤼)	포병(砲兵)
artillery ammunition (아아틸러뤼 애뮤니슌)	포병 탄약(砲兵彈藥)
artillery annex (아아틸러뤼 애넥쓰)	포병 부록(砲兵附録)
artillery battalion (아아틸러뤼 배탤리언)	포병대(砲兵隊)
artillery fire (아아틸러뤼 화이어)	포격(砲擊) 포화(砲火)
artillery officer (아아틸러뤼 오휘써)	포병 장교(砲兵將校)
artillery piece (아아틸러뤼 피이스)	포(砲)
artillery position (아아틸러뤼 퍼칠쓘)	포병 진지(砲兵陣地)
artillery preparation fire (아아틸러뤼 푸레퍼레이슌 화이어)	포병 공격 준비 사격(砲兵攻擊準備射擊)
artillery reinforcing mission (아아틸러뤼 뤼인호오씽 미쓘)	포병 증원 임무(砲兵增援任務)
artillery shell (아아틸러뤼 셀)	포탄(砲彈)
artillery subparagraph	포병 사항(砲兵事項)

A

(아아틸러뤼 쎱패뤄구래후)

artillery survey (아아틸러뤼 써어베이) 포병 측량(砲兵測量)

ascending branch (어쎈딩 부랜치) 탄도 승호(彈道昇弧)

ashtray (애쉬 츄래이) 재떨이

Asia (에이시아)

Asian Coninent (에이시안 칸티넌트) "애시이아" 대륙 (亞細亞大陸)

as needed basis (애즈 니이딛 베이씨스) 필요(必要)한 경우 기준 (境遇基準)

as soon as possible 〈**ASAP**〉 (애즈 쑤운 애즈 파씨블〈애이쌥〉) 가능(可能)한 한(限) 빨리

assault (어쏘올트) 강습(强襲) / 돌격(突擊)

assault boat (어쏘올트 보욷) 강습 단정(强襲短艇)

assault course (어쏘올트 코오스) 돌격 훈련장(突擊訓練場)

assault echelon (어쏘올트 에쉴란) 강습 제대(强襲梯隊) / 돌격 제대(突擊梯隊)

assault forces (어쏘올트 호어씨즈) 돌격 부대(突擊部隊)

assault gun (어쏘올트 건) 돌격포(突擊砲)

assault phase (어쏘올트 훼이즈) 돌격 단계(突擊段階)

assault plane (어쏘올트 플레인) 침공기(侵攻機)

assault position (어쏘올트 퍼짇쓘) 돌격 진지(突擊陣地)

assault transport plane (어쏘올트 츄랜스포올 플레인) 침공 수송기(侵攻輸送機)

assembly (어쎔블리) 결합체(結合體) / 소집(召集) / 집결(集結)

assembly area 〈**AA**〉 (어쎔블리 애어뤄아〈에이 에이〉) 집결지(集結地)

assembly area activities (어쎔블리 애어뤄아 앸티비티이즈) 집결지 활동(集結地活動)

assembly area security (어쎔블리 애어뤄아 씨큐뤼티) 집결지 경계(集結地警戒)

assigned (어싸인드) 예속(隷屬)된

assigned area (어싸인드 애어뤄아) 책임 지역(責任地域)

assigned forces (어싸인드 호어씨즈) 예속 부대(隷屬部隊)

assigned mission (어싸인드 미쓘) 부여(賦與)된 임무(任務)

assignment (어싸인먼트) 소속(所屬)

assist (어씨스트) 보좌(補佐)하다

assistant (어씨스턴트) 보좌관(補佐官)

Assistant Chief of Staff, G-1 (어씨스턴트 치이후 오브 스때후, 지이-원) 인사 참모(人事參謀)

Assistant Chief of Staff, G-3 작전 참모(作戰參謀)

(어씨스턴트 치이후 오브 스때후, 치이 쓰뤼이)	
assistant division commander〈**maneuver**〉〈**ADC(M)**〉(어씨스턴트 디비젼 커맨더 〈머누우버〉〈에이 디이 씨이(엠)〉)	부사단장〈기동〉(副師團長〈機動〉)
assistant division commander〈**support**〉〈**ADC(S)**〉(어씨스턴트 디비젼 커맨더 〈써포올〉〈에이 디이 씨이(에쓰)〉)	부사단장〈지원〉(副師團長〈支援〉)
assistant instructor〈**AI**〉(어씨스턴트 인스츄뤅터〈에이 아이〉)	조교(助敎)
association (어쏘우씨에이슌)	연합(聯合)
assume (어쓔움)	맡다 인수(引受)하다
assume mission (어쓔움 미쓘)	임무를 맡다(任務—)
assume responsibility (어쓔움 뤼스판써빌러티)	책임 맡다(責任—)
assumption (어썸쓘)	가정(假定)
"at ease!" (앹 이이즈)	"쉬어!"
atmosphere (앹머스휘어)	분위기(雰圍氣)
at once (앹 원스)	당장(當場)에
at the same time (앹 더 쎄임 타임)	동시(同時)에
atomic bomb (어타밐 밤)	원자 폭탄(原子爆彈)
atomic cloud (어타밐 클라운)	원자운(原子雲)
atomic demolition munition〈**ADM**〉(어타밐 디말리숀 뮤니숀〈에이 디이 엠〉)	원자 폭발물(原子爆發物)
atomic disease (어타밐 디지이즈)	원자병(原子病)
atomic nucleus (어타밐 뉴우클리어스)	원자핵(原子核)
atomic power (어타밐 파우어)	원자력(原子力)
atomic radiation (어타밐 레이디에이숀)	원자 방사능(原子放射能)
atomic weapon (어타밐 웨펀)	원자 병기(原子兵器)
attache case (애더쉐이 케이스)	손가방
attached (어태치드)	배속(配屬)되다
attached unit (어태치드 유우닡)	배속 부대(配屬部隊)
attachment (어태치먼트)	배속(配屬)
attack (어탴)	공격(攻擊)
attack echelon (어탴 에쉴란)	공격 제대(攻擊梯隊)
attack formation (어탴 호어메이숀)	공격 대형(攻擊隊形)
attack order (어탴 오오더어)	공격 명령(攻擊命令)
attack phase (어탴 훼이즈)	공격 단계(攻擊段階)
attack plan (어탴 플랜)	공격 계획(攻擊計劃)
attack position (어탴 퍼짙쓘)	공격 대기 지점(攻擊待機地點)
attack waves (어탴 웨이브스)	공격파(攻擊波)

제파 공격(梯波攻擊)

attendance (어텐던스) 참가(參加)

attention (어텐숀) 부동 자세(不動資勢)
주목(注目)

"atten— tion!" (어텐—션) "차렷!"

attention to detail (어텐숀 투 디테일) 상세한 주의(詳細— 注意)

attitude (애티튜욷) 태도(態度)

attrition (어츄뤼숀) 마손(磨損)

attrition rate (어츄뤼숀 레잍) 감손율(減損率)

audio-visual aid (오오디오비쥬얼 에읻) 시청각 교재(視聽覺敎材)

audit (오오딭) 회계 감사(會計監査)

augment (오옥멘트) 보강(補强)하다
증가(增加)하다

augmentation (오옥멘테이숀) 보강(補强)
증가(增加)
편입(編入)

augmented (오옥멘틷) 보강(補强)된

authority (오오쏘뤼티) 권한(權限)
직권(職權)

authorized parts list (오오쏘라이즈드 파앝쯔 리스트) 인가 부속품표 (認可附屬品表)

authorized strength (오오쏘라이즈드 스츄렝스) 인가 병력(認可兵力)

automatic (오오터매팈) 자동(自動)

automatic data processing equipment (오오터매팈 대터 푸라쎄씽 이퀲먼트) 자동 제원 처리 장비 (自動諸元處理裝備)

automatic data processing system (오오터매팈 대터 푸라쎄씽 씨스텀) 자동 제원 처리 제도 (自動諸元處理制度)

automatic direction finder (오오터매팈 디렠쓘 화인더) 자동 방향 탐지기 (自動方向探知機)

automatic feed mechanism (오오터매팈 휘읻 메꺼니즘) 자동 송탄 장치 (自動送彈裝置)

automatic fire (오오터매팈 화이어) 자동 사격(自動射擊)

automatic pilot system (오오터매팈 파일럳 씨스텀) 자동 조종 장치 (自動操縱裝置)

automatic rifle (오오터매팈 라이훌) 자동 소총(自動小銃)

automatic rifleman (오오터매팈 라이훌먼) 자동 소총수(自動小銃手)

automatic supply (오오터매팈 써플라이) 자동 보급(自動補給)

automatic target (오오터매팈 타아길) 자동 표적(自動標的)

automatic tracking (오오터매팈 츄래낑) 자동 추적(自動追跡)

automatic weapon (오오터매팈 웨펀) 자동 화기(自動火器)

authentication (오센티케이숀) 확인(確認)

authentication table (오센티케이숀 테이블) 확인 문자집(確認文字集)

authenticator (오센티케이러)	확인 부호(確認符號)
authorized personnel only (오오쏘라이즈드 퍼어쓰넬 오운리)	비인가자 출입 금지 (非認可者出入禁止)
	인가자 외 출입 금지 (認可者外出入禁止)
auxiliary (오옥칠려뤼)	보조적(補助的)
	부수적(附隨的)
avenue of approach (애비뉴 오브 어푸로우치)	접근로(接近路)
average (애버뤼지)	보통(普通)의
	평균(平均)
aviation (애비에이슌)	비행대(飛行隊)
	항공(航空)
aviation battalion (애비에이슌 배탤리언)	항공 대대(航空大隊)
aviation fuel (애비에이슌 휴얼)	항공 연료(航空燃料)
awards (어우오즈)	상전(上典)
awards and decorations (어우오즈 앤 데커레이슌스)	훈장(勳章)
axial road (액씨얼 로운)	축로(軸路)
axis (액씨스)	축(軸)
axis of advance (액씨스 오브 얻밴스)	전진 축(前進軸)
axis of attack (액씨스 오브 어택)	공격 축(攻擊軸)
azimuth (애지머스)	방위각(方位角)

B

back azimuth (백 애지머스)	후방 방위각(後方方位角)
	후퇴 방위각(後退方位角)
back-azimuth method (백애지머스 메쎋)	후방 교회법(後方交會法)
back-blast (백블래스트)	후미 폭풍(後尾爆風)
back-blast area (백블래스트 애어뤼아)	후미 폭풍 지역 (後尾爆風地域)
back gate (백 게잍)	후문(後門)
badges, medals, and ribbons (배지스, 메덜스, 앤 뤼븐스)	훈장(勳章)
baggage car (배기지 카아)	수하물차(手荷物車)
	행낭 치중차(行囊輜重車)
baggage train (배기지 츄레인)	수하물차(手荷物車)
	행리 치중(行李輜重)
	행낭 치중차(行囊輜重車)
Bailey bridge (베일리 부뤼지)	"베일리" 교(—橋)

	장간 조립교 (長間組立橋)
Balance of power (밸런스 오브 파우어)	세력 균형 (勢力均衡)
ballistic correction (볼리스띡 커렉숀)	탄도 교정 (彈道矯正) 탄도 수정 (彈道修正)
ballistic curve (볼리스띡 커어브)	탄도 곡선 (彈道曲線)
ballistic missile (볼리스띡 미쓸)	탄도 미쓸 (彈道—) 탄도〈유도〉탄 (彈道〈誘導〉彈)
ballistic weapon (볼리스띡 웨펀)	탄도 병기 (彈道兵器)
ballpoint pen (보올포인트 펜)	"보올포인트 펜"
band (밴드)	악대 (樂隊)
band of fire (밴드 오브 화이어)	화력대 (火力帶)
bangalore torpedo (뱅거로오어 토오피이도우	파괴통 (破壞筒)
bank (뱅크)	제방 (堤防)
banner (배너어)	기 (旗)
barbed wire (바압드 와이어)	유자 철조망 (有刺鐵條網) 철조망 (鐵條網)
barge (바아지)	단정 (端艇)
barley tea (바알리 티이)	보리차 (—茶)
barometer (배뤄미러어)	청우계 (晴雨計)
barracks (배뤅쓰)	병영 (兵營)
barrage (버라아지)	탄막 (彈幕)
barrage fire (버라아지 화이어)	탄막 사격 (彈幕射擊)
barrage jamming (버라아지 재밍)	전파 대투입 방해 (電波大投入妨害)
barrel (배뤌)	총신 (銃身) 총열 (銃列) 포신 (砲身)
barricade (배뤼케잍)	통행 차단물 (通行遮斷物)
barrier (배뤼어어)	방벽 (防壁) 방책 (防柵)
barrier material (배뤼어어 머티어뤼얼)	방벽 자재 (防壁資材)
barrier plan (배뤼어어 플랜)	장벽 계획 (障壁計劃)
barrier tactics (배뤼어어 탴팈쓰)	장벽 전술 (障壁戰術)
base (베이스)	부대〈기지〉(部隊〈基地〉)
basement (베이스먼트)	지하실 (地下室)
base of operation (베이스 오브 아퍼레이숀)	작전 기지 (作戰基地)
base plate (베이스 플레잍)	받침판 (—板)
basic load (베이씩 로운)	기본 휴대량 (基本携帶量)
basic load of ammunition	탄약 기본 휴대량

B

(베이씩 로운 오브 애뮤니슌)	(彈藥基本携帶量)
basics (베이씩쓰)	기초 (基礎)
basic tactical unit (베이씩 택티껄 유우닡)	기본 전술 단위 부대 (基本戰術單位部隊)
basin (베이쓴)	분지 (盆地)
bath facilities (배스 훠씰리티이즈)	목욕 시설 (沐浴施設)
battalion (배탤리언)	대대 (大隊)
battalion aid station (배탤리언 에읻 스떼이슌)	대대 구호소 (大隊救護所)
battalion train (배탤리언 츄레인)	대대 치중대 (大隊輜重隊)
battery (배뤄리)	전지 (電池) 포대 (砲隊)
battle (배를)	전투 (戰鬪)
battle casualty (배를 캐쥬얼티)	전투 사상자 (戰鬪死傷者)
battle casualty report (배를 캐쥬얼티 뤼포옽)	전사상자 보고 (戰死傷者報告)
battle dress (배를 쥬레쓰)	전투복 (戰鬪服)
battlefield (배를휘일드)	전장 (戰場)
battlefield commission (배를휘일드 커미쓘)	현지 임관 (現地任官)
battlefield illumination (배를휘일드 일루미네이슌)	전장 조명 (戰場照明)
battlefield surveillance (배를휘일드 써어베일런스)	전장 감시 (戰場監視)
battle formation (배를 호어메이슌)	전투 대형 (戰鬪隊形)
battle frontage (배를 후론티지)	전투 정면 (戰鬪正面)
battle group (배를 구루웊)	전투단 (戰鬪團)
battle position 〈**BP**〉 (배를 퍼칠쓘〈비이 피이〉)	전투 진지 (戰鬪陣地)
battle reserves (배를 뤼저어브스)	전투 예비 (戰鬪豫備)
battle sight (배를 싸잍)	전투 가늠자 (戰鬪—)
battle sight zero (배를 싸잍 지어로우)	전투 가늠자 영점 조준 (戰鬪—零點照準)
battle station (배를 스떼이슌)	전투 부서 (戰鬪部署)
bayonet (베이오넽)	총검 (銃劍)
be prepared to attack (비이 푸뤼패얻 투 어택)	공격 준비 (攻擊準備) 하라
beachhead (비이치헫)	해두보 (海頭堡)
beachhead line (비이치헫 라인)	해두보 선 (海頭堡線)
beam (비임)	지향성 전파 (指向性電波)
bear (베어)	곰 〔熊〕
beaten zone (비이튼 죠운)	피탄 지역 (被彈地域)
beginning of morning nautical twilight 〈**BMNT**〉 (비기닝 오브 모오닝 노오티컬	시조 해상 박명 (始朝海上薄明)

트와일라잍 〈비이 엠 엔 티이〉)	해상 박명초(海上薄明初)
belt (벨트)	요대(腰帶)
belt-fed (벨트휃)	탄대 장전(彈帶裝塡)
belt-loading (벨트로우딩)	탄대 장탄(彈帶裝彈)
bench mark (벤치 마앜)	수준점(水準點)
bend (벤드)	굴곡부(屈曲部)
berm (버엄)	논둑
bid (빋)	입찰(入札)
bilingual (바이링궐)	이개 국어(二個國語)를 병용(並用)하는
bill (빌)	"빌"(삐라)
	전단(傳單)
billet (빌럳)	사영(舍營)
	숙사(宿舍)
billeting area (빌러팅 애어뤼아)	숙사 구역(宿舍區域)
billeting officer(빌러팅 오휘써)	사영 장교(舍營將校)
binoculars (비나큘라아즈)	망원경(望遠鏡)
biographic intelligence (바이오그래휙 인텔리젼스)	인물 정보(人物情報)
biological agent (바이오라지컬 에이젼트)	생물학 작용제(生物學作用劑)
biological warfare (바이오라지컬 우오홰어)	생물학전(生物學戰)
bird (버얻)	헬리컾터
bird's eye view (버어즈 아이 뷰우)	조감도(鳥瞰圖)
bivouac (비브앸)	노영(露營)
	숙영지(宿營地)
	야영(野營)
bivouac site (비브앸 싸잍)	노영지(露營地)
black (블랰)	흑색(黑色)
Black Bird 〈SR-71〉 (블랰 버얻 〈에쓰 아아 쎄븐티원〉)	흑조기(黑鳥機)
black propaganda(블랰 푸라파갠더)	흑색 선전(黑色宣傳)
blackout (블랰아웉)	등화 관제(燈火管制)
	무조명(無照明)
blackout drive (블랰아웉 쥬라이브)	등화 관제 운행(燈火管制運行)
blackout drive line (블랰아웉 쥬라이브 라인)	차량 등화 관제선(車輛燈火管制線)
blackout light (블랰아웉 라잍)	등화 관제등(燈火管制燈)
	관제등(管制燈)
blame (블레임)	비난(非難)하다
blank ammunition (블랭크 애뮤니숸)	연습탄(練習彈)
	공포탄(空砲彈)

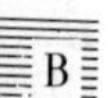

	훈련탄(訓練彈)
blank ammo (블랭크 애모)	훈련탄(訓練彈)
blanket (블랭킽)	담요 (毯—)
blanket roll (블랭킽 로울)	모포 말이 (毛布—)
blast (블래스트)	폭풍(爆風)
blast effect (블래스트 이퀘트)	폭풍 효과(爆風效果)
blend (블렌드)	조화 되다〈색조〉 (造化—〈色調〉)
blending with surroundings (블렌딩 윋 써라운딩즈)	위장 주위 배색 (僞裝周圍配色)
blister agent (블리스터 에이젼트)	수포성 작용제 (水疱性作用劑)
blitz (블맅쯔)	전격 기습전(電擊奇襲戰)
blitzkrieg (블릩쯔크뤼익)	전격 기습전(電擊奇襲戰)
blizzard (블리저엳)	폭설(暴雪)
block (블랔)	저지(沮止)하다 차단(遮斷)하다
blockade (블라케읻)	봉쇄(封鎖) 차단(遮斷)
blocking fire (블라킹 화이어)	차단 사격(遮斷射擊)
blocking force (블라킹 호오스)	저지 부대(沮止部隊)
blocking position (블라킹 퍼칠쓘)	저지 진지(沮止陣地)
blood and nerve agent (블럳 앤 너어브 에이젼트)	혈액 신경 작용제 (血液神經作用劑)
bloody battle (블러디 배를)	혈전(血戰)
Bloody Ridge (블라디 뤼지)	피의 능선(금화 서방, 문등리 계곡 남방) 983-940-773 高地
blouse (블라우스)	상의(上衣)
blue (블루우)	청색(青色)
blue alert (블루우 얼러얻)	청색 경보(青色警報)
blue category equipment (블루우 캐테거뤼 이큅먼트)	청색 장비(青色裝備)
Blue Force (블루우 호오스)	청군(青軍)
boat (보울)	단정(短艇) 주정(舟艇)
boat assembly area (보울 어쎔블리 애어뤼아)	주정 집결 지역 (舟艇集結地域)
boat rendezvous area (보울 라안더뷰우 애어뤼아)	단정 집결 지역 (短艇集結地域)
boat team (보울 티임)	단정조(短艇組)
body guard (바디 가앋)	경호원(警護員)
bogie (보우기)	"보우기"차(—車)

bomb (밤)	폭탄 (爆彈)
bomb damage assessment (밤 대미지 어쎄쓰먼트)	폭격 피해 판단 (爆擊被害判斷)
bomb disposal (밤 디스뽀우절)	폭탄 처리 (爆彈處理)
bomb load (밤 로운)	폭탄 탑재량 (爆彈搭載量)
bomb release (밤 릴리이스)	폭탄 투하 (爆彈投下)
bomb shelter (밤 쉘터어)	대피호 (待避壕)
bombardment (밤바안먼트)	포격 (砲擊)
bomber (바머)	폭격기 (爆擊機)
bombing (바밍)	폭격 (爆擊)
booby trap (부우비 츄랩)	"부우비 츄랩"
boot laces (부울 레이씨즈)	구두끈
〈**a pair of**〉 **boots** (〈어 페어 오브〉 부울쯔)	구두
boots (부울쯔)	군화 (軍靴)
bore (보어)	총강 (銃腔)
bore brush (보어 부뤄쉬)	총강 소제솔 (銃腔掃除—)
bore sight (보어 싸잍)	총강 조준기 (銃腔照準器)
bore sighting (보어 싸이팅)	총강 조준 (銃腔照準)
boss (보쓰)	상관 (上官)
bottleneck problem (바틀넥 푸라블럼)	애로 사항 (隘路事項)
bound (바운드)	구간 이동 (區間移動)
	약진 (躍進)
boundary〈**line**〉 (바운데뤼 〈라인〉)	경계선 (境界線)
	지경선 (地境線)
bow (바우)	함수 (艦首)
bow (보우)	활〔弓〕
bracketing method (부래끼팅 메썯)	협차법 (夾叉法)
brainwash (부레인워쉬)	세뇌 (洗腦)
brake (부레잌)	제동기 (制動機)
branch (부랜치)	지부 (支部)
branch of service (부랜치 오브 써어비스)	병과 (兵科)
brassard (부래싸안)	완장 (腕章)
brave (부레이브)	용감 (勇敢)한
bravery (부레이버뤼)	용감 (勇敢)
break (부레잌)	공간 (空間)
	"부레잌"〔制動裝置〕
	통신문 공간 (通信文空間)
	"부레잌"(휴식 시간) 〈休息時間〉
break camp (부레잌 캠프)	철영 (撤營)하다
break down (부레잌 따운)	고장 (故障)나다
break-down (부레잌따운)	분류 (分類)
break through (부레잌 쓰루우)	돌파 통과 (突破通過)

B

	중앙 돌파(中央突破)
breech (부뤼이치)	폐쇄기(閉鎖機)
brevity code (부레비티 코운)	간략 부호(簡略符號)
bridge (부뤼지)	교량(橋梁)
bridgehead (부뤼지핻)	교두보(橋頭堡)
bridging (부뤼징)	가교(架橋)
brief history (부뤼이후 히스토뤼)	약사(略史)
briefer (부뤼이훠)	상황 담당관(狀況擔當官)
briefing (부뤼이휭)	"부뤼이휭"〈브리핑〉 상황 설명(狀況說明)
briefing board (부뤼이휭 보온)	상황판(狀況板)
briefing chart (부뤼이휭 챠알)	상황 도표(狀況圖表)
briefing room (부뤼이휭 루움)	상황실(狀況室)
briefing tent (부뤼이휭 텐트)	상황천막(狀況天幕)
brigade (부뤼게인)	여단(旅團)
brigade commander (부뤼게인 커맨더)	여단장(旅團長)
brigadier general〈**BG**〉 (부뤼거디어 제너뤌〈비이 지이〉)	준장(准將)
brilliant (부륄리언트)	찬란(燦爛)한
broadcasting (부로운캐스팅)	방송(放送)
bronchial disease (부랑키얼 디지이즈)	기관지병(氣管支病)
Bruce C. Clarke〈**Ret**〉 (부루스 씨이 클라암〈뤼타이언〉)	클라암 대장〈퇴역〉 (一大將〈退役〉)
buddy system (버디 씨스텀)	이인 일조 방식 (二人一組方式)
budget (버짙)	예산(豫算)
buffer zone (버훠어 죠운)	완충 지대(緩衝地帶)
bugle (뷰우글)	나팔(喇叭)
bugler (뷰우글러)	나팔수(喇叭手)
built-up area (빌트엎 애어뤼아)	건물 지역(建物地域)
bulk (벌크)	대량(大量)
bulk loading (벌크 로우딩)	대량 적재(大量積載)
bulk petroleum (벌크 퍼츄롤리엄)	대량 유류(大量油類)
bulk supply (벌크 써플라이)	대량 보급품(大量補給品)
〈**bull**〉**dozer** (〈불〉도우저어)	"도우저어" (도자)
bulldozer (불도우저어)	"불도우저어"
bullet (불릳)	총탄(銃彈) 탄환(彈丸)
bulletin (불러틴)	회보(會報)
bulletin board (불러틴 보온)	게시판(揭示板)
bumper (범퍼어)	"범퍼어"(밤바) 완충기(緩衝器)

bumper number (범퍼어 넘버) "범퍼어"번호(一番號)
bumpy, rough air (범삐, 뤄후 애어) 악기류(惡氣流)
bunk (벙크) 침상(寢床)
bunker (벙커어) 유개호(有蓋壕)
지하실(地下室)
burglary incident (버어글러뤼 인씨던트) 도난 사고(盜難事故)
burial (베어뤼얼) 매장(埋葬)
burn (버언) 화상(火傷)
burner (버어너어) 가열기(加熱器)
bury (베뤼) 매장(埋葬)하다
burst (버어스트) 파열(破裂)
bus terminal (버쓰 터어미널) 역(驛)
butt can (벝 캔) 재떨이
buzzard (버저얼) 말똥가리
bypass (바이패쓰) 우회(迂廻)하다
bypass and attack from the flank (바이패쓰 앤 어택 후롬 더 훌랭크) 우회 공격(迂廻攻擊)하다

cab (캡) 운전대(運轉臺)
cable (케이블) 전기선(電氣線)
cadence (케이던스) 보조(步調)
cadet (커뎉) 사관 후보생(士官候補生)
cadre (캐쥬뤼) 기간 요원(基幹要員)
cal (캘) 구경(口徑)
calculated risk (캘큐레이팉 뤼스크) 고려(考慮)된 위험도(危險度)
위험률 공산(危險率公算)
calculation (캘큐레이숀) 계산(計算)
calculator (캘큐레이러) 계산기(計算機)
caliber (캘리버어) 구경(口徑)
캘리버
탄경(彈徑)
calibration (캘리부레이숀) 측정기 교정(測定器矯正)
calibration fire (캘리부레이숀 화이어) 협착 사격(狹窄射擊)
calisthenics (캘리스테닉쓰) 체조(體操)
call sign (코올 싸인) 호출 부호(呼出符號)
camouflage (캐머훌라아지) 위장(僞裝)
캐머훌라아지
camouflage discipline (캐머훌라아지 디씨플린) 위장 군기(僞裝軍紀)

C

camouflage equipment (캐머훌라아지 이큅먼트)	위장 장구(僞裝裝具)
camouflage net (캐머훌라아지 넽)	위장망(僞裝網)
camouflage painting (캐머훌라아지 페인팅)	위장 도색(僞裝塗色)
camp (캠프)	부대(部隊)(숙영지 〈宿營地〉 수용소〈收容所〉)
	막영(幕營)
campaign (캠페인)	전투(戰鬪)
canalization (캐널라이제이숀)	협지 유도(狹地誘導)
canalize (캐널라이즈)	유인(誘引)하다
cancel (캔썰)	취소(取消)하다
cancellation (캔썰레이숀)	취소(取消)
candidate (캔디데잍)	사관 후보생(士官候補生)
candle (캔들)	초〔燭〕
canister (캐니스터)	산탄통(散彈桶)
	정화통(淨化桶)
canned goods (캔드 굳즈)	통조림 제품〔桶—製品〕
canned peaches (캔드 피이치즈)	깡통 복숭아〔桶桃〕
cannibalization (캐니벌라이제이숀)	동류 전용(同類轉用)
	폐품 활용(廢品活用)
cannibalize (캐니벌라이즈)	충당(充當)하다
cannon (캐넌)	기관포(機關砲)
	대포(大砲)
	평사포(平射砲)
	포(砲)
canteen (캔티인)	수통(水桶)
canvas (캔버쓰)	천막 기지(天幕—)
	캔버쓰
canvas repairman (캔버쓰 뤼패어맨)	천막 수리병(天幕修理兵)
capabilities (케이퍼빌러티이즈)	능력(能力)
captain (캪튼)	해군 대령(海軍大領)
	육군대위(陸軍大尉)
caption code (캪숀 코운)	표제 부호(表題符號)
capture (캪쳐어)	생포(生捕)하다
	포착(捕捉)
captured document (캪쳐얻 다큐먼트)	포획 문서(捕獲文書)
captured enemy equipment (캪쳐얻 에너미 이큅먼트)	전리품(戰利品)
carbon copy〈CC〉(카아본 카피〈씨이 씨이〉)	사본(寫本)
carburetor (카아뷰레뤄)	카아뷰레뤄〔進速機〕
career (커뤼어)	경력(經歷)
career counseling (커뤼어 카운쓸링)	장기 근무 상담(長期勤務相 재복무, 장기 근무 지도 상

(再服務, 長期勤務指導相談)

career development (커뤼어 디벨럽먼트) 장기 근무 육성 (長期勤務育成) 직업 군인 경력 발전 (職業軍人經歷發展)

career guidance (커뤼어 가이던스) 직업 군인 지도 (職業軍人指導)

career management (커뤼어 매니지먼트) 경력 관리 (經歷管理)

carelessness (캐어리쓰니스) 부주의 (不注意)

cargo (카아고) 하물 (荷物) 화물 (貨物)

cargo plane (카아고 플레인) 하물 수송기 (荷物輸送機)

cargo tie-down (카아고 타이따운) 하물 결박 (荷物結縛)

cargo transport (카아고 츄랜스포올) 하물 수송 (荷物輸送)

cargo transport plane (카아고 츄랜스포올 플레인) 화물 수송기 (貨物輸送機)

carpet bombing (카아필 바밍) 융단 폭격 (絨緞爆擊)

carrier (캐뤼어) 운반차 (運搬車)

carry out (캐뤼 아울) 수행 (遂行)하다

cartridge case (카아츄뤼지 케이스) 탄피 (彈皮)

cash (캐쉬) 현금 (現金)

casualty (캐쥬얼티) 사상자 (死傷者)

category (커테거뤼) 종별 (種別)

cathole (캩호울) 야전 변소 (野戰便所)

Caucasian (코케이지언) 백인계 (白人系)

CBR officer (씨이 비이 아아 오휘써) 화생방 장교 (化生放將校)

CBR warfare (씨이 비이 아아 우오 홰어) 화생방전 (化生放戰)

"Cease fire!" (씨이즈 화이어) "사격 중지! (射擊中止)"

cease-fire (씨이즈화이어) 정전 (停戰)

cease-fire agreement (씨이즈화이어 어구뤼이먼트) 정전 협정 (停戰協定)

Celsius (쎌씨어스) 섭씨 (攝氏)

censorship (쎈써어쉽) 검열 (檢閱)

center (쎄너) 중심 (中心)

center line (쎄너 라인) 중앙선 (中央線)

center of mass (쎄너 오브 매쓰) 집중점 (集中點)

centigrade (쎄니구뤠읻) 섭씨 (攝氏)

central control (쎈츄뤌 컨츄롤) 중앙 지휘 (中央指揮)

central front (쎈츄뤌 후론트) 중부 전선 (中部前線)

central headquarters (쎈츄뤌 헫쿠오뤄즈) 중앙 본부 (中央本部)

Central Intelligence Agency〈CIA〉 (쎈츄뤌 인텔리젼스 에이젼씨 〈씨이 아이 에이〉) 중앙 정보국 (中央情報局)

central point (쎈츄뤌 포인트) 중앙점 (中央點)

C

centralization (쎈츄뤌라이제이순) 중앙 집권 (中央集權)

centralized control (쎈츄뤌라이즈드 컨츄롤) 집권화 통제 (集權化統制)

CEOI (씨이 이이 오우 아이) 통신 전자 규정 (通信電子規定)

ceremony (쎄뤼머니) 예식 (禮式)
의식 (儀式)

certificate (써어티휘킽) 증명서 (證明書)

certifyng officer (써어티화잉 오휘써) 인증관 (認證官)

C-5A〈Galaxy〉 (씨이 화이브 에이〈갤럭씨이〉) “씨이 화이브 에이 (갤럭씨
수송기(一輸送機)

chaff (채후) 전탐 방해 금박 (電探妨害金箔)
전파 기만편 (電波欺瞞片)

chain of command (체인 오브 커맨드) 종적 관계 (縱的關係)
지휘 계통 (指揮系統)

chain of evacuation (체인 오브 이배큐에이순) 후송 계통 (後送系統)

chain reaction (체인 뤼액쑨) 연쇄 반응 (連鎖反應)

chair (채어) 의자 (椅子)

Chairman, JCS (채어먼, 제이 씨이 에쓰) 합〈동〉참〈모부〉 의장 (合同參謀部議長)

challenge (췔런지) 수하 (誰何)

challenge and password (췔런지앤 패쓰우온) 암구호 (暗口號)
확인 문답어 (確認問答語)

challenge and reply (췔런지 앤 뤼플라이) 상호 확인 (相互確認)
확인 문답법 (確認問答法)

Chamber of Commerce (췜버 오브 카머스) 상공 회의소 (商工會議所)

chance of success (챈스 오브 썩쎄스) 성공도 (成功度)

change in climate (체인지 인 클라이밑) 기후 변화 (氣候變化)

change of command (체인지 오브 커맨드) 인수 인계 (引受引繼) (부대
〈部隊長更迭〉)

change order (체인지 오오더어) 정정 명령 (訂正命令)

changes (체인지스) 변경 (變更)

channel (채늘) 주파수대 (周波數帶)
해협 (海峽)

chaplain (채플린) 군목 (軍牧)

character guidance (캐뤽터 가이던스) 정신 교육 (精神敎育)

charge (챠아지) 장약 (裝藥)

charge of quarters〈CQ〉 (챠아지 오브 쿠오뤄즈〈씨이 큐우〉) 주번 하사관 (週番下士官)
중대 당직 하사관 (中隊當直下士官)

chart (차알) 도표 (圖表)

chastisement (채스타이즈먼트)	응징 (膺懲)
check (췍)	점검 (點檢)
checklist (췍리스트)	점검 대조표 (點檢對照表)
check point〈**CP**〉(췍 포인트〈씨이 피이〉)	검문소 (檢問所) 확인소 (確認所)
chemical agent (케미컬 에이전트)	화학제 (化學劑)
chemical, biological, and radiological〈**CBR**〉(케미컬, 바이오라지컬, 앤 래이디오라지컬〈씨이 비이 아아〉)	화생방 (化生放)
chemical latrine (케미컬 러츄워인)	야전 변소 (野戰便所)
chemical munition (케미컬 뮤니숸)	화학탄 (化學彈)
chemical officer (케미컬 오휘써)	화학 장교 (化學將校)
chemical projectile (케미컬 푸뤄젝타일)	화학탄 (化學彈)
chemical spray (케미컬 스뿌뤠이)	화학제 살포 (化學劑撒布)
chemical warfare (케미컬 우오홰어)	화학 전 (化學戰)
chicken wire (치큰 와이어)	육각형 철조망 (六角形鐵條網)
Chief of Staff, Army〈**CSA**〉(치이후 오브 스때후, 아아미〈씨이 에쓰 에이〉)	〈육군〉참모총장 (陸軍參謀總長)
Chief of Staff〈**C/S**〉〈**C of S**〉(치이후 오브 스때후)	참모장 (參謀長)
Chief of Staff, The Blue House (치이후 오브 스때후, 더 불루우 하우스)	대통령 비서 실장 (大統領秘書室長)
Chief, Presidential security (치이후, 푸레지덴셜 씨큐뤼티)	대통령 경호 실장 (大統領警護室長)
China〈**People's Republic of**〉(차이나〈피플즈 뤼퍼블릭 오브〉)	중공 (中共)
Chinese (차이니이즈)	중국계 (中國系)
Chivas Regal (쉬바스 뤼걸)	"시바스 뤼걸〈위스키〉 〔洋酒〕
chlorine (클로오뤼인)	염소 (鹽素) 클로오뤼인
choking agent (쵸우킹 에이전트)	질식성 작용제 (窒息性作用劑)
chopper (챠퍼어)	헬리컾터
chopsticks (챺스떡쓰)	젓가락
chow (챠우)	식사 (食事)
chow line (챠우 라인)	식사 선 (食事線)
cigarette (씨거렡)	담배
cigarette butts (씨거렡 벋쯔)	담배 꽁초
cipher (싸이훠어)	암호 (暗號)

C

cipher text (싸이훠어 텍쓰트)	암호문 (暗號文) 암호 원문 (暗號原文)
circuit (써어킽)	회로 (回路) 회선 (回線)
circular (써어큘러)	회람 (回覽) 회장 (回章)
citation (싸이테이숀)	특기 (特記)
civies (씨비즈)	사복 (私服)
civil affairs (씨빌 어홰어즈)	대민 관계 (對民關係) 민사 (民事)
civil defense (씨빌 디이휀스)	민방위 (民防衛)
civil-military government (씨빌 밀리테뤼 가번먼트)	군-민 정부 (軍民政府)
civil-military operation (씨빌 밀리테뤼 아퍼레이숀)	군민 작전 (軍民作戰)
civilian (씨빌리언)	민간인 (民間人)
civilian clothes (씨빌리언 클로우즈)	사복 (私服)
civilian control (씨빌리언 컨츄롤)	민간인 통제 (民間人統制)
civilian establishments (씨빌리언 이스태블리쉬먼쯔)	민간 업소 (民間業所)
civilian houses (씨빌리언 하우지스)	민가 (民家)
civilian 〈private〉 property (씨빌리언〈프라이빝〉프라퍼어티)	민간인〈사유〉재산 (民間人私有財產)
civilian vehicles (씨빌리언 비이끌즈)	민간인 차량 (民間人車輛)
claim (클레임)	요구 (要求) 지불 요구 (支拂要求) 청구 (請求)
claim for damage (클레임 호어 대미지)	변상 청구 (辨償請求)
claims officer (클레임즈 오휘써)	소청 장교 (訴請將校)
class A meal (클래쓰 에이 미일)	정규 요리 식사 (正規料理食事)
classification (클래씨휘케이숀)	분류 (分類) 종별 (種別) 취급 구분 (取扱區分)
classified document (클래씨화이드 다큐먼트)	기밀 문서 (機密文書) 비밀 문서 (秘密文書)
classified document control (클래씨화이드 다큐먼트 컨츄롤)	기밀 문서 관제 (機密文書管制)
classified matter (클래씨화이드 매러어)	비밀 사항 (秘密事項)
classify (클래씨화이)	분류 (分類) 하다
class Ⅰ supplies (클래쓰 원 써플라이즈)	제 일종 보급품 (第一種補給品)
class Ⅱ supplies (클래쓰 투우 써플라이즈)	제 이종 보급품

(第二種補給品)

class Ⅲ supplies (클래쓰 쓰뤼이 써플라이즈) 제 삼종 보급품 (第三種補給品)

class Ⅳ supplies (클래스 훠어 써플라이즈) 제 사종 보급품 (第四種補給品)

class Ⅴ supplies (클래쓰 화이브 써플라이즈) 제 오종 보급품 (第五種補給品)

class Ⅵ supplies (클래쓰 씩쓰 써플라이즈) 제 육종 보급품 (第六種補給品)

class Ⅹ supplies (클래쓰 텐 써플라이즈) 제 십종 보급품 (第十種補給品)

classmate (클래쓰메잍) 동기생 (同期生)

clay (클레이) 진흙〔泥〕

cleaning brush (클리이닝 부뤄쉬) 손질 솔

cleaning rod (클리이닝 롸) 손질대; 총강 수입기 (銃腔手入器); 꼬질대

clean-up (클리인엎) 청소 (淸掃)

clean-up detail (클리인엎 디테일) 청소병 (淸掃兵)

clean-up party (클리인엎 파아리) 후발대 (後發隊); 후속 정리대 (後續整理隊)

clear text (클리어 텍쓰트) 평문 (平文)

clearance (클리어뤈스) 사용 허가 (使用許可)

clearing station (클리어륑 스떼이숸) 치료소 (治療所)

click (클릭) 천 미이터

cliff (클리후) 절벽 (絶壁)

climate (클라이밑) 기후 (氣候)

climax (클라이맥쓰) 절정 (絶頂)

clip (클맆) 탄창 (彈倉)

clock method (클랔 메썯) 시계 방법 (時計方法)

clockwise (클랔와이즈) 시계 방향 (時計方向)

close (클로우즈) 근접 (近接)한

close air support 〈**CAS**〉 (클로우즈 애어 써포옽〈캐쓰〉) 근접 항공 지원 (近接航空支援)

close combat (클로우즈 캄뱉) 근접 전투 (近接戰鬪); 접근전 (接近戰)

close coordination (클로우즈 코오디네이숸) 긴밀 협조 (緊密協調)

close defensive fire (클로우즈 디휀씨브 화이어) 근접 방어 사격 (近接防禦射擊)

close interval (클로우즈 인터어벌) 좁은 간격 (一間隔)

close observation (클로우즈 압써베이숸) 준수 (遵守)

close of business 〈**COB**〉 (클로우즈 오브 비지네쓰〈씨이 오우 비이〉) 퇴근 시간 전 (退勤時間前)에

C

close support (클로우즈 써포올) 근접 지원(近接支援)
close support fire (클로우즈 써포올 화이어) 근접 지원 사격(近接支援射擊)
clothing (클로오딩) 피복(被服)
clothing and equipment record (클로오딩 앤 이큄먼트 레컨) 피복 장비 기록표(被服裝備記錄表)
clothing record (클로오딩 레컨) 피복 기록표(被服記錄表)
cloudy (클라우디) 흐린〔濁〕
cluster bomb unit〈CBU〉 (클러스터 밤 유우닡〈씨이 비이 유우〉) 폭탄군 폭탄(爆彈群爆彈)
coach-and-pupil method (코우치 앤 휴우삘 메썯) 상호 조교법(相互助敎法)
coast (코우스트) 해안(海岸)
coast guard (코우스트 가앋) 해안 경비대(海岸警備隊)
coastal defense (코우스털 디이휀스) 해안 방어(海岸防禦)
coastal line (코우스털 라인) 해안선(海岸線)
coaxial machinegun (코우액씰 머쉬인건) 동축 기관총(同軸機關銃)
code (코욷) 부호(符號)
code of military conduct (코욷 오브 밀리테뤼 컨닥) 군인(軍人)의 길
code word (코욷 우옫) 음어(陰語)
cold (코울드) 감기(感氣)
추위〔寒〕
cold front (코울드 후론트) 한랭 전선(寒冷前線)
cold medicine (코울드 메디씨인) 감기약(感氣藥)
cold wave (코울드 웨이브) 한파(寒波)
cold weather (코울드 웨더어) 추운 기후(— 氣候)
cold weather clothing and equipment (코울드 웨더어 클로오딩 앤 이큄먼트) 방한 피복(防寒被服) 및 장비(裝備)
cold weather gear (코울드 웨더어 기어) 방한 장비(防寒裝備)
cold weather training (코울드 웨더어 츄레이닝) 동계 훈련(冬季訓練)
cold with headache (코울드 윋 헤데잌) 두통 감기(頭痛感氣)
collaboration (컬래보우레이숀) 협력(協力)
collection (컬렉숀) 수집(蒐集)
collecting point (컬렉팅 포인트) 수집소(蒐集所)
collection agency (컬렉숀 에이젼씨) 수집 기관(蒐集機關)
collection plan (컬렉숀 플랜) 수집 계획(蒐集計劃)
collective call (컬렉티브 코올) 집단 호출(集團呼出)
collective fire (컬렉티브 화이어) 집중 사격(集中射擊)
collective security (컬렉티브 씨큐뤼티) 집단 안보(集團安保)
collision (컬리즌) 충돌(衝突)
color (칼러어) 색(色)

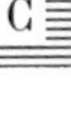

color band (칼러어 밴드) 탄종 식별 색대 (彈種識別色帶)

color-bearer (칼러어베어뤄) 기수 (旗手)

colorful (칼러어훌) 찬란 (燦爛)한

color guard (칼러어 가앋) 군기병 (軍旗兵)

colors (칼러어즈) 군기 (軍旗)
기 (旗)

column (칼럼) 종대 (縱隊)

column cover (칼럼 카버) 종대 엄호 (縱隊掩護)

column formation (칼럼 호어메이숸) 종대 대형 (縱隊隊形)

comaraderie (카머라데뤼이) 전우애 (戰友愛)

combat (캄뱉) 전투 (戰鬪)

combat area (캄뱉 애어뤼아) 전투 지역 (戰鬪地域)

combat arms〈branch〉 (캄뱉 아암즈〈부랜치〉) 전투 병과 (戰鬪兵科)

combat boots (캄뱉 부울쯔) 전투화 (戰鬪靴)

combat capabilities (캄뱉 케이퍼빌러티이즈) 전투 능력 (戰鬪能力)
전투력 (戰鬪力)

combat car (캄뱉 카아) 전차 (戰車)

combat development request (캄뱉 디벨렆먼트 뤼퀘스트) 전투 발전 요구 (戰鬪發展要求)

combat drill (캄뱉 쥬뤌) 전투 훈련 (戰鬪訓練)

combat echelon (캄뱉 에쉴란) 전투 제대 (戰鬪梯隊)

combat element (캄뱉 엘리먼트) 전투 부대 (戰鬪部隊)

combat engineers (캄뱉 엔지니어즈) 전투 공병대 (戰鬪工兵隊)

combat essential item (캄뱉 이쎈셜 아이듬) 전투 필수품 (戰鬪必須品)

combat forces (캄뱉 호어씨즈) 전투군 (戰鬪軍)

combat formation (캄뱉 호어메이숸) 전투 대형 (戰鬪隊形)

combat in built-up areas (캄뱉 인 빌트엎 애어뤼아즈) 시가전 (市街戰)

combat in cities (캄뱉 인 씨티이즈) 시가전 (市街戰)

combat intelligence (캄뱉 인텔리젼스) 전투 정보 (戰鬪情報)

combat leaders/weapons spread loading (캄뱉 리이더즈/웨펀스 스푸렌 로우딩) 전투 지휘관/화기 분산 적재 (戰鬪指揮官火器分散積載)

combat liaison (캄뱉 리이애이자안) 전투 연락 (戰鬪連絡)

combat loading (캄뱉 로우딩) 전투 적재 (戰鬪積載)

combat loss (캄뱉 로쓰) 전투 손실 (戰鬪損失)

combat mission (캄뱉 미숸) 전투 임무 (戰鬪任務)

combat orders (캄뱉 오오더어즈) 전투 명령 (戰鬪命令)

combat outpost〈COP〉 (캄뱉 아울포우스트〈씨이 오우 피이〉) 연대 경계 부대 (聯隊警戒部隊)
전투 전초 (戰鬪前哨)

combat patrol (캄뱉 퍼츄롤) 전투 정찰대 (戰鬪偵察隊)

combat phase (캄뱉 훼이즈) 전투 단계 (戰鬪段階)

combat power (캄뱉 파우어)	전투력 (戰鬪力)
combat proficiency (캄뱉 푸뤄휘썬씨)	전투 능률 (戰鬪能率)
combat rations (캄뱉 레슌스)	전투 구량 (戰鬪口糧)
cembat readiness (캄뱉 레디네스)	전투력 (戰鬪力) 전투 태세 (戰鬪態勢) 전투 준비 태세 (戰鬪準備態勢)
combat reconnaissance (캄뱉 뤼카너쎈스)	전투 정찰 (戰鬪偵察)
combat service support (캄뱉 써어비스 써포옽)	전투 근무 지원 (戰鬪勤務支援)
combat service support plan (캄뱉 써어비스 써포옽 플랜)	전투 근무 지원 계획 (戰鬪勤務支援計劃)
combat service support unit (캄뱉 써어비스 써포옽 유우닡)	전투 근무 지원 부대 (戰鬪勤務支援部隊)
combat support〈branch〉 (캄뱉 써포옽〈부랜치〉)	전투 지원〈병과〉 (戰鬪支援兵科)
Combat Support Coordination Team 〈CSCT〉 (캄뱉 써포옽 코오디네이숀 티임〈씨이 에쓰 씨이 티이〉)	전투 지원 협조단 (戰鬪支援協調團)
combat support unit (캄뱉 써포옽 유우닡)	전투 지원 부대 (戰鬪支援部隊)
combat surveillance (캄뱉 써어베일런스)	전투 감시 (戰鬪監視)
combat surveillance radar (캄뱉 써어베일런스 레이다아)	전투 감시 레이다아 (戰鬪監視—)
combat techniques (캄뱉 테끄닠쓰)	전투 기술 (戰鬪技術)
combat train (캄뱉 츄레인)	전투 치중대 (戰鬪輜重隊)
combat troops (캄뱉 츄루웊쓰)	전투 부대 (戰鬪部隊)
combat unit (캄뱉 유우닡)	전투 단위 부대 (戰鬪單位部隊)
combat vehicle (캄뱉 비이끌)	전투 장갑차 (戰鬪裝甲車)
combat zone (캄뱉 죠운)	전투 지대 (戰鬪地帶)
combatant (캄배턴트)	전투원 (戰鬪員)
combined (컴바인드)	연합 (聯合) 된
combined arms (컴바인드 아암즈)	제병 연합 (諸兵聯合)
combined arms operation (컴바인드 아암즈 아퍼레이숀)	협동 전투 작전 (協同戰鬪作戰)
combined arms team (컴바인드 아암즈 티임)	제병 연합 부대 (諸兵聯合部隊)
combined arms training (컴바인드 아암즈 츄레이닝)	보병-전차 합동 작전 (步兵戰車合同作戰) 연합 훈련 (聯合訓練) 제병 연합 훈련 (諸兵聯合訓練)

Combined Forces Command〈CFC〉 (컴바인드 호어씨즈 커맨드〈씨이 에후 씨이〉)	연합〈군〉사〈령부〉 (聯合軍司令部)
combined headquarters (컴바인드 헫쿠오뤄즈)	연합 사령부 (聯合司令部)
combined operations (컴바인드 아퍼레이슌스)	협동 작전 (協同作戰)
COMEX (카멕쓰)	통신 연습 (通信練習)
comfort articles (캄호올 아아떠끌즈)	위문품 (慰問品)
comfort bag (캄호올 백)	위문대 (慰問袋)
comfort letter (캄호올 레러)	위문문 (慰問文)
command (커맨드)	구령 (口令) 명령 (命令) 사령부 (司令部) 지휘 (指揮) 통수 (統帥)
command and control〈C&C〉 (커맨드 앤 컨츄롤〈씨이 앤 씨이〉)	지휘－통제 (指揮統制)
command and control helicopter 〈C&C bird〉) (커맨드 앤 컨츄롤 헬리컾터)〈씨이 앤 씨이 버얻〉	지휘 통제용"헬"기 (指揮統制用 — 機)
Command and General Staff College (C&GSC) (커맨드 앤 제너뤌 스때후 칼리지)〈씨이 앤 지이 에쓰 씨이〉	육군 대학 (陸軍大學) 참모대학 (參謀大學)
command and signal (커맨드 앤 씩널)	지휘－통신 (指揮通信)
command and signal facilities (커맨드 앤 씩널 훠씰리티이즈)	지휘 통신 시설 (指揮通信施設)
command〈authority〉 (커맨드〈오오쏘뤼티〉)	지휘권 (指揮權)
command channel (커맨드 채늘)	명령 계통 (命令系統)
command decision (커맨드 디씨젼)	지휘관 결정 (指揮官決定)
command element (커맨드 엘리먼트)	지휘 부서 (指揮部署) 지휘 부서 요원 (指揮部署要員)
command group (커맨드 구루웊)	지휘 부서 요원 (指揮部署要員)
command guidance system (커맨드 가이던스 씨스텀)	지령 유도 방식 (指令誘導方式)
command inspection〈CI〉 (커맨드 인스펙숀〈씨이 아이〉)	지휘 검열 (指揮檢閱)
command jurisdiction (커맨드 쥬뤼스딬숀)	지휘 관할권 (指揮管轄權)
command liaison (커맨드 리이애이쟈안)	지휘관 연락 (指揮官連絡)
command maintenance inspection (커맨드 메인테넌스 인스펙숀)	지휘 정비 검열 (指揮整備檢閱)

command memorandum(커맨드 메모렌덤)	지휘 각서 (指揮覺書)
command net (커맨드 넽)	지휘망 (指揮網)
command of the air (커맨드 오브 디 애어)	제공권 (制空權)
command of execution (커맨드 오브 엑씨큐숀)	동령 (動令)
command of the sea (커맨드 오브 더 씨이)	제해 (制海) 해상 우세권 (海上優勢權)
command post〈**CP**〉 (커맨드 포우스트〈씨이 피이〉)	전투 지휘소 (戰鬪指揮所) 지휘소 (指揮所)
command post exercise〈**CPX**〉 (커맨드 포우스트 엑써싸이스〈씨이 피이 엑쓰〉)	전투 지휘소 연습 (戰鬪指揮所練習) "씨이 피이 엑스" 지휘소 연습 (指揮所練習)
command post〈**CP**〉 **security** (커맨드 포우스트〈씨이 피이〉 씨큐뤼티)	지휘 본부 경계 (指揮本部警戒)
command post vehicle (커맨드 포우스트 비이끌)	지휘소 차량 (指揮所車輛)
command relations (커맨드 륄레이숀스)	종적 관계 (縱的關係)
command report (커맨드 뤼포올)	지휘 보고 (指揮報告)
command responsibility (커맨드 뤼스판써빌러티)	지휘 책임 (指揮責任)
command sergeant major〈**CSM**〉 (커맨드 싸아전트 메이져어〈씨이 에쓰 엠〉)	특무 주임 상사 (特務主任上士)
commandant (카맨단트)	총장 (總長)
commandeering (카먼디어륑)	징용 (徵用) 징발 (徵發)
commander〈**CDR**〉 (커맨더〈씨이 디이 아아〉)	부대장 (部隊長) 지휘관 (指揮官) 해군 중령 (海軍中領)
commander-in-chief〈**CINC**〉 (커맨더 인 치이후〈씽크〉)	총사령관 (總司令官) 최고 통수자 (最高統帥者)
commander of the guard (커맨더 오브 더 가안)	위병 사령 (衛兵司令)
Commander, Defense Security Command (커맨더, 디이휀스 씨큐뤼티 커맨드)	보안 사령관 (保安司令官)
commander's call (커맨더즈 코올)	부대장 회의 (部隊長會議)
commander's concept (커맨더즈 칸쎕트)	지휘관 개념 (指揮官概念) 지휘관 복안 (指揮官腹案)
commander's cupola (커맨더즈 큐우펄러)	지휘관 포탑 (指揮官砲塔)
commander's emphases (커맨더즈 엠훠씨스)	지휘관 강조 사항 (指揮官强調事項)

commander's estimate of the situation (커맨더즈 에스떠밑 오브 더 씨츄에이순) 지휘관 상황 판단 (指揮官狀況判斷)
commander's stick (커맨더즈 스띡) 지휘봉 (指揮棒)
commandership (커맨더쉽) 지휘법 (指揮法)
commanding officer 〈CO〉 (커맨딩 오휘써 〈씨이 오우〉) 부대장 (部隊長)
지휘관 (指揮官)
commanding general〈CG〉 (커맨딩 제너뤌 〈씨이 치이〉) 사단장 (師團長)
사령관 (司令官)
commanding ground (커맨딩 구라운드) 감제 고지 (瞰制高地)
commando (커맨도우) 특공대 (特攻隊)
commando operation (커맨도우 아퍼레이순) 특공 작전 (特攻作戰)
commemorate (커메머레잍) 기념 (紀念)하다
commemoration (커메머레이순) 기념 (紀念)
commemortion day (커메머레이순 데이) 기념일 (紀念日)
commemoration ceremony (커메머레이순 쎄뤼머니) 기념식 (紀念式)
commemorative plaque (커메머레이티브 프랰) 기념패 (紀念牌)
commemorative remarks (커메머레이티브 뤼마앜쓰) 기념사 (紀念辭)
commencement of attack (커멘스먼트 오브 어탴) 공격 개시 (攻擊開始)
commend (커멘드) 찬양 (讚揚)
치하 (致賀)하다
commendation (카멘데이순) 포상장 (褒賞狀)
표창 (表彰)
commercial loading (커머셜 로우딩) 통상 적재법 (通常積載法)
commercial telephone (커머셜 텔리호운) 일반 전화 (一般電話)
commercial vehicle (커머셜 비이끌) 상용 차량 (商用車輛)
commission (커미순) 사령 (辭令)
임관 (任官)
commit〈**reserve**〉 (커밑 〈뤼저어브〉) 투입 (投入)하다 (예비 〈豫備〉)
commitment (커밑먼트) 병력 사용 (兵力使用)
투입 (投入)
commitment of reserve (커밑먼트 오브 뤼저어브) 예비 투입 (豫備投入)
committed forces (커미틷 호어씨즈) 투입 부대 (投入部隊)
committed into combat (커미틷 인투 캄뱉) 전투 투입 (戰鬪投入)되다
commo (카모) 통신 (通信)
commo monitoring (카모 마니터링) 통신 감청 (通信監聽)

C

commo platoon (카모 플러투운)	통신 소대 (通信小隊)
commo wire (카모 와이어)	전선줄 (電線—)
commodore (카머도오어)	해군 준장 (海軍准將)
common (카먼)	보통 (普通)의
common grave (카먼 구뤠이브)	합장 묘지 (合葬墓地)
common names (카먼 네임즈)	통상 명칭 (通常名稱)
common practice (카먼 프뢕티스)	관례 (慣例)
common tools (카먼 투울즈)	공용 도구 (共用道具)
communicable disease (커뮤니커블 디지이즈)	전염병 (傳染病)
communication channel (커뮤니케이순 채늘)	통신 계통 (通信系統)
communication chief (커뮤니케이순 치이후)	통신 반장 (通信班長)
communication contact (커뮤니케이순 칸탤트)	통신 접촉 (通信接觸)
communication-electronics (커뮤니케이순 일렉츄라닠쓰)	통신 전자 (通信電子)
communication-electronics operation instructions (커뮤니케이순 일렉츄라닠쓰 아퍼뤠이순 인스츄뤅쓘스)	통신 전자 규정 (通信電子規定)
communication procedures (커뮤니케이순 푸뤄씌쥬어즈)	통신 절차 (通信節次)
communications (커뮤니케이순스)	통신 (通信)
communications center (커뮤니케이순스 쎄너)	통신 취급소 (通信取扱所)
communications exercise (커뮤니케이순스 엑써싸이스)	통신 연습 (通信練習)
communications security (커뮤니케이순스 씨큐뤼티)	통신 경계 (通信警戒) 통신 보안 (通信保安)
communism (카뮤니즘)	공산주의 (共產主義)
communist (카뮤니스트)	공산주의자 (共產主義者)
communist guerrilla (카뮤니스트 거릴라)	공비 (共匪)
communist sympathizers disguised as refugees (카뮤니스트 씸퍼싸이저어즈 디쓰가이즈드 애즈 레휴지이즈)	피란민 가장 공산 성향자 (避亂民假裝共產性向者)
communist threat (카뮤니스트 스렡)	공산 위협 (共產威脅)
company (캄퍼니)	중대 (中隊)
company area (캄퍼니 애어뤼아)	중대 지역 (中隊地域)
company executive officer〈**XO**〉 (캄퍼니 잌제큐티브 오휘써 〈엑쓰 오우〉)	중대 선임 장교 (中隊先任將校)
company grade (캄퍼니 구레잍)	위관급 (尉官級)
company grade officer (캄퍼니 구레잍 오휘써)	위관〈급〉 장교 (尉官級將校)
company grade officers mess	위관〈급〉 장교 식당

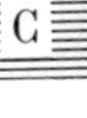

(캄퍼니 구레인 오휘써스 메쓰) (尉官級將校食堂)
compartment (컴파알먼트) 격실(隔室)
compartment of terrain (컴파알먼트 오브 터레인) 지형 격실(地形隔室)
compass (캄퍼쓰) 나침반(羅針盤)
compass azimuth (캄퍼쓰 애지머스) 자침 방위각(磁針方位角)
compass bearing (캄퍼쓰 베어링) 자침 방위(磁針方位)
compass course (캄퍼쓰 코오스) 나침반 연습장 (羅針盤練習場)
compass declination (캄퍼쓰 데클리네이숀) 자침 편차(磁針偏差)
compass error (캄퍼쓰 에뤄어) 자침 오차(磁針誤差)
compensation (캄펜쎄이숀) 변상(辨償) 보상(報償)
complement (컴플먼트) 편입(編入)
complete destruction of communism (컴플리일 디스츄뤅숀 오브 카뮤니즘) 멸공(滅共)
complete penetration (컴플리일 페니츄레이숀) 완전 돌파(完全突破)
completely established (컴플리일리 이스태블리쉬트) 완비(完備)된
completion (컴플리숀) 완료(完了) 종료(終了)
compliance (컴플라이언스) 준수(遵守)
compliment (캄플러먼트) 찬양(讚揚) 치하(致賀)하다
component (컴포우넌트) 구성품(構成品)
composite (컴파질) 합성(合成) 혼성(混成)
composite aerial photograph (컴파질 애뤼얼 호우터구래후) 집성 항공 사진 (集成航空寫眞)
composite defense (컴파질 디이휀스) 혼성 방어(混成防禦)
composite photograph (컴파질 호우터구래후) 혼성 사진(混成寫眞)
composite team (컴파질 티임) 혼성 티임(混成組)
composition (컴파지숀) 구성(構成)
compound (캄파운드) 부대(部隊)(수용장〈收容場〉)
compromise (캄푸러마이즈) 누설(漏洩)하다 첩보 누설(諜報漏洩)
computation (컴퓨테이숀) 계산(計算)
computer (컴퓨터) 계산기(計算機)
comrade-in-arms (캄뢔 인 아암즈) 전우(戰友)
COMSEC (캄쎅) 통신 경계(通信警戒) 통신 보안(通信保安)
concealment (컨씨일먼트) 은폐(隱蔽)

concentrated fire (칸센츄레이틷 화이어)	집중 사격(集中射擊)
concentration (칸센츄레이순)	집중(集中)
concentration area (칸센츄레이순 애어뤼아)	집중 지역(集中地域)
concentration of fire (칸센츄레이순 오브 화이어)	화력 집중(火力集中)
concept (칸쎞트)	개념(槪念) 복안(腹案)
concept of operation (칸쎞트 오브 아퍼레이순)	작전 개념(作戰槪念) 작전 복안(作戰腹案)
concertina (칸써어티이나)	휴대용 철조망 (携帶用鐵條網)
concertina wire (칸써어티이나 와이어)	철조망(鐵條網) 윤형 〈휴대용〉 철조망 (輪形〈携帶用〉鐵條網)
conclusion (컹클루준)	결론(結論) 단안(斷案)
concurrent training (컹커어뤈트 츄레이닝)	동시 훈련(同時訓練)
concurrently (컹커어뤈뜰리)	동시(同時)에
concussion (캉커쓘)	진동(震動)
concussion grenade (캉커쓘 구뤼네읻)	진동 수류탄(震動手榴彈)
condiment (칸디먼트)	조미료(調味料)
conditioning (컨디슈닝)	적응(適應)
condor (칸더)	칸더 (콘도르)
conduct (컨닥)	실시(實施)하다
cone of fire (코운 오브 화이어)	집속탄(集束彈)
conference (칸훠뤈스)	토의(討議)
conference call (칸훠뤈스 코올)	동시 호출 전화 (同時呼出電活) 회의 전화(會議電話)
confidential (칸휘덴셜)	삼급 비밀(三級秘密)
confined (컨화인드)	협소(狹小)한
confinement facility (컨화인먼트 훠씰리티)	수감 시설(收監施設)
confirmation (칸훠어메이순)	확인(確認)
confirmed enemy battery (컨훠엄드 에너미 배뤄뤼)	확인 적 포대(確認敵砲隊)
confiscation (컨휘스케이순)	몰수(沒收)
conflict (칸훌릭트)	중복(重複) 투쟁(鬪爭)
confusion (컨휴우전)	혼동(混同)
consciousness (칸쳐스니쓰)	책임 관념(責任觀念)
conscription (칸스쿠륖쓘)	징병(徵兵)
conscription system (칸스쿠륖쓘 씨스텀)	징병 제도(徵兵制度)
considerations (컨씨더레이순스)	고려 사항(考慮事項)

consolation letter (칸써레이숀 레터) 위문 편지 (慰問便紙)
consolation money (칸써레이숀 머니) 위자료 (慰藉料)
consolidated dining facility (칸썰리데이틷 다이닝 훠씰리티) 종합 식당 (綜合食堂)
consolidated motor pool (칸썰리데이틷 모우러 푸울) 종합 수송부 (綜合輸送部)
consolidated report (칸썰리데이틷 뤼포올) 종합 보고서 (綜合報告書)
consolidation (칸썰리데이숀) 통합 (統合)
consolidation of position (칸썰리데이숀 오브 퍼칠쑨) 진지 보강 (陣地補强)
construction (컨스츄뤅쑨) 구축 (構築)
consumption rate (컨썸쑨 레잍) 소모율 (消耗率)
contact (칸탴트) 접촉 (接觸)
contact mine (칸탴트 마인) 촉발 지뢰 (觸發地雷)
contact patrol (칸탴트 퍼츄롤) 접촉 정찰대 (接觸偵察隊)
contact point (칸탴트 포인트) 접촉점 (接觸點)
contact report (칸탴트 뤼포올) 접적 보고 (接敵報告)
접촉 보고 (接觸報告)
contagious disease (컨테이지어스 디지이즈) 전염병 (傳染病)
containment (컨테인먼트) 견제 (牽制)
contaminated area (컨태미네이틷 애어뤼아) 오염 지역 (汚染地域)
contamination (컨태미네이숀) 오염 (汚染)
Continental United States (칸티넨털 유나이틷 스떼잍쓰) 미 본토 (美本土)
contingencies (컨틴젼씨이즈) 우발 사태 (偶發事態)
contingency plans 〈**against enemy ground, air, chemical attacks**〉 (컨틴젼씨 플랜즈 〈어게인스트 에너미 그라운드, 애어, 케미컬 어탴쓰〉) 우발 사태 계획 〈대 적 지상 공격, 공습, 화학제 공격〉 (偶發事態計劃對敵地上攻擊, 空襲, 化學劑攻擊〉)
continue (컨티뉴) 계속 (繼續)하다
continue to attack (컨티뉴 투 어탴) 계속 공격 (繼續攻擊)하라
continuity (컨티뉴어티) 지속성 (持續性)
continuous (컨티뉴어스) 연속적 (連續的)
contour interval (칸투어 인터어벌) 등고선 간격 (等高線間隔)
contour map (칸투어 맾) 등고선법 지도 (等高線法地圖)
contour line (칸투어 라인) 등고선 (等高線)
contraband (칸츄라밴드) 금제품 (禁制品)
contribution (컨츄뤼뷰우숀) 기여 (寄與)
control (컨츄롤) 조종 (操縱)
통제 (統制)
통제 (統制)하다
control measures (컨츄롤 메져어즈) 통제 계획 (統制計劃)

control plan (컨츄롤 플랜)	통제 계획 (統制計劃)
control point 〈**CP**〉 (컨츄롤 포인트 〈씨이 피이〉)	통제점 (統制點)
control sign (컨츄롤 싸인)	통제 표지 (統制標識)
control tower (컨츄롤 타우어)	관제탑 (管制塔)
	공항 관제탑 (空港管制塔)
	항공 관제탑 (航空管制塔)
controlled exercise (컨츄롤드 엑써싸이스)	통제 연습 (統制練習)
controlled net (컨츄롤드 넽)	통제 무선망 (統制無線網)
controlled route (컨츄롤드 롸울)	통제 도로 (統制道路)
controlled supply (컨츄롤드 써플라이)	통제 보급품 (統制補給品)
controlled supply rate 〈**CSR**〉 (컨츄롤드 써플라이 레잍 〈씨이 에쓰 아아〉)	통제 보급률 (統制補給率)
controller (컨츄롤러)	통제관 (統制官)
controllers group (컨츄롤러즈 구루웊)	통제단 (統制團)
controlling point (컨츄롤링 포인트)	통제소 (統制所)
convalescence (칸버레쓴스)	요양 (療養)
convalescent hospital (칸버레쓴트 하스삐럴)	정양 병원 (靜養病院)
convalescent leave (칸버레쓴트 리이브)	정양 휴가 (靜養休暇)
convalescent patient (칸버레쓴트 페이션트)	회복기 환자 (恢復期患者)
convenience (컨비니언스)	편리 (便利)
convenient (컨비니언트)	편리 (便利)한
conventional (컨벤츄널)	관용 (慣用)
	재래식 (在來式)
conventional warfare (컨벤츄널 우오홰어)	재래식 전쟁 (在來式戰爭)
conventional weapon (컨벤츄널 웨펀)	재래식 무기 (在來式武器)
converged sheaf (컨버어지드 쉬이후)	집속탄 (集束彈)
	집중 사향속 (集中射向束)
converging attack (컨버어징 어탴)	집중 공격 (集中攻擊)
converging fire (컨버어징 화이어)	집중 사격 (集中射擊)
conversation (칸버어쎄이숸)	회화 (會話)
conversion table (컨버어죤 테이블)	환산표 (換算表)
convey (컨베이)	전 (傳)하다
convoy (칸보이)	칸보이
	호송 (護送)
	호송단 (護送團)
convoy discipline (칸보이 디씨플린)	호송 군기 (護送軍紀)
convoy escort (칸보이 에스코옽)	차량 호송대 (車輛護送隊)
C-140 Starlifter (씨이 원 훠어리 스따아리후터)	C-140 스따아리후터 수송기 (—輸送機)
C-130 Hercules (씨이 원 써어리 허어큘리이즈)	C-130 허어큘리이즈 수송기 (—輸送機)
cook (쿸)	요리병 (料理兵)

취사병 (炊事兵)

cook-off (쿠코후) 열발 (熱發)

cooperation (코오퍼레이순) 상호 협조 (相互協助)

협력 (協力)

coordinated attack (코오디네이틴 어탬) 협동 공격 (協同攻擊)

협조 공격 (協調攻擊)

coordinated defense (코오디네이틴 디이휀스) 협조 방어 (協調防禦)

coordinated fire line〈CFL〉 (코오디네이틴 화이어 라인〈씨이 에후 엘〉) 사격 협조선 (射擊協調線)

coordinated fire plan (코오디네이틴 화이어 플랜) 협조 사격 계획 (協調射擊計劃)

coordinating instruction (코오디네이팅 인스츄뤽쓘) 협조 지시 사항 (協調指示事項)

coordination (코오디네이순) 상호 협조 (相互協調)

조정 (調整)

협동 (協同)

협력 (協力)

협조 (協調)

coordination meeting (코오디네이순 미이팅) 협조 회의 (協調會議)

copperhead (카퍼어핻) 동두 독사 (銅頭毒蛇)

copy (카피) 부본 (副本)

사본 (寫本)

corduroy road (코오쥬로이 로욷) 통나무길

corn tea (코온 티이) 옥수수 차 (茶)

corporal (코오포뤌) 상등병 (上等兵)

corps (코어) 군단 (軍團)

corps artillery〈CORATY〉 (코어 아아틸러뤼〈코라디〉) 군단 포병 (軍團砲兵)

corps commander (코어 커맨더) 군단장 (軍團長)

corps commander's approval (코어 커맨더즈 어푸루우벌) 군단장 승인 (軍團長承認)

corps objective (코어 옵젝티브) 군단 목표 (軍團目標)

corps reserve (코어 뤼저어브) 군단 예비 (軍團豫備)

corps reserve mission (코어 뤼저어브 미쓘) 군단 예비 임무 (軍團豫備任務)

corps support command〈COSCOM〉 (코어 써포올 커맨드〈카스캄〉) 군단 지원사 (軍團支援司)

corps troops (코어 츄루읖쓰) 군단 직할대 (軍團直轄隊)

correct (커렉트) 교정 (矯正)하다

correction (커렉쓘) 수정 (修正)

correspondent (코오뤼스판던트) 기자 (記者)

C

corridor (카뤼도어)	종격실 (縱隔室)
	회랑 (回廊)
cot (칻)	군용 침대 (軍用寢臺)
cotton (카튼)	면포 (綿布)
count down (카운 따운)	영초 (零秒)까지 역산 (逆算)
counter (카 운 터)	대 (對)
counterattack (카운터어탴)	역습 (逆襲)
counterattack plan (카운터어탴 플랜)	역습 계획 (逆襲計劃)
counterattack rehearsal (카운터 어탴 뤼허어쎌)	역습 연습 (逆襲練習)
counterattack training (카운터어탴 츄레이닝)	역습 훈련 (逆襲訓練)
counter-battery fire (카운터 배러뤼 화이어)	대 포병 사격 (對砲兵射擊)
counter blow (카운터 블로우)	역공격 (逆攻擊)
counter-clockwise (카운터 클랔와이즈)	시계 반대 방향 (時計反對方向)
counterespionage (카운터 에스삐어나아지)	대 간첩 (對間諜)
counter-fire (카운터 화이어)	대응 사격 (對應射擊)
counter-guerrilla operation (카운터 거릴라 아퍼레이슌)	대 유격전 (對遊擊戰)
counter-intelligence (카운터인텔리젼스)	방첩 (防諜)
counter-interdiction plans (카운터인터어딬쓘 플랜즈)	대 차단 공격 계획 (對遮斷攻擊計劃)
countermand (카운터맨드)	명령 취소 (命令取消)하다
counter-measures (카운터메져어즈)	대응책 (對應策)
	역대책 (逆對策)
counter-mortar fire (카운터모러어 화이어)	대 박격포 사격 (對迫擊砲射擊)
counteroffensive (카운터오휀씨브)	공세 이전 (攻勢移轉)
	반격 (反擊)
counterpart (카운터파앝)	직무 상대자 (職務相對者)
counter preparation fire (카운터 푸리퍼레이슌 화이어)	공격 준비 방해 사격 (攻擊準備妨害射擊)
counterreconnaissance screen (카운터뤼카너쎈스 스끄뤼인)	수색 방해망 (搜索妨害網)
counter-unconventional warfare (카운터언컨벤츄널 우오쵀어)	대 비정규전 (對非正規戰)
county chief 〈**commissioner**〉 (카운티 치이후 〈커미쓔너〉)	군수 (郡守)
coup de main (쿠우 더 매앵)	기습 (奇襲)
courage (커뤼지)	용기 (勇氣)
courageous (커뤼지어스)	용기 (勇氣) 있는
courier (커어뤼어)	특별 전령 (特別傳令)
courier service (커어뤼어 써어비스)	정기 비행 연락

(定期飛行連絡)

course of action〈C/A〉 (코오스 오브 액쑨〈씨이 에이〉) 방책(方策)

courtesy call〈CC〉 (커어티씨 코올〈씨이 씨이〉) 면담(面談)
예방(禮訪)
의례적 방문(儀禮的訪問)
인사 방문(人事訪問)

C

court-martial (코올 마아셜) 군법 회의(軍法會議)

cover (카버) 엄폐(掩蔽)

cover name (카버 네임) 암호명(暗號名)

cover of darkness (카버 오브 다아끄네스) 야음(夜陰)

covered movement (카버얻 무우브먼트) 엄폐 이동(掩蔽移動)

covering fire (카버륑 화이어) 엄호 사격(掩護射擊)

covering force (카버륑 호오스) 엄호 부대(掩護部隊)

covering force area〈CFA〉 (카버륑 호오스 애어뤼아〈씨이 에후 에이〉) 엄호전 지역(掩護戰地域)

covert activities (카버엍 액티비티이즈) 기도 비닉(企圖秘匿)

craft (쿠래후트) 주정(舟艇)

cramped (쿠램트) 협소(狹小)한

crash (쿠래쉬) 추락(墜落)

crash landing (쿠래쉬 랜딩) 불시착(不時着)

crater analysis (쿠래이러 어낼러씨스) 탄흔 분석(彈痕分析)

C-ration (씨이 레숀) "씨이 레숀"
전투 식량(戰鬪食糧)
깡통 음식([桶]飮食)

crawl (쿠로올) 포복(匍匐)

credibility (쿠레디빌러티) 신빙성(信憑性)

creeping method of adjustment (쿠뤼이삥 메썯 오브 엍쳐스트먼트) 점축 사격 조정법 (漸縮射擊調整法)

crew-served (쿠루우 써어브드) 공용(共用)

crew-served weapon (쿠루우 써어브드 웨펀) 공용 화기(共用火器)

crime rate (크라임 레잍) 범죄율(犯罪率)

critical item (쿠뤼티컬 아이텀) 중요품(重要品)

critical material (쿠뤼티컬 머티어뤼얼) 통제 물자(統制物資)

critical penetration (쿠뤼티컬 페니츄레이숀) 치명적 돌파(致命的突破)

critical point (쿠뤼티컬 포인트) 중요 지점(重要地點)

critical terrain (쿠뤼티컬 터레인) 요지(要地)
주요 지형(主要地形)
중요 지형 지물 (重要地形地物)

critical weather condition 한계 기상(限界氣象)

(쿠뤼티컬 웨더어 컨디숀)

critique (쿠뤼티잌)	강평 (講評)
cross (쿠로쓰)	횡단 (橫斷)하다
cross compartment (쿠로쓰 컴파앝먼트)	횡격실 (橫隔室)
cross wind (쿠로쓰 윈드)	횡풍 (橫風)
crossing (쿠라씽)	횡단 (橫斷)
crossing area commander (쿠라씽 애어뤼아 커맨더)	도하 지역 지휘관 (渡河地域指揮官)
crossing front (쿠라씽 후론트)	도하 정면 (渡河正面)
crossing site (쿠라씽 싸잍)	도강 지점 (渡江地點) 도하 지점 (渡河地點)
crossing target (쿠라씽 타아깉)	횡단 표적 (橫斷標的)
cruising altiude (쿠루우징 앨티튜운)	순항 고도 (巡航高度)
cruising speed (쿠루우징 스삐잍)	순항 속도 (巡航速度)
cryptanalysis (쿠륖터낼러씨스)	암호문 분석 (暗號文分析)
crypto equipment (쿠륖토 이큎먼트)	암호 장비 (暗號裝備)
crypto operating instruction (쿠륖토 아퍼레이딩 인스츄뤅숀)	암호 운용 지시 (暗號運用指示)
cryptogram (쿠륖토우구램)	암호 (暗號)
cryptotext (쿠륖토텍쓰트)	암호문 (暗號文)
culminating highlight of the operation (컬미네이딩 하이라잍 오브 더 아퍼레이숀)	최고조 (最高調)에 달한 중요 작전 (重要作戰)
cultural artifacts (컬츄뤌 아아티퐥쯔)	문화 유산 (文化遺產)
culture (컬쳐어)	인공물 (人工物)
culture and information (컬쳐어 앤 인호어메이숀)	문공 (文公)
cupola (큐우펄러)	전망 포탑 (展望砲塔)
current (커뤈트)	조류 (潮流)
current location (커뤈트 로우케이숀)	현 위치 (現位置)
current plan (커뤈트 플랜)	현 계획 (現計劃)
current situation (커뤈트 씨츄에이숀)	현황 (現況)
current situation of operation (커뤈트 씨츄에이숀 오브 아퍼레이숀)	작전 현황 (作戰現況)
current situation report (커뤈트 씨츄에이숀 뤼포옽)	현황 보고 (現況報告)
current status of operation (커뤈트 스떼터스 오브 아퍼레이숀)	작전 현황 (作戰現況)
custom (커스틈)	관습 (慣習) 습관 (習慣) 풍속 (風俗)
customary practice (커스터메뤼 푸랙티스)	관례 (慣例)
cut-off (컽오후)	차단 (遮斷)

daily activities report (데일리 액티비티이즈 뤼포올)	일일 활동 보고 (日日活動報告)
daily journal (데일리 저어널)	일지 (日誌)
daily maintenance (데일리 메인테넌스)	일일 정비 (日日整備)
daily personnel losses report (데일리 퍼어쓰넬 로씨스 뤼포올)	일일 병력 손실 보고 (日日兵力損失報告)
daily strength report (데일리 스츄렝스 뤼포올)	일보 (日報)
dam (댐)	저수지 (貯水地)
damage (대미지)	손상 (損傷) 파손 (破損) 훼손 (毁損)
damage assessment (대미지 어쎄쓰먼트)	파손 평가 (破損評價)
damage control (대미지 컨츄롤)	보수 (補修)
damage restoration (대미지 뤼스또어레이슌)	피해 복구 (被害復舊) 피해 통제 (被害統制)
damage estimate (대미지 에스띠밑)	피해 판단 (被害判斷)
damage radius (대미지 래디어스)	피해 반경 (被害半徑)
damage report (대미지 뤼포올)	파손 보고 (破損報告) 피해 보고 (被害報告)
dampness (댐쁘니스)	습기 (濕氣)
danger (데인져어)	위험 (危險)
danger area (데인져어 애어뤼아)	위험 지역 (危險地域)
data (대터)	제원 (諸元)
date (데잍)	일자 (日字)
date-time group〈DTG〉(데잍-타임 구루웊〈디이 티이 지이〉)	일시군 (日時群)
dauntlessness (도온틀리쓰니스)	불굴의 용맹 (不屈—勇盟)
dawn (도온)	여명 (黎明)
day and night (데이 앤 나잍)	주야 (晝夜)
day and night live fire training (데이 앤 나잍 라이브 화이어 츄레이닝)	주야간 실사격 훈련 (晝夜間實射擊訓練)
day attack (데이 어택)	주간 공격 (晝間攻擊)
daybreak (데이부레잌)	여명 (黎明)
daylight hours (데이라잍 아워즈)	일조 시간 (日照時間) 주간 (晝間)
D-day (디이 데이)	공격 작전 개시일 (攻擊作戰開始日)

	작전 개시일 (作戰開始日)
daytime patrol (데이타임 퍼츄롤)	주간 정찰 (晝間偵察)
day-to-day (데이투데이)	평시 (平時)
day room (데이 루움)	휴게실 (休憩室)
deactivation (디이액티베이숀)	해체 (解體)
deadline (렏라인)	수리 대기 (修理待機)
deadlined equipment (렏라인드 이퀖먼트)	불가동 장비 (不可動裝備)
	수리 대기 장비 (修理待機裝備)
dead reckoning (렏 레커닝)	위치 추측 (位置推測)
dead reckoning method (렏 레커닝 메썬)	위치 추측 방법 (位置推測方法)
	추측 항법 (推測航法)
dead space (렏 스뻬이스)	사계 (死界)
debarkation (디바아케이숀)	양륙 (揚陸)
	하선 (下船)
debarkation airport (디바아케이숀 애어포올)	적하 공항 (積下空港)
debarkation net (디바아케이숀 넽)	하선망 (下船網)
debaraktion point (디바아케이숀 포인트)	양륙점 (揚陸點)
debarkation station (디바아케이숀 스떼이숀)	하선장 (下船場)
decentralized control (디쎈츄뤌라이즈드 컨츄롤)	분권화 통제 (分權化統制)
deception(디쎞숀)	기만 (欺瞞)
deception measures (디쎞숀 메져어즈)	기만 술책 (欺瞞術策)
decision (디씨준)	결심 (決心)
	결정 (決定)
decisive battle (디싸이씨브 배를)	결전 (決戰)
decisive objective (디싸이씨브 옵쵁티브)	결정적 목표 (決定的目標)
decisive victory (디싸이씨브 빜토뤼)	결정적 승리 (決定的勝利)
declination (데클리네이숀)	편각 (偏角)
	편차 (偏差)
decode (디이코욷)	부호 해독 (附號解讀)하다
	암호 해독 (暗號解讀)하다
decontaminant (디이컨태미넌트)	해독제 (解毒劑)
decontaminate (디이컨태미네잍)	오염 제거 (汚染除去)하다
decontaminating apparatus (디이컨태미네이딩 어패뤄터스)	해독기 (解毒器)
decontamination (디이컨태미네이숀)	오염 제거 (汚染除去)
	제독 (除毒)
	해독 (解毒)
decoration (데코뤠이숀)	서훈 (敍勳)
decoy (디코이)	모의물 (模擬物)
	모의책 (模擬策)

decrypt (디쿠륖트) 암호 해독(暗號解讀)하다
defeat (디휘잍) 패배(敗北)
패전(敗戰)
defeat in detail (디휘잍 인 디테일) 각개 격파(各個擊破)
defect (디이훽트) 결함(缺陷)
defend in place (디이휀드 인 플레이스) 고수 방어(固守防禦)하라
defense (디이휀스) 방어(防禦)
defense condition 〈defcon〉 (디이휀스 컨디숸〈데후칸〉) 비상준비(〈非常準備〉)
방어 태세(防禦態勢)
defense for freedom (디이휀스 호어 후뤼이듬) 자유 수호(自由守護)
defense in depth (디이휀스 인 뎊쓰) 종심 방어(縱深防禦)
defense industry (디이휀스 인더스츄뤼) 방위 산업(防衛產業)
defense in place (디이휀스 인 플레이스) 고수 방어(固守防禦)
defense order (디이휀스 오오더어) 방어 명령(防禦命令)
defense phase (디이휀스 훼이즈) 방어 단계(防禦段階)
defense phase activities (디이휀스 훼이즈 액티비티이즈) 방어 단계 활동(防禦段階活動)
defense plans (디이휀스 플랜즈) 방어 계획(防禦計劃)
defensive (디휀씨브) 수세(守勢)
defensive position (디휀씨브 퍼칖숸) 방어 진지(防禦陣地)
defensive training exercise (디휀씨브 츄레이닝 엑써싸이스) 방어 훈련 연습(防禦訓練練習)
deficiency (디휘씨언씨) 결함(缺陷)
defilade (데횔레읻) 차폐(遮蔽)
defile (디이화일) 애로(隘路)
협로(狹路)
definition (데휘니숸) 정의(定義)
deflection (디훌렠숸) 편각(偏角)
편차(偏差)
deflection board (디훌렠숸 보온) 편판(偏板)
delay (딜레이) 지연(遲延)
지체(遲滯)
delay fuze (딜레이 휴우즈) 지연 신관(遲延信管)
delaying action (딜레잉 액숸) 지연전(遲延戰)
delaying position (딜레잉 퍼칖숸) 지연 진지(遲延陣地)
deliberate attack (딜리버륕 어탴) 정밀 공격(精密攻擊)
deliberate defense (딜리버륕 디이휀스) 정밀 방어(精密防禦)
deliberate fallout prediction (딜리버륕 호올아웉 푸뤼딬숸) 정밀 낙진 예측(精密落塵豫測)
deliberate field fortification (딜리버륕 휘일드 호어티휘케이숸) 정밀 야전 축성(精密野戰築城)
deliberate minefield (딜리버륕 마인휘일드) 정밀 지뢰 지대

(精密地雷地帶)

deliberate rivercrossing (딜리버릳 뤼버어쿠라씽) 정밀 도하(精密渡河)

deliver (딜리버) 전(傳)하다

delivery (딜리버뤼) 배달(配達)'

delivery error (딜리버뤼 에뤄어) 투발 오차(投發誤差)

delivety system(딜리버뤼 씨스텀) 투발 계통(投發系統)

demilitarized zone〈**DMZ**〉 (디밀리터라이즈드 죠운〈디이 엠 취〉) 비무장 지대(非武裝地帶)

D

democracy (디마크뤄씨이) 민주주의(民主主義)

demolition (디말리쓘) 폭파(爆破)

demonstration (데먼스츄레이숀) 기만 작전(欺瞞作戰)
시범(示範)
시위(示威)
양동(陽動)

demonstration fire (데먼스츄레이숀 화이어) 시범 사격(示範射擊)

demonstration of power (데먼스츄레이숀 오브 파우어) 힘의 과시〔力誇示〕

denial operation(디나이얼 아퍼레이숀) 거부 작전(拒否作戰)

density (덴써티) 밀도(密度)

dental service (덴털 써어비스) 치과 근무(齒科勤務)

department (디파앝먼트) 부(部)

Department of Defense〈**DoD**〉 (디파앝먼트 오브 디이휀스〈디이 오우 디이〉) 국방성(國防省)

Department of State (디파앝먼트 오브 스떼잍) 국무성(國務省)

Department of the Army〈**DA**〉 (디파앝먼트 오브 디 아아미 〈디이 에이〉) 육군성(陸軍省)

departure (디파아쳐) 출발(出發)

departure airfield control group〈**DACG**〉 (디파아쳐 애어휘일드 컨츄롤 구루웊〈댁〉) 출발 기지 통제단 (出發基地統制團)

departure area (디파아쳐 애어뤼아) 이륙지(離陸地)

deploy(디플로이) 전개(展開)하다

deployed strength (디플로잍 스츄렝스) 출동 병력(出動兵力)

deployment (디플로이먼트) 전개(展開)
출동(出動)

deployment battalion (디플로이먼트 배탤리언) 전개 대대(展開大隊)

depot (데포우) 창(廠)

depth (뎊쓰) 깊이

	종심 (縱深)
depth of water (뎁쓰 오브 워러)	수심 (水深)
deputy commander (데퓨티 커맨더)	부지휘관 (副指揮官)
descending branch (디쎈딩 부랜치)	탄도 강호 (彈導降弧)
desert operation (데저얼 아퍼레이숀)	사막 작전 (沙漠作戰)
deserter (디저어러어)	도망병 (逃亡兵)
desertion (디저어숀)	도망 (逃亡) 탈영 (脫營)
design load (디자인 로운)	적재 규정 중량 (積載規定重量)
designation (데직네이숀)	지정 (指定)
dessert (디저얼)	"디저얼" (후식〈後食〉)
destination (데스떠네이숀)	행선지 (行先地)
destiny (데스떠니)	숙명 (宿命)
destroy (디스츄로이)	격파 (擊破)하다
destruction (디스츄뤅숀)	파괴 (破壞)
destructien date (디스츄뤅숀 데잍)	파기 일자 (破棄日字)
detached unit (디태치드 유우닡)	분견대 (分遣隊) 파견 부대 (派遣部隊)
detachment (디태치먼트)	독립 지대 (獨立支隊) 분견대 (分遣隊) 파견대 (派遣隊)
detachment left in contact〈**DLIC**〉 (디태치먼트 레후트 인 칸택트〈디이 엘 아이 씨이〉)	잔류 접촉 분견대 (殘留接觸分遣隊) 접전 계속 잔여대 (接戰繼續殘餘隊)
detailed (디테일드)	상세 (祥細)한 자세 (仔細)한
detalied plan (디테일드 플랜)	세부 계획 (細部計劃)
detailed planning (디테일드 플래닝)	세밀 (細密)한 계획 (計劃)
detailed study (디테일드 스떠디)	상세 (祥細)한 조사 (調査)
detailed training plan (디테일드 츄레이닝 플랜)	세부 훈련 계획 (細部訓練計劃)
detect (디텍트)	탐지 (探知)하다
detection (디텍숀)	발견 (發見) 탐지 (探知)
detector (디텍더)	탐지기 (探知機)
determination (디터어미네이숀)	각오 (覺悟)
detonation (데터네이숀)	폭렬 (爆裂)
detour (디이투어)	우회 (迂廻)
detraining point (디츄레이닝 포인트)	열차 하차장 (列車下車場)
detrucking (디츄뤄낑)	하차 (下車)

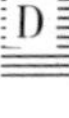

D

detrucking point (디츄뤄낑 포인트)	하차 지점 (下車地點)
deuce & a half (듀우스 애너 해후)	"지이 엠 씨이 츄뤽"〔大型車〕 츄뤽 (2½-ton〈重型〉)
develop (디벨렆)	발전 (發展)시키다
develop plans (디벨렆 플랜즈)	계획 (計劃)을 발전 (發展) 시키다
deviation (디이비에이션)	편각 (偏角) 편차 (偏差)
diagnosis (다이악나씨스)	진단서 (診斷書)
diagonally (다이애거널리)	대각선 (對角線)으로
diamond-shaped formation (다이어먼드 쉐잎뜨 호어메이숀)	능형대형 (菱形隊形)
diary (다이어뤼)	일지 (日誌)
diesel (디이절)	"디이절"(디젤) 중유 (重油)
diesel fuel (디이절 휴얼)	"디이절"연료 (—燃料)
difference (디훠뤈스)	차이 (差異)
different (디훠뤈트)	상이 (相異)한
dig in (딕 인)	참호 (塹壕)를 파다 파다
dignitaries (딕너터뤼즈)	고관 (高官)
dike (다잌)	제방 (堤防)
dining (다이닝)	회식 (會食)
dining facility (다이닝 훠씰리티)	식당 (食堂)
dining service (다이닝 써어비스)	취사 근무 (炊事勤務)
diplomatic corps (디플러매틱 코어)	외교단 (外交團)
direct air request net〈**DARN**〉 (디뤡트 애어 뤼퀘스트 넽〈다안〉)	직접 항공 요청망 (直接航空要請網)
direct air support (디뤡트 애어 써포올)	직접 항공 지원 (直接航空支援)
direct air support center〈**DASC**〉 (디뤡트 애어 써포옽 쎄너〈대스크〉)	직접 항공 지원 본부 (直接航空支援本部)
direct communication (디뤡트 커뮤니케이숀)	직〈접〉통〈신〉 (直接通信〉)
direct control (디뤡트 컨츄롤)	직속 (直屬)
direct conversation (디뤡트 칸버쎄이숀)	직접 통화 (直接通話)
direct exchange〈**DX**〉 (디뤡트 잌쓰췌인지〈디이 엑쓰〉)	직접 즉시 교환 (直接即時交換)
direct fire (디뤡트 화이어)	직접 조준 사격 (直接照準射擊)
direct hit (디뤡트 힡)	명중 (命中) 직접 명중 (直接命中)
direct invasion (디뤡트 인베이준)	직접 침략 (直接侵略)

direct line (디렉트 라인)	직통선(直通線)
direct observation (디렉트 압써베이숀)	직접 관측(直接觀測)
direct pressure (디렉트 푸레써)	직접 압박(直接壓迫)
direct support〈DS〉 (디렉트 써포올〈디이 에쓰〉)	직접 지원(直接支援)
direction (디렉숀)	방향(方向)
	지시(指示)
direction of fire (디렉숀 오브 화이어)	사격 방향(射擊方向)
directional antenna (디렉슈널 앤테너)	지향식"앤테너"(指向式—)
directive (디렉티브)	지령(指令)
	지시서(指示書)
directorate-type staff (디렉터립 타잎 스때후)	통제형 참모(統制型參謀)
dirt (더얼)	흙〔土〕
dirt pile (더얼 파일)	흙덩이
disadvantage (디스언밴티지)	불리(不利)
disadvantageous (디스언밴티지어스)	불리(不利)한
disassembly (디스어쌤블리)	분해(分解)
	해체(解體)
disaster control (디재스터 컨츄롤)	재난 통제(災難統制)
	피해 통제(被害統制)
discharge from the Army (디스챠아지 후롬 디 아아미)	제대(除隊)
disciplinary action (디씨플리네뤼 액숀)	징계 처분(懲戒處分)
disciplinary problem (디씨플리네뤼 푸라블럼)	군기 문제(軍紀問題)
disclose (디스클로우즈)	누설(漏洩)하다
〈act on own〉discretion (〈액트 온 오운〉 디스쿠레숀)	자유 재량(自由裁量)
discussion (디스커숀)	토의(討議)
discussions in tactics (디스커숀 인 택틱쓰)	전술 토의(戰術討議)
disengagement (디스인게이지먼트)	전장 이탈(戰場離脫)
	전투 이탈(戰鬪離脫)
disguise (디스가이즈)	변장(變裝)
disinfectant (디스인훽턴트)	소독제(消毒劑)
dismount (디스마운트)	하차(下車)
	하차(下車)하다
dismount point (디스마운트 포인트)	하차 지점(下車地點)
dispatch (디스패치)	발송(發送)
	파송(派送)
dispatch a vehicle (디스패치 어 비이끌)	배차(配車)하다
dispatcher (디스패쳐어)	배차계(配車係)
dispensary (디스펜써뤼)	의무실(醫務室)
dispersed formation	산개 대형(散開隊形)

(디스퍼어스드 호어메이순) 소개 대형(疎開隊形)
dispersion (디스퍼어젼) 분산(分散)
산포(散布)
displaced person 실향민(失鄕民)
(디스플레이스드 퍼어슨)
displacement (디스플레이스먼트) 배치 전환(配置轉換)
진지 변환(陣地變換)
displacement during the night 야간 이동(夜間移動)
(디스플레이스먼트 듀어륑 더 나잍)

D

display (디스플레이) 제시(提示)하다
disposal (디스뽀우절) 처리(處理)
처분(處分)
disposition (디스퍼짙쑨) 배치(配置)
처리(處理)
disposition form〈DF〉 참모 협조전(參謀協調箋)
(디스퍼짙쑨 호엄〈디이 에후〉)
dissemination (디쎄미네이숀) 전파(傳播)
distance (디스턴스) 거리(距離)
distinguished (디스팅귀쉬드) 탁월(卓越)한
distinguished unit citation 특급 부대 표창장
(디스팅귀쉬드 유우닡 싸이테이숀) (特級部隊表彰狀)
distinguished unit emblem 특급 부대 기장
(디스팅귀쉬드 유우닡 엠블럼) (特級部隊記章)
distress call (디스츄레쓰 코올) 조난 호출(遭難呼出)
distribution (디스츄뤼뷰우순) 배포(配布)
분배(分配)
distribution center (디스츄뤼뷰우순 쎄너) 문서 분배소(文書分配所)
distribution list (디스츄뤼뷰우순 리스트) 문서 발송부(文書發送簿)
distribution point (디스츄뤼뷰우순 포인트) 분배소(分配所)
district engineer (디스츄뤽트 엔지니어) 관구 지역 공병 부장
(管區地域工兵部長)
ditch (딭치) 도랑
diversion (다이버어쥰) 견제 작전(牽制作戰)
diversionary activities 견제 행위(牽制行爲)
(다이버어쥬너뤼 액티비티이즈)
diversionary tactics (다이버어쥬너뤼 택틱쓰) 견제 전술(牽制戰術)
divert and hold (다이버엍 앤 호울드) 견제(牽制)하다
division〈Div〉 (디비젼) 사단(師團)
division artillery〈DIVARTY〉 사단 포〈병〉사(師團砲兵司)
(디비젼 아아틸러뤼〈디바아디〉)
division commander (디비젼 커맨더) 사단장(師團長)
division commander's order 사단장 명(師團長命)
(디비젼 커맨더즈 오오더어)

division engineer (디비젼 엔지니어)	사단 공병 부장 (師團工兵部長)
division in reserve (디비젼 인 뤼저어브)	예비 사단 (豫備師團)
division material management center 〈**DMMC**〉 (디비젼 머티어뤼얼 매니지먼트 쎄너 〈디이 엠 엠 씨이〉)	사단 물자 관리소 (師團物資管理所)
division service area (디비젼 써어비스 애어뤼아)	사단 근무 지역 (師團勤務地域)
division support command〈**DISCOM**〉 (디비젼 써포올 커맨드〈디스캄〉)	사단 지원사 (師團支援司)
division trains (디비젼 츄레인즈)	사단 치중대 (師團輜重隊)
division troops (디비젼 츄루웊쓰)	사단 직할대 (師團直轄隊)
do one's best (두 원스 베스트)	최선 (最善)을 다하다
"doc" (닥)	의무병 (醫務兵)
dock (닥)	부두 (埠頭)
doctrine (닥츄뤼인)	교리 (敎理) 교의 (敎義) 원리 (原理)
document (다큐먼트)	문서 (文書)
document classification (다큐먼트 클래씨휘케이슌)	비밀 등급 (秘密等級)
document control officer〈**DCO**〉 (다큐먼트 컨츄롤 오휘써 〈디이 씨이 오우〉)	문서 통제 장교 (文書統制將校)
documentary (다큐멘터뤼)	기록 영화 (記錄映畫)
dog tag (도옥 택)	식별 명패 (識別名牌) 인식표 (認識票)
domestic (도우메스띡)	국내 (國內)의
dominant terrain (다미넌트 터레인)	우뚝 솟은 지형 (一地形) 지배적 지형 (支配的地形)
Don't work too hard. (도운트 우옭 투우 하안)	수고 (手苦)하시오
Dos and Don'ts (도우즈 앤 도운쯔)	장려 및 금지 사항 (奬勵一禁止事項)
dosage (도우씨지)	노출량 (露出量)
dosimeter (다씨이미러어)	방사능 계기 (放射能計器)
dossier (다씨에이)	일건 서류 (一件書類)
DS artillery (디이 에쓰 아아틸러뤼)	직접 지원 포병 (直接支援砲兵)
DS fire (디이 에쓰 화이어)	직접 지원 사격 (直接支援射擊)
DS unit (디이 에쓰 유우닡)	직접 지원 부대 (直接支援部隊)
double (더블)	중복 (重複)

D

double-apron fence (더블 에이푸뢴 휀스)	지붕형 철조망 (一型鐵條網)
double envelopment (더블 인벨럽먼트)	양익 포위 (兩翼包圍)
double sentry (더블 쎈츄뤼)	복초 (複哨)
double time (더블 타임)	구보 (驅步) 속주 (速走)
doubt (다웉)	의문 (疑問)
doubtful (다웉훌)	부정적 (否定的) 의문 (疑問)스런
down-wind (다운 윈드)	추풍 (追風)
dozer (도우저어)	도우저어 (도자)
draft (쥬래후트)	징집 (徵集)
draftsman (쥬래후쯔먼)	제도병 (製圖兵)
Dragon (쥬래건)	"쥬래건" 대전차 중형 미사일 (對戰車中型—)
Dragon〈MAW〉 (쥬래건〈모오〉)	중 대전차 화기 〈모오〉 (中對戰重火器) 중형 대전차 화기 (中型對戰車火器)
drainage (쥬레이니지)	배수선 (排水線) 하수구 (下水口)
dress uniform (쥬레쓰 유니호옴)	예복 (禮服)
drift (쥬뤼후트)	편류 (偏流)
drill (쥬륄)	교련 (敎練) 훈련 (訓練)
drill instructor〈DI〉 (쥬륄 인스츄뤅터〈디이 아이〉)	교〈련 하사〉관 (敎練下士官)
drill sergeant (쥬륄 싸아전트)	교〈련 하사〉관) (敎練下士官)
drinking water (츄륑킹 워러)	식수 (食水) 음료수 (飮料水)
drinks (쥬륑크스)	술 〔酒〕
driver (쥬라이버)	운전병 (運轉兵)
drop zone〈DZ〉 (쥬랖 죠운〈디이 즤〉)	투하 지대 (投下地帶)
dry run (쥬라이 뤈)	모의 실습 (模擬實習)
dud (덛)	불발탄 (不發彈)
due in (듀우 인)	수령 예정 (受領豫定)
due out (듀우 아웉)	불출 예정 (拂出豫定)
duffle bag (더훌 백)	잡낭 (雜囊)
dugout (덕아웉)	지하 엄체 (地下掩體)
dummy (더미)	모의 (模擬) 위 (僞)

dummy ammunition (더미 애뮤니순) 모의탄(模擬彈)
dummy cord (더미 코온) 휴대 무기 부착선 (携帶武器附着線)
dummy drop (더미 쥬랖) 기만 투하(欺瞞投下)
dummy installation (더미 인스똘레이순) 위시설(僞施設)
dummy message (더미 메씨지) 기만 통신문(欺瞞通信文)
dummy mine (더미 마인) 위지뢰(僞地雷)
dummy minefield (더미 마인휘일드) 기만 지뢰 지대 (欺瞞地雷地帶)
dummy position (더미 퍼칠쑨) 위진지(僞陣地)
dump (덤프) 집적소(集積所)
dump truck (덤프 츄뤜) 덤프 츄뤜
dusk (더스크) 박모(薄暮)
황혼(黃昏)

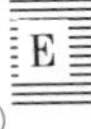

dust (더스트) 먼지
"dust off" ("더스트 오후") 공중 의무 후송(空中醫務後送)
dust storm (더스트 스또옴) 풍진(風塵)
duty (듀우리) 임무(任務)
직무(職務)
duty assignment (듀우리 어싸인먼트) 보직(補職)
duty hours (듀우리 아워즈) 근무 시간(勤務時間)
duty officer (듀우리 오휘써) 당직 사관(當直士官)
주번 사령(週番司令)
duty roster (듀우리 롸스터) 근무 명부(勤務名簿)
직무 배당 시간표 (職務配當時間表)
duty station (듀우리 스떼이순) 근무처(勤務處)
duty uniform (듀우리 유니호옴) 근무복(勤務服)

eagle (이이글) 독수리〔禿—〕
early warning (어얼리 우오닝) 조기 경보(早期警報)
early warning device (어얼리 우오닝 디바이스) 조기 경보 방책 (早期警報方策)
earplugs (이어플럭스) 귀마개
easel (이이절) 상황대(狀況臺)
eastern front (이스떠언 후론트) 동부 전선(東部前線)
echelon (에쉴란) 제대(梯隊)
echelon attack (에쉴란 어택) 제파 공격(梯波攻擊)
echelonment (에쉴란먼트) 제대 편성(梯隊編成)

echelons in abreast (에쉴란즈 인 업레스트) 제차 대형 (梯差隊形)
economy (이카나미) 경제 (經濟)
economy of force (이카나미 오브 호오스) 병력 절약 (兵力節約)
education (에쥬케이슌) 문교 (文敎)
effect (이훽트) 영향 (影響)
효력 (效力)
effective (이훽티브) 효율적 (效率的)
effective range (이훽티브 레인지) 유효 사거리 (有效射距離)
effective training (이훽티브 츄레이닝) 효율적 훈련 (效率的訓練)
efficiency (이휘션씨) 능률 (能率)
efficiency report (이휘션씨 뤼포올) 고과표 (考課表)
근무 평정표 (勤務評定表)

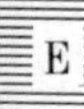

efficient (이휘션트) 능률적 (能率的)
effort (에호엍) 노력 (努力)
Eighth Army proper (에이스 아아미 푸라퍼) 엄격 (嚴格)한 의미 (意味)에 의 8군 영내 (八軍營內)
Eighth US Army⟨EUSA⟩ (에이스 유우에쓰 아아미 ⟨이이 유우 에쓰 에이⟩) 제 8군 (第八軍)
81mm mortar (에이디원밀리미러 모어뤄) 81mm 박격포 (—迫擊砲)
electric blasting cap (일렉츄뤌 블래스팅 캪) 전기 뇌관 (電氣雷管)
electric primer (일렉츄뤌 푸라이머) 전기 뇌관 (電氣雷管)
electric wave (일렉츄뤌 웨이브) 전파 (電波)
electronic counter-counter measures ⟨ECCM⟩ (일렉츄라닠 카운터 카운터 메져어즈 ⟨이이 씨이 씨이 엠⟩) 전자 방해 방어책 (電子妨害防禦策)
electronic counter measures⟨ECM⟩ (일렉츄라닠 카운터 메져어즈 ⟨이이 씨이 엠⟩) 전자 방해책 (電子妨害策)
electronic deception (일렉츄뤌 디쎞쓘) 전자 기만 (電子欺瞞)
electronic intelligence (일렉츄라닠 인텔리젼스) 전자 정보 (電子情報)
electronic jamming (일렉츄라닠 재밍) 전자 방해 (電子妨害)
electronic reconnaissance (일렉츄라닠 뤼카너썬스) 전자 정찰 (電子偵察)
electronic warfare⟨EW⟩ (일렉츄라닠 우오홰어 ⟨이이 더블유⟩) 전자전 (電子戰)
electronic weapon (일렉츄라닠 웨펀) 전자 병기 (電子兵器)
element (엘리먼트) 구성 부대 요소 (構成部隊要素)
elements of six Ws⟨who, when, where, what, why, and how⟩ 육하 요소 사항⟨누가, 언제, 어디서, 무엇을, 왜, 어떻게⟩

(엘리먼쯔 오브 씩쓰 더블유즈〈후, 웬, 웨어, 왙, 와이, 앤 하우〉)	(六何要素事項)
elevation (엘리베이숀)	고각 (高角) 앙각 (仰角)
elimination (일리미네이숀)	제거 (除去)
eliminate (일리미네잍)	제거 (除去)하다
embankment (임뱅크먼트)	제방 (堤防)
embarkation (임바아케이숀)	승선 (乘船) 탑재 (搭載)
embarkation airport (임바아케이숀 애어포옽)	탑재 공항 (搭載空港)
embarkation area (임바아케이숀 애어뤼아)	탑재 지역 (搭載地域)
embassy (엠버씨)	대사관 (大使館)
emergency alert (이머어젼씨 얼러엍)	비상 경계 (非常警戒)
emergency deployment readiness (이머어젼씨 디플로이먼트 레디네쓰)	비상 출동 준비 태세 (非常出動準備態勢)
emergency exit (이머어젼씨 엑씥)	비상구 (非常口)
emergency landing (이머어젼씨 랜딩)	불시착 (不時着)
emergency leave (이머어젼씨 리이브)	긴급 휴가 (緊急休暇)
emergency mobile force (이머어젼씨 모우빌 호오스)	비상 기동 부대 (非常機動部隊)
emergency requisition (이머어젼씨 뤼퀴칠쑨)	비상 청구 (非常請求)
emergency risk (이머어젼씨 뤼스크)	위험도 대 (危險度大)
emergency stand-by (이머어젼씨 스땐드바이)	비상 대기 (非常待期)
emergency treatment (이머어젼씨 츄뤼잍먼트)	응급 치료 (應急治療)
emphasis (엠훠씨스)	강조 (强調)
emplacement (임플레이스먼트)	총상 (銃床) 포상 (砲床)
employment (임플로이먼트)	운용 (運用)
encirclement (인써어클먼트)	전면 포위 (全面包圍) 포위 (包圍)
encircling force (인써어클링 호오스)	우회 부대 (迂廻部隊)
encode (인코욷)	부호화 (符號化)하다 암호 조립하다 (暗號組立—)
encore (앙코어)	"앵코어"〔再唱〕
encrypt (인쿠륖트)	암호 조립하다 (暗號組立—)
end item (엔드 아이텀)	완제품 (完製品)
end of evening nautical twilight〈EENT〉	말야 해상 박명

(엔드 오브 이브닝 노오티컬 트와일라잍 〈이이 이이 엔 티이〉) (末夜海上薄明) 해상 박명말 (海上薄明末)

end of mission (엔드 오브 미쑌) 임무(任務) 끝

endeavor (인데버어) 노력(努力)

enemy (에너미) 적(敵)

enemy capabilities (에너미 케이퍼빌러티이즈) 적 능력(敵能力)

enemy characteristics (에너미 캐뤽터뤼스틱쓰) 적성(敵性)

enemy courses of action (에너미 코오씨스 오브 액쑌) 적군 방책(敵軍方策)

enemy document (에너미 다큐먼트) 적 문서(敵文書)

enemy forces (에너미 호어씨즈) 적군(敵軍)

enemy infiltration (에너미 인휠츄레이슌) 적군 침투(敵軍浸透)

enemy infiltration route (에너미 인휠츄레이슌 롸웉) 적군 침투 경로 (敵軍浸透經路)

enemy intention (에너미 인텐슌) 적 기도(敵企圖)

enemy movements and intentions (에너미 무우브먼쯔 앤 인텐슌스) 적의 동향(敵一動向)

enemy remnants in the area (에너미 렘넌츠 인 더 애어뤼아) 잔여 적군(殘餘敵軍)

enemy resistance (에너미 뤼치스턴스) 적(敵)의 저항(抵抗)

enemy situation (에너미 씨츄에이슌) 적정(敵情)

enfilade fire (엔휘레읻 화이어) 종사(縱射)

enforce (인호오스) 시행(施行)하다
실시(實施)하다

engagement (인게이지먼트) 교전(交戰)
접전(接戰)

engineer (엔지니어) 공병(工兵)

engineer support (엔지니어 써포올) 공병 지원(工兵支援)

engineer tape (엔지니어 테잎) 공병 백선 끈(工兵白線—)

English (잉글리쉬) 영어(英語)

enlist (인리스트) 입대(入隊)하다

enlisted cadre (인리스틷 캐쥬뤼) 기간 사병(基幹士兵)

enlisted efficiency report 〈**EER**〉 (인리스틷 이휘쎤씨 뤼포올 〈이이 이이 아아〉) 사병 고과표(士兵考課表)

enlisted man 〈**EM**〉 (인리스틷 맨 〈이이 엠〉) 사병(士兵)
병사(兵士)

enlisted woman (인리스틷 우먼) 여군 사병(女軍士兵)

enlistment (인리스트먼트) 입대(入隊)
지원 입대(志願入隊)

ensign (엔쓴) 기 (旗)
해군 소위 (海軍少尉)

enthusiasm (엔쑤지애즘) 열성 (熱誠)

entourage (아안츄라아지) 수행원단 (隨行員團)

entree (아안츄레이) "아안츄레이"〔主食〕

entrenching tool (인츄렌칭 투울) 삽

entry into war (엔츄뤼 인투 우오) 참전 (參戰)

envelop (인벨렆) 포위 (包圍)하다

enveloping attack (인벨러삥 어탴) 포위 공격 (包圍攻擊)

enveloping force (인벨러삥 호오스) 포위 부대 (包圍部隊)

enveloping maneuver (인벨러삥 머두우버) 포위 기동 (包圍機動)

envelopment (인벨렆먼트) 포위 (包圍)

environment (인바이뤈먼트) 분위기 (雰圍氣)
환경 (環境)

environmental protection (인바이뤈멘털 푸라텍쓘) 자연 방호 (自然防護)
자연 보호 (自然保護)

epidemic (에삐데밐) 전염병 (傳染病)

equator (이퀘이더어) 적도 (赤道)

equipment (이큎먼트) 장비 (裝備)

equipment basis of issue (이큎먼트 베이씨스 오브 이쓔) 장비 지급 기준 (裝備支給基準)

equipment damage (이큎먼트 대미지) 장비 손상 (裝備損傷)

equipment inspection (이큎먼트 인스펙쓘) 장비 검열 (裝備檢閱)

equipment status (이큎먼트 스때터스) 장비 현황 (裝備現況)

equipment status board (이큎먼트 스때터스 보온) 장비 상황판 (裝備狀況板)

erosion (이로우젼) 부식 (腐蝕)

error (에뤄어) 과실 (過失)

escape (이스께잎) 도주 (逃走)

escape and evasion (이스께잎 앤 이베이준) 적지 탈출 (敵地脫出)

escort (에스코옽) 호송 (護送)
호위 (護衛)

espionage (에스삐어나아지) 간첩 행위 (間諜行爲)

espionage agent (에스삐어나아지 에이젼트) 첩자 (諜者)

esprit de corps (에스뿌뤼 더 코어) 부대 긍지 사랑 단결 정신 (部隊矜持〔愛〕團結精神)

essential elements of information〈EEI〉 (이쎈셜 엘리먼쯔 오브 인호어메이슌 〈이이 이이 아이〉) 필수 (必須)의 첩보 기본 요소 (諜報基本要素)

essential item (이쎈셜 아이틈) 필수 품목 (必須品目)

essential stay-behind members (이쎈셜 스떼이비하인드 멤버즈) 후방 필수 요원 (後方必須要員)

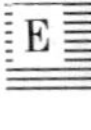

establish (이스태블리쉬) 설치(設置)하다
estimation (에스띠메이슌) 계산(計算)
estimate (에스띠밑) 판단(判斷)
estimate of terrain (에스띠밑 오브 터레인) 지형 판단(地形判斷)
estimate of the situation (에스티밑 오브 더 씨츄에이슌) 상황 판단(狀況判斷)
estimated time of arrival〈ETA〉(에스띠메이틷 타임 오브 어라이벌 〈이이 티이 에이〉) 도착 예정 시간(到着豫定時間)
estimated time of departure〈ETD〉(에스띠메이틷 타임 오브 디파아쳐어 〈이이 티이 디이〉) 출발 예정 시간(出發豫定時間)
eternal (이터어널) 무궁(無窮)한
European theater (유우로삐안 씨어러) 구주 지역(歐洲地域)
evacuate (이배큐에잍) 후송(後送)하다
evacuation (이배큐에이슌) 후송(後送)
evacuation hospital (이배큐에이슌 하스삐털) 후송 병원(後送病院)
evacuation policy (이배큐에이슌 팔러씨) 후송 방침(後送方針)
evacuee (이배큐이이) 후송 환자(後送患者)
evaluation (이밸류에이슌) 시험(試驗)
평가(評價)
evaluation of intelligence (이밸류에이슌 오브 인텔리젼스) 첩보 평가(諜報評價)
evaluator (이밸류에이러) 평가관(評價官)
evasion (이베이쥰) 도피(逃避)
회피(回避)
event (이벤트) 사태(事態)
events and activities (이벤쯔 앤 앸티비티이즈) 행사(行事)
everlasting (에버어래스팅) 무궁(無窮)한
ever-promoted understanding (에버어 푸라모우틷 언더스땐딩) 이해 증진(理解增進)
evidence (에비던스) 증거(證據)
exactly (잌잭틀리) 정확(正確)하게
examination (잌재미네이슌) 시험(試驗)
example (잌잼플) 표본(標本)
excellent supervision (엑썰런트 쑤우퍼비쥰) 탁월(卓越)한 감독(監督)
excess (엑쎄쓰) 과잉(過剩)
초과(超過)
excess property (엑쎄스 푸라퍼디) 초과 재산(超過財産)
excess stock (엑쎄쓰 스딱) 초과 재고(超過在庫)

excessive load (익쎄씨브 로운) 과대 적재 (過大積載)
exchange (익쓰췌인지) 교환 (交換)
execute (엑씨큐울) 수행 (遂行)하다
실시 (實施)하다
executing unit (엑씨큐팅 유우닡) 실시 부대 (實施部隊)
execution (엑씨큐숸) 실시 (實施)
집행 (執行)
executive officer<XO> (익제큐티브 오휘써 <엑쓰 오우>) 부지휘관 (副指揮官)
선임 장교 (先任將校)
executive seminar on problem areas (익제큐티브 쎄미나아 온 푸라블럼 애어뤼아즈) 시행상 문제점 토의 (施行上問題點討議)
exemplary performance (익쳄플러뤼 퍼호어먼스) 모범적 의무 수행 (模範的義務遂行)
exercise (엑써싸이스) 연습 (練習)
운동 (運動)
훈련 (訓練)
expansion (익스빤숸) 확대 (擴大)
expediency (익쓰삐이디언씨) 임기 처치 (臨機處置)
expedite (엑쓰퍼다잍) 급송 (急送)하다
신속 취급 처리하다 (迅速取扱處理—)
expedition (엑쓰퍼디숸) 원정 (遠征)
탐험 (探險)
expeditionary force (엑쓰퍼디쓔너뤼 호오스) 원정군 (遠征軍)
파견군 (派遣軍)
expeditious (엑쓰퍼디쎠스) 신속 (迅速)한
expendable supplies (익쓰펜더블 써플라이즈) 소모품 (消耗品)
expenditure (익쓰펜디쳐) 지출 (支出)
expenses (익쓰펜씨스) 경비 (經費)
experience (익쓰피어뤼언스) 경험 (經驗)
experienced (익쓰피어뤼언스드) 노련 (老鍊)
expert (엑쓰퍼얼) 특등 사수 (特等射手)
expertise (엑쓰퍼어티이즈) 전문 지식 (專門知識)
exploitation (엑쓰쁠로이테이숸) 전과 확대 (戰果擴大)
explosion (익쓰쁠로우젼) 폭발 (爆發)
explosive (익쓰쁠로우씨브) 폭발물 (爆發物)
explosive ordnance disposal<EOD> (익쓰쁠로우씨브 오온넌스 디스뽀우절 <이이 오우 디이>) 폭발물 처리 (爆發物處理)
exposed (엑쓰뽀우즈드) 노출 (露出)된

exposed flank (엑쓰뽀우즈드 훌랭크) 노출 측면(露出側面) 폭로된 측면(暴露—側面)
exposed position (엑쓰뽀우즈드 퍼칠쑨) 노출 진지(露出陣地)
exposed target (엑쓰뽀우즈드 타아깉) 노출 목표(露出目標)
express highway (잌쓰푸레쓰 하이웨이) 고속 도로(高速道路)
expression (잌쓰푸레쑨) 표현(表現)
external concentration of forces (엑쓰터어널 칸쎈츄레이슌 오브 호어씨즈) 전장 외 집중(戰場外集中)
extraction (잌쓰츄랙쑨) 추출(抽出)
extraordinary relationship (엑쓰츄라오오디네뤼 륄레이슌쉽) 특별 관계(特別關係)

facial camouflage (훼이셜 캐머훌라아지) 안면 도색 위장(顔面塗色僞裝)
facilities (훠쎌리티이즈) 설비(設備)
facility (훠쎌리티) 부대 설치(部隊設置) 시설(施設)
facility engineer (훠쎌리티 엔지니어) 시설 공병 부장(設施工兵部長)
factory (횈토뤼) 공장(工場)
Fahrenheit (화른하잍) 화씨(=섭씨×$\frac{9}{5}$+32)(華氏)
fair wear and tear (홰어 웨어 앤 티어) 정상 소모(正常消耗)
fall-back (호올백) 후퇴(後退)
fallout (호올아울) 낙진(落塵)
fallout area (호올아울 애어뤼아) 낙진 지역(落塵地域)
fallout prediction (호올아울 푸뤼딕쑨) 낙진 예측(落塵豫測)
familiar (훠밀리어) 낯익은 지리(地理)에 밝은
far bank (화아 뱅크) 대안(對岸) 피안(彼岸)
farewell (홰어웰) 환송(歡送)
farewell address (홰어웰 애쥬레쓰) 환송사(歡送辭)
farewell party (홰어웰 파아리) 환송 파아티(歡送宴)
farmer (화아머어) 농민(農民)
farming village (화아밍 빌리지) 농촌(農村)
fast mover (훼스트 무우버) 전투기(戰鬪機)
fatal injury (훼이털 인져뤼) 치명상(致命傷)
fatalities (훠탤러티이즈) 사망자 수(死亡者數)

fate (훼일)	숙명 (宿命)
fatigues (훠티익쓰)	작업복 (作業服)
favorable (훼이버뤄블)	호의적 (好意的)
fear of flying (휘어 오브 훌라잉)	비행 공포 (飛行恐怖)
feasible (휘이지블)	편리 (便利)한
feed belt (휘읻 벨트)	송탄대 (送彈帶)
feed mechanism (휘읻 메꺼니즘)	송탄 장치 (送彈裝置)
feint (훼인트)	양공 (陽攻)
feint attack (훼인트 어탴)	양공 (陽攻)
feint maneuver (훼인트 머누우버)	양동 (陽動)
feint operation (훼인트 아퍼레이숸)	양동 작전 (陽動作戰)
ferry (훼뤼)	도선장 (渡船場)
fever (휘이버)	고열 (高熱)
	열병 (熱病)
field (휘일드)	야전 (野戰)
field army (휘일드 아아미)	야전군 (野戰軍)
field army commander (휘일드 아아미 커맨더)	야전군 사령관 (野戰軍司令官)
field artillery〈**FA**〉 (휘일드 아아틸러뤼〈에후 에이〉)	야전 포병 (野戰砲兵)
field conditions (휘일드 컨디숸스)	야전 상태 (野戰狀態)
field discipline (휘일드 디씨플린)	야전 군기 (野戰軍紀)
field duty (휘일드 듀우리)	야전 근무 (野戰勤務)
	진중 근무 (陣中勤務)
field equipment (휘일드 이큅먼트)	야전 장비 (野戰裝備)
field exercise (휘일드 엑써싸이스)	야외 연습 (野外練習)
	야전 연습 (野戰練習)
field exercise period (휘일드 엑써싸이스 피어뤼얻)	작전 기간 (作戰期間)
field expedient method (휘일드 익쓰삐이디언트 메썯)	야전 응급책 (野戰應急策)
	임기 처치 (臨機處置)
field forces (휘일드 호어씨즈)	야전 부대 (野戰部隊)
field fortification (휘일드 호어티휘케이숸)	야전 축성 (野戰築城)
field gear (휘일드 기어)	야전 장비 (野戰裝備)
field grade (휘일드 구레읻)	영관급 (領官級)
field grade officer (휘일드 구레읻 오휘써)	영관 장교 (領官將校)
field grade officers mess (휘일드 구레읻 오휘써스 메쓰)	영관 장교 식당 (領官將校食堂)
field gun (휘일드 건)	야포 (野砲)
field hospital (휘일드 하스삐럴)	야전 병원 (野戰病院)
field jacket (휘일드 재킽)	야전 잠바 (野戰—)
field latrine (휘일드 러츄뤼인)	야전 변소 (野戰便所)

field maintenance (휘일드 메인테넌스) 야전 정비 (野戰整備)
field maneuver (휘일드 머두우버) 야전 기동 (野戰機動)
field maneuver exercise (휘일드 머두우버 엑써싸이스) 야외 기동 연습 (野外機動練習)
field manual 〈**FM**〉 (휘일드 매뉴얼 〈에후 엠〉) 야전 교범 (野戰敎範)
field mess (휘일드 메쓰) 야전 취사 (野戰炊事)
field newspaper (휘일드 뉴우즈페이퍼) 진중 신문 (陣中新聞)
field of fire (휘일드 오브 화이어) 사계 (射界)
field of observation (휘일드 오브 압써베이순) 시계 (視界)
field operation (휘일드 아퍼레이순) 야전 작전 (野戰作戰)
field phone (휘일드 호운) 군용 전화〈기〉 (軍用電話機)
field radio (휘일드 레이디오) 야전 "레이디오" (野戰無電機)
field ration (휘일드 레순) 야전 구량 (野戰口糧)
field sanitation (휘일드 쌔니테이순) 야전 위생 (野戰衛生)
field SOP (휘일드 에쓰 오우 피이) 야전 수칙 (野戰守則)
야전 예규 (野戰例規)
field strip (휘일드 스츄맆) 보통 분해 (普通分解)
야전 분해 (野戰分解)
field table (휘일드 테이블) 야전 책상 (野戰冊床)
야전 탁자 (野戰卓子)
field telephone (휘일드 텔리호운) 야전 전화기 (野戰電話機)
field train (휘일드 츄레인) 야전 치중대 (野戰輜重隊)
field training (휘일드 츄레이닝) 야전 훈련 (野戰訓練)
field training exercise 〈**FTX**〉 (휘일드 츄레이닝 엑써싸이스 〈에후 티이 엑쓰〉) 야전 훈련 연습 (野戰訓練練習)
field wire (휘일드 와이어) 야전용 전선 (野戰用電線)
fierce battle (휘어스 배틀) 격전 (激戰)
fighter plane (화이러 플레인) 전투기 (戰鬪機)
fighting position (화이팅 퍼직쑨) 전투 진지 (戰鬪陣地)
참호 (塹壕)
fighting spirit (화이팅 스삐릳) 정신 전력 (精神戰力)
fighting vehicle (화이팅 비이클) 전투 장갑차 (戰鬪裝甲車)
figure eight (휘규어 에잍) 오뚝이
file (화일) 공문서철 (公文書綴)
대열 (隊列)
종렬 (縱列)
철 (綴)
Filipino (휠리삐노) 비율빈계 (比律賓系)

F

fill back in the foxhole (휠 백 인 더 확쓰호울) 참호(塹壕)를 메우다

fill in (휠 인) 참호(塹壕)를 묻다.

fin (휜) 탄미익(彈尾翼)

final defense line (화이널 디이휀스 라인) 최종 방어선(最終防禦線)

final objective (화이널 옵젝티브) 최종 목표(最終目標) 최후 목표(最後目標)

final protective fire〈**FPF**〉(화이널 푸라텍티브 화이어 〈에후 피이 에후〉) 최후 방어 사격(最後防禦射擊)

final protective fire line〈**FPFL**〉(화이널 푸라텍티브 화이어 라인 〈에후 피이 에후 엘〉) 최후 방어 사격선(最後防禦射擊線)

final protective line〈**FPL**〉(화이널 푸라텍티브 라인 〈에후 피이 엘〉) 최후 방어선(最後防禦線)

finance (화이낸스) 재정(財政)

fire (화이어) 사격(射擊) 화재(火災)

fire and maneuver (화이어 앤 머누우버) 사격(射擊)과 기동(機動)

fire arm (화이어 아암) 화기(火器)

fire "at my command" (화이어 앹 마이 커맨드) 직접 지휘 사격(直接指揮射擊)

fireball (화이어보올) 화구(火球)

fire command (화이어 커맨드) 사격 구령(射擊口令)

fire control (화이어 컨츄롤) 사격 통제(射擊統制) 화력 조종(火力操縱)

fire control net (화이어 컨츄롤 넽) 사격 통제망(射擊統制網)

fire control officer (화이어 컨츄롤 오휘써) 화력 통제 장교(火力統制將校)

fire coordination (화이어 코오디네이숀) 사격 협조(射擊協調)

fire direction (화이어 디렉숀) 사격 지휘(射擊指揮)

fire direction center (화이어 디렉숀 쎄너) 사격 지휘소(射擊指揮所)

fire direction net (화이어 디렉숀 넽) 사격 지휘망(射擊指揮網)

fire discipline (화이어 디씨플린) 사격 군기(射擊軍紀)

fire distribution (화이어 디스츄뤼뷰우숀) 화력 분배(火力分配)

fire effect (화이어 이휔트) 사격 효과(射擊效果)

fire engine (화이어 엔진) 소방차(消防車)

fire extinguisher (화이어 잌쓰팅귀셔어) 소화기(消火器)

fire fight (화이어 화잍) 사격전(射擊戰)

fire for effect (화이어 호어 이휔트) 효력사(效力射)

fire hold (화이어 호울드) 사격 제한(射擊制限)

fire mission (화이어 미쑌) 사격 임무(射擊任務)

fire net (화이어 넽)	화망 (火網)
fire net construction (화이어 넽 컨스츄뤅쓘)	화망 구성 (火網構成)
fire order (화이어 오오더어)	사격 명령 (射擊命令)
fire plan (화이어 플랜)	방화 계획 (防火計劃) 사격 계획 (射擊計劃) 화력 계획 (火力計劃) 화력 사격 계획 (火力射擊計劃)
fire power (화이어 파우어)	사격력 (射擊力) 화력 (火力)
fire superiority (화이어 쑤우피뤼아뤄티)	화력 우세 (火力優勢)
fire support (화이어 써포올)	화력 지원 (火力支援)
fire support coordination (화이어 써포올 코오디네이슌)	화력 지원 협조 (火力支援協調)
fire support coordination center⟨FSCC⟩ (화이어 써포올 코오디네이슌 쎄너 ⟨에후 에쓰 씨이 씨이⟩)	화력 지원 협조소 (火力支援協調所)
fire support coordination line⟨FSCL⟩ (화이어 써포올 코오디네이슌 라인 ⟨에후 에쓰 씨이 엘⟩)	화력 지원 협조선 (火力支援協調線)
fire support coordinator⟨FSC⟩ (화이어 써포올 코오디네이러 ⟨에후 에쓰 씨이⟩)	화력 지원 협조관 (火力支援協調官)
fire support element⟨FSE⟩ (화이어 써포올 엘리먼트 ⟨에후 에쓰 이이⟩)	화력 지원반 (火力支援班)
fire support net (화이어 써포올 넽)	화력 지원망 (火力支援網)
fire support officer⟨FSO⟩ (화이어 써포올 오휘써 ⟨에후 에쓰 오우⟩)	화력 지원 장교 (火力支援將校)
fire support plan (화이어 써포올 플랜)	화력 지원 계획 (火力支援計劃)
fire support team⟨FIST⟩ (화이어 써포올 티임 ⟨휘스트⟩)	화력 지원조 (火力支援組)
fire truck (화이어 츄뤜)	소방차 (消防車)
fire watch (화이어 왈치)	방화 불침번 (防火不寢番)
fire within the position (화이어 윈인 더 퍼칠쓘)	진내 사격 (陣內射擊)
firing battery (화이어륑 배러뤼)	전포대 (戰砲隊)
firing data (화이어륑 대터)	사격 제원 (射擊諸元)
firing demonstration (화이어륑 데먼스츄레이슌)	사격 시범 (射擊示範)
firing lane (화이어륑 레인)	사격 열로 (射擊列路)

	사격선 (射擊線)
firing mechanism (화이어링 메꺼니즘)	발사 장치 (發射裝置)
firing position (화이어링 퍼칠쓴)	사격 위치 (射擊位置)
	사격 진지 (射擊陣地)
firing range (화이어링 레인지)	사격 거리 (射擊距離)
first aid (훠어스트 에읻)	구급법 (救急法)
	응급 치료 (應急治療)
firstaid kit (훠어스트에읻 킽)	구급함 (救急函)
firstaid packet (훠어스트에읻 패킽)	구급대 (救急袋)
firstaid pouch (훠어스트에읻 파우치)	구급낭 (救急囊)
first-come-first-served basis (훠어스트 컴 훠어스트 써어브드 베이씨스)	선착순 기준 (先着順基準)
first echelon maintenance (훠어스트 에쉴란 메인테넌스)	제일 단계 정비 (第一段階整備)
first lieutenant⟨**1 LT**⟩ (훠어스트 루우테넌트)	중위 (中尉)
first light (훠어스트 라잍)	박명초 (薄明初)
First ROK Field Army⟨**FROKA**⟩ (훠어스트 랔 휘일드 아아미 ⟨후로카⟩)	⟨제⟩일 야전군 (第一野戰軍)
first-round KO (훠어스트 라운드 케이오우)	초전 박살 (初戰撲殺)
first sergeant (훠어스트 싸아전트)	선임 하사관 (先任下士官)
First Sergeant⟨**1 SG**⟩ (훠어스트 싸아전트)	중대 선임 하사관 (中隊先任下士官)
First World War (훠어스트 우올드 우오)	제 일차 세계 대전 (第一次世界大戰)
fiscal year⟨**FY**⟩ (휘스껄 이어 ⟨에후 와이⟩)	회계 연도 (會計年度)
5-gallon can (화이브 갤런 캔)	오 "갤런"들이 통 (五—筒)
five-grain meal⟨**rice, wheat, bean, millet and barnyard millet**⟩ (화이브 구레인 미일 ⟨롸이스, 위잍, 비인, 밀렅 앤 바아냐앋 밀렅⟩)	오곡밥 (五穀—) ⟨쌀, 밀, 콩, 조, 수수⟩
five-ton (화이브 턴)	대 츄럭 (5-ton) 〔大型〕
5-ton POL tanker (화이브 턴 피이 오우 엘 탱커)	오톤 유류차 (五噸油類車)
fix and contain (휙쓰 앤 컨테인)	고착 견제 (固着牽制) 하다
fix bayonet (휙쓰 베이오넽)	착검 (着劍)
fixed bridge (휙쓰드 부뤼지)	고정교 (固定橋)
fixed target (휙쓰드 타아길)	고정 표적 (固定標的)
flag (홀랙)	기 (旗)
	수기 (手旗)
flag semaphore (홀랙 쎄머호어)	수기 신호 (手旗信號)
flak vest (후랙 베스트)	방탄 조끼 (防彈—)

flame (홀레임) 화염(火焰)
flame throw (홀레임 쓰로우) 화염 방사기(火焰放射器)
flame weapon (홀레임 웨펀) 화염 무기(火焰武器)
flammable (홀래머블) 가연물(可燃物)
flank (홀랭크) 측면(側面)
측방(側方)
flank attack (홀랭크 어택) 측방 공격(側方攻擊)
flank guard (홀랭크 가안) 측위(側衛)
flank observation (홀랭크 압써베이순) 측면 관측(側面觀測)
flank patrol (홀랭크 퍼츄롤) 측방 정찰대(側方偵察隊)
flank position (홀랭크 퍼질쓴) 측면 진지(側面陣地)
flank protective fire (홀랭크 푸라텍티브 화이어) 측방 방호 사격(側方防護射擊)
flank security (홀랭크 씨큐뤼티) 측방 경계(側方警戒)
flanking action (홀랭킹 액쓴) 측면 행동(側面行動)
측향 행동(側向行動)
flanking fire (홀랭킹 화이어) 측방 사격(側方射擊)
flare (홀래어) 조명탄(照明彈)
flare blindness (홀래어 블라인드니스) 섬광 실명(閃光失明)
flares (홀래어즈) 섬광(閃光)
flash (홀래쉬) 섬광(閃光)
flash-bang (홀래쉬 배앵) 광음(光音)
flashlight (홀래쉬라일) 전지 등(電池燈)
flash message (홀래쉬 메씨지) 급보(急報)
초지급 전보(超至急電報)
flash signals (홀래쉬 씩널즈) 섬광 신호(閃光信號)
flash suppressor (홀래쉬 써뿌레써) 소염기(消焰器)
flash to bang time (홀래쉬 투 뱅 타임) 광음 차이 순간(光音差異瞬間)
섬광 폭음 시간(閃光爆音時間)
flat trajectory (홀랱 츄래칰토뤼) 평면 탄도(平面彈道)
fleet (홀리잍) 함대(艦隊)
flexibility (후렉씨빌러티) 융통성(融通性)
flight (홀라잍) 비행(飛行)
flight altitude (홀라잍 앨티튜운) 비행 고도(飛行高度)
flight crew (홀라잍 쿠루우) 비행 승무원(飛行乘務員)
flight diagram (홀라잍 다이어구램) 비행로 도표(飛行路圖表)
flight formation (홀라잍 호어메이순) 비행 편대(飛行編隊)
flight information (홀라잍 인호어메이순) 비행 정보(飛行情報)
flight line (홀라잍 라인) 항공선(航空線)
flight manifest (홀라잍 매니훼스트) 항공 탑승원 명부(航空搭乘員名簿)

flight path (훌라잍 패쓰) 비행 경로 (飛行經路)
항로 (航路)
flight plan (훌라잍 플랜) 비행 계획 (飛行計劃)
flight restriction (훌라잍 뤼스츄뤽쑨) 비행 금지 (飛行禁止)
flight time (훌라잍 타임) 비행 시간 (飛行時間)
float (훌로웉) 부대 (浮袋)
floating bridge (훌로우팅 부뤼지) 부교 (浮橋)
floating bridge construction activities (훌로우팅 부뤼지 컨스츄뤽쑨 액티비티이즈) 부교 구축 작업 (浮橋構築作業)
floating bridge site (훌로우팅 부뤼지 싸잍) 부교 지점 (浮橋地點)
flood (훌런) 홍수 (洪水)
fluorescent light (훌루오레쓴트 라잍) 형광등 (螢光燈)
fly able (훌라이어블) 헬기 기동 가능 (—機機動可能)
Flying Tigers (훌라잉 타이거스) 훌라잉 타이거 항공사 〔飛虎航空社〕
focal point (호우컬 포인트) 초점 (焦點)
focus (호우커스) 초점 (焦點)
fog (호옥) 안개
follow-up echelon (활로우엎 에쉴란) 후속 제대 (後續梯隊)
follow-up element (활로우엎 엘리먼트) 후속 부대 (後續部隊)
food handler (후욷 핸들러) 요리병 (料理兵)
취사병 (炊事兵)
food packet (후욷 패킽) 포장 식품 (包裝食品)
food service (후욷 써어비스) 급양 근무 (給養勤務)
취사 근무 (炊事勤務)
food service supervisor (후욷 써어비스 쑤우퍼바이저) 취사 감독관 (炊事監督官)
football field method and techniques of engagement (훝보올 휘일드 메썯 앤 테끄닠쓰 오브 인게이지먼트) 축구장 방식 조준 기술 (蹴球場方式照準技術)
foot bridge (훝 부뤼지) 도보교 (徒步橋)
foothold (훝호울드) 발판 (—板)
footing (훝팅) 발판 (—板)
토대 (土臺)
footlocker (훝라커) 사물 궤 (私物櫃)
foot march (훝 마아치) 도보 행군 (徒步行軍)
footsore (훝쏘어) 발병 (—病)
forced landing (호어스드 랜딩) 강제 착륙 (强制着陸)
불시착 (不時着)
적전 도하 (敵前渡河)
forced march (호어스드 마아치) 강행군 (强行軍)

F

ford (호오드)	도섭장(渡涉場)
fording area (호오딩 애어뤼아)	도섭 지역(渡涉地域)
fording depth (호오딩 뎁쓰)	차량 도섭도(車輛渡涉度)
fording site (호오딩 싸잍)	도섭장(渡涉場)
	차량 도섭장(車輛渡涉場)
forecast (호어캐스트)	예보(豫報)
foreign (호어륀)	낯선
	지리(地理)에 어두운
foresee (호어씨이)	예견(豫見)하다
forest fire (화뤼스트 화이어)	산불(山—)
foretell (호어텔)	예견(豫見)하다
forklift (호옭리후트)	인양기(引揚機)
form (호엄)	양식(樣式)
formal (호어멀)	정식(正式)
formal training (호어멀 츄레이닝)	정규 훈련 교육 (正規訓練敎育)
formalities (호어맬러티이즈)	격식(格式)
	예식(禮式)
format (호어맽)	양식(樣式)
formation (호어메이슌)	대형(隊形)
	진형(陣形)
	집합(集合)
	편대(編隊)
forms of defense (호엄즈 오브 디이휀스)	방어 형태(防禦形態)
forms of maneuver (호엄즈 오브 머두우버)	기동 형태(機動形態)
fort (호옽)	부대〈요새〉(部隊要塞)
fortification (호어티휘케이슌)	축성(築城)
fortified position (호어티화이드 퍼짓쓘)	요새 진지(要塞陣地)
45 (훠어디 화이브)	권총(拳銃)
forward (호어우온)	전(傳)하다
forward air controller 〈**FAC**〉 (호어우온 애어 컨츄롤러〈홱〉)	전방 항공 통제관 (前方航空統制官)
forward area (호어우온 애어뤼아)	전방 지역(前方地域)
forward command post (호어우온 커맨드 포우스트)	전방 지휘소(前方指揮所)
forward defense area (호어우온 디이휀스 애어뤼아)	전방 방어 지역 (前方防禦地域)
forward division (호어우온 디비젼)	전방 사단(前方師團)
forward echelon (호어우온 에쉴란)	전방 제대(前方梯隊)
forward edge of battle area 〈**FEBA**〉 (호어우온 에지 오브 배틀 (애어뤼아〈휘이바〉)	전투 지역 전단 (戰鬪地域前端)
forward observation (호어우온 압써베이슌)	전방 관측(前方觀測)

forward observation post (호어우온 압써베이숀 포우스트)	전방 관측소(前方觀測所)
forward observer 〈**FO**〉 (호어우온 압써어버 〈에후 오우〉)	전방 관측병(前方觀測兵)
forward slope (호어우온 슬로웊)	전사면(前斜面)
forward unit (호어우온 유우닡)	전방 부대(前方部隊)
fountain pen (화운틴 펜)	만년필(萬年筆)
four point two inch mortar (훠어 포인트 투우 인치모러어)	4.2″〈107㎜〉박격포 (一迫擊砲)
four deuce (훠어 듀우스)	4.2″〈107㎜〉박격포 (一迫擊砲)
fox (확쓰)	여우
foxhole (확쓰호울)	개인용 참호(個人用塹壕) 이인용 참호(二人用塹壕) 참호(塹壕)
foxhole construction (확쓰호울 컨스츄뤽숀)	참호 구축(塹壕構築)
fragment (후랙먼트)	파편(破片)
fragmentary order 〈**FRAGO**〉 (후랙멘테뤼 오오더어 〈후래고〉)	단편 명령(斷片命令)
fragmentation grenade (후랙멘테이숀 구뤼네읻)	세열 수류탄(細裂手榴彈)
free world (후뤼이 우올드)	자유 세계(自由世界)
freedom (후뤼이듬)	자유(自由)
freedom of action (후뤼이듬 오브 액숀)	자유 재량(自由載量) 행동(行動)의 자유(自由)
freedom of maneuver (후뤼이듬 오브 머누우버)	기동(機動)의 자유(自由) 자유 기동(自由機動)
freezer storage (후뤼이저어 스또오뤼지)	냉장고(冷藏庫)
freezing point (후뤼이징 포인트)	빙점(氷點)
frequency (후뤼퀀씨)	주파수(周波數)
frequency modulation 〈**FM**〉 (후뤼퀀씨 마쥬레이숀 〈에후 엠〉)	주파수 변조(周波數變調)
friendly courses of action (후렌들리 코오씨스 오브 액숀)	우군 방책(友軍方策)
friendly forces capabilities (후렌들리 호어씨즈 케이퍼빌러티이즈)	우군 능력(友軍能力)
friendly situation (후렌들리 씨츄에이숀)	우군 상황(友軍狀況)
friendship (후렌쉽)	우정(友情)
front (후론트)	정면(正面)
front line (후론트 라인)	전선(前線)

F

	전선 (戰線)
	제 일선 (第一線)
front line defense (후론트 라인 디이휀스)	제 일선 방어 (第一線防禦)
frontal attack (후론털 어탴)	정면 공격 (正面攻擊)
frontal fire (후론털 화이어)	정면 사격 (正面射擊)
frontal security (후론털 씨큐뤼티)	전방 경계 (前方警戒)
frostbite (후로스트바잍)	동상 (凍傷)
fuel (휴얼)	연료 (燃料)
fuel gauge (휴얼 게이지)	연료계 (燃料計)
full load (훌 로욷)	완전 무장 (完全武裝)
full moon (훌 무운)	만월 (滿月)
function (휭쓘)	기능 (機能)
	직능 (職能)
	행사 (行事)
fund (훤드)	자금 (資金)
future position (휴우쳐 퍼칠쓘)	장래 위치 (將來位置)

G

gamma goat (개머고웉)	"개머.고웉"$1\frac{1}{4}$-ton 중형 추뤜 (中型 —)
garbage disposal (가아비지 디스뽀우절)	쓰레기 처리 (—處理)
garbage truck (가아비지 추뤜)	쓰레기 차 (—車)
garment (가아먼트)	복장 (服裝)
garrison (개뤼슨)	위수 부대 (衛戍部隊)
	위수 (衛戍)
garrison cap (개뤼슨 캪)	약식모 (略式帽)
	출장모 (出張帽)
	해외 군모 (海外軍帽)
garrison forces (개뤼슨 호어씨즈)	위수 부대 (衛戍部隊)
gas (개쓰)	"개쓰"〈가스〉〔瓦斯〕
gas mask (개쓰 매스크)	방독면 (防毒面)
gasoline (개쏘리인)	"개쏘리인"〈개솔린〉〔揮發油〕
gauge (게이지)	계기 (計器)
〈**assistant chief of staff**〉 **G-4** (〈어씨스턴트 치이후 오브 스때후〉 치이 훠어)	군수 참모 (軍需參謀)
gear (기어)	장구 (裝具)
general〈**GEN**〉 (제너뤌 〈치이 이이 엔〉)	장군〈대장〉(將軍〈大將〉)
	장관 (將官)
general air defense (제너뤌 애어 디이휀스)	전반적 방공 (全般的防空)

general air superiority (제너뤌 애어 쑤우피뤄아뤄티)	전반적 공중 우세 (全般的空中優勢)
general concept (제너뤌 칸쎕트)	일반 개념 (一般概念)
general headquarters〈**GHQ**〉(제너뤌 헤쿠오뤄즈〈지이 에이치 큐우〉)	총사령부 (總司令部)
general hospital (제너뤌 하스삐럴)	종합 병원 (綜合病院)
general invasion (제너뤌 인베이쥰)	전면 침략 (全面侵略)
〈**General Motors Corporation**〉**truck** (〈제너뤌 모우러즈 코오퍼레이숀〉츄뤜)	"지이 엠 씨이 츄뤜"〔大型車〕
General of the Army (제너뤌 오브 디 아아미)	육군 원수 (陸軍元帥)
general officer〈**GO**〉(제너뤌 오휘써〈지이 오우〉)	장군 (將軍) 장관급 장교 (將官級將校) 장성 (將星)
general order (제너뤌 오오더어)	일반 명령 (一般命令)
general orders (제너뤌 오오더어즈)	보초 일반 수칙 (步哨一般守則) 일반 수칙 (一般守則)
general outpost〈**GOP**〉(제너뤌 아울포우스트)〈지이 오우 피이〉)	사단 경계 부대 (師團警戒部隊) 일반 전초 (一般前哨)
general outpost organization (제너뤌 아울포우스트 오오거니제이숀)	일반 전초 편성 (一般前哨編成)
general plan (제너뤌 플랜)	전반 계획 (全般計劃)
general purpose tent, small〈**GP small**〉(제너뤌 퍼어퍼스 텐트, 스모올〈지이 피이 스모올〉)	일반용 천막〈소형〉(一般用天幕〈小型〉)
general purpose vehicle (제너뤌 퍼어퍼스 비이끌)	일반용 차량 (一般用車輛)
general scenario (제너뤌 씨네뤼오)	일반 각본 (一般脚本)
general situation (제너뤌 씨츄에이숀)	일반 상황 (一般狀況)
general staff〈**GS**〉(제너뤌 스때후〈지이 에쓰〉)	일반 참모 (一般參謀)
general support〈**GS**〉(제너뤌 써포옫〈지이 에쓰〉)	일반 지원 (一般支援)
general support artillery (제너뤌 써포옫 아아틸러뤼)	일반 지원 포병 (一般支援砲兵)
general support reinforcing〈**GSR**〉(제너뤌 써포옫 뤼인호오씽〈지이 에쓰 아아〉)	일반 지원 증원 (一般支援增援)
general's aide (제너뤌즈 에읻)	전속 부관 (專屬副官)
generosity (제너라씨티)	관대 (寬大)
generous (제너뤄스)	관대 (寬大)한

Geneva Convention (지니이버 컨벤춘)	"지니이버" 협정 (— 協定)
Geneva/Hague Convention (지니이버/헤익 컨벤춘)	"지니이버/헤익" 협정 (— 協定
geography (지아구래휘)	지리 (地理)
geopolitics (지오팔러틱쓰)	지정학 (地政學)
germ warfare (저엄 우오쾌어)	세균전 (細菌戰)
GI 〈**Government Issue**〉 (지이 아이 〈가번먼트 이쓔우〉)	"지이 아이"〈미군 사병〉 (— 美軍士兵)
gift (기후트)	기념품 (紀念品) 선물 (膳物)
give (기브)	전 (傳)하다
gloves (글라브즈)	장갑 (가죽 외피) (掌匣)
GM 〈**guided missle**〉 (지이 엠 〈가이딛 미쓸〉)	"지이 엠" (誘導彈)
G-M angle (지이 엠 앵글)	도자북 차각 (圖磁北差角) "지이 엠" 각 (圖北 – 磁北 差異角)
GMT 〈**Greenwich Mean Time**〉 "지이 엠 티이 〈구뤼인위치 미인 타임〉)	"지이 엠 티이"
goal (고울)	목표 (目標)
goggles (가글즈)	방풍 안경 (防風眼鏡)
good health (구운 헬스)	건강 (健康)
goodwill (구운 윌)	호의 (好意)
government (가번먼트)	정부 (政府)
government agency (가번먼트 에이전씨)	정부 기관 (政府機關)
government agency chief (가번먼트 에이전씨 치이후)	기관장 (機關長)
government issue 〈**GI**〉 (가번먼트 이쓔 〈지이 아이〉)	관급 (官給)
government offices (가번먼트 오휘써스)	공공 기관 (公共機關)
governor (가버너)	지사 (知事)
grade (구레읻)	구배 (勾配) 등급 (等級)
grave registration (구레이브 레지스츄레이순)	영현 등록 (英顯登録)
gravity (구레비티)	중력 (重力)
grazing fire (구레이징 화이어)	최저 표척 사격 (最低表尺射擊)
green (그뤼인)	녹색 (綠色)
green light (그뤼인 라잍)	녹색 등 (綠色燈)
green tab 〈**combat commander's insignia**〉 (그리인 탭 〈캄뱉 커맨더스 인씩니아〉)	전투 지휘관 휘장 (戰鬪指揮官徽章)
greetings (구뤼이팅스)	인사 연설 (人事演說)

grenade launcher (구뤼네읻 로온쳐) 유탄 발사기 (榴彈發射器)
grenade net (구뤼네읻 넽) 유탄 저지망 (榴彈沮止網)
grenade pit (구뤼네읻 필) 유탄호 (榴彈壕)
grenadier (구뤼너디어) 유탄수 (榴彈手)
grid azimuth (구륃 애지머스) 도북 방위각 (圖北方位角)
좌표 방위각 (座標方位角)
grid coordinates (구륃 코오디넡쯔) 격자식 좌표 (格子式座標)
좌표 (座標)
grid line (구륃 라인) 좌표선 (座標線)
grid north (구륃 노오스) 도북 (圖北)
grievance (구뤼이번스) 진정 (陳情)
탄원 (歎願)
gross weight (구로쓰 웨읻) 총중량 (總重量)
ground-air communication (구라운드애어 컴뮤니케이슌 대공 통신 (對空通信)
ground commander (구라운드 커맨더) 지상 부대 지휘관 (地上部隊指揮官)
ground detection (구라운드 디텍쑌) 지상 탐지 (地上探知)
ground distance (구라운드 디스턴스) 지상 거리 (地上距離)
ground echelon (구라운드 에쉴란) 지상 제대 (地上梯隊)
ground FAC (구라운드 퍀) 지상 전방 항공 통제관 (地上前方航空統制官)
ground loud speaker (구라운드 라욷 스삐이커) 육상 확성기 (陸上擴聲器)
ground reconnaissance (구라운드 뤼카너썬스) 지상 정찰 (地上偵察)
ground surveillance radar ⟨GSR⟩ (구라운드 써어베일런스 레이다아 ⟨지이 에쓰 아아⟩) 지상 감시 전파 탐지기 (地上監視電波探知機)
ground survey (구라운드 써어베이) 지상 측지 (地上測地)
ground troops (구라운드 츄루웊쓰) 지상군 (地上軍)
ground zero (구라운드 지어로우) 지상 영점 (地上零點)
지상 원점 (地上原點)
grounded (구라운딛) 임시 비행 금지된 (臨時飛行禁止—)
헬기 기동 불능 (—機機動不能)
group (구루웊) 단 (團)
group burial (구루웊 베어뤼얼) 집단 매장 (集團埋葬)
group consciousness (구루웊 칸쳐스니쓰) 집단 의식 (集團意識)
group of fire (구루웊 오브 화이어) 화력군 (火力群)
group of targets (구루웊 오브 타아길쯔) 표적군 (標的群)
guard (가안) 보초 (步哨)

	위병 (衛兵)
guard detail (가안 디테일)	위병 근무대 (衛兵勤務隊)
guard house (가안 하우스)	위병소 (衛兵所)
guard mount (가안 마운트)	위병 교대 집합 (衛兵交代集合)
guard order (가안 오오더어)	위병 수칙 (衛兵守則)
guerrilla (거릴라)	"거릴라"(게릴라) 유격대원 (遊擊隊員)
guerrilla warfare (거릴라 우오홰어)	유격전 (遊擊戰)
guest to be recognized (게스트 투 비이 레컥나이즈드)	인사 소개 (人士紹介)
guidance (가이던스)	지시 (指示) 지침 (指針)
guide (가읻)	안내원 (案內員) 유도병 (誘導兵) 향도 (嚮導)
guide flag (가읻 훌랙)	유도기 (誘導旗)
guided missile〈**GM**〉 (가이딛 미쓸〈지이 엠〉)	유도탄 (誘導彈)
guideline (가읻라인)	지침 (指針)
guidon (가이단)	기 (旗) 삼각기 (三角旗) 중대기 (中隊旗)
guidon bearer (가이단 베어뤄)	기수 (旗手)
gulch (걸치)	협곡 (峽谷)
gun (건)	대포 (大砲) 직사포 (直射砲) 평사포 (平射砲) 포 (砲)
gun carriage (건 캐뤼지)	포가 (砲架)
gun density (건 덴써티)	포밀도 (砲密度)
gun displacement (건 디스플레이스먼트)	포진지 전환 (砲陣地轉換)
gun mount (건 마운트)	포가 (砲架)
gun section (건 섹쑨)	포반 (砲班)
gun-target line (건타아긷 라인)	포목선 (砲目線)
gunner (거너)	사수 (射手) 포수 (砲手)
gunnery (거너뤼)	포술 (砲術)
gunship (건쉽)	무장 헬리컾터 (武裝—)
gyro (자이로우)	"자이로우"

habit (해빝)	습성 (習性)
hail (헤일)	우박 (雨雹)
hailstorm (헤일스또옴)	우박 (雨雹)
half moon (해후 무운)	반월 (半月)
"Halt!" (홀트 ⁄)	"정지 ⁄"(停止)
	"홀트 ⁄"(停止)
hand arms (핸 아암즈)	휴대 무기 (携帶武器)
hand bag (핸 백)	손가방
handcuffs (핸커후스)	수갑 (手匣)
hand grenade (핸드 구뤼네인)	수류탄 (手榴彈)
hand reel (핸드 뤼일)	통신선 방차 (通信線紡車)
hand salute (핸드 썰루울)	거수 경례 (擧手敬禮)
handshake (핸쉐잌)	악수 (握手)
hands-on training (핸즈온 츄레이닝)	실습 훈련 (實習訓練)
hand-throw weapon (핸스로우 웨펀)	투척 병기 (投擲兵器)
hand-to-hand combat (핸투핸 캄뱉)	백병전 (白兵戰)
	육박전 (肉薄戰)
handling (핸들링)	취급 (取扱)
handling of classified materials (핸들링 오브 클래씨화읻 머티어뤼얼즈)	비밀 취급 (秘密取扱)
handle with care (핸들 윋 캐어)	취급 주의 (取扱注意)
hangfire (행화이어)	발사 지연탄 (發射遲延彈)
	지발 (遲發)
hanging banner (행잉 배너어)	현수막 (懸垂幕)
Haole (하올리)	백인계 (白人系)
harass (허래쓰)	교란 (攪亂)하다
	혼란 (混亂)시키다
harassing attack (허래씽 어탴)	교란 공격 (攪亂攻擊)
	요란 공격 (擾亂攻擊)
	혼란 공격 (混亂攻擊)
harassing fire (허래씽 화이어)	교란 사격 (攪亂射擊)
	요란 사격 (擾亂射擊)
	혼란 사격 (混亂射擊)
harassing tactics (허래씽 탴틱쓰)	요란 전술 (擾亂戰術)
harassment (허래쓰먼트)	교란 (攪亂)
	요란 (擾亂)
harbor (하아버)	항구 (港口)
	항만 (港灣)

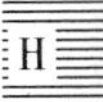

hardcore training (하안코어 츄레이닝) 철저(徹底)한 훈련(訓練)
hard-fought battlefield (하안호웉 배를휘일드) 격전지(激戰地)
hardtack (하안탭) 건빵(乾一)
harmony (하아머니) 인화(人和)
harness (하아니쓰) 장대(裝帶)
hasty (헤이스티) 응급(應急)한
hasty crossing (헤이스티 쿠라씽) 급속 도하(急速渡河)
hasty defense (헤이스티 디이휀스) 급편 방어(急編防禦)
hasty field fortification (헤이스티 휘일드 호어티휘케이숀) 급조 야전 축성(急造野戰築城)
hasty mine field (헤이스티 마인 휘일드) 급조 지뢰 지대(急造地雷地帶)
hasty rivercrossing (헤이스티 뤼버쿠라씽) 급편 도강(急編渡江)
hasty trench (헤이스티 추렌치) 급조 참호(急造塹壕)
have names engraved (해브 네임즈 인구레이브드) 명패(名牌)를 새기다
haversack (해버어쌕) 잡낭(雜囊)
Hawaiian (허와이언) 하와이계(一系)
hawk (호옥) 매
hazard light (해저얻 라잍) 위험등(危險燈)
hazard signs (해저얻 싸인즈) 위험 표지(危險標識)
head (헫) 선두(先頭) 탄두(彈頭)
headache (헫에잌) 두통(頭痛)
heading (헤딩) 두서(頭書)
headquarters 〈**HQ**〉 (헫쿠오뤄즈〈에이치 큐우〉) 본부(本部)
headquarters and headquarters company 〈**HHC**〉 (헫쿠오뤄즈 앤 헫쿠오뤄즈 캄퍼니 〈에이치 에이치 씨이〉) 본부(本部) 및 본부 중대(本部中隊)
headquarters battery (헫쿠오뤄즈 배뤄뤼) 본부 포중대(本部砲中隊)
headquarters commandant (헫쿠오뤄즈 카맨단트) 본부 사령(本部司令)
headquarters company (헫쿠오뤄즈 캄퍼니) 본부 중대(本部中隊)
headquarters element (헫쿠오뤄즈 엘리먼트) 지휘 부서 요원(指揮部署要員)
Headquarters, Field Army (헫쿠오뤄즈, 휘일드 아아미) 야전군 사령부(野戰軍司令部)
Headquarters, Republic of Korea Army 〈**HQROKA**〉 (헫쿠오뤄즈, 뤼퍼블릭 오브 코뤼아 아아미〈에이치 큐우로우카〉) 육군 본부(陸軍本部)
headquarters section (헫쿠오뤄즈 섹숀) 본부반(本部班)

headspace adjustment (헤스빼이스 언쳐스트먼트)	두격 조정(頭隔調整)
head table (헫 테이블)	상석(上席)
health and welfare item (헬스 앤 웰홰어 아이틈)	위생구(衛生具)
Heartbreak Ridge 〈**Hill 520**〉 〈**vic Yanggoo-Inje**〉 (하알부레잌 뤼지〈히일 화이브 투우 지어로우〉)	단장의 능선 부근〈520고지〉 〈비씨너티 양구-인제〉
heat (히잍)	더위 열(熱)
heatstroke (히잍스츄로욱)	일사병(日射病)
heat tablet (히잍 태블릳)	고체 연료(固體燃料)
heavy (헤비)	중(重)
heavy antitank weapon 〈**HAW**〉 (헤비 앤타이탱크 웨펀〈호오〉)	중대전차 화기〈호오〉 (重對戰車火器一)
heavy artillery (헤비 아아틸러뤼)	중포(重砲)
heavy bomber (헤비 바머)	중폭격기(重爆擊機)
heavy damage (헤비 대미지)	중손해(重損害)
heavy equipment (헤비 이큅먼트)	중장비(重裝備)
heavy machinegun (헤비 머쉬인건)	중기관총(重機關銃)
heavy pressure (헤비 푸레셔)	맹공(猛攻)
heavy raft (헤비 래후트)	중문교(重門橋)
heavy tank (헤비 탱크)	중전차(重戰車)
heavy weapon (헤비 웨펀)	중화기(重火器)
height of burst (하잍 오브 버어스트)	파열고(破裂高)
helicopter (헬리캅터)	헬기(一機) 헬리캅터
helicopter guide (헬리캅터 가읻)	헬기 유도 안내병 (一機誘導案内兵)
helipad 〈**"P 123"**〉 (헬리패앧〈파파 ×××〉)	헬기대〈"파파 123"〉 (一機臺)
heliport (헬리포옽)	헬기장(一機場)
heliport 〈**"H 123"**〉 (헬리포옽〈호텔 ×××〉)	헬기 발착장〈"호텔 123"〉 (一機發着場) 헬기항(一機港)
helmet (헬밑)	헬밑
helmetliner (헬밑라이너)	철모내모(鐵帽内帽)
heritage (헤뤼티지)	역사(歷史) 유서(由緖)와 전통(傳統)
hex〈**agonal**〉 **tent** (헥쓰〈아우널〉텐트)	육선형 〈원형〉 천막 (六線形圓形天幕)
H-Hour (에이치 아워)	공격 작전 개시 시간

(攻擊作戰開始時間)
작전 개시 시간
(作戰開始時間)

Hickam Air Force Base 〈AFB〉, Oahu (히컴 애어 호오스 베이스 〈에이 에후 비이〉, 오아후) — 히컴 공군 기지 (—空軍基地)

high-angle fire (하이앵글 화이어) — 고각 사격 (高角射擊)

highest (하이에스트) — 최고 (最高)

high explosive 〈HE〉 (하이 익쓰플로씨브) — 고폭탄 (高爆彈)

higher headquarters (하이어 헤쿠오뤄즈) — 상급 사령부 (上級司令部)

high-speed avenue of approach (하이스삐인 애비뉴 오브 어푸로우치) — 고속 접근로 (高速接近路)

high speed road (하이 스삐인 로운) — 고속 도로 (高速道路)

high temperature (하이 템퍼뤄쳐) — 고열 (高熱)
열 (熱)

high-tension wire (하이텐숀 와이어) — 고압선 (高壓線)

highway regulation order (하이웨이 레귤레이숀 오오더어) — 고속 도로 통제 명령 (高速道路統制命令)

hill (히일) — 고지 (高地)

hill on the far bank (히일 온 더 화아 뱅크) — 대안 고지 (對岸高地)

historical archives (히스타뤼꺌 아아카이브스) — 역사적 기록 (歷史的記錄)

historical Korean American friendship 〈of 100 years〉 (히스타뤼꺌 코뤼언 어메리칸 후렌쉽 〈오브 원 헌주렌 이어즈〉) — 〈100년〉역사적 한미 우호 (百年歷史的韓美友好)

history (히스토뤼) — 역사 (歷史)

history of warfare (히스토뤼 오브 우오홰어) — 전사 (戰史)

hit (힡) — 명중 (命中)

hit-and-run tactics (힡앤뤈 택틱쓰) — 유격 전술 (遊擊戰術)

hit probability (힡 푸로바빌러티) — 명중 확률 (命中確率)

holding attack (호울딩 어택) — 견제 공격 (牽制攻擊)

holding force (호울딩 호오스) — 견제 부대 (牽制部隊)

〈LTG〉James Hollingsworth (〈루우테넌트 제너뤌〉제임스 할링즈워스) — 할링즈워스 장군 (—將軍)

homing device (호우밍 디바이스) — 자동 유도 장치 (自動誘導裝置)
자동 추미 (自動追尾)

honor (아너어) — 영광 (榮光)
표창 (表彰)

honor guard (아너어 가안) — 의장대 (儀仗隊)

Honorable Minister, Ministry of National — 국방 장관 (國防長官)

Defense (아너뤄블 미니스터, 미니스추뤼 오브 내슈널 디이휀스)

honored guest (아너얼 게스트)	귀빈 (貴賓)
hood (후욷)	천막 상개 (天幕上蓋)
horizon (허라이즌)	수평선 (水平線) 지평선 (地平線)
horizontal (허라이잔털)	수평 (水平)
horizontally (허라이잔털리)	횡적 (橫的)으로
hors deouvre (오오어 더어브)	"오오더어브" (칵테일 안주)〔前食〕
hospital (하스삐럴)	병원 (病院)
hospitality (하스삐탤러티)	대접 (待接) 친절 (親切) 호의 (好意) 후대 (厚待)
hospitalization (하스삐털라이제이슌)	입원 (入院)
host (호우스트)	주관자 (主管者)
host country (호우스트 칸추뤼)	주최국 (主催國)
hostage (하스티지)	인질 (人質)
hostility (하스틸리티)	적의 (敵意)
"hot" line (할 라인)	직통선 (直通線)
hot meal (할 미일)	정규 요리 식사 (正規料理食事)
hot weather (할 웨더어)	더위
hour (아워)	시간 (時間)
hours of darkness (아워즈 오브 다아끄네스)	야음 (夜陰)
howitzer (하윋쩌)	곡사포 (曲射砲)
hull (헐)	전차체 (戰車體)
human wave tactics (휴우먼 웨이브 택팁쓰)	인해 전술 (人海戰術)
humidity (휴미디티)	습도 (濕度)
hunch (헌치)	예감 (豫感)
Hwa Rang (화랑)	화랑 (花郞)
hygiene (하이치인)	위생 (衛生)
hypothetical enemy (하이포테티컬 에너미)	가상 적 (假想敵)

I

I wish you the best and good luck!	건투 (健鬪)를 빈다

(아이 윗쉬 유 더 베스트 앤 구운 럭!)

ice scraper 아이스 스끄레이뻐) — 얼음 긁는 도구(道具) 제빙구(除氷具)

icing (아이씽) — 빙결(氷結)

icy road (아이씨 로운) — 빙로(氷路)

identification (아이덴티휘케이슌) — 식별(識別)

ID card (아이 디이 카안) — 신분 증명서(身分證明書)

identification card (아이덴티휘케이슌 카안) — 신분 증명서(身分證明書)

identification, friend of foe 〈IFF〉 (아이덴티휘케이슌, 후렌드 오어 호우〈아이 에후 에후〉) — 피아 식별(彼我識別)

identification number (아이덴티휘케이슌 넘버) — 인식 번호(認識番號)

identification tag (아이덴티휘케이슌 택) — 식별 명패(識別名牌) 식인표(識認票)

identify (아이덴티화이) — 밝히다

identification 〈ID〉 tag (아이덴티휘케이슌 〈아이디이〉택) — 인식표(認識票)

identify and augment weaknesses (아이덴티화이 앤 오오그멘트 위이끄네씨스) — 약점 확인 및 보강하라 (弱點確認 — 補强 —)

"If the baloon goes up" ("이후 더 벌루운 고우즈 엎" — "정말 전쟁(戰爭)이 일어나면"

IG inspection (아이지이 인스펙쓘) — 감찰 검열(監察檢閱)

ignition switch (익니쓘 스윗치) — 발동 스윗치(發動—) 점화 스윗치(點火—)

illegal (일리걸) — 위법(違法)의

illegality (일리겔러티) — 불법 행위(不法行爲)

illumination (일루미네이슌) — 조명(照明)

illumination round (일루미네이슌 라운드) — 조명탄(照明彈)

illuminated night attack (일루미네이틷 나잍 어탴) — 유조명 야간 공격 (有照明夜間攻擊)

immediate reaction force 〈IRF〉 (임미디얼 뤼액쓘 호오스 〈아이 아아 에후〉) — 즉각 대응군(即刻對應軍)

immobilize (임모우빌라이즈) — 고정(固定)시키다

immunization (임뮤니제이슌) — 면역(免疫)

impact (임팩트) — 탄착(彈着)

impact area (임팩트 애어뤼아) — 충격 지역(衝擊地域) 탄착 지역(彈着地域)

impact fuze (임팩트 휴우즈) — 충격 신관(衝擊信管)

mplied mission (임플라인 미쓘)	추정 임무 (推定任務)
mplied task (임플라인 태스끄)	추정 과업 (推定課業)
mprovement (임푸루우브먼트)	개량 (改良) 개선 (改善) 향상 (向上)
mprovisation (임푸뤄바이제이슌)	임기 응변 (臨機應變)
in advance (인 얻밴스)	미리 사전 (事前)에
in the right place at the right time (인 더 롸잍 플레이스 앹 더 롸잍 타임)	적시 적소 (適時適所)
ncendiary (인쎈디에뤼)	소이제 (燒夷劑)
incendiary bomb (인쎈디에뤼 밤)	소이탄 (燒夷彈)
inch (인치)	촌〔吋〕 "인치"〔吋〕
Inchon proper (인천 푸라퍼)	엄격한 의미에서의 인천 시내 (嚴格一意味一仁川市內)
incident (인씨던트)	사건 (事件)
incidental engagement (인씨덴털 인게이지먼트)	조우전 (遭遇戰)
inclement weather (인클레먼트 웨더어)	악천후 (惡天候)
inclement weather training schedule (인클레먼트 웨더어 츄레이닝 스께쥴)	악천후 훈련 계획 (惡天候訓練計劃)
inclosure (인클로우져어)	동봉 별지 (同封別紙) 별지 (別紙) 부첨물 (附添物)
incountry (인칸츄뤼)	국내 (國內)의
increased number of infiltrators (인쿠뤼이스드 넘버 오브 인휠츄레이러즈)	침투 증가 (浸透增加)
increased understanding (인쿠뤼스드 언더스땐딩)	이해 증진 (理解增進)
increment (인쿠뤄먼트)	증분량 (增分量)
independent judgment (인디펜던트 처지먼트)	자유 재량 (自由裁量)
independent training (인디펜던트 츄레이닝)	부대별 훈련 (部隊別訓練)
index (인덱쓰)	색인 (索引)
Indian Ocenan (인디언 오우션)	인도양 (印度洋)
indication (인디케이슌)	지시 (指示) 징후 (徵候)
indicator (인디케이러)	측정기 (測定器)
indirect fire (인디렉 화이어)	간접 사격 (間接射擊)

I

individual basic load (인디비쥬얼 베이씩 로욷) 최소 필수 장비 (最少必須裝備)
individual clothing record (인디비쥬얼 클로오딩 레컫) 개인 피복 기록표 (個人被服記録表)
individual combat (인디비쥬얼 캄밸) 각개 전투 (各個戰闘)
individual combat skills and techniques (인디비쥬얼 캄밸 스끼일즈 앤 테끄닠쓰) 각개 전투 기술 (各個戰闘技術)
individual equipment (인디비쥬얼 이큅먼트) 개인 장비 (個人裝備)
individual fighting position (인디비쥬얼 화이팅 퍼칠쑨) 일인용 참호 (一人用塹壕)
individual gear (인디비쥬얼 기어) 개인 장비 (個人裝備)
individual position (인디비쥬얼 퍼칠쑨) 개인 진지 (個人陣地)
individual protection (인디비쥬얼 푸로텍쑨) 개인 방호 (個人防護)
individual ration (인디비쥬얼 레슌) 휴대 식량 (携帶食糧)
individual soldier skills (인디비쥬얼 쏘울져어 스끼일즈) 개인 병사 기능 (個人兵士技能)
individual training (인디비쥬얼 츄레이닝) 각개 훈련 (各個訓練)
individual unit training (인디비쥬얼 유우닡 츄레이닝) 부대별 훈련 (部隊別訓練)

indorsement (인도오스먼트) 이서 (裏書) 첨서 (添書) 추이 (追裏)
induction (인덕쑨) 징병 (徵兵)
infantry (인휜추뤼) 보병 (歩兵)
infantry/armor combined arms operation (인휜추뤼/아아머어 컴바인드 아암즈 아퍼레이슌) 보전 합동 작전 (歩戰合同作戰)
infantry division 〈ID〉 (인휜추뤼 디비젼〈아이 디이〉) 보병 사단 (歩兵師團)
infiltrate (인휠츄레잍) 침투(浸透)하다
infiltrate and stay-behind (인휠츄레잍 앤 스떼이비하인드) 체류 침투 (滯留浸透)
infiltration (인휠츄레이슌) 침투 (浸透)
infiltration column (인휠츄레이슌 칼럼) 침투 종대 (浸透縦隊)
infiltration force (인휠츄레이슌 호오스) 침투 부대 (浸透部隊)
infiltration lane (인휠츄레이슌 레인) 침투로 (浸透路)
infiltration mission (인휠츄레이슌 미쑨) 침투 임무 (浸透任務)
infiltration net (인휠츄레이슌 넽) 침투망 (浸透網)

infiltration operation (인휠츄레이순 아퍼레이순) 침투 작전 (浸透作戰)
inflammables (인홀래머블즈) 인화물 (引火物)
inflight tanker (인홀라잍 탱커) 공중 급유기 (空中給油機)
information (인호어메이슌) 정보 (情報)
information available (인호어메이슌 어베일러블) 가용 정보 (可用情報)
information briefing (인호어메이슌 부뤼이휭) 안내 사항 설명 (案內事項說明)
information leak (인호어메이슌 리잌) 첩보 누설 (諜報漏洩)
influence (인훌루언스) 영향 (影響)
informer (인호오머) 첩자 (諜者)
infrared (인후라뢰) 적외선 (赤外線)
initial aiming point (이니셜 에이밍 포인트) 최초 조준점 (最初照準點)
initial assembly area (이니셜 어쎔블리 애어뤼아) 최초 집결지 (最初集結地)
initial delay position (이니셜 딜레이 퍼칠쓘) 최초 지연 진지 (最初遲延陣地)
initial effect (이니셜 이휄트) 초기 효과 (初期效果)
initial fire mission (이니셜 화이어 미쓘) 최초 사격 임무 (最初射擊任務)
initial fire order (이니셜 화이어 오오더어) 최초 사격 명령 (最初射擊命令)
initial fire request (이니셜 화이어 뤼퀘스트) 최초 사격 요청 (最初射擊要請)
initial firing point (이니셜 화이어링 포인트) 최초 사격 지점 (最初射擊地點)
initial firing position (이니셜 화이어링 퍼칠쓘) 최초 사격 진지 (最初射擊陣地)
initial issue (이니셜 이쓔) 초도 불출 (初度拂出)
initial nuclear radiation (이니셜 뉴우클리어 래디에이슌) 초기 핵 방사선 (初期核放射線)
initial objective (이니셜 옵젝티브) 최초 목표 (最初目標)
initial operations (이니셜 아퍼레이순스) 초기 작전 (初期作戰)
initial phase (이니셜 훼이즈) 초기 단계 (初期段階) 최초 단계 (最初段階)
initial point (이니셜 포인트) 최초 지점 (最初地點)
initial strength (이니셜 스츄렝스) 최초 병력 (最初兵力)
initial strength report (이니셜 스츄렝스 뤼포올) 최초 병력 보고 (最初兵力報告)
initial supply (이니셜 써플라이) 초도 보급 (初度補給)
initial supply requirement 초도 보급 수요

(이니셜 써플라이 뤼콰이어먼트) (初度補給需要)
initials (이니셜즈) 성명 두자(姓名頭字)
initiative (이니셔티브) 기선(機先)
선수(先手)
선제(先制)
inpatient (인페이션트) 입원 환자(入院患者)
inquiry (인콰이어뤼) 문의(問議)
심문(審問)
inserts (인써얼쯔) 장갑(掌匣)〈털실 내피〉
inspect the honor guard (인스펙 더 아너어 가알) 사열(査閱)하다(의장대〈儀仗隊〉)
inspection (인스펙숀) 검열(檢閱)
관람(觀覽)
시찰(視察)
inspection report (인스펙숀 뤼포올) 검열 보고(檢閱報告)
inspector general 〈IG〉 (인스펙터 제너뤌〈아이 지이〉) 감찰감(監察監)
install (인스또올) 설치(設置)하다
installation (인스똘레이숀) 부대(部隊)(시설〈施設〉)
설비(設備)
시설(施設)
instructor (인스추뤅터) 교관(敎官)
instrument (인스추루먼트) 계기(計器)
instrument panel (인스추루먼트 패늘) 계기판(計器板)
insubordination (인써보오디네이숀) 항명(抗命)
I
insult (인썰트) 욕(辱)하다
insure (인슈어) 확실(確實)히 하다
integration (인테구레이숀) 통합(統合)
integrated communications system (인테구레이틷 커뮤니케이숀스 씨스텀) 통합 통신 제도(統合通信制度)
integrated training (인테구레이틷 츄레이닝) 통합 훈련(統合訓練)
intelligence (인텔리젼스) 정보(情報)
intelligence activity (인텔리젼스 액티비티) 정보 활동(情報活動)
intelligence agency (인텔리젼스 에이젼씨) 정보 기관(情報機關)
intelligence and reconnaissance platoon (인텔리젼스 앤 뤼카너썬스 플러투운) 정보 정찰 소대(情報偵察小隊)
intel 〈ligence〉 annex (인텔〈리젼스〉애넥쓰) 정보 부록(情報附錄)
intelligence collection (인텔리젼스 컬렉숀) 정보 수집(情報蒐集)

intelligence collection activities (인텔리젼스 컬렉쑨 액티비티이즈) — 첩보 수집 활동 (諜報蒐集活動)
intelligence collection agency (인텔리젼스 컬렉쑨 에이젼씨) — 정보 수집 기관 (情報蒐集機關)
intelligence collection plan (인텔리젼스 컬렉쑨 플랜) — 정보 수집 계획 (情報蒐集計劃)
intelligence estimate (인텔리젼스 에스떠밑) — 정보 판단 (情報判斷)
intelligence evaluation (인텔리젼스 이밸류에이쑨) — 정보 평가 (情報評價)
intelligence information briefing (인텔리젼스) 인호어메이쑨 부뤼이횡) — 첩보 상황 설명 (諜報狀況說明)
intel gathering (인텔 개더어륑) — 정보 수집 (情報蒐集)
intel gathering activities (인텔 개더어륑 액티비티이즈) — 첩보 수집 활동 (諜報蒐集活動)
intelligence information (인텔리젼스 인호어메이쑨) — 첩보 (諜報)
intelligence information briefing (인텔리젼스 인호어메이쑨 부뤼이횡) — 정보 상황 설명 (情報狀況說明)
intelligence ⟨situation⟩ map (인텔리젼스⟨씨츄에이쑨⟩맵) — 정보⟨상황⟩도 (情報狀況圖)
intel ⟨ligence⟩ net (인텔⟨리젼스⟩넽) — 정보망 (情報網)
intelligence officer (인텔리젼스 오휘써) — 정보관 (情報官); 정보 장교 (情報將校)
intelligence operation (인텔리젼스 아퍼레이쑨) — 첩보 활동 (諜報活動)

intel ⟨ligence⟩/op ⟨eratio⟩ns net (인텔⟨리젼스⟩/아퍼⟨레이쑨⟩스 넽) — 정⟨보⟩작⟨전⟩망 (情報作戰網)
intelligence photograph (인텔리젼스 호우터구래후) — 정보 사진 (情報寫眞)
intelligence plan (인텔리젼스 플랜) — 정보 계획 (情報計劃)
intel recon patrol team (인텔 뤼칸 퍼츄롤 티임) — 정보 정찰조 (情報偵察組)
intel⟨ligence⟩ report (인텔⟨리젼스⟩ 뤼포올) — 정보 보고 (情報報告)
intelligence source (인텔리젼스 쏘오스) — 첩보 근원 (諜報根源)
intelligence synthesis (인텔리젼스 씬쎄씨스) — 정보 종합 (情報綜合)
intelligence summary (인텔리젼스 써머뤼) — 정보 요약 (情報要約)
intelligence training (인텔리젼스 츄레이닝) — 정보 교육 (情報教育)
intention (인텐쑨) — 의도 (意圖)

interaction (이너액쑨)	상호 작용(相互作用)
interception (인터어쎕쑨)	요격(邀擊)
interception station (인터어쎕쑨 스떼이숀)	통신 방수소(通信傍受所)
interchangeable parts (인터어췌인지어블 파알츠)	동일 환치 부속품 (同一換置附屬品)
intercom (인터컴)	구내 통화기(構内通話機)
intercommunication (이너캄뮤니케이숀)	상호 통신(相互通信)
interdict (인터어딕트)	차단(遮斷)하다
interdiction (인터어딕쑨)	차단(遮斷) 후방 차단(後方遮斷)
interdiction bombing (인터어딕쑨 바밍)	차단 폭격(遮斷爆擊)
interdiction fire (인터어딕쑨 화이어)	차단 사격(遮斷射擊)
interdiction line (인터어딕쑨 라인)	차단선(遮斷線)
interest (인터레스트)	관심(關心)
interference (인터어휘어뤈스)	혼선(混線) 혼신(混信)
intermediate (인터어미디얼)	중간(中間)
intermediate objective (인터어미디얼 옵젝티브)	중간 목표(中間目標)
internal concentration of forces (인터어널 칸쎈츄레이숀 오브 호어씨즈)	전장 내 집중(戰場内集中)
internal control (인터어늘 컨츄롤)	내부 통제(內部統制)
internal security (인터어늘 씨큐뤼티)	내부 보안(內部保安)
interoperability (인터어 아퍼뤄빌러티)	연합 작전 능력 (聯合作戰能力)
interphone (인터호운)	구내 통화기(構内通話機)
interpretation (인터어푸뤼테이숀)	통역(通譯) 판독(判讀) 해석(解釋)
interpretation of information (인터어푸뤼테이숀 오브 인호어메이숀)	첩보 해석(諜報解釋)
interpreter (인터어푸뤼러)	통역관(通譯官)
interrogation (인테뤄게이숀)	신문(訊問)
〈**road**〉 **intersection** (〈로운〉 인터쎅쑨)	교차로(交叉路)
intersection (인터어쎅쑨)	교회법(交會法)
interservice support (이너써어비스 써포올)	삼군 상호 지원 (三軍相互支援)
intertheater transfer 〈**ITT**〉 (인터어 씨어러 츄랜스훠어 〈아이 티이 티이〉)	전구간 전직(戰區間轉職)
interval (인터어벌)	간격(間隔)
intervehicular communication (인터어비이큘라 커뮤니케이숀	차간 통신(車間通信)

I

introduction (인츄뤄덕쑨)	인사 소개 (人事紹介)
intruder (인츄루우더)	침입 적기 (侵入敵機)
invasion (인베이준)	침입 (侵入)
inventory (인번토오뤼)	재고품 (在庫品) 재고품 조사 (在庫品調査)
inventory adjustment (인번토오뤼 언쳐스트먼트)	재고 조정 (在庫調整)
inverted crawl (인버어틷 쿠로올)	배면 포복 (背面匍匐)
investigation (인베스티게이순)	조사 (調査) 수사 (搜査)
in violation of the law (인 바이어레이순 오브 더 로오)	위법 (違法)의
invitation (인비테이순)	초대〈장〉(招待狀)
invoice (인보이스)	송장 (送狀)
iodine (아이어다인)	옥소 (沃素) "아이어다인"
iron links (아이언 링끄스)	쇠사슬
Iron Triangle (**Pyongkang-Kumhwa-Chorwon**) (아이언 츄라이앵글 〈평강－큼와－처뤈〉)	철 (鐵)의 삼각 지대 (三角地帶) (평강〈平康〉－금화〈金華〉－철원〈鐵原〉)
irregular (이어레귤러)	불규칙 (不規則)
irregularity (이어레귤래뤄티)	불법 행위 (不法行爲)
irritant agent (이뤼턴트 에이젼트)	자극제 (刺戟劑)
irritant smoke (이뤼턴트 스모욱)	자극성 연막 (刺戟性煙幕)
islands (아이런즈)	열도 (列島)
isolate (아이쏠레잍)	격리 (隔離)시키다 고립 (孤立)시키다
issuance of order (이쓔언스 오브 오오더어)	하명 (下命)
issue (이쓔)	지급 (支給)
issue an order (이쓔 앤 오오더어)	명령 하달 (命令下達)하다
issue slip (이쓔 슬맆)	불출증 (拂出證)
issues (이쓔우즈)	지급품 (支給品)
item (아이틈)	조목 (條目) 품목 (品目) 항목 (項目)
item description (아이틈 데스쿠륖쑨)	품목 기술 (品目記述)
item number (아이틈 넘버)	품목 번호 (品目番號)
item of equipment (아이틈 오브 이쓔)	장비 품목 (裝備品目)
item of issue (아이틈 오브 이큎먼트)	지급 품목 (支給品目)
itinerary (아이티너뤄뤼)	순방 (巡訪) 순시 일정 (巡視日程)

J

jacket (재킽) 상의 (上衣)
JAG officer (재액 오휘써) 법무 장교 (法務將校)
jamming (재밍) 전파 방해 (電波妨害)
통신 방해 (通信妨害)
Japanese descent (재퍼니이즈 디쎈트) 일본계 (日本系)
jeep (지잎) "지잎"
jet (젵) "젵"
jet engine (젵 엔진) "젵" 기관 (一機關)
jet fuel (젵 휴얼) "젵" 연료 (一燃料)
jetlag (젵랙) 여독 (旅毒)
jet stream (젵 스츄뤼임) "젵" 기류 (一氣流)
job analysis (잡 어낼러씨스) 직무 분석 (職務分析)
job classfication (잡 클래씨휘케이슌) 직무 분류 (職務分類)
job order (잡 오오더어) 작업 지시서 (作業指示書)
joint (조인트) 연합 (聯合)된
합동 (合同)
joint attack force (조인트 어탴 호오스) 합동 공격 부대 (合同攻擊部隊)
Joint Chiefs of Staff ⟨**JCS**⟩ (조인트 치이후스 오브 스때후 ⟨제이 씨이 에쓰⟩) 연합 참모 본부 (聯合參謀本部)
통합 참모 본부 (統合參謀本部)
합동 참모부 (合同參謀部)
joint exercise (조인트 엑써싸이스) 합동 연습 (合同練習)
joint forces exercise (조인트 호어씨즈 엑써싸이스) 합동군 연습 (合同軍練習)
joint forces training (조인트 호어씨즈 츄레이닝) 제병 합동 훈련 (諸兵合同訓練)
joint operation (조인트 아퍼레이슌) 연합 작전 (聯合作戰)
합동 작전 (合同作戰)
joint operation capabilities (조인트 아퍼레이슌 케이퍼빌러티이즈) 연합 작전 능력 (聯合作戰能力)
joint staff (조인트 스때후) 합동 참모 (合同參謀)
joint tactical air strike form (조인트 탴티껄 애어 스츄롸잌 호옴) 합동 전술 공격 양식 (合同戰術空擊樣式)
joint task force (조인트 태스끄 호오스) 합동 임무 부대 (合同任務部隊)

joint training (조인트 츄레이닝) 합동 훈련(合同訓練)
joint working relationship (조인트 우오킹 릴레이순쉽) 연합 근무 관계(聯合勤務關係)
journalist (저어널리스트) 기자(記者)
Judge Advocate General〈**JAG**〉(저지 앤버킷 제너뤌〈재액〉) 법무감(法務監)
judge advocate general corps〈**JAG**〉**officer** (저지 앤버킷 코어〈재액〉) 군 법무 장교(軍法務將校)
judgment (처지먼트) 판단(判斷)
junior officer (츄니어 오휘써) 초급 장교(初級將校) 하급 장교(下級將校)
jump tactical operations center〈**JUMP TOC**〉(쳠프 탤티컬 아퍼레이순스 쎄너〈쳠프 탑〉) 전방 전술 작전 지휘소(前方戰術作戰指揮所)

K

K (케이) 천 미이터
KATUSA (카투우싸) 카투싸
kayakum (카야굼) 가야금(伽倻琴)
keepsake (키잎쎄잌) 기념품(紀念品)
key (키이) 주요(主要)
key item (키이 아이틈) 기간 품목(基幹品目)
key personnel (키이 퍼어스넬) 기간 요원(基幹要員) 주요 기간원(主要基幹員)
key point (키이 포인트) 요점(要點)
key position (키이 퍼칠쑨) 요부(要部)
key staff members (키이 스때후 멤버즈) 주요 참모 요원(主要參謀要員)
key terrain (키이 터레인) 요지(要地) 주요 지형(主要地形)
key to success (키이 투썩쎄쓰) 관건(關鍵)
kill zone (킬 죠운) 살상 지대(殺傷地帶)
killed in action〈**KIA**〉(킬드 인 액쑨〈케이 아이 에이〉) 전사자(戰死者)
kilometer (킬라미러) 천 미이터
kimchi-GI (킴치 지이 아이) 한국계 미군(韓國系美軍)
kind words (카인드 우오즈) 찬사(讚辭)
kindness (카인드니쓰) 친절(親切) 호의(好意)
kitchen police〈**KP**〉 취사장 근무병

(킬츤 폴리스 〈케이 피이〉)	(炊事場勤務兵)
kiwi (키이위이)	무익조 (無翼鳥) 키이위이
kneeling position (니일링 퍼칠쑨)	무릎 쏴 자세 슬사 자세 (膝射姿勢)
known distance (노운 디스턴스)	기지 거리 (既知距離)
known enemy battery (노운 에너미 배뤄뤼)	확인 적 포대 (確認敵砲隊)
known enemy location (노운 에너미 로우케이숸)	기지 적 위치 (既知敵位置)
known enemy position (노운 에너미 퍼칠쑨)	기지 적 진지 (既知敵陣地)
Korea (코뤼아)	대한 민국 (大韓民國)
Korea Military Academy 〈KMA〉 (코뤼아 밀리테뤼 어캐더미 〈케이 엠 에이〉)	육군 사관 학교 (陸軍士官學校)
Korean-American blood-pledged/relationship (코뤼언 어메뤼칸 블런플레지드 륄레이숸쉽)	(한미 〈韓美〉) 혈맹 (血盟)의 관계 (關係)/유대 (紐帶)
Korean-American Friendship Association (코뤼언어메리칸 후렌쉽 어쏘우씨에이숸)	한미 우호 협회 (韓美友好協會)
Korean Augmentation to the United States Army (코뤼언 오옥멘테이숸 투 더 유나이틷 스떼이쯔 아아미)	카투싸
Korean Conflict (코뤼언 칸훌릭트)	한국 동란 (韓國動亂) 육이오 전란 (六二五戰亂)
Korean harp (코뤼언 하앞)	가야금 (伽倻琴)
Korean National Anthem (코뤼언 내슈널 앤썸)	애국가 (愛國家)
Korean National Flag (코뤼언 내슈널 훌래)	태극기 (太極旗)
Korean National Flower (코뤼언 내슈널 훌라우어)	무궁화 (無窮花)
Korean National Police 〈KNP〉 내슈널 폴리스 〈케이 엔 피이〉)	경찰 (警察)
Korean peninsula (코뤼언 피닌슐라)	한반도 (韓半島)
Korean Service Corps 〈KSC〉 (코뤼언 써어비스 코어 〈케이 에쓰 씨이〉)	한국 노무대 (韓國勞務隊)
Korean War (코뤼언 우오)	한국 전쟁 (韓國戰爭) 육이오 전란 (六二五戰亂) 한국 동란 (韓國動亂)

labor service corps (레이버 써어비스 코어) 사역단(使役團) 노무단(勞務團)
lachrymatory gas (래쿠뤼머터뤼 개쓰) 최루 개쓰(催淚—)
Lance missile (랜스 미쓸) "랜스 미쓸"(미사일)
land bridge (랜드 부뤼지) 육교(陸橋)
Land of High Mountains and Sparkling Waters (랜드 오브 하이 마운튼즈 앤 스빠클링 워러즈) 대한 민국(大韓民國)
Land of Morning Calm (랜드 오브 모오닝 카암) 대한 민국(大韓民國)
land, sea, and air forces (랜드, 씨이, 앤 애어 호어씨즈) 육해공군(陸海空軍)
landing (랜딩) 상륙(上陸) 착륙(着陸)
landing area (랜딩 애어뤼아) 상륙 지역(上陸地域) 이착륙 지역(離着陸地域)
landing attack force (랜딩 어탤 호오스) 상륙 전투대(上陸戰鬪隊)
landing boat (랜딩 보울) 상륙정(上陸艇)
landing craft (랜딩 쿠래후트) 상륙용 주정(上陸用舟艇)
landing force (랜딩 호오스) 상륙군(上陸軍)
landing party (랜딩 파아리) 상륙 전투대(上陸戰鬪隊)
landing sequence table (랜딩 씨퀀스 테이블) 상륙 순위표(上陸順位表)
landing site (랜딩 싸일) 착륙 지역(着陸地域)
landing strip (랜딩 스츄륖) 착륙 활주로(着陸滑走路)
landing team (랜딩 티임) 상륙 전투대(上陸戰鬪隊)
landing zone 〈**LZ**〉 (랜딩 조운〈엘 즤〉) 착륙 지대(着陸地帶)
landing zone control team (랜딩 조운 컨츄롤 티임) 착륙 지대 통제조(着陸地帶統制組)
landline 〈**LL**〉 (랜드라인〈리마리마〉) 군용 전화(軍用電話) 야전 전화기(野戰電話機)
landmark (랜드마알) 저명 지형 지물(著名地形地物)
lane (래인) 통로(通路)
large scale (라아지 스께일) 대규모(大規模)
large scale map (라아지 스께일 맵) 대축척 지도(大縮尺地圖)
large unit training 〈**brigade and above**〉 대부대 훈련(大部隊訓練)

(라아지 유우닡 츄레이닝)	(여단 이상〈旅團以上〉)
lateral (래터뤌)	측면(側面)의
lateral communication (래터뤌 커뮤니케이숀)	측방 통신 (側方通信) 횡적 연락 (橫的連絡)
lateral observation (래터뤌 압써베이숀)	측방 관측(側方觀測) 횡관측(橫觀測)
latitude (래티튜욷)	위도(緯度)
〈**allow**〉 **latitude** (〈얼라우〉 래티튜욷)	자유 재량(自由裁量)
latrine (러츄뤼인)	변소(便所)
latrine screen (러츄뤼인 스끄뤼인)	변소막(便所幕)
launch (로온치)	발사(發射)하다
launcher (로온쳐)	발사기(發射器)
laundry detergent (로온쥬뤼 디터어젼트)	세탁(洗濯)가루 비누
laundry soap (로온쥬뤼 쏘웊)	세탁(洗濯)비누
LAW (로오)	대전차 소형 미사일 (對戰車小型—)
law and order (로오 앤 오오더어)	법질서(法秩序)
law of war (로오 오브 우오)	전쟁법(戰爭法)
laynard (래녀얻)	휴대 무기 부착선 (携帶武器附着線)
layout sketch (레이아울 스케치)	배치도(配置圖)
lead (리읻)	선도 거리 (先導距離) 선두(先頭) 이동 표적 선도 조준 거리 (移動標的先導照準距離)
lead element (리읻 엘리먼트)	선두 부대(先頭部隊)
lead time (리읻 타임)	소요 기간(所要期間) 소요 시간(所要時間)
leader (리이더)	지휘자(指揮者) 초급 지휘관(初級指揮官)
〈**desirable characteristics of a**〉 **leader** (디자이어뤄블 캐뤽터뤼스띡쓰 오브 어 리이더)	지휘관 특성(指揮官特性)
① **bearing** (배어륑)	① 외모(外貌)
② **courage** 〈**physical, moral**〉 (커뤼지〈휘지컬, 모우뤌〉)	② 용기〈육체적, 도덕적〉 勇氣〈肉體的, 道德的〉)
③ **decisiveness** (디싸이씨브니쓰)	③ 결단성(決斷性)
④ **dependability** (디펜더빌러티)	④ 신뢰성(信賴性)
⑤ **endurance** (엔츄어뤈스)	⑤ 인내심(忍耐心)
⑥ **enthusiasm** (엔쑤지애즘)	⑥ 열성(熱誠)
⑦ **initiative** (이니셔티브)	⑦ 진취성(進取性)

⑧ **integrity** (인텍뤼티) ⑧ 성실 (誠實)
⑨ **judgment** (저지먼트) ⑨ 판단력 (判斷力)
⑩ **justice** (저스티쓰) ⑩ 공정 (公正)
⑪ **knowledge** (날리지) ⑪ 지식 (知識)
⑫ **loyalty** (로우열티) ⑫ 충성심 (忠誠心)
⑬ **tact** (탭트) ⑬ 대인 요령 (對人要領)
⑭ **selflessness** (쎌후리쓰니스) ⑭ 희생 정신 (犧牲精神)

leadership (리이더쉽) 지휘법 (指揮法)
통솔 (統率)

leadership principles ⟨guidelines⟩ (리이더쉽 푸륀씨쁠즈 ⟨가이드라인즈⟩) 지휘 원칙 (指揮原則)

① **Be technically and tactically proficient** (비이 텍티껄리 앤 택티껄리 푸뤄휘션트) ① 기술적, 전술적 능력자가 되라 〔技術的, 戰術的 能力者〕

② **Know yourself and seek self improvement-** (노우 유어쎌후 앤 씨잌 임푸루우브먼트) ② 자신을 알고 향상을 도모하라. 〔知己向上〕

③ **Know your soldiers and look out for their welfare-** (노우 유어 솔저어스 앤 룩 아울 호어 데어 웰홰어) ③ 병사를 알고 그들의 복지를 보살펴라. 〔兵士福止〕

④ **Keep your subordinates informed-** (키잎 유어 써보오디넡쯔 인호옴드) ④ 부하들에게 현황을 인식시켜라. 〔部下現況認識〕

⑤ **Set the example-** (쎌 디 익잼쁠즈) ⑤ 솔선 수범하라 (率先垂範)

⑥ **Insure the task is understood supervised and accomplished-** (인슈어 더 태스끄 이즈 언더스뚜운 쑤우퍼바이즈드 앤 어캄플리쉬트) ⑥ 하달된 임무의 이해, 감독, 완수를 확인하라 〔下達任務 理解－監督－完遂確認〕

⑦ **Train your unit as team-** (츄레인 유어 유우닡 애즈 티임) ⑦ 부대 전원이 일개 단체 협동 정신을 갖도록 훈련시켜라. 〔部隊全員 一個團體 協同精神訓練〕

⑧ **Make sound and timely decisions-** (메잌 싸운드 앤 타임리 디씨죤스) ⑧ 심중하고 적시적인 결단을 내려라. 〔深重－適時 決斷〕

⑨ **Develop a sense of responsibility in your subordinates-** (디벨럽 어 쎈스 오브 뤼스판써빌러티 인 유어 써보오디넡쯔) ⑨ 부하들의 책임감을 발전시켜라. 〔部下責任感發展〕

⑩ **Employ your unit in accordance with its capabilities-** ⑩ 부대 역량껏 운용하라. 〔部隊力量運用〕

(임플로이 유어 유우닡 인 어코오던스 윋 잍쯔 케이퍼빌러티이즈)

⑪ **Seek responsibility and take responsibility for your actions-** (씨잌 뤼스판써빌러티 앤 테잌 뤼스판써빌러티 호어 유어 액쑨스) — ⑪ 책임을 추구하고 책임을 져라 〔責任追求 責任甘受〕

leadership training (리이더쉽 츄레이닝) — 지휘 통솔 훈련 (指揮統率訓練)

leadership traits (리이더쉽 츄레잍쯔) — 지휘 특성 (指揮特性)

leading element (리이딩 엘리먼트) — 선두 부대 (先頭部隊) 선봉 부대 (先鋒部隊)

leading fire (리이딩 화이어) — 선도 사격 (先導射擊)

leaflet (리이후릍) — 전단 (傳單)

leaflet drop (리이후릍 쥬랖) — 전단 살포 (傳單撒布)

leak (리잌) — 누출 (漏出) 하다

leapfrog (리잎후로옥) — 구분 전진 (區分前進)

leave (리어브) — 휴가 (休暇)

leaves (리이브즈) — 나뭇잎

left 〈side〉 (레후트 〈싸이드〉) — 좌측 (左側)

left flank (레후트 훌랭크) — 좌익 (左翼) 좌측방 (左側方)

leftovers (레후트오우버어즈) — 밥찌꺼기

legal assistance (리이걸 어씨스턴스) — 법률 상담소 (法律相談所)

legal basis (리이걸 베이씨스) — 법적 근거 (法的根據)

legal holiday (리이걸 할러데이) — 공휴일 (公休日)

legal problem (리이걸 푸라블럼) — 법적 문제 (法的問題)

lensatic compass (렌처팈 캄퍼쓰) — "렌즈"식 나침반 (一式羅針盤)

lesson plan(레쓴 플랜) — 교안 (教案)

lessons learned (레쓴스 러언드) — 교훈 사항 (教訓事項)

lessons of war (레쓴스 오브 우오) — 전훈 (戰訓)

lethal weapon (리이썰 웨펀) — 치사 무기 (致死武器)

letter of appreciation (레러 오브 어푸뤼씨에이숀) — 감사장 (感謝狀)

letter of commendation (레러 오브 카멘데이숀) — 표창장 (表彰狀)

letter of instruction 〈LOI〉 (레러 오브 인스츄뤅쑨 〈엘 오우 아이〉) — 훈령 (訓令)

level areas (레블 애어뤼아즈) — 평지 (平地)

level ground (레블 구라운드)

liaison (리이애이쟈안) — 연락 (連絡)

liaison officer 〈LNO〉 — 연락 장교 (連絡將校)

L

(리이애이쟈안 오휘써〈엘 엔 오우〉)	
liberated area (리버어레이틷 애어뤼아)	해방 지구(解放地區)
liberation (리버어레이숀)	해방(解放)
liberty (리버어티)	자유(自由)
license (라이쎈스)	면허증(免許證)
lieutenant (루우테넌트)	해군 대위(海軍大尉)/육군 소위, 중위(陸軍少尉, 中尉)
lieutenant colonel 〈LTC〉 (루우테넌트 커어널〈엘 티이 씨이〉)	중령(中領)
lieutenant commander (루우테넌트 커맨더)	해군 소령(海軍少領)
lieutenant general 〈LTG〉 (루우테넌트 제너뤌〈엘 티이 지이〉)	중장(中將)
lieutenant junior grade 〈JG〉 (루우테넌트 츄니어 구레읻〈제이 지이〉)	해군 중위(海軍中尉)
life boat (라이후 보읕)	구명정(救命艇)
life jacket (라이후 재킽)	구명 동의(救命胴衣)
life vest (라이후 베스트)	구명 조끼(救命―)
lift (리후트)	하물(荷物)
lift capabilities (리후트 케이퍼빌러티이즈)	수송 능력(輸送能力)
lift elevation and extend range (리후트 엘리베이숀 앤 익쓰텐드 레인지)	사정 연신(射程延伸)
light anti-tank weapon 〈LAW〉 (라잍 앤타이 탱크 웨펀〈로오〉)	경대전차 무기(輕對戰車武器)
light damage (라잍 대미지)	경미 피해(輕微被害)
light data (라잍 대터)	광명 제원(光明諸元)
light discipline (라잍 디씨플린)	등화 관제 군기(燈火管制軍紀)
light infantry (라잍 인훤추뤼)	경보병(輕步兵)
light infantry division (라잍 인훤추리 디비쥰)	경보병 사단(輕步兵師團)
light 〈tactical〉 raft (라잍〈택티컬〉래후트)	경〈전술〉문교(輕戰術門橋)
lightning (라잍닝)	번개
lights-out (라잍쯔아웉)	소등(消燈)
Lima Lima (리마 리마)	야전 전화기(野戰電話機)
limit (리밑)	제한(制限) / 한계(限界)
limit of advance (리밑 오브 언밴스)	전진 한계〈선〉(前進限界線)
limit of fire (리밑 오브 화이어)	사격 한계(射擊限界)
limited (리미틷)	제한(制限)된 / 한정(限定)된
limited attack (리미틷 어탴)	제한 공격(制限攻擊)

limited war (리미틷 우오)	제한 전쟁 (制限戰爭)
line (라인)	선 (線) 횡렬 (橫列)
line formation (라인 호어메이숀)	횡렬 대형 (橫列隊形)
line item (라인 아이틈)	항별 품목 (項別品目)
line of advance (라인 오브 얻밴스)	전진선 (前進線)
line of advance coordination (라인 오브 얻밴스 코오디네이숀)	전진선 협조 (前進線協調)
line of communications (라인 오브 커뮤니케이숀스)	병참선 (兵站線)
line of contact 〈**LC**〉 (라인 오브 칸탴트〈엘 씨이〉)	접적선 (接敵線) 접전선 (接戰線)
line of criticality (라인 오브 쿠뤼티캘러티)	강조선 (强調線)
line of defense (라인 오브 디이휀스)	방어선 (防禦線)
line of departure 〈**LD**〉 (라인 오브 디파아쳐어〈엘디이〉)	공격 개시선 (攻擊開始線) 진출선 (進出線)
line of departure/line of contact 〈**LD/LC**〉 (라인 오브 디파아쳐어/라인 오브 칸탴트〈엘디이/엘씨이〉)	공격 개시선 겸 접적선 (攻擊開始線兼接敵線)
line of duty (라인 오브 듀우리)	공무상 (公務上)
line of fire (라인 오브 화이어)	사선 (射線)
line of observation (라인 오브 압써베이숀)	관측선 (觀測線)
line officer (라인 오휘써)	병과 장교 (兵科將校) 전투 병과 장교 (戰鬪兵科將校)
line of retirement (라인 오브 뤼타이어먼트)	후퇴선 (後退線)
line of resistance (라인 오브 뤼지스턴스)	저항선 (抵抗線)
line of sight (라인 오브 싸잍)	조준선 (照準線)
line of withdrawal (라인 오브 윋쥬로오얼)	철수선 (撤收線)
line unit (라인 유우닡)	병과 부대 (兵科部隊)
line-up (라인엎)	도열 (堵列)
linear defense (리니어 디이휀스)	선방어 (線防禦)
linear target (리니어 타아깉)	선상 목표 (線狀目標)
linguist (링구이스트)	외국어 능통자 (外國語能通者)
linkup (링컾)	연결 (連結)
linkup operation (링컾 아퍼레이숀)	연결 작전 (連結作戰)

L

liquor (리커어)	술〔酒〕
list (리스트)	목록(目錄)
listening post 〈**LP**〉 (리쓰닝 포우스트〈엘 피이〉)	청음 초소(聽音哨所)
listening silence (리쓰닝 싸일런스)	청취 침묵(聽取沈默)
listening watch (리쓰닝 워얼치)	청취 당직(聽取當直)
Lister bag (리스터어 백)	"리스터어 백" 정수낭(淨水囊)
litter (리러)	담가(擔架)
litter bearer (리러 베어뤄)	담가병(擔架兵)
litter discipline (리러 디씨플린)	쓰레기 관제 군기 (一管制軍紀)
litter patient (리러 페이션트)	담가 환자(擔架患者)
live ammunition (라이브 애뮤니숀)	실탄(實彈)
live fire exercise (라이브 화이어 엑써싸이스)	실사격 연습(實射擊練習)
livestock (라이브스딱)	가축(家畜)
load (로운)	하중(荷重)
load bearing equipment 〈**LBE**〉 (로운 배어륑 이큅먼트〈엘 비이 이이〉)	휴대품 부착 장비 (携帶品附着裝備)
load on the ship (로운 온 더 쉽)	선적(船積)
loader (로우더)	장전수(裝塡手)
loading (로우딩)	장전(裝塡) 선적(船積) 적재(積載) 탑재(搭載) 하적(荷積)
loading officer (로우딩 오휘써)	탑재 장교(搭載將校)
loading plan (로우딩 플랜)	적재 계획(積載計劃) 탑재 계획(搭載計劃)
loading point (로우딩 포인트)	탑재 지점(搭載地點)
loading table (로우딩 테이블)	탑재표(搭載表)
local inhabitants (로우컬 인해비턴쯔)	현주민(現住民)
local national (로우컬 내슈널)	현주민(現住民)
local procurement (로우컬 푸뤄큐어먼트)	현지 조달(現地調達)
local protection (로우컬 푸로텍쑨)	국지 방호(局地防護)
local purchase (로우컬 퍼어쳐스)	현지 구매(現地購買)
local reserve forces (로우껄 뤼저어브 호어씨즈)	향토 예비군(鄕土豫備軍)
local resources (로우컬 뤼쏘오씨스)	현지 자원(現地資源)
local sector (로우껄 쎅터)	지역구(地域區)
local security (로우껄 씨큐뤼티)	국지 경계(局地警戒)
local time (로우껄 타임)	지방 시간(地方時間)

L

localized war (로우껄라이즈드 우오)	국지 전쟁 (局地戰爭)
location (로우케이순)	위치 (位置)
lock (랔)	자물쇠
lock, stock, and barrel training (랔, 스땈, 앤 배뤌 츄레이닝)	총동원 훈련 (總動員訓練)
locker (라커)	사물함 (私物函)
log book (로옥 붘)	운전 기록부 (運轉記錄簿)
logistic (로우지스떡)	군수상 (軍需上)
logistical (로우지스티껄)	군수상 (軍需上)
logistical activities (로우지스티껄 액티비티이즈)	군수 업무 (軍需業務)
logistical support (로우지스티껄 써포올)	군수 지원 (軍需支援)
logistics (로우지스떡쓰)	군수 (軍需) 병참 (兵站)
logistics annex (로우지스떡쓰 애넥쓰)	병참 부록 (兵站附錄)
logistics command (로우지스떡쓰 커맨드)	군수 사령부 (軍需司令部) 병참 사령부 (兵站司令部)
logistics estimate (로우지스떡쓰 에스띠밑)	군수 판단 (軍需判斷)
logistics operation (로우지스떡쓰 아퍼레이순)	군수 작전 (軍需作戰)
logistics plans (로우지스떡쓰 플랜즈)	군수 계획 (軍需計劃)
logistics support battalion (로우지스떡쓰 써포올 배탤리언)	군수 지원 대대 (軍需支援大隊)
logistics support group (로우지스떡쓰 써포올 구루웊)	군수 지원단 (軍需支援團)
long distance (롱 디스턴스)	장거리 (長距離)
long range (롱 레인지)	장거리 (長距離)
long-range communication (롱레인지 커뮤니케이순)	장거리 통신 (長距離通信)
long-range fire (롱 레인지 화이어)	원거리 사격 (遠距離射擊) 장거리 사격 (長距離射擊)
long-range patrol (롱레인지 퍼츄롤)	장거리 수색 (長距離搜索)
long-range planning (롱레인지 플래닝)	장기 기획 (長期企劃)
long-range radar (롱레인지 레이다아)	장거리 레이다아 (長距離—)
long range reconnaissance (롱 레인지 뤼카너썬스)	원거리 수색 (遠距離搜索)
long range reconnaissance patrol (롱 레인지 뤼카너썬스 퍼츄롤)	원거리 수색 정찰 (遠距離搜索偵察) 장거리 수색 정찰 (長距離搜索偵察)
long range reconnaissance patrol rations	원거리 수색 정찰 휴대 식량

L

(롱 레인지 뤼카너쎈스 퍼츄롤 레숀스) | (遠距離搜索偵察携帶食糧) 장거리 수색 정찰 구량 (長距離搜索偵察口糧)

long-range reconnaissance team (롱 레인지 뤼카너쎈스 티임) | 장거리 수색조 (長距離搜索組)
long-term personnel losses estimate (롱 터엄 퍼어쓰넬 로씨스 에스띠밑) | 장기 인원 손실 판단 (長期人員損失判斷)
longitude (란지튜운) | 경도 (經度)
lookout (루까울) | 감시병 (監視兵) 감시초 (監視哨)
loss (로쓰) | 망실 (亡失) 손실 (損失)
loud-speaker (라운스삐이커) | 확성기 (擴聲器)
loudspeaker platoon (라운스삐이커 플러투운) | 확성기 소대 (擴聲器小隊)
lounge (라운지) | 휴게실 (休憩室)
low altitude (로우 앨티튜운) | 저공 (低空)
low-angle fire (로우앵글 화이어) | 저각 사격 (低角射擊)
low frequency (로우 후뤼퀀씨) | 저주파 (低周波)
low wire entanglement (로우 와이어 인탱글먼트) | 저철조망 (低鐵條網)
lowest (로우이스트) | 최저 (最低)
loyalty (로열티) | 충성 (忠誠)
lubricant (루우부뤼컨트) | 윤활유 (圓滑油)
lubrication order 〈**LO**〉 (루우부뤼케이숀 오오더어 〈엘 오우〉) | 주유 명령서 (注油命令書)
luggage (러기지) | 손가방
lyric (리뤽) | 가사 (歌詞)

〈Douglas〉 MacArthur (1880-1964) (〈더글라스〉 매카더) | "매카더"장군 (—將軍)〈맥아더〉
machete (머쉐티) | "정글" 칼
machine gun 〈**MG**〉 (머쉬인 건〈엠 지이〉) | 기관총 (機關銃)
machinegun mount (머쉬인건 마운트) | 기관총 가치 (機關銃架置)
machinegun position (머쉬인건 퍼진숀) | 기관총 위치 (機關銃位置)
magazine (매거치인) | 탄창 (彈倉)
maganize-fed (매거치인훼) | 탄창 송탄식 (彈倉送彈式)
magazine loading (매거치인 로우딩) | 삽탄 장전식 (揷彈裝塡式) 탄창 장전식 (彈倉裝塡式)

magnetic azimuth (맥네틱 애지머스) 자침 방위(磁針方位)

magnetic detector (맥네틱 디텍터어) 자기 탐지기(磁氣探知機)

magnetic deviation (맥네틱 디비에이슌) 자성 편의(磁性偏倚)

magnetic field (맥네틱 휘일드) 자장(磁場)

magnetic north (맥네틱 노오스) 자북(磁北)

magnetic variation (맥네틱 배뤼에이슌) 자기 편차(磁氣偏差)

magnificent (맥니휘쓴트) 탁월(卓越)한

mail (메일) 우편〈물〉(郵便物)

mail bag (메일 백) 우편낭(郵便囊)

mail orderly (메일 오오더얼리) 우체병(郵遞兵)

mail service (메일 써어비스) 우편 근무(郵便勤務)

main attack (메인 어택) 주공(主攻)

main battle area〈MBA〉 (메인 배틀 애어뤼아 〈엠 비이 에이〉) 주전투 지대(主戰鬪地帶)

main body (메인 바디) 본대(本隊) 주력 부대(主力部隊)

main command post / main〈CP〉 (메인 커맨드 포우스트/메인〈씨이 피이〉) 주지휘소(主指揮所)

main gate (메인 게잍) 정문(正門)

main line of registance (메인 라인 오브 뤼지스턴스) 주저항선(主抵抗線)

main road (메인 로운) 주도로(主道路)

main supply route〈MSR〉 (메인 써플라이 라울 〈엠 에쓰 아아〉) 주보급로(主補給路)

main text (메인 텍쓰트) 본문(本文)

Mainland (메인랜드) 미본토(美本土)

maintenance (메인테넌스) 정비(整備)

maintain contact with enemy (메인테인 칸택트 윋 에너미) 적군(敵軍)과 접전(接戰)을 유지(維持)하다

maintenance and repair (메인테넌스 앤 뤼패어) 정비 수리(整備修理)

maintenance battalion (메인테넌스 배탤리언) 정비 대대(整備大隊)

maintenance company (메인테넌스 캄퍼니) 정비 중대(整備中隊)

maintenance contact team (메인테넌스 칸택트 티임) 이동 정비반(移動整備班) 정비 접촉조(整備接觸組)

maintenance crew (메인테넌스 쿠루우) 정비원(整備員)

maintenance float (메인테넌스 훌로올) 정비 대충 장비(整備對充裝備)

maintenance inspection (메인테넌스 인스펙쓘) 정비 검사(整備檢查)

maintenance officer (메인테넌스 오휘써) 정비 장교(整備將校)
maintenance shop (메인테넌스 샾) 정비소(整備所)
maintenance status (메인테넌스 스때터스) 정비 상태(整備狀態)
maintenance vehicle (메인테넌스 비이끌) 정비차(整備車)
major 〈**MAJ**〉 (메이저) 소령(少領)
major accident (메이저 앨씨던트) 대사고(大事故)
major command (메이저 커맨드) 주요 사령부(主要司令部)
major damage (메이저 대미지) 중파(重破)
major incident (메이저 인씨던트) 대사건(大事件)
major general 〈**MG**〉 (메이저 제너뤌) 소장(少將)
major port (메이저 포올) 주항만(主港灣)
major repair (메이저 뤼패어) 중정비(重整備)
making a list (메이킹 어 리스트) 목록 작성(目錄作成)
malfunction (맬훵쑨) 기능 상실(機能喪失)
malingering (멀링거륑) 가병(假病)
mammoth (매머스) "매머스"〈맘모스〉
man (맨) 병사(兵士)
사병(士兵)
management (매니지먼트) 운영(運營)/관리(管理)
Manchuria (만츄뤼아) 만주(滿洲)
mandatory (맨더터뤼) 필수(必須)의
mandatory training (맨더터뤼 츄레이닝) 필수 훈련(必須訓練)
maneuver (머두우버) 기동(機動)
maneuver exercise (머두우버 엑써싸이스) 기동 훈련(機動訓練)
maneuver space (머두우버 스빼이스) 기동 공간(機動空間)
maneuverability (머누우버뤄빌러티) 기동력(機動力)
maneuvering force (머두우버링 호오스) 기동 부대(機動部隊)
man-hour (맨 아워) 인시수(人時數)
man-made (맨메읻) 인공물(人工物)
manning table (매닝 테이블) 직위표(職位表)
manual (매뉴얼) 교범(教範)
manually emplaced target (매뉴얼리 임플레이스드 타아길) 수동 설치 표적(手動設置標的)
Mao Tse-tung 〈**1893-1976**〉 (마오쩌퉁) 모택동(毛澤東)
map (맵) 지도(地圖)
map board (맵 보온) 지도판(地圖板)
map code (맵 코욷) 지도 부호(地圖符號)
map data (맵 대터) 지도 제원(地圖諸元)
map declination (맵 디클라이네이숀) 지도 편의각(地圖偏倚角)
map exercise (맵 엑써싸이스) 도상 연습(圖上練習)
map orientation (맵 오오뤼엔테이숀) 지도 정치(地圖正置)
map reading (맵 뤼이딩) 독도법(讀圖法)

map reconnaissance (맵 뤼카너쌘스) 도상 정찰(圖上偵察)
map scale (맵 스께일) 지도 축척(地圖縮尺)
march (마아치) 행군(行軍)
행진(行進)
행진곡(行進曲)
march column (마아치 칼럼) 행군 종대(行軍縱隊)
march discipline (마아치 디씨플린) 행군 군기(行軍軍紀)
march graph (마아치 구래후) 행군 도표(行軍圖表)
march order (마아치 오오더어) 행군 명령(行軍命令)
march schedule (마아치 스께쥴) 행군 계획표(行軍計劃表)
march serial (마아치 씨뤼얼) 행군 제대(行軍梯隊)
march table (마아치 테이블) 행군표(行軍表)
march through the streets (마아치 쓰루우 더 스츄뤼잍쯔) 시가 행진(市街行進)
march to the north (마아치 투 더 노오스) 북진(北進)
march unit (마아치 유우닡) 행군 단위(行軍單位)
marginal data (마아지널 대터) 난외 주기(欄外註記)
지도 난외 주기(地圖欄外註記)
marine (머뤼인) 해병(海兵)
marine corps (머뤼인 코어) 해병대(海兵隊)
mark (마앜) 표지(標識)
marker (마아커) 표지물(標識物)
marking (마아킹) 표지 부호(標識符號)
marking panel (마아킹 패늘) 표지 포판(標識布板)
marksman (마앜쓰먼) 사수(射手)
marksmanship (마앜쓰먼쉽) 사격술(射擊術)
marsh (마아쉬) 소택지(沼澤地)
marshalling (마아셜링) 출동 준비(出動準備)
탑재항 집결(搭載港集結)
marshalling airfield (마아셜링 애어휘일드) 출동 비행장(出動飛行場)
marshalling area (마아셜링 애어뤼아) 출동 준비 지역(出動準備地域)
mask (매스끄) 차장(遮障)
mass (매쓰) 집중(集中)
mass casualties (매쓰 캐쥬얼티이즈) 대량 살상(大量殺傷)
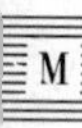
massive fire (매씨이브 화이어) 집중 사격(集中射擊)
massive volume of fire (매씨이브 발륨 오브 화이어) 일제 사격(一齊射擊)
master menu (매스터 메뉴우) 기본 식단표(基本食單表)
master of ceremonies〈**MC**〉(매스터 오브 사회자(司會者)

쎄뤼머니이즈 〈엠 씨이〉)

master schedule (매스터 스께쥴) 기본 계획표(基本計劃表)

master sergeant 〈MSG〉 (매스터 싸아전트 〈엠 에쓰 지이〉) 상사(上士)

matches (매치즈) 성냥

material (머티어뤼얼) 물자(物資) 자재(資材) 장비(裝備)

materiel (머티어뤼엘) 군수품(軍需品) 물자(物資)

maximum (맥씨멈) 최대(最大)

maximum effective range (맥씨멈 이훽티브 레인지) 최대 유효 사거리 (最大有效射距離)

maximum ordinate (맥씨멈 오오디닡) 최대 탄고도(最大彈高度)

maximum permissible dosage (맥씨멈 퍼어미씨블 다씨지) 최대 허용 선량 (最大許容線量)

maximum range (맥씨멈 레인지) 최대 사거리(最大射距離)

maximum speed (맥씨멈 스삐읻) 최대 속력(最大速力)

mayor (매이어어) 시장(市長)

meal (미일) 식사(食事)

mean (미인) 평균(平均)

measure (메져어) 조처(措處)

mechanized infantry (메꺼나이즈드 인훤추뤼) 기계화 보병(機械化步兵)

mechanized infantry division (메꺼나이즈드 인훤추뤼 디비젼) 기계화 보병 사단 (機械化步兵師團)

mechanized unit (메꺼나이즈드 유우닡) 기계화 부대(機械化部隊)

mechanized vehicle (메꺼나이즈드 비이끌) 기계화 차량(機械化車輛)

Medal of Honor (메들 오브 아너어) 명예 훈장(名譽勳章)

medic (메딕) 구호병(救護兵) 위생병(衛生兵) 의무병(醫務兵)

medical company (메디컬 캄퍼니) 의무 중대(醫務中隊)

medical detachment (메디컬 디태치먼트) 의무대(醫務隊)

medical equipment (메디컬 이큅먼트) 의무 장비(醫務裝備)

medical facility (메디컬 훠씰리티) 의료 시설(醫療施設)

medical service (메디컬 써어비스) 의무 근무(醫務勤務)

medium antitank weapon 〈MAW〉 (미디엄 앤타이탱크 웨펀 〈모오〉) 중대전차 화기("모오") (中對戰車火器 —)

medium artillery (미디엄 아아틸러뤼) 중포(中砲)

medium bomber (미디엄 바머) 중폭격기(中爆擊機)

medium range (미디엄 레인지) 중거리(中距離)

medium tank (미디엄 탱크)	중전차(中戰車)
"medivac" (메디백)	공중 의무 후송 (空中醫務後送)
meet (미잍)	영접(迎接)하다
megaphone (메가호운)	확성기(擴聲器)
memento (미멘토우)	기념품(紀念品)
memorandom (메모랜덤)	각서(覺書)
memorial (미모오뤼얼)	기념관(紀念館) 기념탑(紀念塔)
Memorial Day (미모오뤼얼 데이)	현충일(顯忠日)
memory (메머뤼)	기억(記憶)
mental attitude (멘털 애티튜운)	자세(姿勢)
mental patient (멘털 페이션트)	정신병 환자(精神病患者)
meridian (머뤼디언)	자오선(子午線)
merit (메뤼)	장점(長點)
meritorious achievement (메뤼토뤼어스 어취이브먼트)	공적(功績) 공로(功勞)
mess (메쓰)	취사(炊事) 회식(會食)
mess account (메쓰 어카운트)	취사 계산서(炊事計算書)
mess gear (메쓰 기어)	식기(食器)
mess kit (메쓰 킽)	휴대용 식기(携帶用食器)
mess personnel (메쓰 퍼어쓰넬)	취사 반원(炊事班員)
mess sergeant (메쓰 싸아전트)	취사 반장(炊事班長)
mess steward (메쓰 스츄어얻)	취사 반장(炊事班長)
mess team (메쓰 티임)	취사조(炊事組)
mess truck (메쓰 츄렄)	취사 츄렄(炊事〈車〉)
message (메씨지)	전언 통신문(傳言通信文) 통보문(通報文) 통신문(通信文)
message center (메씨지 쎄너)	문서 취급소(文書取扱所)
message pickup (메씨지 피껖)	통신문 인양(通信文引揚)
message precedence (메씨지 푸레씨던스)	문서 우선 순위 (文書優先順位)
message relay point (메씨지 릴레이 포인트)	통보 중계소(通報中繼所)
messenger (메씬져어)	전령(傳令)
meteorological data (미이티어뤄라지칼 대터)	기상 제원(氣象諸元)
meter (m) (미러어)	"미러"(미터)
method (메썯)	방법(方法)
method of engagement (메썯 오브 인게이지먼트)	사격 방법(射擊方法)
M4T6 bridge	"엠훠어 티이씩쓰" 교량

M

(엠훠어티이씩쓰 부뤼지) | (一橋梁)

Mickey Mouse boots (밐끼 마우스 부울쯔) | "밐끼 마우스" 보온화(一保溫靴)

microphone〈mike〉 (마이쿠로호운〈마잌〉) | "마이쿠로호운"(마잌)

Middle East (미들 이이스트) | 중동(中東)

midnight snack (믿나잍 스냌쓰) | 밤참

midpoint (믿포인트) | 중간 지점(中間地點)

midsection (믿쎅쓘) | 중간(中間)

Mig (미익) | "미익"기(一機)(미그)

MIJI (미이지이) | 전파 방해(電波妨害)"미지"

Meaconing〈mislead + beaconing〉 (미이커닝〈미쓰리읻+비이커닝〉) | 오신 발송(誤信發送)

Intrusion (인츄루쓘) | 무전망 침입(無電網侵入)

Jamming (재밍) | 무전 상쇄(無電相殺)

Interference (인터휘어뤈스) | 무전 혼신(無電混信)

MIJI report (미이지이 뤼포올) | "미지"보고(一報告) 전파 방해 보고(電波妨害報告)

"Mike" ("마잌") | "미러"〈미터〉

Mi〈koyan〉 and G〈urevich〉 (미코얀〉 앤 구〈레비치〉 | "미익"기(一機)(미그)

mil (밀) | 밀위〔密位〕

mil formula (밀 훠뮬러) | 밀위 공식〔密位公式〕

mile (마아일) | 리(哩)

military (밀리테뤼) | 군사적(軍事的)

military action (밀리테뤼 앸쓘) | 군사 행동(軍事行動)

military advisory group〈MAG〉 (밀리테뤼 앧바이저뤼 구루웊〈매액〉) | 군사 고문단(軍事顧問團)

military affairs (밀리테뤼 어홰어즈) | 군사(軍事)

military aircraft (밀리테뤼 애어쿠래후트) | 군용기(軍用機)

military attache (밀리테뤼 애더쉐이) | 대사관부 무관(大使館附武官)

military band (밀리테뤼 밴드) | 군악대(軍樂隊)

military base (밀리테뤼 베이스) | 군사 기지(軍事基地)

military courtesy (밀리테뤼 커어티씨) | 군례(軍禮)

military crest (밀리테뤼 쿠레스트) | 군사적 산정(軍事的山頂)

military demarkation line〈MDL〉 (밀리테뤼 디마아케이슌 라인〈엠 디이 엘〉) | 군사 분계선(軍事分界線)

military discipline (밀리테뤼 디씨플린) | 군기(軍紀)

military doctrine (밀리테뤼 닥츄휘인)	군사 교의 (軍事敎義)
military education (밀리테뤼 에쥬케이숀)	군사 교육 (軍事敎育)
military information (밀리테뤼 인호어메이숀)	군사 기밀 (軍事機密)
military intelligence (밀리테뤼 인텔리젼스)	군사 정보 (軍事情報)
military justice (밀리테뤼 쳐스티스)	군법 (軍法)
military necessity (밀리테뤼 니쎄써티)	군사상 필요 (軍事上必要)
military occupational specialty 〈MOS〉 (밀리테뤼 아큐페이슈널 스빼셜티 〈엠 오우 에쓰〉)	군사 특기 (軍事特技)
military police 〈MP〉 (밀리테뤼 폴리스 (엠 피이)	헌병 (憲兵)
military requirement (밀리테뤼 뤼퀴이어먼트)	군사 수요 (軍事需要)
military science (밀리테뤼 싸이언스)	군사학 (軍事學)
military service (밀리테뤼 써어비스)	군복무 (軍服務)
military specification (밀리테뤼 스빼씨휘케이숀)	육군 규격 (陸軍規格)
military strategy (밀리테뤼 스추라터지)	군사 전략 (軍事戰略)
military symbol (밀리테뤼 씸벌)	군 부호 (軍符號)
military terms (밀리테뤼 터엄즈)	군사 용어 (軍事用語)
military training (밀리테뤼 츄레이닝)	군사 훈련 (軍事訓練)
military uniform (밀리테뤼 유니호옴)	군복 (軍服)
militia (밀리셔)	민병대 (民兵隊)
Million Dollar Hill (밀리언 달러 힐)	백만불 고지 (百萬弗高地) (금화 서방〈金華西方〉)
〈land〉mine (〈랜드〉 마인)	지뢰 (地雷)
mine clearance (마인 클리어뤈스)	지뢰 제거 (地雷除去)
mine defense (마인 디이휀스)	지뢰 방어 (地雷防禦)
mine density (마인 덴써티)	지뢰 밀도 (地雷密度)
mine detector (마인 디텍터)	지뢰 탐지기 (地雷探知機)
mine operation (마인 아퍼레이숀)	지뢰 운용 작전 (地雷運用作戰)
mine sweeper (마인 스위뻐)	지뢰 제거차 (地雷除去車)
minefield (마인휘일드)	지뢰원 (地雷源)
minefield gap (마인휘일드 갭)	지뢰 지대 간격 (地雷地帶間隔)
minimum (미니멈)	최소 (最少)
minimum essential equipment (미니멈 이쎈셜) 이큅먼트)	최소 필수 장비 (最少必須裝備)
minimum range (미니멈 레인지)	최소 사거리 (最少射距離)

minimum safe distance (미니멈 쎄이후 디스틴스) 최소 안전 거리 (最少安全距離)
minister (미니스터) 장관(長官)
Ministry of National Defense 〈MND〉 (미니스추뤼 오브 내슈널 디이휀스 〈엠 엔 디이〉) 국방부(國防部)
minor accident (마이너 액씨던트) 경미 사고(輕微事故)
minor incident (마이너 인씨던트) 경미 사건(輕微事件)
minor repair (마이너 뤼패어) 경수리(輕修理)
miscalculation (미쓰캘큐레이숀) 오판(誤判)
miscalculation by North Korea (미쓰캘큐레이숀 바이 노오스 코뤼아) 북한(北韓)의 오판(誤判)
miscellaneous (미써레이니어스) 기타(其他)
misjudgment (미쓰처지먼트) 오판(誤判)
missile (미쓸) "미쓸"(미사일)
missing (미씽) 행방 불명(行方不明)
missing in action 〈MIA〉 (미씽 인 액숀〈엠 아이 에이〉) 실종자(失踪者)
mission (미숀) 임무(任務)
mission accomplished (미숀 어캄플리쉬트) 임무 완료(任務完了)
mission statement (미숀 스떼잇먼트) 임무 기술서(任務記述書)
mission-type order (미숀타잎 오오더어) 임무형 명령(任務型命令)
mistake (미쓰테잌) 과실(過失)
혼동(混同)
mixed minefield (믹쓰드 마인휘일드) 혼성지뢰 지대(混成地雷地帶)
M- 〈Model〉 (엠 〈마들〉) "엠"〈각종 무기 장비의 형〉 〈各種武器裝備一型〉
mob psychology (맙 싸이칼러지) 군중 심리(群衆心理)
mobile (모우빌) 가동(可動)
mobile army surgical hospital 〈MASH〉 (모우빌 아아미 써어지컬 하스삐털 〈매쉬〉) 이동 육군 외과 병원 (移動陸軍外科病院)
mobile defense (모우빌 디이휀스) 기동 방어(機動防禦)
mobile loudspeaker team (모우빌 라운스삐이커 티임) 이동 확성기조 (移動擴聲器組)
mobile maintenance (모우빌 메인테넌스) 이동 정비(移動整備)
mobile parts point (모우빌 파앝쯔 포인트) 이동 부속품 지급소 (移動附屬品支給所)
mobile PX (모우빌 피이엑쓰) 이동 매점(移動賣店)
이동 주보(移動酒保)
mobile radio communications 〈vehicle〉 〈MRC〉 (모우빌 레이디오 커뮤니 이동 무선 통신〈차량〉 (移動無線通信車輛)

케이슌스〈비이끌〉〈엠 아아 씨이〉)

mobile reserve (모우빌 뤼저어브) 기동 예비(機動豫備)

mobile warfare (모우빌 우오쇄어) 기동전(機動戰)

mobility (모우빌러티) 기동성(機動性)

mock-up (마껖) 모형(模型)

model 〈M〉 (마들 〈엠〉) 모의형(模擬型)
형(型)

moderate damage (마더뤁 대미지) 중손해(中損害)

moderate risk (마더뤁 뤼스크) 보통 위험(普通危險)
위험도 중(危險度 中)

modification (마디휘케이슌) 개조(改造)

modified tactical mission (마디화이드 택티껄 미쓘) 수정 임무(修正任務)

moisture (모이스쳐어) 습기(濕氣)

momentum of an attack (모우멘텀 오브 앤 어탴) 공격 기세(攻擊氣勢)

monitor (마니터) 감청(監聽)
청취(聽取)하다

monument (마뉴먼트) 기념비(紀念碑)

moonlight (무운라잍) 월광(月光)

M1 main battle tank (엠원 배틀 탱크) 주전투 전차(主戰鬪戰車)

mop-up (맢엎) 소탕(掃蕩)

mop-up operation (맢엎 아퍼레이슌) 소탕 작전(掃蕩作戰)

moral courage (모우뤌 커뤼지) 기개(氣概)
정신 전력(精神戰力)

morale (모뢔알) 사기(士氣)

mores (모오레이즈) 풍속(風俗)

morning call (모오닝 코올) 일조 점호(日朝點呼)

morning fog (모오닝 호옥) 아침 안개
조무(朝霧)

mortality rate (모오탤러티 레잍) 사망률(死亡率)

mortar (모러어) 박격포(迫擊砲)

mosquito net (머스키이토우 넽) 모기장[蚊帳]

most important person 〈MIP〉 (모우스트 임포오턴트 퍼어슨〈엠 아이 피이〉) 주귀빈(主貴賓)

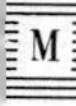

motion camera (모우슌 캐머롸) 유동 사진기(遊動寫眞機)

motivation (모우티베이슌) 자발 정신(自發精神)

motor boat (모우러 보웉) 자동정(自動艇)

motor convoy (모우러 칸보이) 자동차 호송(自動車護送)
차량 호송(車輛護送)

motor maintenance officer (모우러 메인테넌스 오휘써) 차량 정비 장교 (車輛整備將校)

motor march (모우러 마아치) 차량 행군(車輛行軍)

motor move (모우러 무우브)	차량 이동(車輛移動)
motor park (모우러 파앜)	차량 주차장(車輛駐車場)
motor patrol (모우러 퍼츄롤)	차량 정찰대(車輛偵察隊)
motor pool (모우러 푸울)	"모우러 푸울"〈모터풀〉 수송부 차고 작업장 (輸送部車庫作業場)
motor transport (모우러 츄랜스포올)	자동차 수송(自動車輸送)
motor transport officer (모우러 츄랜스포올 오휘써)	차량 수송 장교 (車輛輸送將校)
motor vehicle (모우러 비이끌)	자동 차량(自動車輛) 차량(車輛)
motorization (모우러라이제이숀)	차량화(車輛化)
motorized rifle regiment〈MRR〉 (모우러라이즈드 라이훌 레지멘트 〈엠 아아 아아〉)	자동화 보병 연대 (自動化步兵聯隊) 차량화 보병 연대 (車輛化步兵聯隊)
motorized unit (모우러라이즈드 유우닡)	차량화 부대(車輛化部隊)
motto (마토우)	표어(標語)
mount (마운트)	거치(据置) 대가(臺架) 총가(銃架)
mountain combat (마운튼 캄뱉)	산악전(山岳戰)
mountaineous area (마운티너스 애어뤼아)	산악 지대(山岳地帶)
mounted (마운틷)	탑승(搭乘)
mounted personnel (마운틷 퍼어쓰넬)	탑승 병력(搭乘兵力)
mounting (마우닝)	진공 준비(進攻準備) 출동 준비(出動準備)
mounting area (마우닝 애어뤼아)	진공 준비 지역 (進攻準備地域) 출동 준비 지역(出動準備地域)
mountains (마운튼즈)	산악(山岳)
move (무우브)	위치 변경(位置變更)
movement (무우브먼트)	이동(移動)
movement control (무우브먼트 컨츄롤)	이동 통제(移動統制)
movement instruction (무우브먼트 인스츄뤅숸)	이동 지시(移動指示)
movement order (무우브먼트 오오더어)	이동 명령(移動命令)
movement phase (무우브먼트 훼이즈)	이동 단계(移動段階)
movement plan (무우브먼트 플랜)	이동 계획(移動計劃)
movement route (무우브먼트 라웉)	이동로(移動路)
movement to contact	접적 이동(接敵移動)

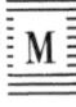

(무우브먼트 투 칸탴트)

"move-out!" (무우브아울) "행동 개시!"(行動開始)

moving camera (무우빙 캐머라) 유동 사진기(遊動寫眞機)

moving target (무우빙 타아길) 유동 표적(遊動標的) / 이동 표적(移動標的)

moving vehicles (무우빙 비이끌즈) 이동 차량(移動車輛)

Mr. President (미스터 푸레지던트) 대통령 각하(大統領閣下)

mud (먿) 진흙〔泥〕

muddy water (머디 워러) 탁한 물〔濁水〕

muffler (머훌러) 목도리/연기통(煙氣筒)

mugunghwa (무궁화) 무궁화(無窮花)

multi-channel (멀티 채늘) 다통로(多通路)/다회로(多回路)

multi-dimensional warfare (멀티 디멘슈널 우오홰어) 입체전(立體戰)

multi-phase (멀티 홰이즈) 다단계(多段階)

multiple penetration (멀티쁠 페니츄레이숀) 복식 돌파(複式突破)

multi purpose (멀티 퍼어퍼스) 다목적(多目的)

museum (뮤지엄) 박물관(博物館)

music (뮤우짖) 음악(音樂)

muster (머스터) 소집(召集)

mutual (뮤우츄얼) 상호(相互)

mutual aid (뮤우츄얼 에읻) 상호 원조(相互援助) / 상호 협조(相互協助)

mutual defense treaty (뮤우츄얼 디이휀스 츄뤼이티) 상호 방위 조약(相互防衛條約)

mutual improvement (뮤우츄얼 임푸루우브먼트) 상호 향상(相互向上)

mutual support (뮤우츄얼 써포올) 상호 지원(相互支援)

mutual understanding (뮤우츄얼 언더스땐딩) 상호 이해(相互理解)

muzzle (머즐) 총구(銃口) / 포구(砲口)

muzzle flash (머즐 훌래쉬) 총구 섬광(銃口閃光) / 포구 섬광(砲口閃光)

muzzle velocity (머즐 빌라씨티) 총구 초속(銃口秒速)

N

name plate (네임 플레잍) 명패(名牌)

napalm (네이파암) 농화연탄(濃化燃彈)

Napoleon Bonaparte (1769-1821) (너포울리언 보우너파알)	"나포리언" 〈나폴레옹〉
narrow (내로우)	협소(狹小)한
narrow path (내로우 패쓰)	소로(小路)
national anthem (내슈널 앤썸)	국가(國歌)
national cemetery (내슈널 쎄미추뤼)	국립 묘지(國立墓地)
national defense (내슈널 디이휀스)	국방(國防)
national flag (내슈널 훌래)	국기(國旗)
National Guard 〈NG〉 (내슈널 가앋〈엔 치이〉)	주방위군(州防衛軍)
national road (내슈널 로욷)	국도(國道)
national security (내슈널 씨큐뤼티)	국가 안전(國家安全)
nationality (내슈낼러티)	국적(國籍)
natural obstacle (내추뤌 압쓰터끌)	자연 장애물(自然障碍物) 천연 장애물(天然障碍物)
nautical mile (노오티껄 마일)	해리(海浬)
naval blockade (네이벌 블라케읻)	해상 봉쇄(海上封鎖)
naval gunfire 〈NGF〉 (네이벌 건화이어)	함포 사격(艦砲射擊)
naval gunfire liaison officer 〈NGFLO〉 (네이벌 건화이어 리이애이자안 오휘써)	함포 사격 연락 장교 (艦砲射擊連絡將校)
navigation (내비게이슌)	항법(航法)
navy (네이비)	해군(海軍)
NBC report (엔 비이 씨이 뤼포올)	핵 관측 보고(核觀測報告)
near (니어)	근접(近接)한
near bank (니어 뱅크)	근안(近岸) 차안(此岸)
nearby (니어바이)	부근(附近)
need-to-know basis (디읻 투 노우 베이씨스)	꼭 알아야만 하는 사람 기준 (基準) 필요(必要)한 경우 기준 (境遇基準)
negative (네거티브)	부정적(否定的)
negligible risk (니글리지블 뤼스끄)	무시 위험(無視危險) 위험도 근무(危險度近無)
negotiation (니고우시에이슌)	협상(協商)
negotiated settlement (니고우시에이틷 쎄를먼트)	협의 결정(協議決定)
neighboring area (네이버륑 어뤼아)	부근(附近)
nerve agent (너어브 에이전트)	신경 작용제(神經作用劑)
net (넽)	망(網)
net authentication (넽 오센티휘케이슌)	통신망 확인(通信網確認)
net call sign (넽 코올 싸인)	통신망 호출 부호 (通信網呼出符號)

net control station (넽 컨츄롤 스떼이숀) 통제 통신소(統制通信所)
neutral zone (뉴우츄뤌 죠운) 중립 지대(中立地帶)
neutrality (뉴우츄랠러티) 중립(中立)
neutralization (뉴우츄뤌라이제이숀) 중화(中和)
neutralization fire (뉴우츄뤌라이제이숀 화이어) 무력화 사격(無力化射擊)
neutralize (뉴우츄뤌라이즈) 중화(中和)하다
neutron (뉴우츄란) 중성자(中性子)
neutron bomb (뉴우츄란 밤) 중성자탄(中性子彈)
new moon (뉴우 무운) 초생달(初生一)
New Town Movement road (뉴우 타운 무우브먼트 로운) 새마을 도로(一道路)
news release (뉴우즈 륄리이스) 보도 자료(報道資料)
next of kin 〈**NOK**〉 (넥쓰트 오브 킨) 직계 친족(直系親族)
night attack (나잍 어택) 야간 공격(夜間攻擊)
night combat (나잍 캄뱉) 야간 전투(夜間戰鬪)
night-fighter (나잍화이터) 야간 전투기(夜間戰鬪機)
night firing (나잍 화이어링) 야간 사격(夜間射擊)
night marches (나잍 마아치즈) 야간 행군(夜間行軍)
night move (나잍 무우브) 야간 이동(夜間移動)
night movement (나잍 무우브먼트) 야간 기동(夜間機動)
night movement to contact (나잍 무우브먼트 투 칸택트) 야간 접적 이동(夜間接敵移動)
night observation device (나잍 압써베이숀 디바이스) 야간 관측기(夜間觀測機)
night patrol (나잍 퍼츄롤) 야간 정찰(夜間偵察)
night raid (나잍 레읻) 야간 기습(夜間奇襲)
night security (나잍 씨큐뤼티) 야간 경계(夜間警戒)
night stick (나잍 스띸) 순찰 곤봉(巡察棍棒)
nighttime training (나잍타임 츄레이닝) 야간 훈련(夜間訓練)
night vision (나잍 비젼) 야간 시력(夜間視力)
night watch (나잍 워얼치) 불침번(不寢番)
night withdrawal (나잍 윋쥬로오얼) 야간 철수(夜間撤收)
no-fire line (노우화이어 라인) 사격 금지선(射擊禁止線)
no later than 〈**NLT**〉 (노우 레이러 댄) 늦어도 ~까지
no-mans-land (노우 맨즈 랜드) 중립 지대(中立地帶)
no vehicle-light line (노우 비이끌라잍 라인) 차량 등화 관제선(車輛燈火管制線)
noise discipline (노이즈 디씨플린) 소음 관제 군기(騷音管制軍紀) 음향 군기(音響軍紀)

nomenclature (노우멘클러쳐어)	명칭(名稱) 품명(品名)
Noname Ridge (노우네임 뤼지)	펀치 보울〔無名稜線〕
non-availability (넌 어베일러빌러티)	부재성(不在性)
nonbattle losses (넌배들 로씨즈)	비전투 손실(非戰鬪損失)
noncombatant (넌컴배턴트)	비전투원(非戰鬪員) 비전투원의(非戰鬪員一)
noncommissioned officer 〈**NCO**〉 (넌커미쓘드 오휘써〈엔 씨이 오우〉)	하사관(下士官)
noncommissioned officer cadre (넌커미쓘드 오휘써 캐쥬뤼	기간 하사관(基幹下士官)
noncommissioned officer in charge 〈**NCOIC**〉(넌커미쓘드 오휘써 인 챠아지〈엔 씨이 오우 아이 씨이〉)	주무 하사관 (主務下士官) 책임 하사관 (責任下士官)
nonexpendable supplies (넌익쓰뻰더블 써플라이즈)	비소모품(非消耗品)
non-illuminated (넌일루미네이틷)	무조명(無照明)
non-illuminated night attack (넌 일루미네이틷 나잍 어탴)	무조명 야간 공격 (無照明夜間攻擊)
non-illuminated, non-supported night attack (넌 일루미네이틷, 넌 써포오틷 나잍 어탴)	무조명 무지원 야간 공격 (無照明無支援夜間攻擊)
non-judicial punishment (넌 쥬디셜 퍼니쉬먼트)	법외 처벌(法外處罰) 즉결 처분 (即決處分)
nonpersistent gas (넌퍼어씨스턴트 개쓰)	비지속성(瓦斯) (非持續性一)
non-supported (넌 써포오틷)	무지원(無支援)
non-supported night attack (넌 써포오틷 나잍 어탴)	무지원 야간 공격 (無支援夜間攻擊)
normal (노오멀)	보통(普通)의 정규적(正規的) 정상(正常) 통상(通常)
normal bed capacity (노오멀 벧 커패씨티)	통상 병상 수용력 (通常病床收容力)
normal defense (노오멀 디이휀스)	정상 방어(正常防禦)
normal frequency (노오멀 후뤼퀀씨)	통상 주파수(通常周波數)
normal interval (노오멀 인터어벌)	정식 간격(正式間隔)
normal ration (노오멀 레슌)	정규〈보통〉 구량 (正規普通口糧)

normal zone of fire (노오멀 조운 오브 화이어)	통상 사격 지대 (通常射擊地帶)
North Atlantic Treaty Organization 〈**NATO**〉 (노오스 얼랜틱 츄튀이티 오오거니제이슌〈네이토우〉)	북대서양 조약 기구 (北大西洋條約機構)
North Korean threat (노오스 코뤼언 스렡)	북한(北韓)의 위협(威脅)
nose (노우즈)	탄두(彈頭)
not available (낱 어베일러블)	부재(不在)의
note (노울)	통첩(通牒)
notebook (노울북)	수첩(手帖)
notice (노티스)	고시(告示) 통첩(通牒)
notify (노우터화이)	전(傳)하다
nuclear (뉴우클리어)	핵(核)
nuclear arms (뉴우클리어 아암즈)	핵병기(核兵器)
nuclear attack (뉴우클리어 어탴)	핵공격(核攻擊)
nuclear bomb (뉴우클리어 밤)	원자 폭탄(原子爆彈)
nuclear capability (뉴우클리어 케이퍼빌러티)	핵능력(核能力)
nuclear energy (뉴우클리어 에너지)	원자력(原子力)
nuclear strike warning (뉴우클리어 스츄라잌 우오닝)	핵공격 경고(核攻擊警告)
nuclear weapon (뉴우클리어 웨펀)	핵무기(核武器)
nuclear weapon allocation (뉴우클리어 웨펀 앨로우케이슌)	핵무기 할당(核武器割當)
nuclear yield (뉴우클리어 이일드)	핵위력(核威力)

objective 〈**OBJ**〉 (옵젝티브〈오우 비이 제이〉)	공격 목표(攻擊目標) 목표(目標)
oblique compartment (옵리잌 컴파앝먼트)	사격실(斜隔室)
oblique fire (옵리잌 화이어)	사사(斜射)
observation (압써베이슌)	관람(觀覽) 관측(觀測) 시찰(視察) 참관(參觀)

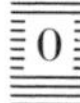

observation of fire (압써베이순 오브 화이어)	사격 관측(射擊觀測)
observation plane (압써베이순 플레인)	관측기(觀測機)
observation post 〈**OP**〉 (압써베이순 포우스트 〈오우 피이〉)	관측소(觀測所)
observation report (압써베이순 뤼포올)	관측〈즉시〉보고 (觀測即時報告)
observation team (압써베이순 티임)	관측반(觀測班)
observed fire (압써어브드 화이어)	관측 사격(觀測射擊)
observer (압써어버)	관측병(觀測兵)
observer-target line (압써어버ㅡ타아길 라인)	관〈측병〉목〈표〉선법 (觀測兵目標線)
〈**natural/man-made**〉 **obstacle** (〈내츄뤌/맨메읻〉 압쓰따끌)	장애물〈자연/인공〉 (障碍物〈自然人工〉)
obstacle course (압쓰따끌 코오스)	장애물 연습장 (障碍物練習場)
obstacle operation (압스따끌 아퍼레이순)	장애물 운용 작전 (障碍物運用作戰)
obtain (업테인)	획득(獲得)하다
occupation (아큐페이순)	점령(占領)
occupation of defensive position (아큐페이순 오브 디이휀스 퍼질쑨)	방어지 점령(防禦地占領)
occupation of position (아큐페이순 오브 퍼질쑨)	진지 점령(陣地占領)
occupation of the final objective (아큐페이순 오브 더 화이널 옵젝티브)	최후 목표지 점령 (最後目標地占領)
occupied area (아큐페읻 애어뤼아)	점령 지역(占領地域)
occupied beds (아큐페읻 벧즈)	점유 병상(占有病床)
ocean (오우션)	해양(海洋)
OD green (오우디이 그뤼인)	국방색(國防色)
off-limits (오후 리밑쯔)	출입 금지(出入禁止)
off-loading (오후로우딩)	하선 작업(下船作業) 하역(下役)
off-set (오후쎝)	편치(偏置)
off-the-record (오후 더 레컫)	불기록 약속하 사견 (不記錄約束下私見)
offensive (오휀씨브)	공세(攻勢)
offensive defense (오휀씨브 디이휀스)	공세적 방어(攻勢的防禦)
offensive phase activities (오휀씨브 훼이즈 액티비티이즈)	공격 단계 활동 (攻擊段階活動)
office of protocol (오휘쓰 오브 푸로우터콜)	의전실(儀典室)

〈commissioned〉 officer (〈커미쓘드〉 오휘써) — 장교〈소위 이상 임관〉(將校少尉以上任官)

officer candidate 〈OC〉 (오휘써 캔디데잍 〈오우 씨이〉) — 장교 후보생(將校候補生)

officer candidate school 〈OCS〉 (오휘써 캔디데잍 스꾸울 〈오우 씨이 에쓰〉) — 장교 후보생 학교(將校候補生學校)

officer efficency report 〈OER〉 (오휘써 이휘션씨 뤼포올 〈오우 이이 아아〉) — 장교 고과표(將校考課表)

officer in charge 〈OIC〉 (오휘써 인 촤아지 〈오우 아이 씨이〉) — 주무 장교(主務將校)
책임 장교(責任將校)

officer of the day 〈OD〉 오휘써 오브 더 데이 〈오우 디이〉) — 일직 사령(日直司令)

officer of the guard (오휘써 오브 더 가앋) — 위병 장교(衛兵將校)

officers advance course 〈OAC〉 (오휘써스 엗밴스 코오스) (오우 에이 씨이)) — 고등 군사반(高等軍事班)

officers and men (오휘써스 앤 멘) — 장병(將兵)

Officers Basic Course 〈OBC〉 (오휘써스 베이씩 코오스 〈오우 비이 씨이〉) — 초등 군사반(初等軍事班)

officers call (오휘써스 코올) — 장교 소집 회의(將校召集會議)
장교 회의(將校會議)

officers club (오휘써스 클럽) — 장교 클럽(將校俱樂部)

officers dining-in (오휘써스 다이닝인) — 장교 정찬 회식(將校正餐會食)

officers mess (오휘써스 메쓰) — 장교 식당(將校食堂)

official correspondence (오휘썰 커레스판던스) — 공문(公文)

official document (오휘썰 다큐먼트) — 공문서(公文書)

official document control (오휘썰 다큐먼트 컨츄롤) — 공문서 통제(公文書統制)

official document control officer 〈DCO〉 (오휘썰 다큐먼트 컨츄롤 오휘써 〈디이 씨이 오우〉) — 공문서 통제 장교(公文書統制將校)

official visit (오휘썰 비짙) — 공식 방문(公式訪問)

oil leak (오일 리잌) — 유류 누출(油類漏出)

oil pipeline (오일 파잎라인) — 송유관(送油管)

Old Baldy (오울드 보올디) — 백만불 고지〈금화 서방〉(百萬弗高地〈金華西方〉)

"Old Man" (오울드 맨) — "부대장님"(部隊長任)

olive-drab green (알리브쥬랩 그뤼인) — 국방색(國防色)

on-board (온 보온) 탑승(搭乘)

on call (온 코올) 요청 대기(要請待期)

on-call fire (온 코올 화이어) 요청 사격(要請射擊)

on-call mission (온 코올 미쓘) 요청 임무(要請任務)

on-hand 〈**O/H**〉 (오온핸드) 현보유(現保有)

on his own initiative (온 히즈 오운 이니셔티브) 일방적(一方的)으로

on order 〈**O/O**〉 (온 오오더어) 의명(依命)

on-site coordination (온싸일 코오디네이슌) 현지 협조(現地協調)

on-the-job training 〈**OJT**〉 (온더잡 츄레이닝 〈오우 제이 티이〉) 실무 교육(實務教育)

on-the-spot correction (온더스빧 커렉쓘) 현지 수정(現地修正)

on-vehicle material 〈**OVM**〉 (온비이끌 머티어뤼얼 〈오우 븨 엠〉) 차량 부수 기재 (車輛附隨器材)

"one hundred myself !" (원 헌주릳 마이쎌후 !) "당백(當百) !"

100% strength (원헌주렌퍼어센트 스츄렝스) 100% 병력(百分兵力)

105 mm howitzer (원 오우 화이브 하윋쩌) 105mm 곡사포 (一〇五一曲射砲)

155 mm howitzer (원 화이브 화이브 하윋쩌) 155mm 곡사포 (一〇五一曲射砲)

155mile front (원헌주렌휘후티화이브 마일 후론트) 155마일 전선 (一五五哩戰線)

oneway (원웨이) 일방 통행(一方通行)

oneway street (원웨이 스츄뤼잍) 일방 통행로(一方通行路)

open column (오픈 칼럼) 소개 종대(疏開縱隊)

open fire (오픈 화이어) 불〔火〕

open flank (오픈 훌랭크) 무방비 측방(無防備側方)

open formation (오픈 호어메이슌) 소개 대형(疏開隊形)

opening remarks (오프닝 뤼마앜쓰) 개회사(開會辭)

operating costs (아퍼레이딩 코우스쯔) 경상비(經常費)

operating maintenance (아퍼레이딩 메인테넌스) 수시 정비(隨時整備)

운행 중 정비(運行中整備)

operating personnei (아퍼레이딩 퍼어쓰넬) 운용 요원(運用要員)

operation (아퍼레이슌) 운영(運營)

작전(作戰)

operation codes 〈**OPCODES**〉 (아퍼레이슌 작전 암호(作戰暗號)

코운즈 〈앞코우즈〉)

operation exposure guide (아퍼레이슌 엑쓰뽀우져 가읻) 작전 노출 지침 (作戰露出指針)

operation map (아퍼레이슌 맵) 작전 지도 (作戰地圖)

operation objective (아퍼레이슌 옵젝티브) 작전 목표 (作戰目標)

operation order 〈**OPORD**〉 (아퍼레이슌 오오더어 〈앞오온〉) 작전 명령 (作戰命令)

operation overlay (아퍼레이슌 오우버레이) 작전 투명도 (作戰透明圖)

operation plan 〈**OPLAN**〉 (아퍼레이슌 플랜 〈앞플랜〉) 작전 계획 (作戰計劃)

operational (아퍼레이슈널) 작전상 (作戰上)
가능
(一機動可能)

operational chain of command (아퍼레이슈널 체인 오브 커맨드) 작전 지휘 계통 (作戰指揮系統)

operational command (아퍼레이슈널 커맨드) 작전 지휘 (作戰指揮)

operational control 〈**OPCON**〉 (아퍼레이슈널 컨츄롤 〈앞칸〉) 작전상 통제 (作戰上統制)
작전 통제 (作戰統制)

operational environment (아퍼레이슈널 인바이뤈멘트) 작전 환경 (作戰環境)

operational intelligence (아퍼레이슈널 인텔리젼스) 작전 정보 (作戰情報)

operational line (아퍼레이슈널 라인) 작전용 통신선 (作戰用通信線)

operational phase (아퍼레이슈널 훼이즈) 작전 단계 (作戰段階)

operational reserve (아퍼레이슈널 뤼저어브) 작전 예비 (作戰豫備)

operational situation report (아퍼레이슈널 씨츄에이슌 뤼포올) 작전 상황 보고 (作戰狀況報告)

operational supplies (아퍼레이슈널 써플라이즈) 작전용 보급품 (作戰用補級品)

operations and training (아퍼레이슌스 앤 츄레이닝) 작전 교육 (作戰教育)

operations board (아퍼레이슌스 보온) 작전 운용판 (作戰運用板)
작전판 (作戰板)

operations conference (아퍼레이슌스 칸훠뤈스) 작전 회의 (作戰會議)

operations net (아퍼레이슌스 넽) 작전망 (作戰網)

operations officer (아퍼레이숀스 오휘써)	작전관 (作戰官)
operations research (아퍼레이숀스 뤼써어치)	작전 연구 (作戰研究)
operations schedule (아퍼레이숀스 스꼐쥴)	작전 예정표 (作戰豫定表)
operations security (아퍼레이숀스 씨큐뤼티)	작전 보안 (作戰保安)
operator maintenance (아퍼레이러 메인테넌스)	제 일 단계 정비 (第一段階整備)
operator's maintenance (아퍼레이러즈 메인테넌스)	사용자 직접 정비 (使用者直接整備)
opportunity (아퍼츄우니티)	기회 (機會)
opposing forces (어포우징 호어씨즈)	저항군 (抵抗軍)
oral order (오우뤌 오오더어)	구두 명령 (口頭命令)
Orange Force (아뤈지 호오스)	황군 (黃軍)
order (오오더어)	명령 (命令) 순서 (順序) 주문 (注文) 차례 (次例)
order of battle (오오더어 오브 배를)	전투 서열 (戰鬪序列)
order of battle intelligence (오오더어 오브 배를 인텔리젼스)	전투 서열 정보 (戰鬪序列情報)
order of march (오오더어 오브 마아치)	행군 서열 (行軍序列)
order of merit (오오더어 오브 메뤼)	공상 순위 (功賞順位)
order of priority (오오더어 오브 푸라이아뤄티)	우선 순위 (優先順位)
orderly (오오더어리)	근무병 (勤務兵) 당번 (當番)
orderly room (오오더어리 루움) (오오개닉 츄랜스포오테이숀)	중대 사무실 (中隊事務室)
ordnance (오온넌스)	병기 (兵器)
organic (오오개닉)	예속 (隷屬) 된 편제상 (編制上)
organic transportation	편제상 수송 기관 (編制上輸送機關)
organization (오오거니제이숀)	구성 (構成) 부대〈편제 조직〉(部隊編制組織) 편성 (編成) 편제 (編制)
organization chart (오오거니제이숀 차알)	편성표 (遍成表)

organization day (오오거니제이숀 데이) 창설 기념일(創設紀念日)
organization for combat (오오거니제이숀 호어 캄밷) 전투 편성(戰鬪編成)
organization for combat resources (오오거니제이숀 호어 캄밷 뤼쏘오씨스) 전투력 편성(戰鬪力編成)
organization of the ground (오오거니제이숀 오브 더 구라운드) 지면 편성(地面編成) 진지 편성(陣地編成)
organizational (오오거니제이슈널) 편제상(編制上)
organizational equipment (오오거니제이슈널-이큅먼트) 부대 장비 (部隊裝備) 편제상 장비 (編制上裝備)
organizational maintenance (오오거니제이슈널 메인테넌스) 부대 정비(部隊整備) 자체 부대 정비 (自體部隊整備) 제 이 단계 정비 (第二段階整備)
organized position (오오거나이즈드 퍼칠숀) 편성(編成)된 진지(陣地)
organized strength (오오거나이즈드 스츄렝스) 편성 병력(編成兵力)
orient (오오뤼엔트) 방향 표정(方向標定) 정치(正置)
orientation (오오뤼엔테이숀) 적응 강습(適應講習) 지도 강습(指導講習)
orienting point (오오뤼엔팅 포인트) 정치점(正置點)
original (오뤼지널) 원본(原本)
original copy (오뤼지널 카피) 원본(原本)
original point (오뤼지널 포인트) 원점(原點)
originator (오뤼지네이러) 발신자(發信者)
other intelligence requirement (OIR) (어더 인텔리젼스 뤼콰이어먼트 (오우 아이 아아)) 그 외 정보 요구 사항 (其外情報要求事項)
outfit (아웉휱) 복장(服裝)
outflank (아웉훌랭크) 측면 우회(側面迂廻) 측방 우회(側方迂廻)
outflanking force (아웉훌랭킹 호오스) 우회 부대(迂廻部隊)
outflanking maneuver (아웉훌랭킹 머두우버) 측방 우회 기동 (側方迂廻機動)
outline (아웉라인) 개요(概要)
outline plan (아웉라인 플랜) 개략 계획(概略計劃)
outpatient (아웉페이션트) 외래 환자(外來患者)

outpost (아웉포우스트)	전초(前哨)
outpost area (아웉포우스트 애어뤼아)	전초 지역(前哨地域)
outpost line (아웉포우스트 라인)	전초선(前哨線)
outpost line of resistance (아웉포우스트 라인 오브 뤼지스턴스)	전초 저항선(前哨抵抗線)
outpost mission (아웉포우스트 미쓘)	전초 임무(前哨任務)
outpost position (아웉포우스트 퍼칠쓘)	전초 진지(前哨陣地)
outstanding (아웉스땐딩)	탁월(卓越)한
over (오우버)	과(過)
overcast (오우버캐스트)	흐린〔濁〕
overcoat (오우버코웉)	외투(外套)
overcome (오우버컴)	극복(克服)하다
overhaul (오우버호울)	전체 분해 수리 (全體分解修理) 분해 검사 수리 (分解檢査修理)
overhead cover (오우버헨 카버)	두상 엄폐물(頭上掩蔽物)
overhead fire (오우버헨 화이어)	초과 사격(超過射擊)
overhead personnel (오우버헨 퍼어쓰넬)	행정 요원(行政要員)
overkill (오우버킬)	초과 폭탄 사용 (超過爆彈使用)
overlap (오우버랲)	중첩(重疊)
overlay (오우버레이)	투명도(透明圖)
overlay order (오우버레이 오오더어)	투명 도형 명령 (透明圖型命令)
overloading (오우버로우딩)	과대 적재(過大積載)
overseas (오우버씨이즈)	바다 건너〔海外〕 해외(海外)
overseas cap (오우버씨이즈 캪)	해외 군모(海外軍帽)
overseas deployment (오우버씨이즈 디플로이먼트)	해외 기동(海外機動)
overseas movement (오우버씨이즈 무우브먼트)	해외 이동(海外移動)
overseas staging area (오우버씨이즈 스떼이징 애어뤼아)	해외 기동 집결지 (海外機動集結地)
overseas staging base (오우버씨이즈 스떼이징베이스)	해외 기동 집결 기지 (海外機動集結基地)
overshoes (오우버슈우즈)	덧신
over/short (오우버/쇼옽)	과/부족(過不足)
oversight (오우버싸잍)	과실(過失)/감시(監視)
overturn (오우버터언)	전복(顚覆)되다
owl (아울)	부엉이

own courses of action (오운 코오씨스 오브 액쑨) 아방책 (我方策)
oxygen (앜씨전) 산소(酸素)

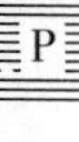

pace (페이스) 보(步)
보속(步速)
Pacific 〈Ocean〉 (퍼씨휙 〈오우션〉) 태평양(太平洋)
Pacific theater (퍼씨휙 씨어러) 태평양 지역(太平洋地域)
pacification activities (퍼씨휘케이숀 액티비티이즈) 선무 공작(宣撫工作)
pack (팩) 타재(駄載)
pack artillery (팩 아아틸러뤼) 타재 포병(駄載砲兵)
pack radio set (팩 레이디오 셑) 배낭식 무전기(背囊式無電機)
pack troop (팩 츄루웊) 타마 부대(駄馬部隊)
package (패키지) 소하물(小荷物)
포장물(包裝物)
packaging (패키징) 포장(包裝)
packed petroleum (팩트 퍼츄롤리엄) 포장 석유(包裝石油)
pallet (팰릳) 깔판
팰릳〔木板〕
pamphlet (팸후릳) 소책자(小冊子)
팸후릳(冊子)
panel (패늘) 포판(布板)
panel code (패늘 코운) 포판 신호(布板信號)
Panmunjom (판문점) 판문점(板門店)
panorama (패너라아머) 패너라아머〔파노라마〕
parachute (패러슈울) 낙하산(落下傘)
parachute drop zone (패러슈울 쥬랖 죠운) 낙하산 투하 지대 (落下傘投下地帶)
parachute flare (패러슈울 훌레어) 낙하산 조명탄 (落下傘照明彈)
parade (퍼레읻) 분열(分列)
parade field (퍼레읻 휘일드) 연병장(練兵場)
parade ground (퍼레읻 구라운드) 연병장(練兵場)
parade through town (퍼레읻 스루우 타운) 시가 행진(市街行進)
위도선(緯度線)
parallel (패러렐) 평행(平行)
parallel advance (패뤄렐 언밴스) 병진(竝進)
parallel advances (패뤄렐 언밴씨스) 평행 전진(平行前進)

parallel attack (패뤄렐 어탴) 양공(兩攻)
parallel attacks (패뤄렐 어탴쓰) 평행 공격(平行攻擊)
parapet (패뤄핕) 흉벽(胸壁)
paratrooper (패뤄츄루우뻐) 낙하산병(落下傘兵)
paratroops (패뤄츄루웊쓰) 낙하산 부대(落下傘部隊)
parent unit (패어뤈트 유우닡) 모체 부대(母體部隊)
원대(原隊)
parka (파아커) 외투(外套)
파아커
parking area (파아킹 애어뤼아) 주차장(駐車場)
parking limit (파아킹 리밑) 주차 제한(駐車制限)
parking lot (파아킹 랕) 주차장(駐車場)
parrot (패뤹) 앵무새(鸚鵡鳥)
partial damage (파아셜 대미지) 중파(中破)
participation (파아티씨페이슌) 참가(參加)
participation in war (파아티씨페이슌 인 우오) 참전(參戰)
particular (퍼어티큘러어) 특별(特別)한
partisan (파아터전) 파아터전〔빨치산〕
partnership (파아트너쉽) 동맹(同盟)
partridge (파앒뤼지) 자고(鷓鴣)
parts (파앒쯔) 부속품(附屬品)
pass (패쓰) 애로(隘路)
협로(狹路)
외출증(外出證)
pass in review (패쓰 인 뤼뷰우) 분열 행진(分列行進)
pass on (패쓰 온) 전(傳)하다
pass through (패쓰 쓰루우) 통과(通過)하다
passage of lines (패씨지 오브 라인즈) 초월 전진(超越前進)
passage point (패씨지 포인트) 통과 지점(通過地點)
passenger (패씬저어) 탑승자(搭乘者)
passenger plane (패씬저어 플레인) 여객기(旅客機)
passive air defense (패씨이브 애어 디이휀스) 소극적 방공(小極的防空)
passive defense (패씨이브 디이휀스) 소극적 방어(小極的防禦)
password (패쓰우온) 답어(答語)
암구어(暗口語)
pat on the back (팯 온 더 백) 칭찬 격려하다(稱讚激勵—)
path (패스) 통로(通路)
pathfinder team (패스화인더 티임) 통로 유도조(通路誘導組)
pathfinders (패스화인더어즈) 항로 유도반(航路誘導班)
patient (페이션트) 환자(患者)
patriot (패이츄뤼앝) 애국자(愛國者)

patriotism (패이츄뤼아티즘)	애국심 (愛國心)
patrol (퍼츄롤)	순찰 (巡察)
	정찰대 (偵察隊)
pattern painting (패터언 페인팅)	위장 도색 (爲裝塗色)
GEN George S. Patton, Jr. (1885-1945) (제너럴 죠오지 에쓰 패튼 쥬니어)	패튼 장군 (一將軍)
paved road (페이브드 로운)	포장 도로 (鋪裝道路)
pay (페이)	봉급 (俸給)
pay day (페이 데이)	봉급일 (俸給日)
pay day activities (페이 데이 액티비티이즈)	봉급일 자유 시간 (俸給日自由時間)
PCS order (〈피이 씨이 에쓰〉 오오더어)	전근 명령〈서〉 (轉勤命令書)
peace (피이스)	평화 (平和)
peace time (피이스 타임)	평시 (平時)
peach (피이치)	복숭아〔密桃〕
peak (피잌)	절정 (絶頂)
peak strength (피잌 스츄렝스)	최대 병력 (最大兵力)
Pearl Harbor (퍼얼 하아버)	진주만 (眞珠灣)
	퍼얼 하아버
peculiar (피큘리어)	특이 (特異)한
pen stand (펜 스탠드)	펜꽂이
pendant (펜던트)	현수기 (懸垂旗)
penetration (페니츄레이슌)	돌파 (突破)
pennant (페넌트)	기 (旗)
	삼각기 (三角旗)
per diem (퍼어 디엠)	일〈급수〉당 (日給手當)
perforation (퍼어호어레이슌)	관통 (貫通)
	천공 (穿孔)
performance (퍼어호어먼스)	성능 (性能)
perimeter defense (퍼뤼미러어 디이휀스)	전면 방어 (全面防禦)
perimeter road (퍼뤼미러어 로운)	주변 도로 (周邊道路)
perimeter security (퍼뤼미러어 씨큐뤼티)	외곽 경계 (外廓警戒)
period (피어뤼엇)	기간 (期間)
	시기 (時期)
period of operation (피어뤼엇 오브 아퍼레이슌)	작전 기간 (作戰期間)
periodic (피어뤼아딬)	정기적 (定期的)
periodical intelligence report 〈PERINTREP〉 (피어뤼아디껄 인텔리젼스 뤼포올 〈피어륀츄렙〉)	정기 정보 보고 (定期情報報告)
perishables (페뤼셔블즈)	가변 음식 (可變飮食)

P

permanent (퍼머넌트) 영구적(永久的)
permanent change of station 〈PCS〉 (퍼머넌트 체인지 오브 스떼이슌 〈피이 씨이 에쓰〉) 전근(轉勤)
permanent duty station (퍼머넌트 듀우리 스떼이슌) 보직 부대(補職部隊)
permanent duty station (퍼머넌트 듀우리 스떼이슌) 현보직 부대(現補職部隊)
permanent party (퍼머넌트 파아리) 당부대원(當部隊員)
perseverance (퍼어씨비어뤈스) 강인성(强靭性)
persistent (퍼어씨스틴트) 지속적(持續的)
persistent gas (퍼어씨스틴트 개쓰) 지구성 "개쓰"(持久性瓦斯) 지속성 작용제 (持續性作用劑)
personal effects (퍼어쓰널 이훽쯔) 개인 소지품(個人所持品) 유품(遺品)
personal hygiene (퍼어쓰널 하이지인) 개인 위생(個人衛生)
personal staff (퍼어쓰널 스때후) 개인 참모(個人參謀)
personnel (퍼어쓰넬) 인원(人員)
personnel accountability (퍼어쓰넬 어카운터빌러티) 병력 회계(兵力會計) 인원 계산 (人員計算)
personnel action (퍼어쓰넬 액쓘) 인사 처리(人事處理)
personnel action center 〈PAC〉 (퍼어쓰넬 액쓘 쎄너〈팩〉) 인사 관리소(人事管理所)
personnel administration (퍼어쓰넬 앧미니스츄레이슌) 인사 행정(人事行政)
personnel allocation (퍼어쓰넬 앨로우케이슌) 인사 배치(人事配置)
personnel carrier (퍼어쓰넬 캐뤼어) 병력 수송차(兵力輸送車)
personnel classification (퍼어쓰넬 클래씨휘케이슌) 인사 분류(人事分類)
personnel daily summary (퍼어쓰넬 데일리 써머뤼) 일일 병력 요약 보고 (日日兵力要約報告)
personnel decontamination station (퍼어쓰넬 디이컨태미네이슌 스떼이슌) 인원 제독소(人員除毒所)
personnel loss (퍼어쓰넬 로쓰) 병력 손실(兵力損失) 인원 손실(人員損失)
personnel management (퍼어쓰넬 매니지먼트) 인사 관리(人事管理)
personnel officer (퍼어쓰넬 오휘써) 인사 장교(人事將校)
personnel roster (퍼어쓰넬 롸스터) 인원 명부(人員名簿)
personnel strength (퍼어쓰넬 스츄렝스) 병력(兵力)

personnel to be recognized and awarded (퍼어쓰넬 투 비이 뤠컥나이즈드 앤 어우오딛)	수상자(受賞者)
petroleum (퍼츄롤리엄)	석유(石油)
petroleum, oils, lubricants 〈**POL**〉 (퍼츄롤리엄, 오일즈, 루우부뤼컨트쯔 〈피이 오우 엘〉)	기름 유류(油類)
pharmacy (화아머씨)	약제소(藥劑所) 조제소(調劑所)
phase (훼이즈)	단계(段階)
phase line 〈**PL**〉 (훼이즈 라인〈피이 엘〉)	단계선(段階線) 통제선(統制線)
phase of operation (훼이즈 오브 아퍼레이숀)	작전 단계(作戰段階)
phased concept of operations (훼이즈드 칸쎕트 오브 아퍼레이숀스)	단계적 작전 개념 (段階的作戰槪念)
phasing (훼이징)	단계 수립(段階樹立)
phonetic alphabet (호우네팉 알화벹)	음성 자모(音聲子母)
photographer (호우터구래훠어)	사진병(寫眞兵)
photographic intelligence (호우터구래휙 인텔리젼스)	사진 정보(寫眞情報)
photographic interpretation (호우터구래휙 인터푸뤼테이숀)	사진 판독(寫眞判讀)
physical (휘지컬)	신체 검사(身體檢査)
physical conditioning (휘지컬 컨디슈닝)	체력 조절(體力調節)
physical examination (휘지컬 익재미네이숀)	신체 검사(身體檢査)
physical exercise (휘지컬 엑써싸이스)	체조(體操)
physical profile (휘지컬 푸뤄화일)	신체 육부분 검사 결과 (身體六分部檢査結果)
physical security (휘지컬 씨큐뤄티)	시설 보안(施設保安)
physical training 〈**PT**〉 (휘지컬 츄레이닝〈피이 티이〉)	신체 훈련(身體訓練) 체력 훈련(體力訓練)
pick-up (피껖)	수령(受領)
pictorial service team (픽토뤼얼 써어비스 티임)	사진 보도단(寫眞報道團)
piece (피이스)	개(個)/문(門)
piecemeal attack (피이스미일 어탴)	축차 공격(逐次攻擊)
pier (피어)	부두(埠頭)
pillbox (필박쓰)	특화점(特火點)
pillow (필로우)	베개

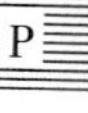

pillow case (필로우 케이스)	베갯잇
pilot (파일럿)	조종사(操縱士)
pinetree limbs (파인추뤼 림즈)	솔나무 가지
pinpoint boming (핀포인트 바밍)	정밀 폭격(精密爆擊)
pioneer tools (파이어니어 투울즈)	야전 공병 용구 (野戰工兵用具)
pistol (피스틀)	권총(拳銃) 훠어디 화이브
pistol belt (피스틀 벨트)	권총대(拳銃帶)
pitch tent (필치 텐트)	천막(天幕) 치다
pitched battle (핏치드 배틀)	격전(激戰)
place of duty (플레이스 오브 듀우리)	근무지(勤務地)
plain text (플레인 텍쓰트)	평문(平文)
plan (플랜)	계획(計劃) 준비(準備)
planning (플랜닝)	기획(企劃)
planning directive (플랜닝 디렉티브)	계획 수립 지시(計劃樹立指示)
planning factors (플랜닝 홱토어즈)	계획 요인(計劃要因)
planning guidance (플랜닝 가이던스)	계획 지침(計劃指針)
planning memoranda (플랜닝 메모렌다)	계획 수립 각서 (計劃樹立覺書)
planning phase (플랜닝 훼이즈)	계획 수립 단계 (計劃樹立段階)
plans desired to be developed (플랜즈 디자이얻 투 비이 디벨럽트)	구체화 요망 계획 (具體化要望計劃)
plant protection (플랜트 푸뤄텍쓘)	시설 방호(施設防護)
platform (플랱호엄)	답판(踏板)
platoon 〈**PLT**〉 (플러투운)	소대(小隊)
platoon attack order (플러투운 어탴 오오더어)	소대 공격 명령 (小隊攻擊命令)
platoon leader (플러투운 리이더)	소대장(小隊長)
platoon sergeant 〈**PSG**〉 (플러투운 싸아전트)	소대 선임 하사 (小隊先任下士)
plot (플랕)	작도(作圖)
plot on the map (플랕 온 더 맵)	도상 표정(圖上標定)하다
plotting board (플라팅 보올)	표정판(標定板)
plunging fire (플런징 화이어)	감사(瞰射)
PMO (피이 엠 오우)	헌병대(憲兵隊)
point (포인트)	점(點) 지점(地點) 첨병(尖兵) 탄두(彈頭)
point-blank range (포인트블랭크 레인지)	직사 근거리(直射近距離)

point of impact (포인트 오브 임팩트)	탄착점(彈着點)
point target (포인트 타아깉)	점목표(點目標)
	지점 목표(地點目標)
pointer (포이너)	상황 지적봉(狀況指摘棒)
POL dump (피이 오우 엘 덤프)	유류 집적소(油類集積所)
POL point (피이 오우 엘 포인트)	주유소(注油所)
polar coordinates (포울러 코오디넡츠)	극좌표(極座標)
police (폴리스)	청소(淸掃)
police call (폴리스 코올)	청소 집합(淸掃集合)
police detail (폴리스 디테일)	청소병(淸掃兵)
policy (팔러씨)	방침(方針)
	정책(政策)
policy file (팔러씨 화일)	방침철(方針綴)
political (폴리티껄)	정치적(政治的)
political affairs (폴리티껄 어홰어즈)	정사(政事)
political intelligence (폴리티껄 인텔리전스)	정치 정보(政治情報)
politics (팔러팈쓰)	정치(政治)
polluted water (펄루우틷 워러)	오수(汚水)
poncho (판쵸우)	비옷〔雨衣〕
	야전 우의(野戰雨衣)
	우비(雨備)
pontoon (판투운)	교주(橋舟)
pontoon〈bridge〉 (판투운〈부뤼지〉)	주교(舟橋)
	판투운 교(橋)
pontoon causeway (판투운 코오즈웨이)	인도 주교(人道舟橋)
pontoon ferry (판투운 훼뤼)	도하선(渡河船)
	주교 도하선(舟橋渡河船)
pontoon raft ferry (판투운 래후트 훼뤼)	도하 벌선(渡河筏船)
pool (푸울)	집적소(集積所)
pop-up target (팦엎 타아깉)	돌연 표적(突然標的)
port (포올)	항구(港口)
	항만(港灣)
	포문(砲門)
port call (포올 코올)	전직 비행 대기 (轉職飛行待機)
port of debarkation (포올 오브 디바아케이슌)	상륙항(上陸港)
	양륙항(揚陸港)
port of embarkation (포올 오브 임바아케이슌)	승선항(乘船港)
port-handler (포올 핸들러)	하물 작업병(荷物作業兵)

port officer (포올 오휘써) 항만 장교(港灣將校)
port terminal battalion commander (포올 터어미널 배탤리언 커맨더) 항만 대대장(港灣大隊長)
port transportation officer (포올 츄랜스포오테이슌 오휘써) 항만 수송 장교 (港灣輸送將校)
position (퍼질쓘) 자세(姿勢)
〈**individual fighting**〉 **position** (인디비쥬얼 화이팅 퍼질쓘) 진지(陣地)
position area (퍼질쓘 애어뤼아) 진지 지역(陣地地域)
position defense (퍼질쓘 디이휀스) 진지 방어(陣地防禦)
position improvement (퍼질쓘 임푸루우브먼트) 진지 향상(陣地向上)
positive (파지티브) 긍정적(肯定的)
post (포우스트) 부대〈군부서〉 (部隊〈軍部署〉) 위수지(衛戍地) 주둔 부대(駐屯部隊)
post commander (포우스트 커맨더) 주둔 부대 사령관 (駐屯部隊司令官)
post engineer (포우스트 엔지니어) 시설 공병 장교 (施設工兵將校) 위수지 공병 부장 (衛戍地工兵部長) 주둔 부대 공병 부장 (駐屯部隊工兵部長)
post exchange material (포우스트 익스췌인지 머티어뤼얼) 피이 엑쓰 품목(一品目)
post exchange 〈**PX**〉 (포우스트 익쓰췌인지 〈피이 엑쓰〉) 주보(酒保) 매점(賣店)
post-exercise activities (포우스트 엑써싸이스 액티비티이즈) 작전 후 행사(作戰後行事)
post script (포우스트 스끄뤕트) 추서(追書)
postal service (포우스털 써어비스) 우편 근무(郵便勤務)
poster (포우스터) 포스터
posthumous award (포우스트유머스 어우온) 유고 훈장(遺稿勳章)
potable water (포우터블 워러) 식수(食水)
potato (퍼테이토우) 퍼테이토우〔감자〕
POW camp (피이 오우 더블유 캠프) 포로 수용소(捕虜收容所)
POW collecting point (피이 오우 더블유 컬렉팅 포인트) 포로 수집소(捕虜蒐集所)
POW handling procedures (피이 오우 더블유 핸들링 푸뤄씨쥬어즈) 포로 취급 절차 (捕虜取扱節次)

P

P

POW interrogation (피이 오우 더블유 인테뤄게이순) 포로 신문(捕虜訊問)
POW processing station(피이 오우 더블유 프라쎄씽 스떼이순) 포로 처리소(捕虜處理所)
powder (파우더) 화약(火藥)
practice (푸랙티스) 상습(常習)
연마(練磨)
연습(練習)
practice grenade (푸랙티스 구뤼네인) 훈련용 수료탄 (訓練用手溜彈)
praise (푸레이즈) 찬사(讚辭)
찬양(讚揚)
치하(致賀)하다
pre-advance party (푸뤼얻밴스 파아리) 선선발대(先先發隊)
prearranged fire (푸뤼어레인지드 화이어) 예정 사격(豫定射擊)
prearranged message code (푸뤼어레인지드 메씨지 코운) 기정 통신 부호 (既定通信符號)
precedence (푸레씨던스) 우선 순위(優先順位)
precedent (푸레씨던트) 전례(前例)
precept on patriotism (푸뤼셒트 온 패이 츄뤼아티즘) 정신 훈화(精神訓話)
precipitation (뿌뤼씨삐테이순) 강우량(降雨量)
precisely (푸뤼싸이슬리) 정확(正確)하게
precision (푸뤼씨젼) 정밀(精密)
precision adjustment (푸뤼씨젼 얻져스트먼트) 정밀 수정(精密修正)
precision fire (푸뤼씨젼 화이어) 정밀 사격(精密射擊)
predicted (푸뤼딕틷) 예상(豫想)된
pre-exercise training (푸뤼엑써싸이스 츄레이닝) 작전 전 훈련 (作戰前訓練)
티임 스삐릳 작전 전 훈련 (一作戰前訓練)
preinfiltration team (푸뤼인휠츄레이순 티임) 사전 침투조(事前浸透組)
preliminary (푸뤼리미너뤼) 예비적(豫備的)
premier (푸레미어) 총리(總理)
premonition (푸뤼마니쓘) 예감(豫感)
prep fire (푸렢 화이어) 포병 공격 준비 사격 (砲兵攻擊準備射擊)
preparation (푸뤼퍼레이순) 준비(準備)
preparation fire 〈**PREP**〉 (푸뤼퍼레이순 화이어〈푸렢〉) 공격 준비 사격 (攻擊準備射擊)
준비 사격(準備射擊)

preparations for defense (푸뤼퍼레이순스 호어 디이휀스)	방어 준비 (防禦準備)
preparatory command (푸뤼퍼라토뤼 커맨드)	예령 (豫令)
preparatory fire〈**prep**〉 (푸뤼퍼라토뤼 화이어〈푸렢〉)	예비 사격 (豫備射擊)
prepare to advance and attack (푸뤼페어 투 언밴스 앤 어탴)	진공 준비 (進攻準備)하라
preplanned fire (푸뤼플랜드 화이어)	기계획 사격 (既計劃射擊)
preplanned mission (푸뤼플랜드 미숀)	기계획 임무 (既計劃任務)
preplanned target (푸뤼플랜드 타아깉)	기계획 목표 (既計劃目標)
preposition burst (푸뤼퍼짙숀 버어스트)	전치 폭발 (前置爆發)
prescribed load (푸뤼스끄라입드 로욷)	규정 적재량 (規定積載量)
present (푸뤼젠트)	제시 (提示)하다
present position (푸뤠즌트 퍼짙숀)	현위치 (現位置)
presentation (푸뤼젠테이숀)	제시 (提示) 토의 (討議)
presentation of mementoes/gifts (푸뤼젠테이숀 오브 미멘토우스/기흪츠)	기념품 증정 (紀念品贈呈)
preservation (푸뤼저어베이숀)	보존 (保存)
President (푸레지던트)	대통령 (大統領)
Presidential message (푸레지덴셜 메씨지)	교서 (教書) 유시〈대통령 각하의〉 (諭示〈大統領閣下〉)
Presidential order (푸레지덴셜 오오더어)	대통령령 (大統領令)
Presidential unit citation (푸레지덴셜 유우닡 싸이테이숀)	대통령 부대 표창 (大統領部隊表彰)
press (푸레쓰)	보도 기관 (報道機關)
press activities (푸레쓰 액티비티이즈)	보도 활동 (報道活動)
press corps (푸레쓰 코어)	보도단 (報道團)
press coverage (푸레쓰 카버뤼지)	보도 (報道)
press information (푸레쓰 인호어메이숀)	보도 자료 (報道資料)
press information briefing (푸레쓰 인호어메이숀 부뤼이휭)	보도 사항 설명 (報道事項説明)
press member (푸레쓰 멤버)	보도 요원 (報道要員)
press release (푸레쓰 륄리이스)	보도 자료 (報道資料)
pre-Team Spirit operation training (푸뤼 티임 스삐륕 아퍼레이숀 츄레이닝)	티임 스삐륕 작전 전 훈련 (一作戰前訓練)
prevention (푸뤼벤춘)	예방 (豫防)
prevention of venereal disease	성병 예방 (性病豫防)

(푸뤼벤춘 오브 비디뤼얼 디치이즈)	
preventive maintenance 〈PM〉 (푸뤼벤티브 메인테넌스〈피이 엠〉)	예방 정비(豫防整備)
preventive measures (푸뤼벤티브 메져어즈)	예방책(豫防策)
primary (푸라이매뤼)	주(主)
primary attack (푸라이매뤼 어택)	주공(主攻)
primary blast injuries (푸라이매뤼 블래스트 인져뤼이즈)	초기 폭풍 상해 (初期爆風傷害)
primary function (푸라이매뤼 훵쑨)	주임무(主任務)
primary gun (푸라이매뤼 건)	주포(主砲)
primary military occupational specialty (푸라이매뤼 밀리테뤼 아큐페이슈널 스빼셜티)	주특기(主特技)
primary mission (푸라이매뤼 미쓘)	주임무(主任務)
primary MOS (푸라이매뤼 〈엠 오우 에쓰〉)	주특기(主特技)
primary position (푸라이매뤼 퍼칠쓘)	주진지(主陣地)
primary sector of fire (푸라이매뤼 쎅터 오브 화이어)	주사격 구역(主射擊區域)
primary staff (푸라이매뤼 스때후)	주요 참모 요원 (主要參謀要員)
primary target (푸라이매뤼 타아길)	주목표(主目標)
primary weapon (푸라이매뤼 웨펀)	기본 화기(基本火器) 주요 화기(主要火器)
prime minister 〈PM〉 (푸라임 미니스터〈피이 엠〉)	총리(總理)
prime mover (푸라임 무우버)	견인차(牽引車)
principal (푸륀씨펄)	주(主)
principal duty (푸륀씨펄 듀우리)	주임무(主任務)
principal line (푸륀씨펄 라인)	주선(主線)
principle (푸륀씨쁠)	원칙(原則)
prior knowledge (푸라이어 날리지)	기지(旣知)
prior planning (푸라이어 플래닝)	사전 계획(事前計劃)
prior to (푸라이어 투)	미리 …전(前)에 …하기 전(前)에
priority (푸라이아뤄티)	우선권(優先權)
priority message (푸라이아뤄티 메씨지)	우선 전문(優先電文) 지급 통신문(至急通信文)
priority of fire (푸라이아뤄티 오브 화이어)	사격 지원 순위 (射擊支援順位)

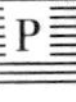

우선 지원 사격 (優先支援射擊)
지급 화력 지원 (至急火力支援)
화력 지원 우선권 (火力支援優先權)

priority of work (푸롸이아뤄티 오브 우옭) — 작업 우선 순위 (作業優先順位)

priority of work for defense (푸롸이아뤄티 오브 우옭 호어 디이휀스) — 방어 작업 순위 (防禦作業順位)

prisoner (푸뤼즈너) — 죄수 (罪囚)

prisoner of war 〈**POW**〉 (푸뤼즈너 오브 우오 〈피이 오우 더블유〉) — 전쟁 포로 (戰爭捕虜)
포로 (捕虜)

private first class 〈**PFC**〉 (푸롸이빌 훠어스트 클래쓰 〈피이 에후 씨이〉) — 일등병 (一等兵)

private property (푸롸이빌 푸라퍼디) — 사유 재산 (私有財産)

privately owned vehicle 〈**POV**〉 (푸라이빌리 오운드 비이끌 〈피이 오우 븨〉) — 자가용 (自家用)

probability (푸라버빌러티) — 확률 (確率)

probable (푸라버블) — 가망 (可望) 있는

probable avenue of approach (푸라버블 애비뉴 오브 어푸로우치) — 예상 접근로 (豫想接近路)

probable course of action (푸라버블 코오스 오브 액쓘) — 가능 방책 (可能方策)

probable line of deployment (푸라버블 라인 오브 디플로이먼트) — 가능 전개선 (可能展開線)
예상 전개선 (豫想展開線)

problem (푸라블럼) — 문제 (問題)

problem area (푸라블럼 애어뤼아) — 문제점 (問題點)

problems programmed (푸라블럼즈 푸로우구램드) — 전황 〈작전 연습〉 (戰況作戰練習)

procedure (푸뤄씨쥬어) — 절차 (節次)

process (푸라쎄쓰) — 처리 과정 (處理過程)

processing (푸라쎄씽) — 수속 (手續)
처리 수속 (處理手續)

process of information (푸라쎄쓰 오브 인호어메이숸) — 첩보 처리 (諜報處理)

proclamation (푸뤄클러메이숸) — 포고문 (布告文)

procurement (푸뤄큐어먼트) — 조달 (調達)

production (푸뤄닥쓘) — 생산 (生産)

professional knowledge — 전문 지식 (專門知識)

(푸뤄훼쓔널 닐리지)	
professionalism (푸뤄훼 슈널리즘)	전문성 (專門性) 직업 군인 정신 (職業軍人精神) 특수 전문 직업 군인 정신 (特殊專門職業軍人精神)
proficiency (푸뤄휘션 씨)	숙달 (熟達)
profile (푸로우화일)	단면도 (斷面圖)
program (푸로우구램)	계획 (計劃) 운영 요강 (運營要綱) 푸로우구램
program change (푸로우구램 췌인지)	운영 요강 변경 (運營要綱變更)
program development (푸로우구램 디뷀렆먼트)	운영 요강 발전 (運營要綱發展)
program objective (푸로우구램 옵젝티브)	운영 요강 목표 (運營要綱目標)
program of instruction 〈**POI**〉 (푸로우구램 오브 인스츄뤅쓘 〈피이 오우 아이〉)	세부 훈련 계획 (細部訓練計劃)
program review and analysis (푸로우구램 뤼뮤우 앤 어낼러씨스)	계획 검토 분석 (計劃檢討分析) 운영 요강 검토 분석 (運營要綱檢討分析)
program standards (푸로우구램 스땐다아즈)	운영 요강 표준 (運營要綱標準)
progress (푸라구레쓰)	진전 (進展)
progress of battle (푸라구레쓰 오브 배틀)	전황〈실전〉 (戰況實戰)
project (푸라젝트)	계획 과제 (計劃課題)
projectile (푸뤄젝타일)	포탄 (砲彈)
projector (푸뤄젝터)	환등기 (幻燈器)
promotable 〈**P**〉 〔**COL** 〈**P**〉 **XXX**〕 (푸뤄모우러뷸〈피이〉〔커널〈피이〉 쏘운앤쏘우〕)	진〈급〉예〈정〉자 (進級豫定者) 〔대령〈진예〉 ×××〕
promotion (푸뤄모우순)	진급 (進級)
prompt (푸람트)	신속 (迅速)한
prone position (푸로운 퍼칠쓘)	복사 자세 (伏射姿勢)
proof (푸루후)	증거 (證據) 표시 (表示)
propaganda (푸라퍼갠더)	선전 (宣傳)
propeller (푸뤄펠러)	푸뤄펠러
proper utilization	적절 운용 (適切運用)

(푸라퍼 유틸라이제이숀)

property (푸라퍼어티) 재산(財產)

property book (푸라퍼어티 붘) 재산 대장(財產臺帳)

property disposal officer (푸라퍼어티 디스뽀우절 오휘써) 재산 처리 장교 (財產處理將校)

prophylactics (푸뤄화랰팈쓰) 〈성병〉예방 기구 (性病豫防器具)

proposal (푸뤄포우절) 제안(提案)

propose (푸뤄포우즈) 제안(提案)하다

prosperity (푸라스페뤼티) 번영(繁榮)

제의(提議)하다

protection (푸뤄텤쑨) 보호(保護)

protective clothing (푸뤄텤티브 클로오딩) 보호의(保護衣)

protective cover (푸뤄텤티브 카버) 엄개(掩蓋)

protective fire (푸뤄텤티브 화이어) 방호 사격(防護射擊)

엄호 사격(掩護射擊)

protective wire (푸뤄텤티브 와이어) 방호 철조망(防護鐵條網)

protocol (푸로우터콜) 의례(儀禮)

protractor (푸뤄츄랰터) 분도기(分度器)

prevention of thefts (푸뤼벤춘 오브 쎄훝츠) 도난 방지(盜難防止)

provide (푸뤄바읻) 공급(供給)하다

제공(提供)하다

provisional (푸뤄비쥬널) 임시적(臨時的)

provisional support battalion 〈PSB〉 (푸뤄비쥬널 써포옽 〈피이 에쓰 비이〉) 임시 지원 대대 (臨時支援大隊)

잠정 지원 대대 (暫定支援大隊)

provisional unit (푸뤄비쥬널 유우닡) 잠정 부대(暫定部隊)

provocation (푸뤄보우케이숀) 도발(挑發)

provost marshal 〈PM〉 (푸뤄보우스트 마아셜 〈피이 엠〉) 헌병 대장(憲兵隊長)

provost marshal's office 〈PMO〉 (푸로우보 우스트 마아셜스 오휘쓰) 〈피이 엠 오우〉) 헌병대(憲兵隊)

proword (푸뤄우옫) 푸뤄우옫

proximity (푸랔씨미티) 근접(近接)

psychological operations 〈PSYOPS〉 (싸이커라지컬 아퍼레이숀) 심리 작전(心理作戰)

〈싸이앞쓰〉)

psychological warfare (싸이커라지컬 우오홰어)	심리전(心理戰)
pub tent (펍 텐트)	휴대 천막(携帶天幕)
public affairs officer 〈**PAO**〉(퍼블릭 어홰어즈 오휘써〈피이 에이 오우〉)	공보 장교(公報將校)
public facilities (퍼블릭 훠쐴리티이즈)	공공 기관(公共機關)
public holiday (퍼블릭 할러데이)	공휴일(公休日)
public information (퍼블릭 인호어메이슌)	공보(公報)
public information office (퍼블릭 인호어메이슌 오휘쓰)	공보실(公報室)
public information officer 〈**PIO**〉(퍼블릭 인호어메이슌 오휘써〈피이 아이 오우〉)	공보 장교(公報將校)
public opinion (퍼블릭 어피니언)	여론(輿論)
public safety (퍼블릭 쎄이후티)	일반 안전(一般安全)
publication (퍼블리케이슌)	발간물(發刊物) 출판물(出版物)
Punchbowl (펀치보울)	펀치보울〔無名稜線 / 斷腸稜線直東 4.5哩〕
punch through (펀치 쓰루우)	중앙 돌파(中央突破)
punctuality (펑츄앨러티)	시간 엄수(時間嚴守)
punishment (퍼니쉬먼트)	응징(膺懲) 처벌(處罰) 형벌(刑罰)
punitive (퓨우니티브)	징계적(懲戒的)
punitive measure (퓨우니티브 메져어)	응징(膺徵) 징계 처분(懲戒處分)
purchase (퍼쳐스)	구매(購買)
purchasing office (퍼쳐씽 오휘쓰)	구매처(購買處)
purple (퍼어쁠)	자주색(紫朱色) 진홍색(眞紅色)
Purple Heart (퍼어쁠 하앝)	상이 기장(傷痍記章)
pursuit (퍼쑤웉)	추격(追擊)
Pusan perimeter (부싼 퍼뤼미더)	부산 방위선(釜山防衛線)
PX 〈**post exchange**〉 (피이 엑쓰 〈포우스트 익쓰체인지〉	피이 엑쓰
pyong (평)	평(坪)

1,224 pyong = 1 acre (원싸우즌 투 헌주렌튀니훠어 평이즈 원 에이커)

1 acre = 4,046.8 m^2 (원에이커 이즈 훠어싸우즌 훠어티씩쓰 스퀘어 미이러즈)

Pyonggang (평강) 평강(平康)
Pyongyang (평앵) 평양(平壤)
pyrotechnics (파이뤄테끄닠쓰) 불꽃 신호(一信號)
섬광 신호탄(閃光信號彈)
신호탄(信號彈)

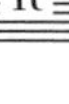

qualification (쿠올러휘케이숀) 자격(資格)
qualification record (쿠올러휘케이숀 레컽) 자력 기록표(自歷記録表)
qualified (쿠올러화잍) 유자격(有資格)
quality (쿠올러티) 질(質)
quantity (쿠온터티) 양(量)
quarantine (쿠오뤈티인) 검역 격리소(檢疫隔離所)
quarter moon (쿠오터 무운) 반반월(半半月)
¼-ton (쿠오터 틘) "지잎"
quartering party (쿠오터륑 파아리) 설영대(設營隊)
quartermaster 〈QM〉 (쿠오터매스터〈큐우 엠〉) 병참(兵帖)
quartermaster supplies (쿠오터매스터 써플라이즈) 병참 보급품(兵帖補給品)
question (쿠에스춘) 질문(質問)
quick (크윅) 신속(迅速)한
quick fire (크윅 화이어) 급사(急射)
속사(速射)
quick time (크윅 타임) 속보(速步)
quonset 〈hut〉 (쿠온셑〈헡〉) 쿠온셑 건물(一建物)

racial discrimination (레이셜 디스쿠뤼미네이숀) 인종 차별(人種差別)
racial problem (레이셜 푸라블럼) 인종 문제(人種問題)
radar countermeasures (레이다아 카운터메져어즈) 전탐 방어책(電探防禦策)
radar deception (레이다아 디쎕숀) 전탐 기만(電探欺瞞)
radar report (레이다아 뤼포옽) 전탐 보고(電探報告)

radar station (레이다아 스떼이숀)	전파 탐지 보고 (電波探地報告) 전파 탐지소(電波探知所)
radiation (레이디에이숀)	방사선(放射線)
radiation dosage (레이디에이숀 다씨지)	방사선 〈흡수〉량 (放射線吸收量)
radiation dose rate (레이디에이숀 도우스 레잍)	방사선율(放射線率)
radio (레이디오)	무선(無線)
radio bugging (레이디오 버깅)	무선 도청(無線盜聽)
radio call sign (레이디오 코올 싸인)	무선 호출 부호 (無線呼出符號)
radio communication (레이디오 커뮤니케이숀)	무선 통신(無線通信)
radio day (레이디오 데이)	무선일(無線日)
radio deception (레이디오 디쎕숀)	무선 기만(無線欺瞞)
radio deception measures (레이디오 디쎕숀 메져어즈)	전파 기만 방책 (電波欺瞞方策)
radio direction-finding and ranging 〈RADAR〉 (레이디오 디렠숀 화인딩 앤 레인징〈레이다아〉)	"레이다아"〈레이다〉 전〈파〉탐〈지〉기 (電波探知機)
radio discipline (레이디오 디씨플린)	무선 군기(無線軍紀)
radio equipment (레이디오 이큅먼트)	무선 장비(無線裝備)
radio frequency (레이디오 후뤼퀀씨)	무선 주파수(無線周波數)
radio interception (레이디오 인터쎕숀)	무선 도청(無線盜聽)
radio jamming (레이디오 재밍)	무선 방해(無線妨害)
radio jamming countermeasures (레이디오 재밍 카우너메져어즈)	전파 방해 대책 (電波妨害對策)
radio monitoring (레이디오 마니터륑)	무선 도청(無線盜聽)
radio net (레이디오 넽)	무선망(無線網)
radio net control station (레이디오 넽 컨츄롤 스떼이숀)	무선망 조정소 (無線網調整所)
radio procedures (레이디오 푸뤄씨쥬어즈)	무선 운용 규정 (無線運用規定)
radio range (레이디오 레인지)	무선 거리(無線距離)
radio relay (레이디오 륄레이)	무선 중계(無線中繼)
radio-relay operator (레이디오 륄레이 아퍼레이러)	무선 중계병(無線中繼兵)
radio-relay station	무선 중계소(無線中繼所)

(레이디오 릴레이 스떼이순)	
radio set (레이디오 쎋)	무전기 (無電機)
radio silence (레이디오 싸일런스)	무선 침묵 (無線沈默)
radio-telephone (레이디오텔리호운)	무선 전화기 (無線電話機)
radio telephone operator 〈**Ratelo**〉〈**RTO**〉 (레이디오 텔리호운) 아퍼레이러〈라텔로〉〈아아 티이 오우〉	무선 전화병 (無線電話兵)
radio teletype 〈**RATT**〉 (레이디오 텔리타잎〈랱〉)	"레이디오 텔리타잎"기 (一機) 무선 전신 타자기 (無線電信打字機)
radio teletype rig 〈**RATT RIG**〉 (레이디오 텔리타잎 뤽〈랱 뤽〉)	"레이디오 텔리타잎"실 (一室) 무선 전신 타자실 (無線電信打字室)
radio teletypist (레이디오 텔리타이피스트)	무선 전신 타자병 (無線電信打字兵)
radio watch (레이디오 워얼치)	"레이디오"불침번 (一不寢番) 무전기 당직 (無電機當直)
radioactive contamination (레이디오액티브 컨태미네이순)	방사성 오염 (放射性汚染)
radioactive fallout (레이디오액티브 호올아웉)	방사진 (放射塵)
radioactivity (레이디오액티비티)	방사능 (放射能)
radiological agent (레이디오라지컬 에이전트)	방사능제 (放射能劑)
radiological survey (레이디오라지컬 써어베이)	방사능 조사 (放射能調査)
radiological warfare (레이디오라지컬 우오홰어)	방사능전 (放射能戰)
radius (레이디어스)	반경 (半徑)
radius of action (레이디어스 오브 액쑨)	행동 반경 (行動半徑)
raft (레후트)	문교 (門橋)
rafting activities (레후팅 액티비티이즈)	문교 구축 작업 (門橋構築作業)
raid (레읻)	습격 (襲擊)
raid patrol (레읻 퍼츄롤)	습격 정찰 (襲擊偵察)
rail (레일)	철도 (鐵道)
railroad (레일로욷)	철로 (鐵路)
railroad crossing (레일로욷 크롸씽)	건널목
railroad sign (레일로욷 싸인)	철도 표지 (鐵道標識)
railroad station (레일로욷 스떼이순)	역 (驛)
railway (레일웨이)	철도 (鐵道)

철로(鐵路)

railway terminal station (레일웨이 터어미널 스떼이숀) 철도 하차역(鐵道下車驛)

railway transportation officer 〈RTO〉 (레일웨이 츄랜스포오테이숀 오휘써 〈아아 티이 오우〉) 철도 수송 장교 (鐵道輸送將校)

rain (레인) 비〔雨〕

rainfall (레인호얼) 강우량(降雨量) 우량(雨量)

rain gear (레인 기어) 비옷〔雨衣〕 우비(雨備)

rain storm (레인 스또옴) 폭풍우(暴風雨)

rally (랠리이) 재집결(再集結)

rallying point (랠리잉 포인트) 재집결 지점(再集結地點)

ramyon (라아면) 라면

R & R Center (아아 앤 아아 쎄너) 휴양소(休養所)

range (레인지) 사거리(射距離) 사격장(射擊場)

range adjustment (레인지 어쟈스트먼트) 사거리 조정(射距離調整)

range card (레인지 카안) 사거리표(射距離表) 사격 기록표(射擊記録表)

range control officer (레인지 컨츄롤 오휘써) 사격장 관리 장교 (射擊場管理將校)

range correction (레인지 커렉쓘) 사거리 수정(射距離修正)

range determination (레인지 디터어미네이숀) 사거리 결정(射距離決定)

range error (레인지 에뤄어) 사거리 오차(射距離誤差)

range estimation (레인지 에스띠메이숀) 사거리 판단(射距離判斷)

range 〈red〉 flag (레인지 〈렌〉훌랙) 사격장〈적〉기 (射擊場赤旗)

range operation (레인지 아퍼레이숀) 사격장 운용(射擊場運用)

ranger (레인져어) 유격병(遊擊兵)

ranger training (레인져어 츄레이닝) 유격 훈련(遊擊訓練)

rank (랭크) 계급(階級) 횡대(橫隊)

rank and file (랭크 앤 화일) 대오(隊伍)

rank insignia (랭크 인씩니아) 계급장(階級章)

rapid (래삗) 신속(迅速)한

rapid deployment (래삗 디플로이먼트) 급속 출동(急速出動)

rate of advance (레잍 오브 언밴스) 전진 속도(前進速度)

rate of march (레잍 오브 마아치)	행군 속도(行軍速度)
rate of fire (레잍 오브 화이어)	발사 속도(發射速度) 사격 속도(射擊速度)
rate of movement (레잍 오브 무우브먼트)	이동 속도(移動速度)
ratio (래이쇼오)	비율(比率)
ration (레숀)	구량(口糧)
ration control (레숀 컨츄롤)	구량 합리 통제 (口糧合理統制)
ration cycle (레숀 싸이끌)	구량일(口糧日)
ration strength (레숀 스츄렝스)	구량 병력(口糧兵力) 식사 인원(食事人員)
ration supplements (레숀 써쁠먼쯔)	구량 대용품(口糧代用品)
ration truck (레숀 츄뤜)	구량차(口糧車)
rationed item (레숀드 아이틈)	구량 한정품 (口糧限定品)
rations in kind (레숀스 인 카인드)	현물 구량(現物口糧) 현품 구량(現品口糧)
rattlesnake (레를스네잌)	"레를 스네잌" 방울뱀
react (뤼앸트)	대응(對應)하다
reaction (뤼앸쓘)	반응(反應)
reaction time (뤼앸쓘 타임)	반응 시간(反應時間)
readiness (레디네쓰)	준비 완료 상태 (準備完了狀態)
readiness posture (레디네쓰 포우파스츄어)	준비 태세(準備態勢)
ready area (레디 애어뤼아)	대기 지역(待期地域)
ready line (레디 라인)	사격 준비선(射擊準備線) 준비선(準備線)
ready position (레디 퍼칠쓘)	대기 진지(待期陣地) 사격 준비 자세(射擊準備姿勢)
real strength (뤼얼 스츄렝스)	실병력(實兵力)
real world situation (뤼얼 우얼드 씨츄에이숀)	실제 상황(實際狀況)
realistic and effective training (뤼얼리스띡 앤 이펰티브 츄레이닝)	실효(實效)있는 훈련(訓練)
realistic training (뤼얼리스띡 츄레이닝)	실질적 훈련(實質的訓練) 참다운 훈련(一訓練) 철저(徹底)한 훈련(訓練) 현실성(現實性)있는 훈련(訓練)

rear (뤼어)	후방(後方)
rear admiral (뤼어 앧머뤌)	해군 소장(海軍少將)
rear area (뤼어 애어뤼아)	후방 지역(後方地域)
rear area key facilities security (뤼어 애어뤼아 키이 훠씰리티이즈 씨큐뤼티)	후방 지역 주요 시설 경계 (後方地域主要施設警戒)
rear area protection (뤼어 애어뤼아 푸뤄텍쓘)	후방 지역 방호 (後方地域防護)
rear area security (뤼어 애어뤼아 씨큐뤼티)	후방 지역 경계 (後方地域警戒)
rear boundary (뤼어 바운데뤼)	후방 지경선(後方地境線)
rear detachment (뤼어 디태치먼트)	비출동 본기지 잔재단 (非出動本基地殘在團)
rear detachment key personnel (뤼어 디태치먼트 키이퍼어쓰넬)	후방 필수 요원 (後方必須要員)
rear echelon (뤼어 에쉴란)	후방 제대(後方梯隊)
rear guard (뤼어 가앋)	후위(後衛)
reassignment (뤼어싸인먼트)	재보직(再補職)
rebuild (뤼빌드)	재생(再生)
recapture (뤼캪쳐)	탈환(奪還)
receipt (뤼씨잍)	영수증(領收證)
receive (뤼씨이브)	영접(迎接)하다
receiver (뤼씨이버)	수신기(受信器)
receiving (뤼씨이빙)	수령(受領)
reception (뤼쎞쓘)	"뤼쎞쓘"
	수신 감도(受信感度)
	수용(收容)
reception center (뤼쎞쓘 쎄너)	수용대(收容隊)
reception dinner (뤼쎞쓘 디너)	환영 만찬(歡迎晩餐)
reception station (뤼쎞쓘 스떼이숸)	수용대(收容隊)
	신병 수용소(新兵收容所)
recess (뤼쎄쓰)	휴식 시간(休息時間)
reciprocal (레씨푸로우컬)	상호(相互)
reclassification (뤼클래씨휘케이숸)	재분류(再分類)
recognition (레컥니쓘)	승인(承認)
	식별(識別)
	인식(認識)
recognition signal (레컥니쓘 씩널)	약정 인식 신호 (約定認識信號)
	인식 신호(認識信號)
recommendation (레커멘데이숸)	건의(建議)
	상신(上申)
recommendations (레커멘데이숸스)	건의 사항(建議事項)

recommended and prohibited activities (레커멘딛 앤 푸뤄히비틷 액티비티이즈)	장려 및 금지 사항 (奬勵—禁止事項)
recon company (뤼칸 캄퍼니)	수색 중대 (搜索中隊)
recon platoon (뤼칸 플러투운)	수색 소대 (搜索小隊)
reconfirmation (뤼칸훠어메이슌)	재확인 (再確認)
reconnaissance (뤼카너썬스)	수색 (搜索) 정찰 (偵察)
reconnaissance by fire (뤼카너썬스 바이 화이어)	화력 수색 (火力搜索)
reconnaissance in force (뤼카너썬스 인 호오스)	위력 수색 (威力搜索)
reconnaissance mission (뤼카너썬스 미쓘)	정찰 임무 (偵察任務)
reconnaissance net (뤼카너썬스 넽)	정찰망 (偵察網)
reconnaissance of position (뤼카너썬스 오브 퍼칠쓘)	진지 정찰 (陣地偵察)
reconnaissance party (뤼카너썬스 파아리)	수색대 (搜索隊)
reconnaissance patrol (뤼카너썬스 퍼츄롤)	수색 정찰대 (搜索偵察隊)
reconnaissance photograph (뤼카너썬스 호우터구래후)	정찰 사진 (偵察寫眞)
reconnaissance plane (뤼카너썬스 플레인)	정찰기 (偵察機)
reconnaissance scout (뤼카너썬스 스까웉)	정찰 척후 (偵察斥候)
record firing (레컨 화이어륑)	기록 사격 (記録射擊)
recovery (뤼카버뤼)	회복 (恢復)
recovery party (뤼카버뤼 파아리)	회수반 (回收班)
recovery vehicle (뤼카버뤼 비이끌)	구난차 (救難車)
recreation facilities (뤼쿠뤼에이슌 훠씰러티이즈)	오락 시설 (娛樂施設)
recruit (뤼쿠루웉)	신병 (新兵) 징모 (徵募)
recruiter (뤼쿠루우더)	징병관 (徵兵官)
recruiting command (뤼쿠루우딩 커맨드)	병무 사령부 (兵務司令部)
rectify (렉티화이)	교정 (矯正)하다
red alert (렏 얼러얼)	적색 경보 (赤色警報)
Red Cross (렏 쿠로스)	적십자사 (赤十字社)
red flag (렏 훌래)	붉은기〔赤旗〕
redeployment (뤼디플로이먼트)	귀대 이동 (歸隊移動) 재배치 (再配置)

R

R

redeye (렏아이)	대항공기 미사일 (對航空機一)
Red Eye missile (렏 아이 미쓸)	"렏 아이 미쓸"
reduction (뤼덬쓘)	감축(減縮) 함락(陷落)
reduction in grade (뤼덬쓘 인 구레읻)	강등(降等)
reenlistment (뤼인리스트먼트)	재복무(再服務)
reentrant (뤼엔츄뤈트)	돌입부〈요부〉(突入部〈凹部〉)
reevaluation (뤼이밸류에이슌)	재평가(再評價)
refer to (뤼훠어 투)	조회(照會)하다
reference (레훠뤈스)	참고(參考) 참조(參照)
reference number (레훠뤈스 넘버)	참조 번호(參照番號)
reference point (레훠뤈스 포인트)	기준점(基準點) 참고점(參考點) 참조점(參照點)
reference position (레훠뤈스 퍼집쓘)	기준 위치(基準位置)
reflective vest (뤼훌렠티브 베스트)	반사 색조 조끼 (反射色調一)
refresher training (뤼후레셔 츄레이닝)	보수 훈련(補修訓練)
refreshments (뤼후레쉬먼쯔)	음료수(飮料水)
refuel (뤼휴얼)	재급유(再給油)
refugee (레휴치이)	난민(難民) 피난민(避亂民)
refugee control (레휴치이 컨츄롤)	피난민 통제(避亂民統制)
refugee evacuation center (레휴치이 이배큐에이슌 쎄너)	피난민 수용소 (避亂民收容所)
regiment (레지멘트)	연대(聯隊)
regiment in reserve (레지멘트 인 뤼저어브)	예비 연대(豫備聯隊)
regimental combat team 〈RCT〉 (레지메널 캄밷 티임 〈아아 씨이 티이〉)	연대 전투단(聯隊戰鬪團)
regimental commander (레지메널 커맨더)	연대장(聯隊長)
registration fire (레지스츄레이슌 화이어)	제원 기록 사격 (諸元記錄射擊)
registration point (레지스츄레이슌 포인트)	제원 기록 지점 (諸元記錄地點)
regular (레귤러)	정규적(正規的)
Regular Army 〈RA〉 (레귤러 아아미〈아아 에이〉)	정규군(正規軍)
regular sheaf (레귤러 쉬이후)	정규 사향속(正規射向束)
regulate (레규레읻)	통제(統制)하다

regulated item (레규레이틷 아이틈)	통제품(統制品)
regulation (레규레이슌)	규정(規定)
rehearsal (뤼허어썰)	예행 연습(豫行練習)
rehearsal phase (뤼허어썰 훼이즈)	연습 단계(練習段階)
reinforced (뤼인호어스드)	증강(增强)된
reinforced division (뤼인호어스드 디비젼)	증강 사단(增强師團)
reinforcement (뤼인호오스먼트)	증강(增强)
	증원(增援)
reinforcements (뤼인호오스먼쯔)	증원 부대(增援部隊)
reinforcing (뤼인호오씽)	증원(增援)
	화력 증원(火力增援)
reinforcing artillery (뤼인호오씽 아아틸러뤼)	증원 포병(增援砲兵)
reinforcing mission (뤼인호오씽 미쑌)	증원 임무(增援任務)
relation (륄레이슌)	인연(因緣)
relay (륄레이)	중계(中繼)
relay message (륄레이 메씨지)	중계 통신문(中繼通信文)
relay of message (륄레이 오브 메씨지)	전언(傳言)
relay station (륄레이 스떼이슌)	중계소(中繼所)
release (륄리이스)	해제(解除)
release point 〈**RP**〉 (륄리이스 포인트〈아아 피이〉)	분진점(分進點)
reliability (륄라이어빌러티)	신뢰성(信賴性)
	신빙성(信憑性)
reliable (륄라이어블)	신뢰성(信賴性) 있는
relief (륄리이후)	교대(交代)
	기복(起伏)
	해임(解任)
relief-in-place (륄리이후 인 플레이스)	진지 교대(陣地交代)
relief map (륄리이후 맵)	기복 지도(起伏地圖)
relief operation (륄리이후 아퍼레이슌)	교대 작전(交代作戰)
relief ration of rice (륄리이후 레슌 오브 롸이스)	구호미(救護米)
relieved (륄리이브드)	해임(解任)하다
relocation (륄로우케이슌)	배치 전환(配置轉換)
	위치 변경(位置變更)
remarks (뤼마앜쓰)	비고(備考)
remarks by the President (뤼마앜쓰 바이 더 푸레지던트)	유시〈대통령 각하의〉 (諭示〈大統領閣下一〉)

remedy (레머디)	교정(矯正)하다
remember (뤼멤버)	기억(記憶)하다
remote (뤼모울)	원격(遠隔)
remote control (뤼모울 컨츄롤)	원격 조종(遠隔操縱)
remote radio (뤼모울 레이디오)	원격 무선(遠隔無線)
remotely emplaced and monitored sensor 〈REMS〉 (뤼모울리 임플레이스드 앤 마니터얼 쎈써어〈렘즈〉)	원격 설치 감청기 (遠隔設置監聽機)
removal (뤼무우벌)	철거(撤去)
rendezvous (라안더뷰우)	지정 집결(指定集結)
rendezvous area (라안더뷰우 애어뤼아)	지정 집결 지역 (指定集結地域)
rendezvous point (라안더뷰우 포인트)	상봉 지점(相逢地點)
	지정 집결 지점 (指定集結地點)
renovation (뤠노베이숀)	수선(修繕)
reorganization (뤼오거니제이숀)	개편(改編)
	재편성(再編成)
Rep (렙)	대리(代理)
repair (뤼패어)	보수(補修)
	수리(修理)
repair parts (뤼패어 파앝쯔)	부속품(附屬品)
	수리 부속품(修理附屬品)
repair section (뤼패어 쎅숀)	수리반(修理班)
replacement (뤼플레이스먼트)	병력 보충(兵力補充)
	보충(補充)
	보충병(補充兵)
	후임자(後任者)
replacement training center (뤼플레이스먼트 츄레이닝 쎄너)	신병 훈련소(新兵訓練所)
reply (뤼플라이)	답어(答語)
report (뤼포올)	보고(報告)
report back to own unit (뤼포올 백 투 오운 유우닡)	원대 복귀(原隊復歸)
report control symbol〈RCS〉 (뤼포올 컨츄롤 씸벌〈아아 씨이 에쓰〉)	보고 통제 부호 (報告統制符號)
report of survey✓ (뤼포올 오브 써어베이)	손실 조사 보고 (損失調査報告)
report requirement (뤼포올 뤼콰이어먼트)	보고 소요(報告所要)
reporter (뤼포오터어)	기자(記者)

reporting period (뤼포오팅 피어뤼언) 보고 기간(報告期間)
representative (레뿌뤼젠터티브) 대리(代理)
reprimand (레뿌리맨드) 견책(譴責)
징계(懲戒)

Republic of Korea (뤼퍼블릭 오브 코뤼아) 대한 민국(大韓民國)
repulse (뤼펄스) 격퇴(擊退)
request (뤼퀘스트) 요구(要求)
요청(要請)하다

request for air photo (뤼퀘스트 호어 애어 호우토) 항공 사진 요청(航空寫眞要請)
request for fire (뤼퀘스트 호어 화이어) 사격 요청(射擊要請)
required date (뤼콰이어드 데잍) 소요 일자(所要日字)
required supply rate 〈RSR〉 (뤼콰이어드 써플라이 레잍 〈아아 에쓰 아아〉) 소요 보급량(所要補給量)
requirement (뤼콰이어먼트) 소요(所要)
requirements (뤼콰이어먼쯔) 수요(需要)
requisition (뤼퀴칠쓘) 청구(請求)
requisition line item (뤼퀴칠쓘 라인 아이틈) 청구서 항별 품목(請求書項別品目)
rescind (뤼씬드) 폐기(廢棄)하다
rescission (뤼씨젼) 폐기(廢棄)
rescue (레스뀨우) 구조(救助)
research (뤼써어치) 조사(調査)
resection (뤼쎅쓘) 재교회법(再交會法)
reservation (뤠저어베이숀) 예약(豫約)
reserve (뤼저어브) 예비대(豫備隊)
reserve echelon (뤼저어브 에쉘란) 예비 제대(豫備梯隊)
Reserve Officers Training Corps 〈ROTC〉 (뤼저어브 오휘써스 츄레이닝 코어 〈아아 오우 티이 씨이〉) 예비역 장교 훈련단(豫備役將校訓練團)
학도 군사 훈련단(學徒軍事訓練團)

reservist (뤼저어비스트) 예비병(豫備兵)
reservists/civil affairs activities (뤼저어비스쯔/씨빌 어홰어즈 액티비티이즈) 예민 업무(豫民業務)
reservoir (레져보와) 저수지(貯水地)
residual effect (뤼치듀얼 이휄트) 잔류 효과(殘留效果)
residual forces (뤼치듀얼 호어씨즈) 잔류 부대(殘留部隊)
residual radiation (뤼치듀얼 레이디에이숀) 잔류 방사선(殘留放射線)
residual radioactivity 잔류 방사능(殘留放射能)

(뤼치듀얼 레이디오액티비티)	
resources (뤼쏘오씨즈)	자원(資源)
respiratory disease (레스퍼토뤼 디치이즈)	기관지병(氣管支病)
respond (뤼스빤드)	대응(對應)하다
response (뤼스빤스)	응답(應答)
responsibility (뤼스판써빌러티)	임무(任務) 책임(責任)
rest (레스트)	휴식(休息)
rest and recuperation (R & R) (레스트 앤 뤼쿠우퍼레이순 〈아아 앤 아아〉)	요양(療養) 휴양(休養)
rest area (레스트 애어뤼아)	휴식 지역(休息地域)
restoration (뤼스또어레이순)	복구(復舊)
restricted (뤼스츄뤽틷)	기동 불능 (一機動不能)
restricted area (뤼스츄뤽틷 애어뤼아)	제한 구역(制限區域) 제한 지역(制限地域) 출입 금지 구역 (出入禁止區域)
restricted fire line 〈**RFL**〉 (뤼스츄뤽틷 화이어 라인 〈아아 에후 엘〉)	제한 사격선(制限射擊線)
restriction (뤼스츄뤽쓘)	금족(禁足) 금지(禁止) 외출 금지(外出禁止) 제한(制限)
restrictive fire line 〈**RFL**〉 (뤼스츄뤽티브 화이어 라인 〈아아 에후 엘〉)	사격 제한선(射擊制限線)
resume (레쥬메이)	이력서(履歷書)
resupply (뤼써플라이)	재보급(再補給)
resupply capability (뤼써플라이 케이퍼빌러티)	재보급 능력(再補給能力)
retinue (레터뉴우)	수행원단(隨行員團)
retreat (뤼츄뤼잍)	퇴각(退却) 후퇴(後退)
retirement (뤼타이어먼트)	하기식(下旗式) 퇴역(退役) 철퇴(撤退)
retransmission (뤼츄랜스미쓘)	재송신(再送信)
retransmit (뤼츄랜스밑)	재송신(再送信)하다
retrograde (레츄로우구레읻)	후퇴(後退)
retrograde movement (레츄로우구레읻 무우브먼트)	후퇴 이동(後退移動)

R

retrograde operation (레츄로우구레잇 아퍼레이숀) 후퇴 작전 (後退作戰)
return (뤼터언) 복귀 (復歸)
reveilli (레벌리이) 일조 점호 (日朝點呼)
reverse-cycle training (리버어스싸이끌 츄레이닝) 야간 훈련 (夜間訓練)
reverse slope (뤼버어스 슬로웊) 반사면 (反斜面)
후사면 (後斜面)
reverse slope defense (뤼버어스 슬로웊 디이휀스) 반사면 방어 (反斜面防禦)
후사면 방어 (後斜面防禦)

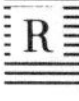

review (뤼뷰우) 검토 (檢討)
사열 (查閱)
열병식 (閱兵式)
재심 (再審)
review and analysis (뤼뷰우 앤 어낼러씨스) 심사 분석 (審査分析)
review the honor guard (뤼뷰우 더 아너어 가얻) 사열 (查閱) 하다 (의장대〈儀仗隊〉)
reviewing officer (뤼뷰우잉 오휘써) 열병관 (閱兵官)
reviewing party (뤼뷰우잉 파아리) 사열단 (查閱團)
reviewing stand (뤼뷰우잉 스땐드) 사열대 (查閱臺)
revision (뤼비준) 개정 (改訂)
수정 (修正)
revocation (뤠보우케이숀) 취소 (取消)
revoke (뤼보욱) 취소 (取消) 하다
ribbon (뤼븐) 수장 (綬章)
rice bag (롸이스 백) 쌀가마
rice ball (롸이스 보올) 주먹밥
rice cake (롸이스 케잌) 떡
ricecake soup (롸이스케잌 쑤웊) 떡국
rice paddy (롸이스 패디) 논
ruce paddy bank (롸이스 패디 뱅크) 논둑
rice paddy ditch (롸이스 패디 딭치) 논두렁
ridge pole (뤼지 포울) 상동 (上棟)
천막 척량 (天幕脊梁)
ridgeline (뤼지라인) 능선 (稜線)
rifle (롸이훌) 소총 (小銃)
rifle company (롸이훌 캄퍼니) 소총 중대 (小銃中隊)
rifle company attack order (롸이훌 캄퍼니 어택 오오더어) 중대 공격 명령 (中隊攻擊命令)
rifle range (롸이훌 레인지) 소총 사격장 (小銃射擊場)
rifle salute (롸이훌 썰루윹) 집총 경례 (執銃敬禮)
rifle squad (롸이훌 스쿼안) 소총 분대 (小銃分隊)

rifleman (라이훌맨)	소총수(小銃手)
right away (라잍 어웨이)	당장(當場)에
right flank (라잍 훌랭크)	우측방(右側方)
river (뤼버)	강(江) 하천(河川)
riverbed (뤼버벧)	하상(河床)
riverbottom (뤼버바틈)	하천 저지(河川低地)
rivercrossing (뤼버크롸씽)	도하(渡河)
rivercrossing operation (뤼버쿠롸씽 아퍼레이슌)	도강 작전(渡江作戰) 도하 작전(渡河作戰)
riverline (뤼버라인)	하천선(河川線)
riverline operation (뤼버라인 아퍼레이슌)	하천선 작전(河川線作戰)
Roach Coach (로우치 코우치)	피이엑쓰차(一車)
road (로운)	도로(道路)
road block (로운 블락)	도로 장애물(道路障碍物)
road capacity (로운 커패씨티)	도로 교통량(道路交通量)
road clearance distance (로운 클리어뤈스 디스턴스)	도로 통과 거리 (道路通過距離)
road crater (로운 쿠레이러)	도로 탄흔(道路彈痕)
road discipline (로운 디씨플린)	도로 군기(道路軍紀)
road distance (로운 디스턴스)	노상 거리(路上距離)
road maintenance (로운 메인테넌스)	도로 정비(道路整備)
road march (로운 마아치)	도보 행군(徒步行軍)
road network (로운 넽웕)	도로망(道路網)
road sign (로운 싸인)	도로 표지(道路標識)
road space (로운 스빼이스)	노상 장경(路上長徑) 도로 장경(道路長徑)
road time (로운 타임)	도로 시간(道路時間)
roadside inspection (로운싸이드 인스펙쓘)	노상 검사(路上檢査)
roadside maintenance (로운싸이드 메인테넌스)	노상 정비(路上整備)
roadside spotcheck maintenance team (로운싸이드 스빹췤 메인테너스 티임)	노상 검사 정비반 (路上檢査整備班)
robin (라빈)	종달새
rocket (라킽)	"라킽"(로케트)
rocket launcher (라킽 로온쳐)	"라킽" 발사기
ROK (락)	대한 민국(大韓民國)
ROK/US combat readiness (락 유우에쓰 캄밷 레디네쓰)	한미 전투 태세 (韓美戰鬪態勢)
〈ROK/US〉 Combined Field Army 〈CFA〉 (〈락 유우에쓰〉컴바인드 휘일드	〈한－미〉야전사 (韓美野戰司)

아아미〈씨이 에후 에이〉)

ROK/US composite team (랔 유우에쓰 컴파짙 티임) 한미 혼성티임(韓美混成組)

ROK/US friendship (랔 유우에쓰 후렌쉽) 한미 우호(韓美友好)

ROK/US increased understanding (랔 유우에쓰 인쿠뤼이스드 언더스땐딩) 한미 이해 증진(韓美理解增進)

ROK/US interoperability (랔 유우에쓰 인터어아퍼뤄빌러티) 한미 연합 작전성(韓美聯合作戰性)

ROK/US joint operation (랔 유우에쓰 죠인트 아퍼레이슌) 한미 연합 작전(韓美聯合作戰)

ROK/US joint operation capabilities (랔 유우에쓰 죠인트 아퍼레이슌 케이퍼빌러티이즈) 한미 연합 작전 능력(韓美聯合作戰能力)

ROK/US mutual defense treaty (랔 유우에쓰 뮤우츄얼 디이휀스 츄뤼디) 한미 상호 방위 조약(韓美相互防衛條約)

ROK/US understanding (랔 유우에쓰 언더스땐딩) 한미 이해(韓美理解)

roll call (로울 코올) 점호(點呼)

roll over (로울 오우버) 전복(顚覆)되다

roll-up (로울엎) 철거(撤去)

roof (루우후) 지붕

rope (로웊) 밧줄

Rose of Sharon (로우즈 오브 쉐뤈) 무궁화(無窮花)

roster (롸스터) 명부(名簿)

Rotary International (로우러뤼 인터어내슈널) "로우러뤼" 클럽(로타리)

rotary wing (로우러뤼 윙) 회전익(回轉翼)

rotary wing aircraft (로우러뤼 윙 애어쿠래후트) 회전익 항공기(回轉翼航空機)

rotation (로우테이슌) 윤번(輪番)

round of ammunition (라운드 오브 애뮤니슌) 탄약(彈藥)의 발수(發數) 탄환(彈丸)

rout (라웉) 패주(敗走)

route (라웉) 통로(通路)

route destruction (루웉 디스츄뤅쓘) 도로 대화구(道路大火口)

route map (라웉 맾) 진로도(進路圖)

route of march (라웉 오브 마아치) 행군로(行軍路)

route reconnaissance (라웉 뤼카너쎈스) 도로 정찰(道路偵察) 통로 정찰(通路偵察)

routine (루우티인) 상례(常例)

routine message (루우티인 메씨지)	보통 전문(普通電文)
routine order (루우티인 오오더어)	일일 명령(日日命令)
routinely (루우티인리)	상례적(常例的)으로
routing (라우팅)	노선 결정(路線決定)
routing slip (라우팅 슬립)	처무부전(處務附箋)
roving artillery (로우빙 아아틸러뤼)	유동 포병(遊動砲兵)
roving gun (로우빙 건)	유동포(遊動砲)
roving patrol (로우빙 퍼츄롤)	이동 순찰(移動巡察)
royal box (로우열 박쓰)	〈대통령〉관람대 (大統領觀覽臺)
rucksack (뤅쌕)	배낭(背囊)
rules for engagement (루울즈 호어 인게이지먼트)	대공 사격 규칙 (對空射擊規則)
rumor (루우머어)	유언(流言)
rumor control (루우머어 컨츄롤)	유언 통제(流言統制)
run (뤈)	구보(驅步) 속주(速走)
Running Chef (뤄닝 쉐후)	피이엑쓰 차(一車)
running shoes (뤄닝 슈우즈)	구보화(驅步靴)
running spares (뤄닝 스페어즈)	상비 부속품(常備附屬品)
runway (뤈웨이)	활주로(滑走路)
runway light (뤈웨이 라잍)	활주로등(滑走路燈)
rupture (뤞처)	파열(破裂)
ruse (루우즈)	기계(奇計) 계략(計略) 술책(術策)
rush (뤄쉬)	돌진(突進) 약진(躍進)
rust prevention (뤄스트 푸리벤춘)	방수(防銹) 방부(防腐)
rustproof (뤄스트푸루후)	방부(防腐)

sabot trainer (쌔이밭 츄레이너)	축사기(縮射器)
sabotage (쌔버타아지)	전력 파괴(戰力破壞) 파괴 행위(破壞行爲)
saddle (쌔들)	안부(鞍部)
Saemaul road (쌔마울 로운)	새마을 도로(一道路)
safety (쎄이후티)	안전(安全)
safety belt (쎄이후티 벨트)	안전대(安全帶)

safeguard (쎄이후가앋)	안전 보호(安全保護)
safety device (쎄이후티 디바이스)	안전 장치(安全裝置)
safety factor (쎄이후티 홱터어)	안전 요인(安全要因)
safety first (쎄이후티 훠어스트)	안전 제일(安全第一)
safety officer (쎄이후티 오휘써)	안전 감독 장교 (安全監督將校)
safety requirements (쎄이후티 뤼쿼이어먼쯔)	안전 준칙(安全準則)
salad (쌜럳)	"쌜럳"(사라다)
sales (쎄일즈)	판매(販賣)
salient (쎄일련트)	돌출부〈철부〉 (突出部〈凸部〉)
salt (쏘올트)	식염(食鹽)
salutation motto (썰루테이슌 마토우)	경례 구호(敬禮口號)
salute (썰루울)	경례(敬禮)
"SALUTE" report (썰루울 뤼포올)	"경례"보고 (敬禮報告)
Size (싸이즈)	인원수(人員數)
Activity (액티비티)	작업형태(作業形態)
Location (로우케이슌)	위치(位置)
Uniform/Unit (유니호옴 유우닡)	복장(服裝)/부대(部隊)
Time (타임)	시간(時間)
Equipment (이큎먼트)	장비(裝備)
salvage (쌜비지)	폐품(廢品)
salvage evacuation (쌜비지 이배큐에이슌)	폐품 후송(廢品後送)
salvage yard (쌜비지 야앋)	폐품 집적소(廢品集積所)
salvo bombing (쌜보 바밍)	폭탄 일제 투하 (爆彈一齊投下)
Samoan (싸모우안)	"싸모아"계(一系)
sample (쌤쁠)	"쌤플" 표본(標本)
sand-storm (쌘드스또옴)	풍진(風塵)
sand table (쌘드 테이블)	사반(砂盤) 사판(砂板)
sanitary (쌔니테뤼)	위생적(衛生的)
sanitary inspection (쌔니테뤼 인스펙슌)	위생 검사(衛生檢查)
sanitation (쌔니테이슌)	위생(衛生)
satchel charge (쌔철 챠아지)	휴대 장약(携帶裝藥)
satellite nation (쌔틀라잍 네이슌)	위성 국가(衛星國家)
satellite station (쌔틀라잍 스떼이슌)	종속 부서(從屬部署)
saturation (쌔츄레이슌)	포화(飽和)
saturation bombing (쌔츄레이슌 바밍)	집중 폭격(集中爆擊)

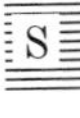

"saucer" cap (쏘오써 캪) 정모(正帽)
scabbard (스깨바안) 초(鞘)
칼집〔鞘〕
scale (스께일) 축척(縮尺)
scanning (스깨닝) 주사(走査)
scarf (스까아후) 목도리
scenario (씨네뤼오) 각본(脚本)
"씨네뤼오"(시나리오)
schedule (스께쥴) 예정표(豫定表)
scheduled day of use (스께쥴드 데이 오브 유우스) 사용 예정일(使用豫定日)
scheduled fire (스께쥴드 화이어) 계획 사격(計劃射擊)
scheduled maintenance (스께쥴드 메인테넌스) 예정 정비(豫定整備)
scheduled service (스께쥴드 써어비스) 예정 정비(豫定整備)
schematic diagram (스끼매틱 다이어구램) 도표(圖表)
scheme (스끼임) 계획(計劃)
scheme of fire (스끼임 오브 화이어) 화력 계획(火力計劃)
scheme of maneuver (스끼임 오브 머두우버) 기동 계획(機動計劃)
schoolmate (스쿠울 메일) 동창(同窓)
science (싸이언스) 과학(科學)
scientific (싸이언티휙) 과학적(科學的)
scorched earth tactics (스꼬오치트 어어스 탭팈쓰) 초토 전술(焦土戰術)
scout (스카웉) 정찰병(偵察兵)
정탐병(偵探兵)
척후병(斥候兵)
scout vehicle (스까웉 비이끌) 정찰차(偵察車)
scouting (스까우팅) 정탐(偵探)
scrap (스끄랲) 폐품(廢品)
screen (스끄뤼인) 차장(遮障)
차폐물(遮蔽物)
screening smoke (스끄뤼이닝 스모욱) 차장 연막(遮障煙幕)
sea gull (씨이 걸) 갈매기〔鷗〕
sea level (씨이 레블) 해발(海拔)
sealift (씨이리후트) 선박 수송(船舶輸送)
해상 운송(海上運送)
해상 하물(海上荷物)
search (써어치) 수색(搜索)
탐색(探索)
search and attack (써어치 앤 어탶) 탐색 공격(探索攻擊)

search and destroy (써어치 앤 디스츄로이) — 탐색 격멸(探索擊滅)

search and rescue (써어치 앤 레스뀨우) — 구난(救難) / 수색 구조(搜索救助) / 탐색 구조(探索救助)

search party (써어치 파아리) — 탐색대(探索隊)

searching fire (써어칭 화이어) — 수사(搜射) / 탐색 사격(探索射擊)

searchlight (써어치라잍) — 탐조등(探照燈)

seats for the honored guests (씨잍쯔 호어 더 아너얻 게스쯔) — 귀빈석(貴賓席)

second (쎄컨드) — 초(秒)

second echelon maintenance (쎄컨드 에쉴란 메인테넌스) — 제 이 단계 정비(第二段階整備)

second in command (쎄컨드 인 커맨드) — 부지휘관(副指揮官)

second lieutenant 〈2LT〉 (쎄컨드 루우테넌트〈투엘 티이〉) — 소위(少尉)

Second World War (쎄컨드 우올드 우오) — 제 이 차 세계 대전(第二次世界大戰)

secondary (쎄컨데뤼) — 보조적(補助的)

secondary attack (쎄컨데뤼 어택) — 조공(助攻)

secondary position (쎄컨데뤼 퍼칠쓘) — 예비 진지(豫備陣地)

secondary specialty (쎄컨데뤼 스뻬셜티) — 부특기(副特技)

secret (씨쿠륕) — 이급 비밀(二級秘密)

secret document (씨쿠륕 다큐먼트) — 비밀 문서(秘密文書)

secret service agent (씨쿠륕 써어비스 에이젼트) — 대통령 경호원(大統領警護員)

secretariat (쎄쿠뤼테뤼얻) — 비서실(秘書室)

secretary 〈of the〉 general staff 〈SGS〉 (쎄쿠뤼테뤼〈오브 더〉제너뤌 스때후〈에쓰 지이 에쓰〉) — 일반 참모 비서실장(一般參謀秘書室長)

Secretary of Defense (쎄쿠뤼테뤼 오브 디이휀스) — 국방 장관〈미〉(國防長官〈美〉)

Secretary of State (쎄쿠뤼테뤼 오브 스떼잍) — 국무 장관(國務長官)

Secretary of the Army (쎄쿠뤼테뤼 오브 디 아아미) — 육군 장관(陸軍長官)

Secretary to the President, Political Affairs (쎄쿠뤼테뤼 투 더 푸레지던트, 폴리티컬 어홰어즈) — 대통령 정무 수석 비서관(大統領政務首席秘書官)

S

section (셐숀)	과(課) 반(班)
section leader (셐숀 리이더)	반장(班長)
sector (셐터)	구역(區域)
sector boundary (셐터 바운데뤼)	전투 지경선(戰鬪地境線)
sector of fire (셐터 오브 화이어)	사격 구역(射擊區域)
secure (씨큐어)	확보(確保)하다
secure key bridges (씨큐어 키이 부뤼지스)	주요 교량 확보하라 (主要橋梁確保一)
secure south of ~ (씨큐어 싸우스 오브~)	~이남(以南) 지역(地域)을 확보(確保)하라
security (씨큐뤼티)	경계(警戒) 보안(保安)
security agency (씨큐뤼티 에이젼씨)	보안 부대(保安部隊)
security consciousness (씨큐뤼티 칸셔스니쓰)	보안 인식(保安認識)
security detachment (씨큐뤼티 디태치먼트)	경계 분견대(警戒分遣隊)
security detachment commander (씨큐뤼티 디태치먼트 커맨더)	보안 대장(保安隊長)
security echelon (씨큐뤼티 에쉴란)	경계 부대(警戒部隊)
security forces (씨큐뤼티 호어씨즈)	경계 병력(警戒兵力)
security guard (씨큐뤼티 가안)	경계병(警戒兵)
security inspection (씨큐뤼티 인스펰숀)	보안 감사(保安監査)
security measures (씨큐뤼티 메져어즈)	경계 대책(警戒對策) 보안 대책(保安對策)
security mission (씨큐뤼티 미숀)	경계 임무(警戒任務)
security monitoring (씨큐뤼티 마니터륑)	보안 감청(保安監聽)
security on the march (씨큐뤼티 온 더 마아치)	행군간 경계(行軍間警戒)
security patrol (씨큐뤼티 퍼추롤)	경계 정찰대(警戒偵察隊)
security posture (씨큐뤼티 파스츄어)	경계 태세(警戒態勢)
security provision (씨큐뤼티 푸뤄비즌)	경계 배치(警戒配置)
security requirement (씨큐뤼티 뤼콰이어먼트)	경계 요소(警戒要素)
segregate (쎄구뤼게잍)	격리(隔離)시키다
seize (씨이즈)	탈취(奪取)하다
seize initiative-maintain momentum (씨이즈 이니셔티브메인테인 모우멘텀)	기선 제압(機先制壓)하다
seize initiative and maintain pressure (씨이즈 이니셔티브 앤 메인테인 푸레써)	선수 제압(先手制壓)하다

seize the initiative (씨이즈 더 이디셔티브)	주도권(主導權)을 장악(掌握)하다
seizure (씨이져어)	탈취(奪取) 포획(捕獲)
selection board (쎌렉쓘 보온)	진급 심사 위원회(進級審査委員會)
self-control (셀후컨츄롤)	절제(節制)
self-defense (셀후디이휀스)	자위(自衛)
self-destruction (셀후디스츄뤅쓘)	자폭(自爆)
self-inflicted wound (셀후인훌릭틴 우운드)	자해상(自害傷)
self-infliction (셀후인훌릭쓘)	자해 행위(自害行爲)
self-loading (셀후로우딩)	자동 장전(自動裝塡)
self-propelled 〈**SP**〉 (셀후푸뤄펠드 〈에쓰 피이〉)	자주(自走)
self-propelled artillery (셀후푸뤄펠드 아아틸러뤼)	자주포(自走砲)
semi-automatic (쎄마이 오오토매틱)	반자동(半自動)
semiautomatic fire (쎄마이오오토매릭 화이어)	반자동식 사격(半自動式射擊)
seminar (쎄미나아)	토의(討議)
seminar in tactics (쎄미나아 인 택틱쓰)	전술 토의(戰術討議)
send in (쎈드 인)	제출(提出)하다
senior officer (씨니어 오휘써)	선임 장교(先任將校)
senior pilot (씨니어 파이럳)	선임 조종사(先任操縱士)
seniority (씨니아뤄티)	선임(先任)
sense of responsibility (쎈스 오브뤼스판써빌러티)	책임 관념(責任觀念)
sensitive item (센씨티브 아이틈)	중요 장비(重要裝備)
sensitive position (센씨티브 퍼짇쓘)	중직(重職)
sensitivity (쎈씨티비티)	감도(感度)
sentinel (쎈티널)	초병(哨兵)
sentry (쎈츄뤼)	보초(步哨)
sentry post (쎈츄뤼 포우스트)	초소(哨所)
separation (쎄퍼레이숀)	분리(分離) 제대(除隊)
separation from the Army (쎄퍼레이숀 후롬 디 아아미)	분리(分離)하다
separate (쎄퍼릳)	독립 대대(獨立大隊)
separate battalion (쎄퍼릳 배탤리언)	독립 중대(獨立中隊)
separate company (쎄퍼릳 캄퍼니)	독립 연대(獨立聯隊)
separate regiment (쎄퍼릳 레지먼트)	독립 부대(獨立部隊)
separate unit (쎄퍼릳 유우닏)	순서(順序)
sequence (씨이퀀스)	차례(次例)

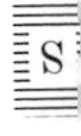

sequence of events (씨이퀀스 오브 이벤쯔)	식순(式順)
serial number (씨뤼얼 넘버)	일련 번호(一連番號)
serial numberd equipment (씨뤼얼 넘버얻 이큅먼트)	일련 번호 장비 (一連番號裝備)
serial numbered item (씨뤼얼 넘버얻 아이틈)	일련 번호 품목 (一連番號品目)
series of targets (씨뤼이즈 오브 타아길쯔)	표적대(標的帶)
serious accident (씨어뤼어스 액씨던트)	대사고(大事故)
serious incident (씨어뤼어스 인씨던트)	대사건(大事件)
server (써어버)	취사병(炊事兵)
service (써어비스)	병역(兵役) 복무(服務)
service academy (써어비스 어캐더미)	사관 학교(士官學校)
service area (써어비스 애어뤼아)	정비장(整備場)
service branches (써어비스 부랜치즈)	근무 병과(勤務兵科)
service cap (써어비스 캪)	정모(正帽)
service echelon (써어비스 에쉴란)	근무 제대(勤務梯隊)
service element (써어비스 엘리먼트)	근무 부대(勤務部隊)
service number (써어비스 넘버)	군번(軍番)
service support (써어비스 써포올)	근무 지원(勤務支援)
set up (쎝엎)	설치(設置)하다
settlement (쎄를먼트)	타결(妥結)
747 〈Jumbo〉 (쎄븐훠어쎄븐〈점보〉)	"쎄븐 훠어 쎄븐〈점보〉"수송기 (一輸送機)
747 〈Jumbo jet〉 (쎄븐훠어쎄븐 첨보 젵)	"점보"기(一機) 747점보기(一機)
Seventh Fleet (쎄븐스 훌리잍)	제 칠 함대(第七艦隊)
severe damage (씨비어 대미지)	중손해(重損害)
sewage (쑤우이지)	오수(汚水)
sewage disposal (쑤우이지 디스뽀우절)	오수 처리(汚水處理)
S-4 (에쓰 훠어)	군수과(軍需課) 보급관(補給官)
shake hands (쉐잌 핸즈)	악수(握手)하다
shaped charge (쉐잎트 챠아지)	형성 장약(形成裝藥)
sharpshooter (샤앞슈우러)	일등 사수(一等射手)
shell crater (셸 쿠레이러)	탄흔(彈痕) 포탄구(砲彈口)
shell fragments (셸 후랙먼쯔)	포탄 파편(砲彈破片)
shelling report (셸링 뤼포올)	낙탄 보고(落彈報告)
shell shock (셸샼)	전투 신경 쇠약 (戰鬪神經衰弱)

shelling area (쉘링 애어뤼아) 피탄 지역(被彈地域)
shelter (쉘터어) 엄체(掩體)
shelter half (쉘터어 해후) 반절 천막(半切天幕)
휴대 천막(携帶天幕)
shift (쉬후트) 사격 전환(射擊轉換)
근무 교대조(勤務交代組)
전환(轉換)
shift fire (쉬후트 화이어) 전환 사격(轉換射擊)
shift of fire (쉬후트 오브 화이어) 화력 전환(火力轉換)
shipping document (쉬삥 다큐먼트) 송증(送證)
shock (샥) 충격(衝擊)
shock absorber (샥 업쏘오버) 완충 장치(緩衝裝置)
shock action (샥 액쑌) 충격 행동(衝擊行動)
shock troops (샥 츄루웊쓰) 충격 부대(衝擊部隊)
shock wave (샥 웨이브) 충격파(衝擊波)
shoe brush (슈우 부뤄쉬) 구둣솔
shoe polish (슈우 팔리쉬) 구두약
shore line (쇼어 라인) 해안선(海岸線)
shoring (쇼어링) 지주법(支柱法)
"short" (쇼옽) "근탄"(近彈)
short distance (쇼옽 디스턴스) 근거리(近距離)
short-range (쇼옽레인지) 단거리(短距離)
short range fire (쇼옽 레인지 화이어) 근거리 사격(近距離射擊)
short range planning (쇼옽 레인지 플랜닝) 단기 기획(短期企劃)
short range reconnaissance (쇼옽 레인지 뤼카너쌘스) 근거리 수색(近距離搜索)
short range target (쇼옽 레인지 타아길) 근거리 목표(近距離目標)
short supply (쇼옽 써플라이) 부족 보급품(不足補給品)
shortage (쇼오티지) 부족(不足)
shortcoming (쇼옽카밍) 단점(短點)
shot down (샽 따운) 격추(擊墜)된
shot group (샽 구루웊) 탄착군(彈着群)
shoulder (쇼울더) 포장 도로변(鋪裝道路邊)
shoulder board (쇼울더 보온) 견장(肩章)
shovel (샤블) 삽
shower (샤우어) 관수욕(灌水浴)
shower point (샤우어 포인트) 관수욕장(灌水浴場)
목욕장(沐浴場)
shrapnel (쉬랩널) 유산탄(榴散彈)
shuttle (셔틀) 근거리 왕복 수송(近距離往復輸送)
왕복 수송(往復輸送)

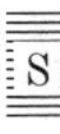

Siberia (싸이베뤼아)	"싸이베뤼아"(시베리아)
sick call (씩 코올)	환자 집합(患者集合)
sick leave (씩 리이브)	병가(病暇)
side arms (싸이드 아암즈)	요대 무기(腰帶武器)
sight (싸잍)	조준기(照準器)
sign (싸인)	서명(署名)하다
	표지(標識)
sign board (싸인 보온)	부서 명판(部署名板)
sign board post (싸인 보온 포우스트)	부서 명판주(部署名板柱)
signal (씩널)	신호(信號)
signal axis (씩널 액씨스)	통신 축선(通信軸線)
signal battalion (씩널 배탤리언)	통신 대대(通信大隊)
signal corps ⟨**SC**⟩ (씩널 코어 ⟨에쓰 씨이⟩)	통신단(通信團)
signal flare (씩널 훌레어)	신호탄(信號彈)
signal intelligence (씩널 인텔리젼스)	통신 정보(通信情報)
signal officer ⟨**SIGO**⟩ (씩널 오휘써 ⟨씩오우⟩)	통신 장교(通信將校)
signal operation instructions ⟨**SOI**⟩ (씩널 아퍼레이숀 인스츄뤅숀스 ⟨에쓰 오우 아이⟩)	통신 규정(通信規定)
	통신 운용 지시(通信運用指示)
signal panel (씩널 패늘)	신호판(信號板)
signal security (씩널 씨큐뤼티)	통신 보안(通信保安)
signal service (씩널 써어비스)	통신 근무(通信勤務)
signal troops (씩널 츄루웊쓰)	통신 부대(通信部隊)
signature (씩너쳐어)	서명(署名)
	흔적(痕迹)
sighting (싸이팅)	목격물(目擊物)
SIGSEC (씩쎅)	통신 보안(通信保安)
silhouette target (씰루엩 타아길)	윤곽 표적(輪廓標的)
	인형 표적(人形標的)
simplicity (씸플리씨티)	간명(簡明)
simulate (씨뮬레잍)	모의화(模擬化)하다
simulation (씨뮬레이숀)	모의(模擬)
simulator (씨뮬레이러)	모의 장치기(模擬裝置機)
simultaneously (싸이멀테이니어슬리)	동시(同時)에
sing a song (씽 어 쏘옹)	노래하다
single envelopment (씽글 인벨렆먼트)	일익 포위(一翼包圍)
siren (싸이뤈)	"싸이뤈"(사이렌)
sister division (씨스터 디비젼)	자매 사단(姉妹師團)
sister unit (씨스터 유우닡)	자매 부대(姉妹部隊)
sistership (씨스터쉽)	자매 결연(姉妹結緣)
site selection (싸잍 씰렉숀)	위치 선정(位置選定)

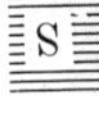

sitting 〈firing〉 position (씨딩〈화이어 륑〉퍼칠쓘) 좌사 자세 (座射姿勢)

situation (씨츄에이쑨) 상황 (狀況)

situation map (씨츄에이쑨 맵) 상황도 (狀況圖)

situation officer (씨츄에이쑨 오휘써) 상황 장교 (狀況將校)

situation report 〈SITREP〉 (씨츄에이쑨 뤼포올 〈씉렢〉) 상황 보고 (狀況報告)
현황 보고 (現況報告)

sixth sense (씩쓰 쎈스) 육감 (六感)

size (싸이즈) 규모 (規模)

skeleton crew (스껠러튼 쿠루우) 기간 조원 (基幹組員)

sketch (스케치) 사경도 (寫景圖)
약도 (略圖)

ski (스끼이) "스키이"

ski parka (스끼이 파아커) "스키이 파아커"

skirmish (스꺼어미쉬) 산병전 (散兵戰)

skyline (스까이라인) 공제선 (空際線)

sleeping bag (슬리이삥 백) 침낭 (寢囊)

sleeping gear (슬리이삥 기어) 침구 (寢具)

sleeping tent (슬리이삥 텐트) 수면 천막 (睡眠天幕)

sleet (슬리잍) 진눈깨비

sleeve (슬리이브) 소매〔袖〕

slicky boy (슬리끼 보이) 도둑
쓰리꾼

sling (슬링) 멜빵

slogan (슬로우건) 표어 (標語)

small (스모올) 협소 (狹小)한

small 〈GP small〉 (스모올〈지이 피이 스모올〉) 일반용 소형 천막 (一般用小型天幕)

small arms (스모올 아암즈) 소화기 (小火器)

small arms ammunition (스모올 아암즈 애뮤니쓘) 소화기 탄약 (小火器彈藥)

small scale (스모올 스께일) 소규모 (小規模)

small scale map (스모올 스께일 맵) 소축척 지도 (小縮尺地圖)

small unit tactics (스모올 유우닡 탴팈쓰) 소부대 전술 (小部隊戰術)

small unit training 〈battalion and below〉 (스모올 유우닡 츄레이닝 〈배탤리언 앤 빌로우〉) 소부대 훈련〈대대 이하〉 (小部隊訓練〈大隊以下〉)

smoke (스모욱) 연기 (煙氣)

smoke blanket (스모욱 블랭킽) 차안 연막 (遮眼煙幕)

smoke cover (스모욱 카버) 연막 차장 (煙幕遮障)

smoke generator (스모욱 제너레이러) 발연기 (發煙器)
연막기 (煙幕機)

smoke grenade (스모욱 구뤼네읻) 연막 수통 (煙幕手桶)

smoke operation (스모욱 아퍼레이슌)	연막 작전(煙幕作戰)
smoke pot (스모욱 퐐)	발연통(發煙桶) 연막통(煙幕桶)
smoke shell (스모욱 셸)	발연탄(發煙彈) 연막탄(煙幕彈)
smoke screen (스모욱 스끄뤼인)	연막(煙幕) 차안 연막(遮眼煙幕)
sniper (스나이뻐)	저격병(狙擊兵)
sniperscope (스나이뻐스꼬욱)	저격총 야간 투시 확대경 (狙擊銃夜間透視擴大鏡)
snow (스노우)	눈〔雪〕
snow camouflage (스노우 캐머훌라아지)	백색 위장(白色僞裝)
snow plow 〈truck〉(스노우 프라우〈츄뤅〉)	제설차(除雪車)
snow removal equipment (스노우 뤼무우벌 이퀖먼트)	
snowstorm (스노우스또옴)	폭설(暴雪)
soakage pit (쏘우키지 핕)	하수구(下水口) 흡수구(吸水溝)
social security 〈account〉 number 〈SSAN〉 (쏘우셜 씨큐뤼티〈어카운트〉넘버 〈에쓰 에쓰 에이 엔〉)	군번(軍番)
solatium (쏘우레이셤)	위자료(慰籍料)
soldier (쏘울져어)	병사(兵士) 사병(士兵)
solid fuel (쌀릳 휴얼)	고체 연료(固體燃料)
solidarity (쌀리대뤄티)	강화 결속(强化結束)
solution (쏠루숀)	해결 방책(解結方策)
solve 〈a problem〉 (쏠브〈어 푸라블럼〉)	해결(解決)하다(문제〈問題〉를)
song (쏘옹)	노래
song of good wishes 〈duet〉 (쏘옹 오브 구운 위쉬스〈듀엘〉)	축가〈이중창〉 (祝歌〈二重唱〉)
sortie (쏘오티)	출격(出擊)
sound (싸운드)	음향(音響)
sound communication (싸운드 커뮤니케이슌)	음향 통신(音響通信)
sound signal (싸운드 씩널)	음향 신호(音響信號)
soup (쑤욱)	"쑤욱"〈수프〉
source (쏘오스)	출처(出處)
South-East Asia (싸우스이이스트 에이시아)	동남 아세아(東南亞細亞)
South Korea (싸우스 코뤼아)	남한(南韓)
souvenir (쑤우버니어)	기념품(紀念品)

Soviet Union (쏘우비엩 유우니언) 소련(蘇聯)
space heater (스빼이스 히이러) 난로(煖爐)
span (스뺀) 경간(徑間)
span of control (스뺀 오브 컨츄롤) 통제 범위(統制範圍)
spare can (스빼어 캔) 오(五)"갤런"들이 통(桶)
spare parts (스빼어 파알츠) 예비 부속품(豫備附屬品)
sparrow (스빼로우) 참새
speak/talk without the aid of a microphone (스삐잌 토옥 윋아웉 디 에읻 오브 어 마이쿠로호운) 육성〈확성기 없이〉 연설하다 (肉聲〈擴聲器一〉演說一)
spearhead (스삐어헫) 선봉 부대(先鋒部隊)
speech in greetings (스삐이치 인 구뤼이팅스) 인사 연설(人事演說)
speech in response (스삐이치 인 뤼스빤스) 답사(答辭)

special (스뻬셜) 특별(特別)한
special enlisted efficiency report 〈SEER〉 (스뻬셜 인리스틷 이휘션씨 뤼포올 〈에쓰 이이 이이 아아〉) 특별 사병 고과표 (特別士兵考課表)
special forces (스뻬셜 호어씨즈) 특수전 부대(特殊戰部隊)
special forces corps (스뻬셜 호어씨즈 코어) 특수 군단(特殊軍團)
special forces operation (스뻬셜 호어씨즈 아퍼레이슌) 특전단 작전(特戰團作戰)
special function (스뻬셜 훵쓘) 특별 행사(特別行事)
special instructions (스뻬셜 인스츄뤅쓘스) 특별 지시 사항 (特別指示事項)
special interest (스뻬셜 인터레스트) 특수 관심사(特殊關心事)
special order (스뻬셜 오오더어) 특별 명령(特別命令)
special operation (스뻬셜 아퍼레이슌) 특수 작전(特殊作戰)
special purpose (스뻬셜 퍼어퍼스) 특수용(特殊用)
special relationship (스뻬셜 륄레이슌쉽) 특별 관계(特別關係)
special staff (스뻬셜 스때후) 특별 참모(特別參謀)
special strength report (스뻬셜 스츄렝스 뤼포올) 특별 병력 보고 (特別兵力報告)
special 〈warfare〉 forces (스뻬셜〈우오홰어〉호어씨즈) 특전단(特戰團)
specific (스삐씨휙) 명확(明確)한 특정(特定)한
specific accomplishments desired (스삐씨휙 어캄플리쉬먼쯔 디자이얻) 특정 업무 수행 요망 (特定業務遂行要望)
specific situation (스삐씨휙 씨츄에이슌) 특정 상황(特定狀況)
specification (스삐씨휘케이슌) 명세서(明細書)
specifics (스삐씨휙쓰) 자세(仔細)한 사항(事項)

specified (스삐씨화읻)	명시(明示)된
specified mission (스삐씨화읻 미쓘)	명시 임무(明示任務)
specified task (스삐씨화읻 태스끄)	명시 과업(明示課業)
spectators (스빽테이러즈)	관중(觀衆)
spectrum of war (스펙츄뤔 오브 우오)	전쟁 범위(戰爭範圍)
speed (스삐읻)	속도(速度)
speed limit (스삐읻 리밑)	속도 제한(速度制限)
speedometer (스삐이다미러어)	
spirit (스삐륕)	기개(氣槪) 정신(精神)
splint (스쁘린트)	부목(副木)
spoiling attack (스뽀일링 어탴)	파쇄 공격(破碎攻擊)
sponsor (스빤써)	주관자(主管者)
sport check (스빹 쳌)	수시 점검(隨時點檢)
spot report (스빹 뤼포옽)	관측〈즉시〉 보고 (觀測 卽時 報告) 수시 보고(隨時報告) 즉시 보고(卽時報告) 현지 요약 보고(現地要約報告)
spotting board (스빠팅 보옫)	표정판(標定板)
spray attack (스뿌레이 어탴)	분무 공격(噴霧攻擊)
SP time (에쓰 피이 타임)	출발 시점 시간 (出發始點時間)
spy (스빠이)	간첩(間諜)
squad (스꽈앋)	분대(分隊)
squad combat operations exercise 〈simulation〉 〈SCOPES〉 (스꽈앋 캄뱉 아퍼레이숀스 엑써싸이스〈씨뮬레이숀〉〈스꼬읖쓰〉)	분대 전투 작전 연습〈모의〉 (分隊戰鬪作戰練習模擬)
squad leader (스꽈앋 리이더)	분대장(分隊長)
squadron (스꽈쥬뤈)	기갑 대대(機甲大隊) 비행 대대(飛行大隊)
squelch (스꿸치)	소음 경감기(騷音輕減器)
squirrel points 〈pre-numbered black dots〉 (스꿔뤌 포인츠〈푸뤼넘버얼 블랙 닽츠〉)	다람쥐표
stability (스떠빌러티)	안정〈성〉 (安定性)
stabilized front (스떠빌라이즈드 후론트)	안정 전선(安定戰線)
stabilized situation (스떠빌라이즈드 씨츄에이숀)	교착 상태(膠着狀態)
staff (스때후)	참모(參謀)
staff coordination (스때후 코오디네이숀)	참모 협조(參謀協調)
staff coordination visit (스때후 코오디네이숀 비짙)	참모 협조 방문 (參謀協調訪問)

staff duty (스때후 듀우리)	일직 근무(日直勤務)
staff duty officer 〈**SDO**〉 (스때후 듀우리 오휘써 〈에쓰 디이 오우〉)	일직 장교(日直將校)
staff duty NCO 〈**SDNCO**〉 (스때후 듀우리 엔씨이오우〈에쓰 디이 엔 씨이 오우〉)	일직 하사관(日直下士官)
staff estimate (스때후 에스띠밑)	참모 판단(參謀判斷)
Staff Judge Advocate 〈**SJA**〉 (스때후 저지 앧보킬 〈에쓰 제이 에이〉)	법무 참모(法務參謀)
staff officer (스때후 오휘써)	참모 장교(參謀將校)
staff officers field manual (스때후 오휘써스 휘일드 매뉴얼)	참모 업무 교범 (參謀業務敎範)
staff organization (스때후 오오거니제이슌)	참모진(參謀陣)
staff presentation (스때후 푸뤼젠테이슌)	참모 발표(參謀發表)
staff recommendation (스때후 레커멘데이슌)	참모 건의〈서〉(參謀建議書)
staff relations (스때후 륄레이슌스)	참모 관계(參謀關係) 횡적 관계(橫的關係)
staff sergeant 〈**SSG**〉 (스때후 싸아전트)	중사(中士)
staff study (스때후 스떠디)	참모 연구서(參謀研究書)
staff supervision (스때후 쑤우퍼비준)	참모 감독(參謀監督)
staff visit (스때후 비질)	참모 방문(參謀訪問)
staging (스떼이징)	휴숙(休宿)
staging area (스떼이징 애어뤼아)	출동 대기 지역 (出動待機地域)
staging base\ (스떼이징 베이스)	출동 대기 기지 (出動待機基地) 휴숙 기지(休宿基地)
stalled (스또올드)	실속 저지(失速沮止)되다
standard (스땐더언)	기(旗) 정규적(正規的)
standard nomenclature (스땐더언 노우멘클러쳐)	표준 명칭(標準名稱)
standard pattern (스땐더언 패터언)	표준 분포(標準分布)
standard road (스땐더언 로욷)	표준 도로(標準道路)
standard time (스땐더언 타임)	표준시(標準時)
standardization (스땐더어다이제이슌)	표준화(標準化)
stand-by (스땐바이)	대기(待機)
stand-by area (스땐바이 애어뤼아)	대기 지역(待機地域)
stand-by position (스땐바이 퍼칠쓘)	대기 진지(待機陣地)
standing army (스땐딩 아아미)	상비군(常備軍)

S

standing operating procedures ⟨SOP⟩ (스땐딩 아퍼레이딩 프뤄씨쥬어즈 ⟨에쓰 오우 피이⟩) 내규(內規) 예규(例規)
standing position (스땐딩 퍼칠쓘) 서서 쏴 자세〔立射姿勢〕
standing signal instruction ⟨SSI⟩ (스땐딩 씩널 인스츄뤅쓘⟨에쓰 에쓰 아이⟩) 통신 준칙(通信準則)
star cluster (스따아 클러스떠) 군성 신호탄(群星信號彈)
star clusters (스따아 클러스떠즈) 성형 불꽃 신호 (星型一信號)
starlight scope (스따아라잍 스꼬웊) 성광경(星光鏡)
Stars and Stripes (스따아즈 앤 스츄라잎쓰) 성조기(星條旗) "스따아즈 앤 스츄라잎쓰"
starting point ⟨SP⟩ (스떠팅 포인트 ⟨에쓰 피이 오우⟩) 출발 시점(出發始點)
State Department (스뗴잍 디파앋먼트) 국무성(國務省)
statement (스뗴잍먼트) 성명(聲明) 진술서(陳述書)
statement of charges (스뗴잍먼트 오브 챠아지스) 변상 명령서(辨償命令書)
station (스뗴이슌) 부대⟨주둔지⟩ (部隊⟨駐屯地⟩) 위수지(衛戍地) 주둔 부대(駐屯部隊)
station authentication (스뗴이슌 오센티케이슌) 통신소 확인 부호 (通信所確認符號)
station designator (스뗴이슌 데직네이러) 통신소 식별 기호 (通信所識別記號)
stationary target (스뗴이슈너뤼 타아길) 고정 표적(固定標的)
statistics (스떠티스틱쓰) 통계(統計)
status board (스때터스 보온) 현황판(現況板)
status of operation (스때터스 오브 아퍼레이슌) 작전 상태(作戰狀態)
status yellow (스때터스 옐로우) 황색 경보(黃色警報)
stay-behind (스뗴이비하인드) 체류(滯留)
staybehind forces (스뗴이비하인드 호어씨즈) 비출동 본기지 잔재단 (非出動本基地殘在團)
steak (스뗴잌) "스뗴잌"(스뗴끼)
stealth (스텔스) 기도 비닉(企圖秘匿)
steel pot (스띠잍 팥) 철모(鐵帽)
steel pot cover (스띠잍 팥 카버) 철모 외피(鐵帽外皮)
steering wheel (스띠어륑 위잍) 운전대(運轉臺)
step (스뗖) 보(步)

step-by-step (스뗍 바이 스뗍)	단계적(段階的)으로
stern (스떠언)	함미(艦尾)
stevedore (스띠이버도오어)	하물 작업병(荷物作業兵)
S-3 (에쓰쓰뤼이)	작전관(作戰官)
S-3/G-3air (에쓰쓰뤼이 지이쓰뤼이 애어)	작전 항공 장교 (作戰航空將校)
still camera (스띨 캐머라)	고정 사진기(固定寫眞機)
stinger (스띵어)	대항공기 미사일(對航空機ㅡ)
stock (스딱)	재고품(在庫品)
stock control (스딱 컨츄롤)	재고 통제(在庫統制)
stock level (스딱 레블)	재고 수준(在庫水準)
stock number (스딱 넘버)	재고 번호(在庫番號)
stock status (스딱 스때터스)	재고 현황(在庫現況)
stockpile (스딱파일)	비축 물자(備蓄物資)
	재고 저장(在庫貯臟)
	저장품(貯藏品)
stolen articles (스또울른 아아티끌즈)	도난품(盜難品)
stop (스땁)	정지(停止)
	중지(中止)하다
stop sign (스땁 싸인)	정지 표지(停止標識)
stoppage (스따삐지)	고장(故障)
storage building (스또뤼지 빌딩)	창고(倉庫)
storage space (스또뤼지 스빼이스)	저장 장소(貯藏場所)
storm (스또옴)	강습(强襲)
	폭풍(暴風)
storm boat (스또옴 보웉)	강습단정(强襲短艇)
story of altruistic support (스또오뤼 오브 앨츄루이스띡 써포올)	미담(美談)
stove (스또우브)	난로(煖爐)
stove fuel line (스또우브 휴얼 라인)	난로 연료선(煖爐燃料線)
stovepipe (스또우브파잎)	연통(煙筒)
straddle trench (스츄래들 츄렌치)	야전 변소(野戰便所)
straggle (스쭈래글)	낙오(落伍)하다
straggler (스쭈래글러)	낙오자(落伍者)
straggler collecting point (스쭈래글러 컬렉팅 포인트)	낙오자 수집소 (落伍者收集所)
straggler control (스쭈래글러 컨츄롤)	낙오자 통제(落伍者統制)
straggler post (스쭈래글러 포우스트)	낙오자 초소(落伍者哨所)
strange (스츄레인지)	낯선
stratagem (스츄래티점)	기계(奇計)
	술책(術策)
strategic (스츄뤄티짘)	전략적(戰略的)
Strategic Air Command 〈SAC〉	전략 공군〈사령부〉

(스츄뤄티짘 애어 커맨드 〈쌕〉)	(戰略空軍司令部)
strategic aircraft (스츄뤄티짘 애어쿠래후트)	전략기 (戰略機)
strategic airlift (스츄뤄티짘 애어리후트)	전략 공수(戰略空輸)
strategic bomber (스츄뤄티짘 바머)	전략 폭격기 (戰略爆擊機)
strategic bombing (스츄뤄티짘 바밍)	전략 폭격 (戰略爆擊)
strategic concept (스츄뤄티짘 칸쎕트)	전략 개념 (戰略概念)
strategic intelligence (스츄뤄티짘 인텔리젼스)	전략 정보 (戰略情報)
strategic location (스츄뤄티짘 로우케이슌)	전략적 위치 (戰略的位置)
strategic material (스츄뤄티짘 머티어뤼얼)	전략 물자 (戰略物資)
strategic missile (스츄뤄티짘 미쓸)	전략 "미쓸" (戰略—)
strategic plan (스츄뤄티짘 플랜)	전략 계획 (戰略計劃)
strategic reserve (스츄뤄티짘 뤼저어브)	전략적 예비력 (戰略的豫備力)
strategic striking force (스츄뤄티짘 스츄라이킹 호오스)	전략 공격군 (戰略攻擊軍)
strategic target (스츄뤄티짘 타아깉)	전략 목표 (戰略目標)
strategic withdrawal (스츄뤄티짘 윋츄로오얼)	전략적 철수 (戰略的撤收)
strategy (스츄래티지)	전략 (戰略)
strength for duty (스츄렝스 호어 듀우리)	실용 병력 (實用兵力) 현재원 (現在員)
strength for rations (스츄렝스 호어 래슌스)	식수 인원 (食需人員)
strength report (스츄렝스 뤼포옽)	병력 보고 (兵力報告)
strength (스츄렝스)	장점 (長點)
strengthen (스츄렝쓴)	강화 (强化) 하다
strict (스츄뤽트)	엄격 (嚴格) 한
strict restriction (스츄뤽트 뤼스츄뤽쓘)	엄격 (嚴格) 한 제한 (制限)
strike force (스츄라잌 호오스)	타격대 (打擊隊)
strike operation (스츄라잌 아퍼레이슌)	타격 작전 (打擊作戰)
strike tent (스츄라잌 텐트)	천막 철거 (天幕撤去) 하다
striking power (스츄라이킹 파우어)	타격력 (打擊力)
strip map (스츄륍 맵)	대상 지도 (帶狀地圖) 요도 (要圖)
strong point (스츄롱 포인트)	거점 (據點)
strong point defense (스츄롱 포인트 디이휀스)	거점 방어 (據點防禦)

strong point gap (스츄롱 포인트 갭) 거점 공간(據點空間)
strong point organization (스츄롱 포인트 오오거니제이숀) 거점 편성(據點編成)
struggle (스츄뤄글) 투쟁(鬪爭)
S-2 (에쓰 투우) 정보관(情報官)
S2/3 shop (에쓰 투우 쓰뤼이 샵) 정작처(情作處)
subject (썹짘트) 제목(題目)
subject schedule (썹짘트 스께쥴) 과목 계획표(課目計劃表)
submachine gun (썹머쉬인 건) 기관 단총(機關短銃)
submit (썹밑) 제출(提出)하다
subordinate unit (써보오디닡 유우닡) 예하 부대(隷下部隊)
subsequent operation (썹씨퀀트 아퍼레이숀) 차기 작전(次期作戰)
subsistence (썹씨스턴스) 급양(給養)
subsistence stores (썹씨스턴스 스또어즈) 생활 필수품(生活必需品)
substitute (썹쓰티튜욷) 대용 물품(代用物品)
subversive activities (썹버어씨브 액티비티이즈) 전복 활동(顚覆活動)
successive (썩쎄씨브) 연속적(連續的)
successive objectives (썩쎄씨브 옵젝티브스) 축차 목표(逐次目標)
successor (썩쎄써) 후임자(後任者)
suggest (써제스트) 제의(提議)하다
suggestion (써제스춘)· 제의(提議)
sullage pit (썰리지 핕) 하수호(下水壕)
흡수구(吸水溝)
summary (써머뤼) 개요(槪要)
요약(要約)
summary report (써머뤼 뤼포올) 요약 보고(要約報告)
summit conference (써밑 칸훠뢴스) 정상 회담(頂上會談)
sump (썸프) 흡수구(吸水溝)
sunstroke (썬스츄로욱) 일사병(日射病)
sunset (썬쎝) 황혼(黃昏)
Sun Tzu (550 B.C.?) (쑨쯔) 손자(孫子)
super-heavy (쑤우퍼헤비) 초중(超重)
super-heavy tank (쑤우퍼헤비 탱크) 초중전차(超重戰車)
super power (쑤우퍼 파우어) 초강대국(超强大國)
superb (쑤퍼업) 탁월(卓越)한
supersonic (쑤우퍼쏘닠) 초음(超音)
supersonic speed (쑤우퍼쏘닠 스삐인) 초음속(超音速)
supersonic wave (쑤우퍼쏘닠 웨이브) 초음파(超音波)
supervision (쑤우퍼비준) 감독(監督)

S

supervisory responsibility (쑤우퍼바이저뤼 뤼스판써빌러티)	관리 책임(管理責任)
supplementary (써쁠리멘터뤼)	보조적(補助的) 추가적(追加的)
supplementary position (써쁠리멘터뤼 퍼칠쓘)	보조 진지(補助陣地) 예비 진지(豫備陣地)
supplies (써플라이즈)	보급품(補給品)
supply (써플라이)	보급(補給) 물자(物資)
supply by requistion (써플라이 바이 뤼퀴칠쓘)	청구 보급(請求補給)
supply channel (써플라이 채늘)	보급 계통(補給系統)
supply classes (써플라이 클래씨이즈)	보급품 종별(補給品種別)
supply officer (써플라이 오휘써)	보급관(補給官)
supply point (써플라이 포인트)	보급소(補給所)
supply point distribution (써플라이 포인트 디스츄뤼뷰우슌)	보급소 분배(補給所分配)
supply route (써플라이 롸울)	보급로(補給路)
supply sergeant (써플라이 싸아전트)	보급 하사관(補給下士官)
supply support (써플라이 써포올)	보급 지원(補給支援)
support (써포올)	지원(支援) 지지(支持)
support battalion (써포올 배탤리언)	지원 대대(支援大隊)
support channel (써포올 채늘)	지원 계통(支援系統)
support command (써포올 커맨드)	지원사〈령부〉(支援司令部)
support echelon (써포올 에쉴란)	지원 제대(支援梯隊)
support group (써포올 구루웊)	지원단(支援團)
support system (써포올 씨스텀)	지원 체제(支援體制)
supported unit (써포오틴 유우닏)	지원(支援)받는 부대(部隊) 피지원 부대(被支援部隊)
supporting arms (써포오팅 아암즈)	지원 화기(支援火器)
supporting artillery (써포오팅 아아틸러뤼)	지원 포병(支援砲兵)
supporting attack (써포오팅 어탴)	조공(助攻)
supporting distance (써포오팅 디스턴스)	지원 거리(支援距離)
supporting fire (써포오팅 화이어)	지원 사격(支援射擊)
supporting unit (써포오팅 유우닏)	지원(支援) 부대(部隊)
suppression (써푸레션)	제압(制壓)
suppressive fire (써푸레씨브 화이어)	저지 사격(沮止射擊) 제압 사격(制壓射擊)
supremacy (쑤우푸뤼머씨)	패권(覇權)

supreme (쑤우푸휘임) 최고(最高)

supreme command (쑤우푸휘임 커맨드) 통수권(統帥權)

supreme commander (쑤우푸휘임 커맨더) 최고 사령관(最高司令官)

surface (써어휘스) 표면(表面)

surface burst (써어휘스 버어스트) 지표 파열(地表破裂)

surface-to-air missile 〈**SAM**〉 (써어휘스 투 애어 미쏠〈쌤〉) 지대공 유도탄(地對空誘導彈)

surface-to-surface missile (써어휘스 투 써어휘스 미쏠) 지대지 유도탄(地對地誘導彈)

surface transportation (써어휘스 츄랜스포오테이슌) 해륙 수송(海陸輸送)

surgeon (써어젼) 군의관(軍醫官)
의무관(醫務官)

surgical hospital (써어지컬 하스삐럴) 외과 병원(外科病院)

surplus (써어플러쓰) 과잉(過剩)
잉여물(剩餘物)

surprise (써푸라이즈) 기습(奇襲)

surrender (써렌더) 항복(降伏)

surveillance (써어베일런스) 감시(監視)

surveillance measures (써어베일런스 메져어즈) 감시 수단(監視手段)

surveillance patrol (써어베일런스 퍼츄롤) 감시 정찰(監視偵察)

surveillance radar (써어베일런스 레이다아) 관측 탐지기(觀測探知機)

survey (써어베이) 측량(測量)

surveying team (써베잉 티임) 측량반(測量班)

survival (써바이벌) 생존(生存)

survival equipment (써바이벌 이큅먼트) 구명 장비(救命裝備)

suspected battery (써스펙틷 배러뤼) 미확인 포대(未確認砲隊)

suspected enemy battery (써스펙틷 에너미 배뤄리) 혐의 적 포대(嫌疑敵砲隊)

suspected enemy location (써스펙틷 에너미 로우케이슌) 예상된 적 위치(豫想敵位置)

suspected enemy position (써스펙틷 에너미 퍼칠쓘) 예상된 적 진지(豫想敵陣地)

suspend (써스펜드) 중지(中止)하다

suspense (써스펜스) 마감(磨勘)

suspense date (써스펜스 데잍) 마감 일자(磨勘日字)
최종 일자(最終日字)

suspension bridge (써스펜슌 부뤼지) 조교(吊橋)

suspension of flights (써스펜슌 오브 훌라잍쯔) 비행 중지(飛行中止)

sustain (써스테인)	지속(持續)하다
sustained rate of fire (써스테인드 레잍 오브 화이어)	사격 지속률(射擊持續率)
sustaining strength (써스테이닝 스츄렝스)	지속력(持續力)
swagger stick (스와이거 스떽)	지휘봉(指揮棒)
swamp (스왐프)	소택지(沼澤地)
	습지(濕地)
sweep-out (스위잎아웉)	소탕(掃蕩)
sweep-out operation (스위잎아웉 아퍼레이슌)	소탕 작전(掃蕩作戰)
swift (스위후트)	신속(迅速)한
switchboard (스윁치보온)	교환대(交換臺)
switchboard operator (스윁치보온 아퍼레이러)	교환병(交換兵)
symbol (씸벌)	기호(記號)
	상징(象徵)
symbolize (씸벌라이즈)	상징(象徵)하다
symmetrically (씨메츄뤼컬리)	대칭적(對稱的)으로
symmetry (씨메츄뤼)	대칭(對稱)
sympathetic (씸퍼쎄틱)	호의적(好意的)/동정적(同情的)
syncronize time (씽크뤄나이즈 타임)	동시 조정(同時調整)
synopsis (씨닾씨스)	개요(概要)

T

table (테이블)	탁자(卓子)
table of distribution (테이블 오브 디스츄뤼뷰우슌)	배당표(配當表)
	인원 배당표(人員配當表)
table of organization and equipment 〈**TO & E**〉 (테이블 오브 오오거니제이슌 앤 이큅먼트〈티이 오우 앤 이이〉)	편성 및 장비표 (編成－裝備表)
tac air employment (택 애어 임플로이먼트)	전술 항공 운용 (戰術航空運用)
tac air support 〈**of ground forces**〉 (택 애어 써포올〈오브 구라운드 호어씨즈〉)	전술 항공 지원 (戰術航空支援)
tachometer (태카미러)	회전계(回轉計)
tactical (택티컬)	전술적(戰術的)
tactical air 〈**tac air**〉(택티컬 애어〈택 애어〉)	전술 항공(戰術航空)

Tactical Air Command 〈TAC〉 (택티컬 애어 커맨드〈택〉)	전술 공군 사령부 (戰術空軍司令部)
tac air control (탭 애어 컨츄롤)	전술 항공 통제 (戰術航空統制)
tactical air control center 〈TACC〉 (택티컬 애어 컨츄롤 쎄너〈티이 에이 씨이 씨이〉)	전술 공군 통제 본부 (戰術空軍統制本部) 전술 항공 통제 본부 (戰術航空統制本部)
tactical air control group 〈TACG〉 (택티컬 애어 컨츄롤 구루웊 〈티이 에이 씨이 지이〉)	전술 공군 통제단 (戰術空軍統制團) 전술 항공 통제단 (戰術航空統制團)
tactical air control party 〈TACP〉 (택티컬 애어 컨츄롤 파아리 〈티이 에이 씨이 피이〉)	전술 공군 통제조 (戰術空軍統制組) 전술 항공 통제조 (戰術航空統制組)
tac air controller 〈TAC〉 (택 애어 컨츄롤러〈택〉)	전술 항공 통제관 (戰術航空統制官)
tac air direction center 〈TADC〉 (택 애어 디렉쑨 쎄너 〈티이 에이 디이 씨이〉)	전술 항공 지시 본부 (戰術航空指示本部)
Tactical Air Force (택티컬 애어 호오스)	전술 공군(戰術空軍)
tactical air operation (택티컬 애어 아퍼레이슌)	전술 공중 작전 (戰術空中作戰)
tactical air-ground operation (택티컬 애어구라운드 아퍼레이슌)	전술 공지 작전 (戰術空地作戰)
tactical air support (택티컬 애어 써포올)	전술 공중 지원 (戰術空中支援)
tactical air transport (택티컬 애어 츄랜스포올)	전술적 공중 수송 (戰術的空中輸送)
tactical aircraft (택티컬 애어쿠래후트)	전술기(戰術機) 전술 항공기 (戰術航空機)
tactical airlift (택티컬 애어리후트)	전술 공수(戰術空輸)
tactical alert net (택티컬 얼러얼 넽)	전술적 경보망 (戰術的警報網)
tactical area of responsibility 〈TAOR〉 (택티컬 애어뤼아 오브 뤼스판써빌러티〈티이 에이 오우 아아〉)	전술 책임 구역 (戰術責任區域)
tactical and terrain appreciation exercise (택티컬 앤 터레인 어푸뤼씨에이슌 엑써싸이스)	전술 및 지형 판단 연습 (戰術一地形判斷練習)

tactical bombing (택티컬 바밍) 전술 폭격 (戰術爆擊)
tactical call sign (택티컬 코올 싸인) 전술 호출 부호 (戰術呼出符號)
tactical column (택티컬 칼럼) 전술 종대 (戰術縱隊)
tactical command post 〈**TAC CP**〉 (택티컬 커맨드 포우스트 〈택 씨이 피이〉) 전술 지휘소 (戰術指揮所)
tactical concept (택티컬 칸쎕트) 전술 개념 (戰術槪念)
tactical control (택티컬 컨츄롤) 전술 통제 (戰術統制)
tactical control mission (택티컬 컨츄롤 미쓘) 전술 통제 임무 (戰術統制任務)
tactical cover and deception (택티컬 카버 앤 디쎞쓘) 전술적 엄호 및 기만 (戰術的掩護—欺瞞)
tactical deception (택티컬 디쎞쓘) 전술 기만 (戰術欺瞞)
tactical discipline (택티컬 디씨플린) 전술 군기 (戰術軍紀)
tactical doctrine (택티컬 닥츄뤼인) 전술 교의 (戰術敎義)
tactical element (택티컬 엘리먼트) 전술 부대 (戰術部隊)
tactical employment (택티컬 임플로이먼트) 전술적 운용 (戰術的運用)
tactical exercise (택티컬 엑써싸이스) 전술 연습 (戰術練習)
tactical feeding (택티컬 휘이딩) 전술적 급식 (戰術的給食)
tactical inspection (택티컬 인스펙쓘) 전술 검열 (戰術檢閱)
tactical intelligence (택티컬 인텔리젼스) 전술 정보 (戰術情報)
tactical locality (택티컬 로우캘러티) 전술적 요지 (戰術的要地)
tactical map (택티컬 맵) 전술 지도 (戰術地圖)
tactical march (택티컬 마아치) 전술 행군 (戰術行軍)
tactical missile (택티컬 미쓸) 전술 "미쓸" (戰術—)
tactical mission (택티컬 미쓘) 전술 임무 (戰術任務)
tactical movement (택티컬 무우브먼트) 전술적 이동 (戰術的移動)
tactical net (택티컬 넽) 전술 통신망 (戰術通信網)
tactical nuclear weapon (택티컬 뉴우클리어 웨펀) 전술 핵무기 (戰術核武器)
tactical operation (택티컬 아퍼레이슌) 전술 작전 (戰術作戰)
tactical operations center 〈**TOC**〉 (택티컬 아퍼레이슌스 쎄너 〈톸〉) 전술 작전 본부 (戰術作戰本部)
tactical photo reconnaissance plane ∨ (택티컬 호우토우 뤼카너썬스 플레인) 전술 사진 정찰기 (戰術寫眞偵察機)
tactical plan (택티컬 플랜) 전술 계획 (戰術計劃)
tactical reconnaissance (택티컬 뤼카너썬스) 전술적 정찰 (戰術的偵察)
tactical reserve (택티컬 뤼저어브) 전술 예비대 (戰術豫備隊)
tactical situation (택티컬 씨츄에이슌) 전술 상황 (戰術狀況)
tactical surprise (택티컬 써푸라이즈) 전술적 기습 (戰術的奇襲)

tactical target (택티컬 타아길) 전술적 목표(戰術的目標)
tactical training (택티컬 츄레이닝) 전술 훈련(戰術訓練)
tactical unit (택티컬 유우닡) 전술 단위 부대 (戰術單位部隊)
tactical vehicle (택티컬 비이끌) 전술용 차량(戰術用車輛)
tactical walk (택티컬 우엌) 전술 현지 답보 (戰術現地踏步) 현지 전술(現地戰術)
tactical wire (택티컬 와이어) 전술 철조망(戰術鐵條網)
tactician (택티션) 전술가(戰術家)
tactics (택팈쓰) 전술(戰術)
tactics and techniques (택팈쓰 앤 테끄닠쓰) 전술 및 기술(戰術一技術)
taekwondo (태꾸온도) 태권도(跆拳道)
tag (택) 꼬리표
tail (테일) 테일〔尾翼〕
tail wind (테일 윈드) 추풍(追風)
tailgating (테일게이딩) 후미 급추 운전 (後尾急追運轉)
Take it easy (테이킽 이이지) 수고(手苦)하시오
take-off (테이끄후) 이륙(離陸)
tank (탱크) 전차(戰車) 탱크
tank avenue of approach (탱크 애비뉴 오브 어푸로우치) 전차 접근로(戰車接近路)
tank barrier (탱크 배뤼어) 전차 방벽(戰車防壁)
tank battalion (탱크 배탤리언) 전차 대대(戰車大隊)
tank company (탱크 캄퍼니) 전차 중대(戰車中隊) 탱크 중대(—中隊)
tank crew (탱크 쿠루우) 전차 승무원(戰車乘務員)
tank defile (탱크 디이화일) 전차 애로(戰車隘路)
tank ditch (탱크 딭치) 전차호(戰車壕)
tank gun (탱크 건) 전차포(戰車砲)
tank-killer team (탱크킬러 티임) 탱크 파괴조(— 破壞組)
tank recovery vehicle (탱크 뤼카버리 비이끌) 전차 구난차(戰車救難車)
tank truck (탱크 츄뤜) 탱크 츄뤜
tanker (탱커) 탱커(유류/물차〈油類/水車〉)
tape recording (테잎 뤼코오딩) 녹음(録音)
target (타아길) 목표(目標) 표적(標的)
target acquisition (타아길 애뀌칕쓘) 표적 포착(標的捕捉) 표적 획득(標的獲得)

target analysis (타아길 어낼러씨스)	목표 분석(目標分析) 표적 분석(標的分析)
target area (타아길 애어뤄아)	표적 지역(標的地域)
target date (타아길 데일)	목표일(目標日)
target designation (타아길 데직네이슌)	표적 지정(標的指定)
target grid (타아길 구륃)	표적 좌표(標的座標)
target identification (타아길 아이덴티휘케이슌)	목표 확인(目標確認) 표적 식별(標的識別)
target of opportunity (타아길 오브 아퍼츄우니티)	돌현 목표(突現目標) 순간 목표(瞬間目標) 임기 표적(臨機標的)
target practice (타아길 푸랙티스)	사격 연습(射擊練習)
target range (타아길 레인지)	목표 사격장(目標射擊場) 표적 사격장(標的射擊場)
task (태스끄)	과업(課業) 임무(任務)
task force 〈**tf**〉 (태스끄 호오스〈티이 에후〉)	기동 타격대 (機動打擊隊) 특수 임무 부대 (特殊任務部隊)
task organization (태스끄 오오거니제이슌)	기동편성(機動編成) 전투 편성(戰鬪編成) 편조(編組)
tasks (태스끄스)	업무(業務)
taxi (택씨)	택씨
team (티임)	조(組)
team organization (티임 오오거니제이슌)	편조(編組)
Team Spirit 〈**TS**〉 (티임 스삐륃 〈티이 에쓰〉)	티임 스삐륃 협동〈단일팀〉 정신 〈協同單一組精神〉
tear gas (티어 개쓰)	최루 개쓰(催淚—)
technical bulletin (텍니껄 불러틴)	기술 회보(技術會報)
technical inspection 〈**TI**〉 (텍니껄 인스펙쓘〈티이 아이〉)	기술 검사(技術檢査) 기술 점검(技術點檢)
technical manual 〈**TM**〉 (텍니껄 매뉴얼〈티이 엠〉)	기술 교범(技術教範)
technique (텍니잌)	기술(技術)
telecommunication (텔리커뮤니케이슌)	전신(電信)

telecommunications message (텔리커뮤니케이슌스 메씨지)	전문(電文)
telegram (텔리그램)	전보(電報)
telephone (텔리호운)	전화(電話)
telephone operator (텔리호운 아퍼레이러)	전화 교환병(電話交換兵)
telescope (텔리스꼬웊)	망원경(望遠鏡)
telescopic sight (텔리스꼬우픽 싸잍)	망원 조준기(望遠照準器)
teletype (텔리타잎)	전신 인자기(電信印字機)
teletypewriter (텔리타잎라이러)	텔리타잎 전신 타자기(電信打字機)
teletypist (텔리타이피스트)	전신 인자병(電信印字兵)
tell (텔)	전(傳)하다
temporary (템포뤄뤼)	임시적(臨時的)
temperance (템퍼뤈스)	절제(節制)
temperature (템퍼뤄쳐)	온도(溫度)
temperature gauge (템퍼뤄쳐 게이지)	온도계(溫度計)
temperature report (템퍼뤄쳐 뤼포옽)	온도 보고(溫度報告)
temporary duty ⟨TDY⟩ (템포라뤼 듀우리 ⟨티이 디이 와이⟩)	임시 출장 근무 (臨時出張勤務) 파견 근무(派遣勤務)
temporary duty ⟨TDY⟩ orders (템포뤄뤼 듀우리⟨티이 디이 와이⟩ 오오더어즈)	출장 명령(出張命令)
tenacity (테너씨티)	강인성(强靭性)
tension (텐슌)	장력(張力)
tent (텐트)	천막(天幕) 텐트
tent peg (텐트 펙)	천막 쇠말뚝(天幕—)
tent rope (텐트 로웊)	천막 밧줄(天幕—)
tentage (테니지)	천막(天幕)
tentative table of organization and equipment (테너티브 테이블 오브 오오거니제이슌 앤 이큅먼트)	잠정 편성 장비표 (暫定編成裝備表)
terminal (터어미널)	종점(終點)
termination (터어미네이슌)	종료(終了)
terrain (터레인)	지형(地形)
terrain analysis (터레인 어낼러씨스)	지형 분석(地形分析)
terrain appreciation (터레인 어푸뤼씨에이슌)	지형 감정(地形鑑定)
terrain evaluation (터레인 이밸류에이슌)	지형 평가(地形評價)
terrain exercise (터레인 엑써싸이스)	현지 실습(現地實習)
terrain features (터레인 휘이쳐어즈)	지형 지물(地形地物)

terrain model (터레인 마들)	지형 모형 (地形模型)
terrorists (테뤄뤼스쯔)	테뤄단 (團)
test (테스트)	시험 (試驗)
testimony (테스티머니)	증언 (證言)
theater (씨어러)	전구 (戰區)
theater of operations (씨어러 오브 아퍼레이순스)	작전 지구 (作戰地區)
thief (씨이후)	도둑
Third ROK Field Army 〈TROKA〉 (써얻 랔 휘일드 아아미 〈츄로우카〉)	〈제〉 삼 야전군 (第 三野戰軍)
Third〈"Roundout"〉 Brigade (써얻 〈"라운드아울"〉부뤼게읻)	〈제〉 삼〈사단 병력 완편〉 여단 (第三師團兵力完編旅團)
third world countries (써얻 우올드 칸츄뤼이즈)	제 삼 세계국 (第三世界國)
third world power (써얻 우올드 파우어)	제 삼 세계 세력 (第三世界勢力)
38th parallel (쌔어리에이스 패러렐)	삼팔선 (三八線)
thorough training (싸뤄 츄레이닝)	철저한 훈련 (徹底 一 訓練)
threat (스렡)	위협 (威脅)
	저항군 (抵抗軍)
threaten (스레튼)	위협 (威脅)하다
three cold days followed by four warm days (쓰뤼이 코울드 데이즈 활로운 바이 훠어 우옴 데이즈)	삼한 사온 (三寒四温)
three dimensional warfare (쓰뤼이 디멘슈널 우오홰어)	입체전 (立體戰)
three-forked road (쓰뤼이호옼트 로욷)	삼거리 (三一)
thunder (썬더어)	우뢰〔雷〕
thunder storm (썬더어 스또옴)	뇌우 (雷雨)
ties (타이즈)	인연 (因緣)
Tiger Division (타이거 디비죤)	맹호 사단 (猛虎師團)
tight (타잍)	엄격 (嚴格)한
time (타임)	시간 (時間)
time available (타임 어베일러블)	가용 시간 (可用時間)
time distance (타임 디스턴스)	시간 거리 (時間距離)
time gap (타임 갶)	시간 공간 (時間空間)
time interval (타임 인터어벌)	시간 간격 (時間間隔)
time length (타임 렝스)	시간 장경 (時間長徑)
time of arrival (타임 오브 어라이벌)	도착 시간 (到着時間)
time of attack (타임 오브 어탴)	공격 시간 (攻擊時間)
time of delivery (타임 오브 딜리버뤼)	전달 시간 (傳達時間)
time of departure (타임 오브 디파아쳐)	출발 시간 (出發時間)

time of receipt (타임 오브 뤼씨잍)	수신 시간 (受信時間)
time of return (타임 오브 뤼터언)	복귀 시간 (復歸時間)
time on target 〈**TOT**〉 (타임 온 타아길 〈티이 오우 티이〉)	동시 탄착 사격 (同時彈着射擊)
timing (타이밍)	시간 조정 (時間調整)
title (타이틀)	제목 (題目) 표제 (表題)
to be announced 〈**TBA**〉 (투 비이 어나운스드 〈티이 비이 에이〉)	발표 예정 (發表豫定)
to be published 〈**TBP**〉 (투 비이 퍼블리쉬트 〈티이 비이 피이〉)	발간 예정 (發刊豫定)
token (토우큰)	표시 (表示)
ton (턴)	톤 (噸)
tonnage (터니지)	톤수 (噸數)
tools (투울즈)	공구 (工具)
top priority task (탑 푸라이아뤄티 태스끄)	급선무 (急先務)
top secret (탑 씨쿠뤹)	일급 비밀 (一級秘密)
topographic crest (타퍼구래휙 쿠레스트)	지세적 정상 (地勢的頂上)
topographic intelligence (타퍼구래휙 인텔리젼스)	지지 정보 (地誌情報)
topographic map (타퍼구래휙 맵)	지형도 (地形圖)
topographic objective (타퍼구래휙 옵젝티브)	지형 목표 (地形目標)
topographic unit (타퍼구래휙 유우닡)	측지 부대 (測地部隊)
topographical crest (타퍼구래휘껄 쿠레스트)	정계선 (頂界線) 정상 (頂上)
topographical interpretation (타퍼구래휘껄 인터푸뤼테이숀)	지형 판독 (地形判讀)
topographical survey (타퍼구래휘껄 써어베이)	지형 측량 (地形測量)
topography (타퍼구뤄휘)	지세 (地勢)
tortoise ship (토어터스 쉽)	거북선 (—船)
total (토우털)	전체 (全體) 총 (總)
total damage (토우털 대미지)	완파 (完破)
total support (토우털 써포올)	전적 지원 (全的支援)
total war (토우털 우오)	전체 전쟁 (全體戰爭) 총력전 (總力戰)
touch-down (터치따운)	착륙 (着陸)
tournament (터어너먼트)	터어너먼트 (토나멘트)

T

TOW (토우)	대전차 대형 (對戰車大型) 미사일 중대전차 화기 〈"호오"〉 (重對戰車火器—) 중형 대전차 화기 (重型對戰車火器) 토우
TOW section (토우 쎅쓘)	토우반 (—班)
towed artillery (토운 아아틸러뤼)	견인포 (牽引砲)
town (타운)	마을
toxic (탁씩)	유독성 (有毒性)
toxic chemical agent (탁씩 케미껄 에이전트)	유독성 화학제 (有毒性化學劑)
trace (츄레이스)	행적 (行跡) 흔적 (痕跡)
tracer (츄레이써)	예광탄 (曳光彈)
track (츄랙)	궤도 (軌道) 행적 (行跡) 회전 궤도 (回轉軌道)
tracking (츄래낑)	추적 (追跡)
tradition (츄뤄디쓘)	전통 (傳統)
traffic (츄래휙)	이동 차량 (移動車輛)
traffic accident (츄래휙 액씨던트)	교통 사고 (交通事故)
traffic blockade (츄래휙 블라케잉)	교통 차단 (交通遮斷)
traffic bottleneck (츄래휙 바들넥)	교통 애로 (交通隘路)
traffic circulation plan (츄래휙 써어큐레이슌 플랜)	교통 순환 계획 (交通循環計劃)
traffic congestion (츄래휙 컨제스춘)	교통 장애 (交通障碍)
traffic control (츄래휙 컨츄롤)	교통 정리 (交通整理) 교통 통제 (交通統制)
traffic control post (츄래휙 컨츄롤 포우스트)	교통 통제소 (交通統制所)
traffic density (츄래휙 덴써티)	교통 밀도 (交通密度)
traffic jam (츄래휙 잼)	교통 장애 (交通障碍)
traffic network (츄래휙 넽웕)	교통망 (交通網)
traffic sign (츄래휙 싸인)	교통 표지 (交通標識)
traffic volume (츄래휙 발륨)	교통량 (交通量)
trafficability (츄래휘꺼빌러티)	교통 능력 (交通能力)
trail (츄레일)	후미 (後尾)
trail party (츄레일 파아리)	후속 정리대 (後續整理隊)
trailer (츄레일러)	부수차 (附隨車) 츄레일러
train (츄레인)	열차 (列車) 치중대 (輜重隊)

trainee (츄레이니이)	훈련병 (訓練兵)
training (츄레이닝)	교육 훈련 (敎育訓練) 훈련 (訓練)
training accomplishment (츄레이닝 어캄플리쉬먼트)	훈련 성과 (訓練成果)
training aid (츄레이닝 에읻)	교〈육 보조〉재〈료〉 (敎育補助材料) 훈련 교재 (訓練敎材)
training and education (츄레이닝 앤 에쥬케이슌)	훈련 교육 (訓練敎育)
training area (츄레이닝 애어뤄아)	훈련장 (訓練場) 훈련 지역 (訓練地域)
training area request (츄레이닝 애어뤄아 뤼퀘스트)	훈련 지역 사용 요청 (訓練地域使用要請)
training center (츄레이닝 쎄너)	훈련소 (訓練所)
training cycle (츄레이닝 싸이끌)	훈련 주기 (訓練週期)
training facilities (츄레이닝 훠씰리티이즈)	훈련 설비 (訓練設備)
training film (츄레이닝 휘움)	훈련 영화 (訓練映畫)
training guidance (츄레이닝 가이던스)	훈련 지침 (訓練指針)
training management (츄레이닝 매니지먼트)	훈련 관리 (訓練管理)
training memorandum (츄레이닝 메모렌덤)	교육 각서 (敎育覺書)
training objective (츄레이닝 옵젝티브)	훈련 목표 (訓練目標)
training program (츄레이닝 푸로우구램)	훈련 계획 (訓練計劃)
training results (츄레이닝 뤼졀쯔)	훈련 성과 (訓練成果)
training schedule (츄레이닝 스께쥴)	훈련 시간표 (訓練時間表) 훈련 예정표 (訓練豫定表)
training standard (츄레이닝 스땐더언)	훈련 표준 (訓練標準)
trajectory (츄뤄젝터뤼)	탄도 (彈道)
transfer (츄랜스훠어)	이관 (移管) 전속 (轉屬)
transfer of fire (츄랜스훠어 오브 화이어)	사격 전환 (射擊轉換) 화력 전환 (火力轉換)
transient billets (츄랜지언트 빌릳츠)	단기 숙소 (短期宿所) 대기 숙소 (待機宿所)
transient target (츄랜지언트 타아길)	순간 목표 (瞬間目標) 이동 표적 (移動標的) 유동 표적 (遊動標的)
translate (츄랜스레잍)	번역 (飜譯) 하다
translation (츄랜스레이슌)	번역 (飜譯)

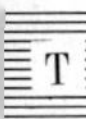

translator (츄랜스레이러) 번역관(飜譯官)
transmission (츄랜스미쑨) 발송 전문(發送電文)
송신(送信)
transmission security (츄랜스미쑨 씨큐뤼티) 송신 보안(送信保安)
transmit (츄랜스밑) 송신(送信)하다
전(傳)하다
transmitter site (츄랜스미러어 싸잍) 송신기 설치점 (送信機設置點)
transoceanic (츄랜스오우쉬애닠) 바다 건너
trans-Pacific flight (츄랜스퍼씨휙 훌라잍) 태평양 횡단 비행 (太平洋橫斷飛行)
transport aircraft (츄랜스포올 애어쿠래후트) 수송기(輸送機)
transport vehicle (츄랜스포올 비이끌) 수송 차량(輸送車輛)
transportation (츄랜스포오테이슌) 수송(輸送)
transportation by rail (츄랜스포오테이슌 바이 레일) 철도 수송(鐵道輸送)
transportation control center (츄랜스포오테이슌 컨츄롤 쎄너) 수송 통제부(輸送統制部)
transportation corps (츄랜스포오테이슌 코어) 수송병과(輸送兵科)
transportation officer (츄랜스포오테이슌 오휘써) 수송 장교(輸送將校)
transportation support (츄랜스포오테이슌 써포올) 수송 지원(輸送支援)
trap mine (츄랲 마인) 함계 지뢰(陷計地雷)
함정 지뢰(陷穽地雷)
trash (츄래쉬) 쓰레기
trash bag (츄래쉬 백) 쓰레기 자루
trash/garbage (츄래쉬/가아비지) 오물〈휴지/음식〉 (汚物休紙飮食)
travel orders (츄래블 오오더어즈) 출장 명령(出張命令)
traveling (츄래블링) 이동(移動)
traverse (츄래버어스) 횡회전(橫回轉)
traversing fire (츄래버어씽 화이어) 횡사(橫射)
tray (츄래이) 쟁반
treadway bridge (츄렏웨이 부뤼지) 답로교(踏路橋)
treat (츄뤼잍) 대접(待接)
treaty (츄뤼이티) 조약(條約)
tree (츄뤼이) 나무
tree limbs and branches 나뭇가지

(츄뤼이 림즈 앤 부랜치즈)

trip ticket (츄륖 티킽) 운행증(運行證) 차량 운행증(車輛運行證)

trip-wire (츄륖 와이어) 지뢰 연결선(地雷連結線)

triple line defense concept (츄뤼쁠 라인 디이휀스 칸쎞트) 삼복선 방어 개념 (三複線防禦槪念)

① **perimeter fighting positions** 퍼뤼이미러어 화이팅 퍼칠쓘스) ① 사주 전투 진지 (四周戰鬪陣地)

② **observation posts** (② 압써베이슌 포우스쯔) ② 관측소 선(觀測所線)

③ **ambush sites** (③ 앰부쉬 싸잍쯔) ③ 매복 지선(埋伏地線)

tripod mount (츄라이팓 마운트) 삼각대(三脚臺)

troop (츄루웊) 기갑 중대(機甲中隊) 병사(兵士) 사병(士兵)

troop carrier (츄루웊 캐뤼어) 병력 수송기(兵力輸送機) 수송기(輸送機)

troop duty (츄루웊 듀우리) 대부 근무(隊付勤務)

troop information and education ⟨**TI & E**⟩ (츄루웊 인호어메이슌 앤 에쥬케이슌 ⟨티이 아이 앤 이이⟩) 부대 정훈 교육 (部隊政訓敎育) 정훈 교육(政訓敎育)

troop leading procedures (츄루웊 리이딩 푸라씨쥬어즈) 부대 지휘 절차 (部隊指揮節次)

troop movement (츄루웊 무우브먼트) 병력 이동(兵力移動) 부대 이동(部隊移動)

troop safety (츄루웊 쎄이후티) 부대 안전(部隊安全)

troop train (츄루웊 츄레인) 군용 열차(軍用列車)

troop transport plane (츄루웊 츄랜스포옽 플레인) 병력 수송기(兵力輸送機)

troops available (츄루웊쓰 어베일러블) 가용 병력(可用兵力)

tropical storm (츄라삐껄 스또옴) 열대성 폭풍(熱帶性暴風)

truce (츄루우스) 정전(停戰) 휴전(休戰)

truck (츄뤜) 차량(車輛)

true and generous (츄루우 앤 제너뤄스) 돈독(敦篤)한

true north (츄루우 노오스) 진북(眞北)

tube (튜웁) 포신(砲身)

turbulence (터어뷰런스) 난류(亂流)

turn (터언) 차례(次例)

turn-around (터언 어라운드) 왕복 운행(往復運行)

turn-around mission 왕복 운행 임무

English (pronunciation)	Korean
(터언 어라운드 미쓘)	(往復運行任務)
turn-around time (터언 어라운드 타임)	왕복 운행 시간 (往復運行時間)
turn-in (터언인)	반납 (返納)
turn-in slip (터언인 슬맆)	반납증 (返納證)
turn over (터언 오우버)	인계 (引繼)하다
turning movement (터어닝 무우브먼트)	우회 기동 (迂廻機動)
turning point (터어닝 포인트)	전환점 (轉換點)
tunnel (터늘)	굴 (窟) 터늘〔터널〕
turret (터뤁)	포탑 (砲塔)
turret gun (터뤁 건)	포탑포 (砲塔砲)
TV/movie camera (티이븨/무우비 캐머라)	유동 사진기 (遊動寫眞機)
twilight (트와일라잍)	박명 (薄明) 황혼 (黃昏)
2½-ton truck (듀우스 애너 해후 턴 츄뤜)	"지이 엠 씨이 츄뤜"(大型車)
two loudspeaker teams (투우 라운스뻬이커 티임즈)	확성기 이개조 (擴聲器二個組)
type (타잎)	유형 (類型) 형 (型)
typewriter (타잎라이러)	타자기 (打字機)
typhoon (타이후운)	태풍 (颱風)
typist (타이피스트)	타자병 (打字兵)

U

English (pronunciation)	Korean
UHF (유우 에이치 에후)	초고주파 (超高周波數)
ultimate victory (얼티밑 빅토뤼)	필승 (必勝)
ultimatum (얼티메이덤)	최후 통첩 (最後通牒)
ultrahigh frequency (얼츄라하이 후뤼퀀씨)	"유우 에이치 에후"
ultra short waves (얼츄라 쇼올 웨이브즈)	초단파 (超短波)
ultra-violet rays (얼츄라바이어릳 레이즈)	자외선 (紫外線)
umpire (엄파이어)	심판관 (審判官)
unattended ground sensor 〈UGS〉 (언어텐딛 구라운드 쎈써 〈욱스〉)	무인 지상 청음기 (無人地上聽音機)
unauthorized item	비인가품 (非認可品)

(언오오쏘라이즈드 아이듬)	
unauthorized person (언오오쏘라이즈드 퍼어슨)	비인가자 (非認可者)
unavailable (언어베일러블)	부재 (不在)의
uncertain (언써어튼)	부정적 (否定的)
unconfirmed (언컨훠엄드)	미확인 (未確認)
unconventional warfare (언컨벤츄널 우오홰어)	비재래식 전쟁 (非在來式戰爭)
unconventional warfare forces (언컨벤츄널 우오홰어 호어씨즈)	비정규전 부대 (非正規戰部隊)
underground (언더구라운드)	지하 (地下)
underground agitators (언더구라운드 애지테이러즈)	비밀 아지트 (秘密—)
understanding (언더스땐딩)	이해 (理解)
undivided attention (언디바이딛 어텐숀)	전념 (專念)
unfamiliar (언훠밀리어)	낯선
unification (유니휘케이숀)	통합 (統合)
unified command (유우니화읻 커맨드)	통합 사령부 (統合司令部)
uniform (유니호옴)	군복 (軍服) 복장 (服裝) 제복 (制服)
uniform and equipment (유니호옴 앤 이큅먼트)	복장 장비 (服裝裝備)
uniform code of military justice 〈**UCMJ**〉 (유니호옴 코욷 오브 밀리테뤼 저스티스〈유우 씨이 엠 제이〉)	군법 예규 (軍法例規)
uniform violation (유니호옴 바이올레이숀)	복장 위반 (服裝違反)
Union of Soviet Socialist Republics 〈**USSR**〉 (유우니언 오브 쏘우비엘 쏘우셜리스트 뤼퍼블릭쓰〈유우 에쓰 에쓰 아아〉)	소사회주의 연방 공화국 (蘇社會主義聯邦共和國)
unique (유니잌)	독특 (獨特)한 특이 (特異)한
unit (유우닡)	단위 부대 (單位部隊) 부대〈구성 단위〉 (部隊構成單位)
unit citation (유우닡 싸이테이숀)	부대 표창 (部隊表彰)
unit commander (유우닡 커맨더)	부대장 (部隊長)
unit effectiveness (유우닡 이훽티브니스)	부대 능률 (部隊能率)
unit identification (유우닡 아이덴티휘케이숀)	단대호 (單隊號)

unit identification numbers (유우닡 아이덴티휘케이슌 넘버즈)	대호 숫자 (隊號數字)
unit in action (유우닡 인 액쓘)	실시 부대 (實施部隊)
unit movement plan (유우닡 무우브먼트 플랜)	부대 이동 계획 (部隊移動計劃)
unit of issue (유우닡 오브 이쓔)	지급 단위 (支給單位)
unit sign board (유우닡 싸인 보온)	부대 간판 (部隊看板)
unit standing operating procedures 〈SOP〉 (유우닡 스탠딩 아퍼레이팅 푸라씨쥬어즈〈에쓰 오우 피이〉)	부대 내규 (部隊內規)
unit training (유우닡 츄레이닝)	부대 훈련 (部隊訓練)
unit training program (유우닡 츄레이닝 푸로우구램)	부대 교육 계획 (部隊教育計劃)
unit training schedule (유우닡 츄레이닝 스케쥴)	부대 교육 계획표 (部隊教育計劃表)
United Nations Command 〈UNC〉 (유나이틷 네이슌스 커맨드) 〈유우 엔 씨이〉)	국제 연합군 사령부 (國際聯合軍司令部) “유우엔” 사 (—司) “유우엔” 군 (—軍)
United Nations Forces (유나이틷 네이슌스 호어씨즈)	
unity of command (유우니티 오브 커맨드)	지휘 통일 (指揮統一)
unknown (언노운)	미상 (未詳)
unlawful (언로오훌)	위법 (違法)의
unpaved, improved dirt road (언페이브드, 임푸루우브드 더얼 로욷)	무포장 개량 도로 (無鋪裝改良道路)
unserviceability (언써어비써빌러티)	사용 불가 (使用不可)
up (엎)	기동 가능 (機動可能)
update (엎데잍)	최신 정보 자료 (最新情報資料)
upgrade (엎구레읻)	향상 (向上)
up-to-date information (엎투데잍 인호어메이슌)	최신 정보 (最新情報)
urgent (어어젼트)	긴급 (緊急)한
US proper (유우에쓰 푸라퍼어)	미 본토 (美本土)
US Army soldier of Korean origin (유우에쓰 아아미 쏘울져어 오브 코뤼언 아뤼진)	한국계 미군 (韓國系美軍)
usage (유씨이지)	사용 (使用)
usher (어셔어)	안내원 (案內員)

utilization (유틸라이제이숀) 사용(使用)
운용(運用)
이용(利用)
활용(活用)

V

진공(眞空)
용맹(勇猛)
계곡(溪谷)
선봉 부대(先鋒部隊)
전위(前衛)
편차(偏差)
(車)
고(車輛事故)
(車輛可用率)
者)

한
(在鄕軍人)
(獸醫官)
(振動)
중장(海軍中將)
(近處)
근(附近)
근접(近接)한
전승(戰勝)
전승일(戰勝日)
월남전(越南戰)
마을
촌(村)
촌락 노영(村落露營)
촌락 노영(村落露營)
초(醋)
위반(違反)
자주색(紫朱色)
장점(長點)
가시도(可視度)
시도(視度)
가시 거리(可視距離)
방문(訪問)
위문(慰問)

리티 레인지)
support
로우절 써포올)

ventilation (벤틸레이순) 통기 (通氣)
통풍 (通風)

ventilation system (벤틸레이순 씨스텀) 통풍 장치 (通風裝置)
환기 장치 (換氣裝置)

verification (베뤼휘케이순) 확인 (確認)

vertical (버어티컬) 수직(垂直)

vertical envelopment (버어티컬 인벨럽먼트) 수직 포위 (垂直包圍)

vertical takeoff and landing aircraft (버어티컬 테잌오후 앤 랜딩 애어쿠래후트) 수직 이착륙기 (垂直離着陸機)

vertically (버어티컬리) 종적 (縱的)으로

very-heavy (베뤼헤비) 초중 (超重)

very-heavy artillery (베뤼헤비 아아틸러뤼) 초중포 (超重砲)

very important person 〈VIP〉 (베뤼 임포오턴트 퍼어슨〈븨 아이 피이〉) 요인 (要人)

veteran (베터뤈) 노련 (老鍊
재향 군

veterinarian (베테뤼네어뤼언) 수의관

vibration (바입부레이순) 진동

vice admiral (바이스 앧머뤌) 해군

vicinity (비씨너티) 근
보

vicinity of (비씨너티 오브)

victory (빅토뤼)

victory day 〈V-day〉 (빅토뤼 데이〈븨 데이〉)

Vietnam 〈War〉〈비엩나암〈우오〉〉

village (빌리지)

village bivouac (빌리지 비브앸)

village camp (빌리지 캠프)

vinegar (비니거)

violation (바이어레이순)

violet (바이오릴)

virtues (버어츄우)

visibility (비지빌러티)

visibility range (비지빌

visit (비짇)

visit to show local
(비짇 투 쇼우

visit to show public support (비짇 투 쇼우 퍼블릭 써포올)	위문(慰問)
visual communication (비쥬얼 커뮤니케이숀)	시호 통신(視號通信)
visual reconnaissance 〈VR〉 (비쥬얼 뤼카너썬스) (븨 아아)	공중 정찰(空中偵察) 지형 정찰(地形偵察) 항공 관측(航空觀測)
vital area (바이털 애어뤼아)	치명 지역(致命地域)
vocal order, commanding officer 〈VOCO〉 (보우껄 오오더어 커맨딩 오휘써 〈보우 코우〉)	지휘관 구두 명령 (指揮官口頭命令)
vocational training (보우케이슈널 츄레이닝)	일인 일기 교육 (一人一技教育) 직업 보도 훈련 (職業輔導訓練)
volley (발리)	일제 사격(一齊射擊)
voluntary service (발룬테뤼 써어비스)	지원병 제도(支援兵制度)
volunteer (발룬티어)	지원(志願) 지원병(支援兵)
voucher (바우쳐)	증빙서(證憑書)
vulnerabilities (벌너뤄빌러티이즈)	취약성(脆弱性)
vulnerable area (벌너뤄블 애어뤼아)	취약 지역(脆弱地域)
vulnerable point (벌너뤄블 포인트)	취약 지점(脆弱地點)

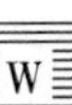

W

waiver (웨이버어)	면제(免除)
walk in steps (웤 인 스뗍쓰)	발맞추어 걷다
walkie-talkie (워끼 토끼)	휴대용 무선 통화기 (携帶用無線通話機)
walking patient (워낑 페이션트)	보행 가능 환자 (步行可能患者)
walkway bridge (워퀘이 부뤼지)	도보교(徒步橋)
war (우오)	전쟁(戰爭)
〈National〉 War College (〈내슈널〉우오 칼리지)	국방 대학원(國防大學院)
war correspondent	종군 기자(從軍記者)

(우오 커레스판던트)

war crime (우오 쿠롸임)	전쟁 범죄 (戰爭犯罪)
war criminal (우오 쿠뤼미'널)	전범 (戰犯) 전쟁 범죄인 (戰爭犯罪人)
war diary (우오 다이어뤼)	진중 일지 (陣中日誌)
war game (우오 게임)	모의전 (模擬戰)
war material (우오 머티어뤼얼)	군수 물자 (軍需物資)
war of attrition (우오 오브 어츄뤼쓘)	소모전 (消耗戰) 지구전 (持久戰)
war of liberation (우오 오브 리버어레이쑨)	해방 전쟁 (解放戰爭)
war of nerve (우오 오브 너어브)	신경전 (神經戰)
war plan (우오 플랜)	전쟁 계획 (戰爭計劃)
10 PRINCIPLES OF WAR (텐 푸륀씨쁠즈 오브 우오)	전쟁 십대 원칙 (戰爭十大原則)
① **objective** (옵젝티브)	① 목표 (目標)
② **surpprise** (써푸롸이즈)	② 기습 (奇襲)
③ **simplicity** (씸플리씨티)	③ 간명 (簡明)
④ **unity of command** (유우니티 오브 커맨드)	④ 지휘 통일 (指揮統一)
⑤ **offensive** (오휀씨브)	⑤ 공세 (攻勢)
⑥ **maneuver** (머누우버)	⑥ 기동 (機動)
⑦ **mass** (매쓰)	⑦ 군사력 집중 (軍事力集中)
⑧ **economy of force** (이카나미 오브 호오스)	⑧ 병력 절약 (兵力節約)
⑨ **security** (씨큐뤼티)	⑨ 경계 (警戒)
⑩ **public support** (퍼블릭 써포올)	⑩ 국민 지지 (國民支持)
war room (우오 루움)	기밀실 (機密室)
war situation (우오 씨츄에이숀)	전황 (戰況)
war trophy (우오 츄로우휘)	전리품 (戰利品)
warehouse (웨어하우스)	창고 (倉庫)
warhead (우오헫)	탄두 (彈頭)
warning (우오닝)	경고 (警告) 예고 (豫告)
warning order (우오닝 오오더어)	경고 명령 (警告命令) 준비 명령 (準備命令)
warning sign (우오닝 싸인)	경고판 (警告板)
warrant appointment (워뤈트 어포인트먼트)	준사관 임명 (準士官任命)
warrant officer 〈**WO**〉 (워뤈트 오휘써 〈더블유 오우〉)	준위 (准尉)
Washington, D. C. (워싱튼 디이 씨이)	워싱튼 디이 씨이 (華府)

W

waste can (웨이스트 캔)	휴지통 (休紙桶)
wasted paper (웨이스틷 페이퍼)	휴지 (休紙)
wasted-paper basket (웨이스틷페이퍼 배스킽)	휴지통 (休紙桶)
watch (워얼취)	당직 (當直)
waterhole (워러호울)	웅덩이
water point (워러 포인트)	급수장 (給水場)
waterpoof bag (워러푸루후 백)	방수낭 (防水囊)
water purification (워러 퓨뤼휘케이숀)	정수 (淨水)
water purification truck (워러 퓨뤼휘케이숀 츄뤜)	정수차 (淨水車)
water purification unit (워러 퓨뤼휘케이숀 유우닡)	정수대 (淨水隊)
water sprinkler (워러 스뿌륑클러)	살수차 (撒水車)
water sprinkling (워러 스뿌륑클링)	살수 (撒水)
water tank truck (워러 탱크 츄뤜)	급수차 (給水車)
water trailer 〈buffalo〉 (워러 츄레일러 〈바훨로우〉)	급수 부수차 (給水附隨車)
water treatment plant (워러 츄뤼잍먼트 플랜트)	정수장 (淨水場)
wartime (우오타임)	전시 (戰時)
wave (웨이브)	파 (波)
wave length (웨이브 렝스)	전파 파장 (電波波長)
ways and means (웨이즈 앤 미인즈)	수단 (手段)
weakness (위잌니쓰)	단점 (短點)
weapon (웨펀)	무기 (武器)
weapons system (웨펀즈 씨스텀)	무기 계통 (武器系統)
weather (웨더어)	기상 (氣象) 일기 (日氣) 천기 (天氣) 천후 (天候)
weather detachment (웨더어 디태치먼트)	기상 분견대 (氣象分遣隊)
weather forecast (웨더어 호어캐스트)	기상 예보 (氣象豫報) 일기 예보 (日氣豫報) 천기 예보 (天氣豫報)
weather report (웨더어 뤼포옽)	기상 통보 (氣象通報)
weather section (웨더어 쎜숀)	기상반 (氣象班)
weather situation (웨더어 씨츄에이숀)	기상 개황 (氣象概況)
weather summary (웨더어 써머뤼)	기상 개요 (氣象概要)
weather warning (웨더어 우오닝)	기상 경보 (氣象警報)
wedge (웬지)	쐐기형 (—型)
wedge formation (웬지 호어메이숀)	설대대형 (楔隊隊型)
weekly training schedule	주간 훈련 예정표

(위끌리 츄레이닝 스께쥴)	(週間訓練豫定表)
weight (웨잍)	중량(重量)
weight limit (웨잍 리밑)	통과 하중(通過荷重)
welcome (웰컴)	영접(迎接)하다 환영(歡迎)
welcoming cercemony (웰커밍 쎄뤼머니)	환영 대회(歡迎大會) 환영식(歡迎式)
welcoming speech (웰커밍 스삐이치)	환영사(歡迎辭)
well (웰)	우물〔井〕
West Point (웨스트 포인트)	"웨스트 포인트"〔美陸士〕
Western Command, Hawaii (웨스떠언 커맨드, 하와이)	서부 사령부(西部司令部) 〈하와이〉
western front (웨스떠언 후론트)	서부 전선(西部前線)
LTG **Alexander M. Weyand (1929–)** (루우테넌트 제너뤌 앨릭잰더 엠. 와이언드)	와이언드 장군(—將軍)
wheeled vehicle (위일드 비이끌)	장륜 차량(裝輪車輛)
whistle (위쓸)	호각(號角)
White (와잍)	백인계(白人系)
white gloves (와잍 글라브즈)	백색 장갑(白色掌匣)
White Horse Division (와잍 호오스 디비젼)	백마 사단(白馬師團)
White Horse Hill 〈NE of Chorwon〉 (와잍 호오스 힐〈노오스이스트 오브 처뤈〉)	백마 고지〈철원 서북방〉 (白馬高地〈鐵原西北方〉)
white phosphorus 〈WP〉 (와잍 화스훠뤄스〈윌러 피이〉)	백린탄(白燐彈)
width (윋쓰)	넓이 폭(幅)
wilco (윌코)	"윌코" 이행(履行)하겠음 (지시〈指示〉대로)
wild (와일드)	불규칙(不規則)
wild rumor (와일드 루우머어)	유언 비어(流言蜚語)
will comply (윌 컴플라이)	"윌코" 이행(履行)하겠음(지시대로)
willing (윌링)	호의적(好意的)
win the last battle (윈 더 래스트 배틀)	칠전 팔기(七顚八起)
wind (윈드)	바람〔風〕
wind deflection (윈드 디훌렉쓘)	풍편(風偏)
wind direction (윈드 디렉쓘)	풍향(風向)
wind pressure (윈드 푸레셔어)	풍압(風壓)
wind velocity (윈드 빌라씨티)	풍속(風速)

windage (윈디지)	풍속 편차 (風速偏差)
winding road (와인딩 로우드)	굴곡 도로 (屈曲道路)
window (윈도우)	전탐 방해 금박(電探妨害金箔)
windshield (윈드쉬일드)	방풍 유리창 (防風 琉璃窓)
	차량 앞유리창 (車輛—琉璃窓)
wing (윙)	비행단 (飛行團)
	측방 부대 (側方部隊)
winter actions (위너 액쓘스)	설한지 전투 (雪寒地戰鬪)
winterization (위너라이제이슌)	월동 준비 (越冬準備)
wire (와이어)	유선 (有線)
	철사 (鐵絲)
wire chief (와이어 치이후)	유선 반장 (有線班長)
wire communication (와이어 커뮤니케이슌)	유선 통신 (有線通信)
wire cutter (와이어 카러)	철조망 절단기 (鐵條網切斷器)
wire entanglements (와이어 인탱글먼쯔)	철조망 (鐵條網)
wire mesh (와이어 메쉬)	철조망 (鐵條網)
wireless (와이어리스)	무선 (無線)
wiretapping (와이어태삥)	도청 (盜聽)
wisdom (위스둠)	현명 (賢明)
withdrawal (윋쥬로오얼)	철수 (撤收)
	후퇴 (後退)
withdrawal not under enemy pressure (윋쥬로오얼 낱 언더 에너미 푸레쎠어)	적공 비재 중 철수 (敵攻非在中撤收)
withdrawal of GOP security elements (윋쥬로오얼 오브 지이 오우 피이 씨큐뤼티 엘리먼쯔)	일반 전초 철수 (一般前哨撤收)
withdrawal under enemy pressure (윋 쥬로오얼 언더 에너미 푸레쎠어)	적공 압력하 철수 (敵攻壓力下撤收)
without consultation (윋아울 칸썰테이슌)	일방적 (一方的)으로
without delay (윋아울 딜레이)	지체 (遲滯)없이
witness (윝네쓰)	증인 (證人)
wolf (울후)	늑대
words of encouragement (우오즈 오브 인커뤼지먼트)	격려사 (激勵辭)
words of welcome (우오즈 오브 웰컴)	환영사 (歡迎辭)
work clothes (우옼 클로오스)	작업복 (作業服)
work order (우옼 오오더어)	작업 명령 (作業命令)
work request (우옼 뤼퀘스트)	작업 요구서 (作業要求書)
work sheet (우옼 쉬일)	작업부 (作業簿)
work shift (우옼 쉬후트)	근무 교대조 (勤務交代組)

W

World War I (우올드 우오 원)	제 일 차 세계대전 (第一次世界大戰)
World War II (우올드 우오 투우)	제 이 차 세계대전 (第二次世界大戰)
wound (우운드)	부상 (負傷)
wounded in action ⟨WIA⟩ (우운딛 인 액쓘⟨더블유 아이 에이⟩)	부상자 (負傷者) 전상자 (戰傷者)
wrecker (레꺼)	구조차 (救助車)
written order (뤼튼 오오더어)	필기 명령 (筆記命令)

Yalu (야아루우)	압록강 (鴨綠江)
⟨front/back⟩ yard (⟨후론트/백⟩야앋)	마당 ⟨앞/뒷⟩
yard ⟨1yd = 0.91m⟩ (야앋)	"야아드"
yellow alert (옐로우 얼러엍)	황색 경보 (黃色警報)
yellow equipment (옐로우 이큅먼트)	황색 장비 (黃色裝備)
Yokota Air Force Base, Japan (요꼬타 애어 호오스 베이스, 주팬)	"요꼬다"공군 기지⟨일본⟩ (一空軍基地⟨日本⟩)

Z

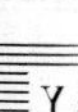

zero balance (지어로우 밸런스)	재고 고갈 (在庫枯渴)
zero defect (지어로우 디이훽트)	완전 무결 (完全無缺)
zero degree (지어로우 디구뤼이)	영도 (零度)
zero hour (지어로우 아우어)	영시 (零時)
zero in (지어로우 인)	영점 조준 (零點照準) 하다
zero point (지어로우 포인트)	영점 (零點)
zero range (지어로우 레인지)	영점 사격장 (零點射擊場)
zeroing (지어로우잉)	영점 조준 (零點照準)
zone (죠운)	지대 (地帶)
zone defense (죠운 디이휀스)	지대 방어 (地帶防禦)
zone fire (죠운 화이어)	지대 사격 (地帶射擊)
zone of action (죠운 오브 액쓘)	전투 지대 (戰鬪地帶)
zone of advance (죠운 오브 얻밴스)	전진 지대 (前進地帶)
zone of fire (죠운 오브 화이어)	사격 지대 (射擊地帶)
zone of operation (죠운 오브 아퍼레이숸)	작전 지대 (作戰地帶)
zone of responsibility (죠운 오브 뤼스판써빌러티)	책임 지대 (責任地帶)

부록 1. 구령(commands)

(1) 도수(Without Arms)

· 경례 : salute, hand salute(거수경례).

· 길걸음으로갓 : route step, march, at ease march.

· 뒤로 돌아 : about face.

· 뒤로 돌아갓 : to the rear march.

· 뛰어갓 : double time march.

· 뒷걸음으로 가 : back step march.

· 바로 : ready front.

· 반우향(반좌향) 앞으로 갓 : right(left) obligue march.

· 번호 붙여가 : count cadence march.

· 보조 바꾸어 갓 : change step march, halt step march.

· 3보 우(좌)로 가 : three steps to the right(left) march.

· 섯 : halt.

· 쉬어 : at ease.

· 앞으로 갓 : forward march.

· 열중 쉬어 : parade rest.

· 우로(좌로) 가 : right(left) step march.

· 우로(좌로) 나란히 : right(left) dress.

· 우(좌로)로 봐 : eyes-right(left).

· 우로(좌로) 열지어 갓 : column of files from the left(right) march.

· 우향(좌향) 앞으로 갓 : by the right(left) flank march.

· 우향우 : right face.

· 제걸음으로 갓 : quick time march, forward march.

· 제자리걸어 : mark time march.

· 좁은간격 우(좌)로 나란히 : at close interval right(left) dress.

· 좌향좌 : left face.

· 줄줄이 반우향(반좌향) 앞으로 갓 : half right(left) march.

· 줄줄이 우향(좌향)앞으로 갓 : right(left) turn march.

· 집합 : fall in.

· 헤쳐 : fall out.

· 차렷 : attention.

(2) 집총(with arms)

· 검사총 : inspection arms.

· 꽂아칼 : fix bayonet.

· 권총 넣어 : return pistol.

· 권총 들어 : raise pistol.

· 노리쇠 후퇴 : open chamber.(권총)

· 멜방조여 : unsling arms.(세워총)

· 받들어총 : rifle salute(소총), present arms.(자동소총)

· 세워총 : order arms.(카빈 소총 : 우로 어깨 걸어 총)

· 앞에총 : port arms.

· 열중쉬어 : parade rest.

· 우(좌)로 어깨 걸어총 : sling arms to the right(left).

· 우(좌)로 어깨총 : right(left) shoulder arms.

· 탄알 빼어 : unload.(권총)

· 탄창 빼어 : withdraw magazine.(권총)

· 탄알제거 :load.(권총)

· 탄창 끼어 : insert magazine.(권총)

· 허리에총 : trail arms.

부록 2. 계급비교표(Table of comparative Grades)

계 급 (grades)	육 군 (Army)	해 군 (Navy)	해 병 대 (Marin corps)	공 군 (Air Force)
원 수	General of the Army	Fleet admiral		
대 장	General	Admiral (of the navy (미해군대장)	General	General (of the Air force (미공군)
중 장	Lieutenant general	Vice admiral	Lieutenant general	Lieutenant general
소 장	Major general	Rear admiral	Major general	Major general
준 장	Brigadier general	commodore	Brigadier general	Brigadier general
대 령	Colonel	Captain	Colonel	Colonel
중 령	Lieutenant Colonel	Commander	Lieutenant Colonel	Lieutenant Colonel
소 령	Major	Lieutenant Commander	Major	Major
대 위	Captain	Lieutenant	Captain	Captain

계 급 (grdes)	육 군 (Army)	해 군 (Navy)	해병대 (Marin corps)	공 군 (Air Force)
중 위	First Lieutenant	Lieutenant (junior grade)	First Lieutenant	First Lieutenant
소 위	Second Lieutenant	Ensign	Second Lieutenant	Second Lieutenant
1 등 준 위	Chief Warrant officer	Commissi-oned Warrant officer	Commissi-oned Warrant officer	Chief Warrant officer
2 등 준 위	Warrant officer junior grade	Warrant officer	Warrant officer	Warrant officer junior grade
상 사	Master sergeant (First sergeant	Chief petty officer	Sergeant major. First sergent. Master and/or technical sergeant	First sergeant
중 사	Sergeant first class	Petty officer first class	Gunnery sergeant or technical sergeant	Technical sergeant
하 사	Staff sergeant	Petty officer second class steward second class.	Platoon sergeant or staff sergeant	Staff sergeant

계 급 (grdes)	육 군 (Army)	해 군 (Navy)	해 병 대 (Marin corps)	공 군 (Air Force)
병 장	Sergeant	Petty officer third class. Steward third class.	Sergeant	Sergeant
상 등 병	Corporal	Seaman. Stew-ardman. fire-man. airman. hospitalman.	Corporal	Corporal
일 등 병	Private first class	Seaman appre-ntice. fireman apprentice. Airman app-rentice. stew-ard apprenti-ce. Hospital apprentice.	Private first class	Private first class
이 등 병	Private	Seaman recruit. Stew-ard recruit.	Private	Private
징 집 병	Recruit			

한미연합작전
군사영어사전(영·한/한·영)

ROK / US JOINT OPERATIONS
MILITARY ENGLISH DICTIONARY

1982년 8월 25일 초판 발행
2016년 7월 25일 16판 발행

편저자 임영창
발행인 김범수
발행처 문무사

서울시 중구 을지로 3가 95-12 천이빌딩 302호
전화 02-3665-1236
팩시 02-3665-1238

등록번호 제201-00154
*1978년 10월 23일 등록

값 18,000원

ISBN 89-86009-02-01 / 91390

찾아보기

1. 개성(Gaeseong)
2. 평강(Pyeonggang)
3. 금화(Geumhwa)
4. 철원(Cheorwon)
5. 판문점(Panmunjeom)
6. 연천(Yeoncheon)
7. 용평(Yongpyeong)
8. 운천리(Uncheon-ri)
9. 사창리(Sachang-ri)
10. 원통리(Wontong-ri)
11. 인제(Inje)
12. 현리(Hyeon-ri)
13. 양구(Yanggu)
14. 김포(Gimpo)
15. 양주(Yangju)
16. 인천(Incheon)
17. 문산(Munsan)
18. 서울/용산(Seoul/Yongsan)
19. 성남(Seongnam)
20. 의정부(Uijeongbu)
21. 동두천(Dongducheon)
22. 포천(Pocheon)
23. 양평(Yangpyeong)
24. 이천(Icheon)
25. 장호원(Janghowon)
26. 용두리(Yongdu-ri)
27. 춘천(Chuncheon)
28. 홍천(Hongcheon)
29. 횡성(Hoengseong)
30. 원주(Wonju)
31. 여주(Yeoju)
32. 수원(Suwon)
33. 용인(Yongin)
34. 문막(Munmak)
35. 오산(Osan)
36. 평택(Pyeongtaek)
37. 대전(Daejeon)
38. 군산(Gunsan)
39. 광주(Gwangju)
40. 충주(Chungju)
41. 왜관(Waegwan)
42. 대구(Daegu)
43. 마산(Masan)
44. 진해(Jinhae)
45. 부산(Busan)
46. 동래(Dongrae)
47. 포항(Pohang)
48. 안동(Andong)
49. 김해(Gimhae)
50. 제주(Jeju)
51. 서귀포(Seogwipo)
52. 금강(Geum-River)
53. 남한강(Namhan-River)
54. 북한강(Bukhan-River)
55. 소양강(Soyang-River)
56. 임진강(Imjin-River)
57. 한강(Han-River)
58. 홍천강(Hongcheon-River)
59. 낙동강(Nakdong-River)
60. 경부고속도로(Gyeongbu Expressway)
61. 영동고속도로(Yeongdong Expressway)
62. 호남고속도로(Honam Expressway)
63. 남해고속도로(Namhae Expressway)
64. 구마고속도로(Guma Expressway)
65. 백마고지(White Horse Hill)
66. 백만불 고지(Million Dollar Hill)
67. 벙커 고지(Bunker Hill)
68. 단장의 능선(Heartbreak Ridge)
69. 무명의 능선(Punch Bowl)
70. 피의 능선(Bloody Ridge)